全国高校建筑学专业应用型课程规划推荐教材

建筑技术概论
An Introduction To Architecture Technology

北京工业大学　王树京　主编
BEIJING UNIVERSITY OF TECHNOLOGY Wang Shujing　　ed.

中国建筑工业出版社

图书在版编目（CIP）数据

建筑技术概论/王树京主编 .—北京：中国建筑工业出版社，2008

全国高校建筑学专业应用型课程规划推荐教材
ISBN 978-7-112-09810-1

Ⅰ.建… Ⅱ.王… Ⅲ.建筑工程—工程技术—高等学校—教材 Ⅳ.TU

中国版本图书馆 CIP 数据核字（2008）第 004884 号

责任编辑：张　建
责任设计：郑秋菊
责任校对：王　爽　陈晶晶

全国高校建筑学专业应用型课程规划推荐教材
建　筑　技　术　概　论
An Introduction To Architecture Technology
北京工业大学　　王树京　主编
BEIJING UNIVERSITY OF TECHNOLOGY Wang Shujing　ed.
*

中国建筑工业出版社出版、发行（北京西郊百万庄）
各地新华书店、建筑书店经销
北京永峥排版公司制版
廊坊市海涛印刷有限公司印刷
*

开本：787×1092 毫米　1/16　印张：23¾　字数：480 千字
2008 年 10 月第一版　2019 年 8 月第十次印刷
定价：**58.00** 元
ISBN 978-7-112-09810-1
　　　（32414）

版权所有　翻印必究
如有印装质量问题，可寄本社退换
（邮政编码：100037）

Foreword

前 言

　　1999年9月底中秋节之际，我到云南昆明参加全国建筑学指导委员会暨建筑系主任大会，有幸和清华大学建筑学院院长秦佑国教授同住一室，看到他的一篇关于为建筑学专业开设建筑技术概论课的演讲文章，深受启发。在与秦教授探讨的过程中，感到在建筑设计领域飞速发展的年代，让建筑学专业一年级的学生，从入学开始马上了解建筑技术涉及的领域及发展概况，是很有必要的。就像人们进入一座博物馆参观，首先要看导游图，熟悉博物馆的参观路线，陈列展品内容的设置一样。将建筑技术涉及的领域，以百科全书的形式向学生讲授，为学生在今后五年的建筑学专业的学习中提供一条指导路线。

　　此次大会之后，我校——北京工业大学建筑系，在2000年对教学计划作出改动，为建筑学专业一年级学生开设了建筑技术概论课。经过五年的教学实践证明：该课程的设置，使学生全面地了解了建筑技术领域涉及的方方面面的知识，深受学生欢迎。

　　建筑技术概论一书以建筑学和城市规划专业的一年级学生为对象，参考了大量国内外文献资料和论文，以百科全书的形式介绍了建筑技术的形成，包括设计媒介技术，建筑构造技术，建筑结构技术，建筑材料，建筑物理环境技术，建筑生态环境技术，建筑设备电气技术，智能建筑技术，建筑防灾技术以及今后建筑技术的发展趋势等。该书也可以为进入建筑及规划设计领域的设计师和工程师提供参考。

　　参加本书编写工作的人员有：王树京（绪论，第一章建筑技术的构成，第六章建筑物理环境，第七章绿色建筑与生态环境，第十章建筑技术发展的对策，以及全书的修改）；王轶涛（第一章建筑技术的构成，第三章建筑材料）；高尚（第二章建筑设计媒介技术）；崔伟、张晓哲（第四章建筑构造技术，第九章建筑的防灾和减灾）；宿海燕（第五章建筑结构技术）；冯玲（第八章建筑设备技术）；林桂红、张晓哲、孟笋（第三章建筑材料，第五章建筑结构技术的整理校核）；特别是张晓哲、黄培正对全书及插图进行了最后的整理校核工作。

　　本书参考了国内外学者的各种文献书籍论文，在此我代表全体编写者向各位学者表示深深的谢意。

　　本书的编写得到了陈衍庆教授、夏葵副教授、黄培正讲师以及中国建筑工业出版社张建编辑的大力帮助，在此表示感谢。

北京工业大学建筑与城市规划学院　王树京
2007.4.19于北京

目录 Contents

绪论 1
第一章　建筑技术的构成 9
　　第一节　建筑的构成因素 10
　　第二节　建筑技术构成的环境要素 28
　　第三节　建筑技术科学的范畴 37
第二章　建筑设计媒介技术 51
　　第一节　设计媒介 52
　　第二节　古代设计媒介 53
　　第三节　近代设计媒介 56
　　第四节　现代设计媒介 63
　　第五节　信息技术对城市规划的影响 64
第三章　建筑材料 67
　　第一节　建筑材料的基本性质 69
　　第二节　室内环境中的建筑材料污染控制 79
　　第三节　建筑材料的防火 84
　　第四节　建筑装饰材料 88
　　第五节　新型建筑材料的应用 110
第四章　建筑构造技术 113
　　第一节　建筑物的分类、等级和组成 114
　　第二节　地基与基础 117
　　第三节　墙体 121
　　第四节　楼板与地层 125
　　第五节　楼梯与台阶 128
　　第六节　屋顶 132
　　第七节　门窗 136
　　第八节　建筑构造设计原理 139
　　第九节　建筑防水工程的设计原理 147
　　第十节　建筑幕墙设计 151
第五章　建筑结构技术 159
　　第一节　建筑结构技术的概念 160
　　第二节　建筑物的屋盖体系 175
　　第三节　建筑结构体系特点 190
　　第四节　建筑结构与建筑材料 198
　　第五节　变动结构 200
　　第六节　建筑师与建筑结构 202
第六章　建筑物理环境 205

第一节	建筑光环境概述	206
第二节	建筑光环境的基本知识	207
第三节	建筑声环境概述	212
第四节	建筑声环境的基本知识	214
第五节	建筑热工环境概述	219
第六节	建筑热工环境的基本知识	221

第七章　绿色建筑与生态环境　227

第一节	绿色建筑的特点	228
第二节	绿色建筑评估指标	229
第三节	节能与绿色建筑	235
第四节	建筑的可持续性	241
第五节	人与环境	246
第六节	太阳能在建筑中的应用	250

第八章　建筑设备技术　253

第一节	保障建筑功能的设备系统	260
第二节	保障建筑环境的设备系统	292
第三节	保障建筑安全的设备系统	308

第九章　建筑的防灾和减灾　327

第一节	建筑火灾的特点及危害	328
第二节	建筑防火设计原理	329
第三节	抗震设计的基本知识	335
第四节	建筑防灾与减灾的新理念	342
第五节	北京奥运场馆建设的防灾	347

第十章　建筑技术发展的对策　353

第一节	加强建筑产品观念、制定建筑产品评价准则	354
第二节	提高建筑的综合技术设计水平	359
第三节	合理使用建筑材料，改进施工及应用技术	363
第四节	提高建筑企业的现代化管理水平	365
第五节	设计方式的变革	368

参考文献　370

Introduction

绪 论

绪论

一、建筑设计是空间序列的编辑

建筑师面对的问题：确定建筑的主题，对大量的素材像电影导演一样进行编辑，奉献给观众的是一部清晰、完整、连续的画面。

编辑建筑需要序列技术的支持，它涵盖了与建筑相关的所有技术，如：建筑结构技术、建筑构造技术、建筑材料、施工技术、设备电气技术、物理环境技术、生态环境与绿色建筑技术、防灾技术、环境污染控制技术等。

编辑建筑需要哲学、文学、音乐、诗歌、美学等人文科学知识的积淀。

二、建筑设计是空间的组合，是造型与艺术的体验，是人与自然和谐相处的理解过程

人对空间及形态的认识，是通过结构的形式，及有规律地遵循一种模式进行空间序列的组合而产生的印象。著名建筑师勒·柯布西耶（Le Corbusier）曾表明："……任何空间都存在于环境之中，故提高人造环境的物理素质和艺术性，就成为提高现代生活质量的重要构成因素。"

人体的构成要素包括骨骼，大脑，肌肉，呼吸系统、血液循环系统，视、听、触、嗅等感觉器官。

建筑构成与人体构成的比较：
①结构体系——骨骼；
②智能网络体系——大脑；
③墙体系——肌肉；
④设备、电气体系——呼吸、血液循环系统；
⑤环境体系——视、听、触、嗅等感觉器官。

就像人的骨架自然有序的组合完成了对人的身体各部位的有机组织一样：四肢、身躯、五官、头，各部分的分工及使用功能，使人各部分骨架合理有效地构成了一个完整的结构。墙是肌肉，即人对建筑墙体的感受是通过建筑结构与墙体构成的空间去体验的。

三、功能是建筑设计的最低要求

建筑是一种基于逻辑原则的有序组合。建筑设计就是针对这些原则加以发展而来的，设计的过程如果被效果图掩盖，是一种想像力的萎缩。功能的满足只是意味着将房屋造成庇护所。

四、建筑设计的哲学内涵

中国的哲学就是强调万物变化不定。伟大的思想家老子，曾经对空间阐发过极为精辟的论述，他曾剖析到"埏埴以为器，当其无，有器之用。凿户牖以为室，当其无，有室之用。故有之以为利，无之以为用。"其大意是：采用黏土和泥制成的器皿，可以使用的是内部空间；挖门形成的房室，可用的仍然是内部的空间。

建筑设计的哲学内涵就是追求空间停留的意义。空间停留意义的可能性分为：意境、趣味、寓意。对建筑的感知是从心理上、意念上对建筑的认识与反映。对空间的组合与造型艺术的感受，是那些正在建筑环境中产生心理体验的人，而不是在建筑空间中所有的人。体验不是永恒的，可能在瞬间即逝。身心合一、与自然融合，无求才能达到永恒。了解事物的内涵越深刻，不知道该事物的外延就越多；如果人们在意识上不能摆脱种种误解与谬见，那么便不能以合乎真理的方式去探讨真理。

五、建筑设计的技术内涵

（一）符合人与环境和谐的设计——建筑追求的目标

建筑是为人与环境的和谐而建，因此建筑必须考虑人与环境和谐的因素。技术则是一种手段，能够让建筑师顺利地实现建筑设计的最终目标。建筑设计不仅要注重美学、技术和经济三要素，更重要的是要把握人与环境的和谐。艺术的构思需要技术的支撑，追求完美的艺术的过程，又促进了技术的发展。靠技术堆砌的建筑，缺少人的心理感受；纯艺术的建筑又失去了人与环境的和谐。人和自然的和谐发展是技术的终极目标，技术不是在炫耀而是在追求和谐。

建筑师尽量设计出简洁合理的建筑，使施工技术人员容易去实施。质量的控制不是结果控制，而是过程控制；在过程控制中，让人们去体会、了解过程是怎样实现的。

在未来不同的层面上，个性会更强一些。设计的产品可以满足用户的各种需求。建筑师不光是满足人居住的要求，还有责任让人与环境和谐共处。

（二）技术与文化——建筑物的生命力所在

建筑要具有高舒适度、可持续发展性，而且必须符合健康要求。高尔基说过："不要害怕现实，不要向现实低头，你们来到这世界，不是服从老朽的东西，而是要创造新的、有理智的、光辉的东西。"建筑师肩负着社会责任与历史责任，对社会、可持续发展等都要承担责任。建筑师要结合自己的文化，不光要考虑到历史、未来，还要考虑当地的文化及建筑技术，同时更要理解建筑技术，把这些都融合在一起来作建筑设计。通过技术进步推动整个设计思想的发展。形式并不是建筑的传统，所谓的传统是当地的人们怎么去思考，怎么去感受。每个国家、每个地区都有着各自地域文化方面的特征，必须要把二者结合在一起考虑，才会使建筑发展具有更强的生命力。想法总是超前于技术的，特别是对建筑与环境的考虑，就是怎么来使用这些技术，特别是已经存在的技术。

（三）强调先进性——领导建筑理念

建筑设计是一个思想过程，这是最重要的，建筑是对历史技术的一种记录，用建筑手段记录历史，这个历史就在技术层面上，在这个技术发展阶段。现代派建筑大师密斯·凡·德·罗，曾明确地阐释："……反对一切审美方面的虚夸、教条和形式主义，而不应是昨天的，也不应是明天的，只有这样的建筑才是有创造性的。"先进的技术影响建筑的形态，遵循人与自然和谐发展的建筑设计先进理念，在建筑史的发展过程中，将会成为领导建筑的新理念。

（四）把握细节——优秀设计的精髓

architecture 是拉丁文：艺术与技术两个词的组合，英文就是：art和technicality。

艺术的构成，其途径是从主体与客体的关系中延伸出来的。

优秀的建筑可以用两个词概括：construction和detail，即：建筑的整体和建筑的细部。

优秀的建筑师考虑的不仅是设计方案，而是渗透到每一个细节：细部设计的简洁、合理，令施工便利，为施工队带来便捷；产品生产的元素要最简洁、最少，才能够确保它的质量；不能为了达到某种效果，花很多的钱去做非常复杂的东西。完美的空间造型，应用最简洁、合理的细部设计去完成，以最合理、最有效、最简洁的方式去创造一个最完美的空间与环境。

六、建筑设计的文化内涵

从文学到美术、从语言到音乐、从电影到戏剧、从风水到科学、从时装到广告、从天文到地理、从历史到未来、从种族到宗教、从环境到心理、从传统到时尚、从平凡到另类、从形象到灵魂、从精神到物质……建筑几乎囊括了所有，直接而持久地影响着人类的生活。卡西尔认为：人有超越自然世界的一面，那就是文化的世界。"人是文化的动物"，人类的全部文化都是人自身以自己"符号化"的活动所创作出来的"产品"。科学、艺术、语言、神话等都是这个"产品"的一部分，而它们内在的相互联系构成了一个有机的整体——人类文化。这也是人类区别于动物的真正本质，也就是在创造文化的活动中，必然地把人塑造成"文化的人"。今天的人类不仅生活在一个自然的世界中，更生活在"文化的世界"中。从居住的建筑到使用的器物，从抽象的道德到具体的法律，从艺术、宗教到科学、技术，"文化就是你的生活方式"。

如此抽象与庞大的文化是通过人造符号与符号系统得以在时间与空间中传递的，同时，人也不断地以"符号活动"的方式创造与发展着文化。"符号化的思维和符号化的行为是人类生活中最富于代表性的特征，并且人类文化的全部发展都依赖这些条件"。五线谱属于音乐符号系统（中国的是宫、商、角、徵、羽五音体系），通过它音乐家可以演奏前人的经典作品，也可以创造新的音乐。符号具有两副面孔，一方面是它的"形式"，另一方面是它的"意义"。符号正是通过它的形式或形式的组合（符号结构）象征（representation）着某种意义。因此，文化不仅仅是各种符号形式建立起来的物质世界，更是一个意义的世界。人也不仅仅像动物那样生活在一个可见的感觉世界中，而且生活在一个可理解的意义世界中。佛教徒顶礼膜拜的神像不会因它或泥塑或铜铸而另眼看待——因为它具有特殊的符号意义。人是符号的作者，符号是人的作品，他们构成了生活在世界中那些有意义的内容，这便是文化。用一句话来概括：文化的本质就是借助符号来传达意义的人类行为。

不论一件艺术品（甚至全部艺术活动）是何等的复杂、深奥和丰富，它都远比真实的生活简单。视觉符号是一种艺术符号，也是表现性符号。相对推理性符号而言，视觉符号没有自己的体系，任何视觉符号都有一定的文化内涵，只有体现在一定的情感结构中，围绕着一个特定的主题有机地结合在一起。美国美学家苏珊·朗格曾经说过：一个符号总是以简化的形式来表现它的意义，这正是我们可以把握它的原因。

建筑艺术是超越国界、清晰而又普通的语言；讲述了人间的普遍意义和时空理念。建筑和文化具象而又形象地表现了精神升华的生活意义与期待。历史与现实令房子成为诗,成为随手可触的艺术现象,成为时尚倾向,成为感情习惯,成为思想。优秀的建筑设计师总是倾心于建筑之外的东西,建筑本身不外乎基础、柱子和梁的重复结构,更多内容都在建筑之外;正如文学的功夫在文学之外一样。建筑和文学惊人的相似之处,使得建筑师和诗人、作家有了千丝万缕的血缘关系。文化与传统特色是优秀历史文化的积淀,因此要依托传统文化背景,创造具有时代气息的新文化。延续千年文脉,保持真我的本色和风采;又望得远,迎接百川归海,吸纳多元文化的精华和真谛。

记忆的延续不是依靠某一个人或一部分人的努力就得以延续的,还需要靠全民的共同创造,我们需要思考的不仅仅是建筑或城市本身,而是超越建筑物质本身的需要,创造能产生共鸣的精神世界——文化,这或许才是建筑设计的最终目的。

七、建筑设计的情感表达

建筑是人类有意识的营造活动。从心理原形的构思规划到物化过程的构筑,建造无不在人们的思想意识的指导下完成。在建筑意象物化的过程中,人类情感的需要渗透到对建筑实体这个现实载体的期望之中。建筑是建筑师情感表达的殿堂,他们的思想栖居在那里。建筑师具有两个灵魂。一个在室内驻足,一个在室外游逛。任何一个简单的作品都凝结了建筑师一生的积累。人类漫长的文明发展史表明,当原始人开始为他营造的住所粉饰、美化并以此自豪时,真正意义上的建筑便由此产生了。而审美的以及表达情感的要求是使建筑摆脱单纯的功能局限而走向装饰美化的内在动力。从而在这个意义上,建筑就不仅是通常所说的空间本身,而是富含人类情感表达意义的空间。可以说,正是基于情感表达的需要,建筑才能成为完整意义上的建筑,才能获得更高层次存在的意义与发展的依据。

建筑作为一个复杂的空间建构系统,一方面以有机组合的整体形式而存在,另外一方面其构成空间的各个组成部分往往又可作为人们具体可感的相对独立的形式存在。这两方面的存在使得建筑表达情感成为可能。同时由于在人类长期发展过程中针对建筑形成的种种约定俗成的指示与象征意象又使得其表达情感的可能性变为现实。

可以简单地说,建筑各基本组成部分与整体均有自我存在的意义,在这个存在的基础之上都可以在习俗的定式下产生各自的而又主旨不同的联想。在这二者的关系上,建筑各组成部分部件就好像组成话语的一个个单词甚至是字母一样，为了满足人类多种情感的需求，因而按照一定的语法规则采取特定的组合方式，形成整体来满足人们的需要。

　　情感需要显然只是人类多种需要中的一种，针对不同的具体的情感需要又必会采用不同的语法规则去调节基本建筑元素的关系，从而产生不同情感影响下的不同建筑形象。现代建筑语言是建立在建筑设计理论和建筑材料及手段基础上的空间语言。它的形式语言不是符号，而是建构建筑形体和空间的手段。成熟的设计行为必定有深厚的理论基础支持，就新老建筑协调而言，首要的任务是剖析历史，理论是对已定论的建筑事实的认知，包括历史文化，因此涉及历史建筑的创作必须是再认识历史的过程。重新寻求空间、环境、技术概念等不和谐因素间可对话的媒介，以本质新与旧的统一作为出发点，开拓共生的理念。共生不仅能最大限度、真实地保留旧建筑，同时利用新设计中的现代材料及手段的对比，更大限度地用时间差来表现老建筑悠久的历史，城市的文化。建筑表达人类情感需要是客观存在而且也必须受到重视。建筑发展的历程表明，文明与荒蛮时代建筑的真正区别之一便在于其是否以及如何体现人类的情感。建筑符号表达的认识显示，建筑本身的符号构成与符号表达意义的特点造就了表达情感的可能性与多元性。

Chapter 1　The Form of Architecture Technology

第一章　建筑技术的构成

第一章　建筑技术的构成

第一节　建筑的构成因素

建筑的构成因素包括功能要素、物质技术要素和空间要素。建筑的整体和建筑的细部，以最合理、最有效、最简洁的方式，去创造一个最完美的空间与环境。

建筑学是运用建筑的艺术和技术，以满足人类实用和表现的需要。

建筑技术就是以合理、有效、满足人居住舒适为原则，通过对建筑的限定，为人创造一个舒适并与自然和谐的生存环境。

建筑是由墙体、楼地层、屋顶、门窗、电梯和基础6部分构成的。遵循一种逻辑、法则和模式，构成了各种体系；建筑构成的体系有:结构体系、墙体系、设备电气体系（给水排水、采暖通风、照明、电气、弱电）、环境体系、能源体系、智能网络体系。

要素的构成需要一种合理、有序的方式完成它的组合。建筑是由3个基本要素构成，即功能要素、物质技术要素和建筑空间要素。

一、建筑的功能要素

任何建筑都是为满足人们的生活需要而建造的，不同的功能，要求不同类型的建筑，建筑功能要求随着社会生产力的不断发展和人类物质文化生活水平的不断提高而日益复杂化。因而对建筑的功能提出了越来越高的要求。

老子说："埏埴以为器，当其无，有器之用，凿户牖以为室，当其无，有室之用……"。其用意就在于强调建筑对于人来说，具有使用价值的不是围成空间的实体的壳，而是空间本身。当然，要围成一定的空间就必然要使用各种物质材料，并按照一定的工程技术方法把这些材料凑拢起来，但这些都不是建筑的目的，而是为达到目的所采用的手段。人们盖房子总是有它具体的目的和使用要求的，这在建筑中叫作功能。功能在其中无疑起着相当重要的作用。

建筑中的功能因素所回答的正是社会发展所提出的各种要求，而这种要求却不是静止的、一成不变的，恰恰相反，它是一种无时无刻都在变化发展的因素。功能的发展和变化将意味着新的要求与原有的空间形式之间必然要从相对

图 1-1-1 折衷主义巴黎歌剧院

的统一而逐渐发展成为冲突、对抗，随着这种矛盾的日益尖锐，最终必将导致对于旧的空间形式的否定。

复古主义、折衷主义的建筑形式（图1-1-1）就是以它那种古板、僵死的躯壳而严重地阻碍、束缚了建筑功能的发展，其结果不可避免地在建筑领域中导致一场革命性的变革。功能的变化和发展带有自发性，它是一种最为活跃的因素。特别是由于它在建筑中所占的主导地位，因而在功能与空间形式之间的对立、统一的矛盾运动中，经常都是处于支配的地位，并成为推动建筑发展的原动力。但是正如事物发展的普遍规律一样，虽然强调了内容对于形式的决定性作用，但也不能低估形式对于内容的反作用。在建筑中，功能作为内容的一个主导方面确实对形式的发展起着推动的作用，但也不能否定空间形式的反作用。一种新的空间形式的出现（被创造出来），不仅适应了新的功能要求，而且还会反过来促使功能朝着更新的高度发展。

近现代建筑在破除了古典建筑形式桎梏的基础上，在空间的形成、分隔和组合上产生了极大的灵活性和多样性，这不仅适应了新的、复杂的功能要求，而且必然会反过来促使功能朝着更新、更复杂的方向发展。由此可见，我们也不能把空间形式看成是消极、被动的因素。事实上它和功能一起构成了建筑发展的两个环节，正是由于这两个环节互相推动和作用，才能促使建筑由低级向高级发展。这两个环节是缺一不可的，如果缺少了其中任何一个方面，整个建筑发展的链条将由此而中断。

二、建筑的物质技术要素

建筑材料、结构、施工技术和建筑设备是建筑的物质技术要素，新材料的出现，计算力学的发展，引起了建筑结构的变化，促进了建筑生产技术的发展。成熟的建筑技术，使大型的、复杂的结构得以实现。功能要素得到进一步的满足。

（一）结构技术要素

没有将建筑设想变成物质现实的工程结构技术就没有建筑艺术，工程结构技术一直影响着建筑空间造型。各个时代的建筑师都是在对材料和建筑技术熟练掌握的基础上得到了创作启发。像古希腊的帕提农神庙和哥特式的巴黎圣母院大教堂都是特定技巧的高度提炼（图1-1-2、图1-1-3）。

只要工程结构技术停留在艺术设计与工程没有关联的状态中，则一切试图使建筑与艺术重新结合的努力，都是注定要失败的。虽然结构的布局与室内是否舒适没有直接关系，但是它是所有工程的主要部分，是设计中的关键因素。

现代建筑所具有的特征是：过分强调工程结构技术而缺乏建筑的艺术性。这种建筑外形完全依赖工程结构技术的状况和试图忽略工程结构技术重要性的做法同样是不正确的，更糟的是，把结构技术"人性化"地进行装饰，这些处理方法都是无价值的。

必须先有一定的工程技术知识，才能理解结构造型。单凭直觉是不够的。要

图1-1-2　帕提农神庙

图1-1-3　巴黎圣母院（哥特式）

想了解建筑造型的世界，就必须具备工程结构技术知识，这意味着科学进入了美学的领域，如果想深入探讨具有决定性技术趋向的现代建筑的造型问题，就必须清楚地认识到这一观点。

当技术因素作为衡量美学价值的尺度的一部分时，经济问题提到了重要的地位，"经济"一词不应单纯理解为省钱，而应看做是一种理智的原则，一种全面的道义法则，要求以最少的代价获取最大的收获（包括精神的、美学的和物质的收获）。

自从现代建筑与现代技术开始以来，对符合功能的建筑是否是美的这个过分简化的问题引起争论，很多人在建筑设计中，一再强调建筑的造型美，沉溺于建筑细部的精雕细琢上。认为这是艺术。而著名的建筑大师密斯·凡·德·罗却说："功能就是一种艺术。"

现代建筑的特点应是艺术和技术的统一。凡产生于这个统一体并具有从现代结构技术导出的形象或造型，就是我们所谓的"结构造型"。

结构形式是不能简单地计算出来的，而必须是设计出来的，它包含了艺术创造的因素，它来源于建筑方面和自然方面的规律，把个别升华为概括的表现力量。

当设计师对结构造型失去尊重，建筑被大量的装饰掩盖的时候；当结构的支柱，被装饰成一堆小柱绞缠而成，或把柱身扭成麻花、螺丝形，或装饰成一棵大树时，这样的造型都是不合理的、退化的，都是为了戏剧性的结果而牺牲了结构的内容。真实的充满活力的结构突然消失了，而屈服于华丽的装饰；结构的造型也就宣告死亡了。

早期的哥特式大教堂卓越的拱顶肋不仅具有装饰性，其本身又是结构的组成部分，这是结构造型的辉煌范例（图1-1-4）。而晚期哥特式伪装的拱顶装饰肋不再反映力的实际分布情况，它没有受力的功能，并非结构构件，而只是装饰构件（图1-1-5）。

功能要求是多种多样的，不同的功能要求都需要有相应的结构方法来提供与功能相适应的空间形式。例如为适应蜂房式的空间组合形式，可以采用内隔墙承重的梁板式结构；为适应空间灵活划分的要求，可以采用框架承重的结构；为求得巨大的室内空间，则必须采用大跨度结构。每一种结构形式由于受力情况不同，构建组成方法不同，所形成的空间形式必然是既有其特点又有其局限性。如果用得其所，将可以避开它的局限性而使之最大限度地适合于功能的要求。为了做到这一点，从设计一开始就应当把

图1-1-4 米兰大教堂（哥特式）

第一章 建筑技术的构成 13

图 1-1-5　晚期哥特式
(a) 剑桥国王学院礼拜堂；(b) 伦敦西敏寺；
(c) 伦敦西敏寺内景

满足功能要求和保证结构的科学性两者结合在一起，一并加以研究。

结构的另外一个目的——满足精神和审美方面的要求。与功能相比，虽然这方面的要求居于从属地位，但是这却是不可或缺的。古代的建筑师在创造结构时从来就是把满足功能要求和满足审美要求结合在一起考虑的。例如古代罗马建筑所采用的拱券和穹隆结构（图1-1-6），不仅覆盖了巨大的空间，从而成功地建造了规模巨大的浴场、法庭、斗兽场以适应当时社会的要求，而且还凭借着它创造出光彩夺目的艺术形象。哥特建筑也是这样，它所采用的尖拱拱肋和飞扶壁结构体系，既满足了教堂建筑的功能要求，又极为成功地发挥了建筑艺术的巨大感染力。

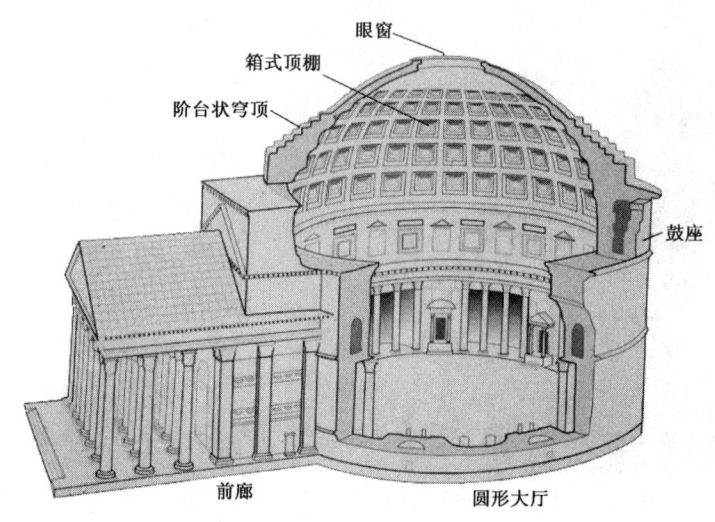

图 1-1-6　罗马城万神庙

不同的结构形式不仅能适应不同的功能要求，而且也各自具有其独特的表现力。如果说西方古典建筑所采用的砖石结构，一般都具有敦实、厚重的感觉，那么我国传统建筑所采用的木构架，则易于获得轻巧、空灵、通透的效果。如果说罗马的拱券、穹隆结构有助于表现宏伟、博大、庄严的气氛，那么哥特式的尖拱和飞扶壁结构体系，则有助于造成一种高耸、空灵和令人神往的神秘气氛。

工程结构作为一种手段虽然同时具有服务于功能和审美的双重目的，但是就相互之间的制约关系而言，它和功能的关系显然要紧密得多。任何一种结构形式都不是凭空出现的，它都是为了适应一定的功能要求而被人们创造出来的，只有当它所围合的空间形式能够适应某种特定的功能要求，它才有存在的价值。随着功能的发展和变化，它自身也不断的趋于成熟，从而更好地适应功能的要求。任何一种结构形式，一旦失去了功能价值，便失去了存在的意义，这样的结构形式将必然被淘汰。

现代建筑是科学技术时代的建筑。在决定造型的技术问题没有明确以前，建筑是不可能先行的，现代建筑比过去的建筑更是紧紧地依靠技术科学，没有相应的建筑技术知识是无法完全理解的，更为系统、深入地钻研建筑技术和自然的相互关系是发展结构造型与建筑造型的基础。

结构造型不是单纯直觉的产物，想要去发现它、去塑造它，即使只作为一个观察者去了解它，都必须具备建筑技术知识。

结构造型并不受现代建筑中任何狭隘倾向的约束，它的原理更深一层，不局限于任何特定的"学派"。

有些人认为结构造型只不过是一个合理地演化出来的功能主义的东西，是专业工程师的事情，是处于艺术领域之外的，而建筑学作为一门艺术，应该必须超越和高居于结构造型之上，在这种思想的支配下，他们只能设计出虚伪的结构。只有正确表达结构逻辑的建筑才有强大的说服力与表现力，单纯追求形式而忽视力学原理，设计出的将是雕塑作品或是虚伪的结构。

同样，坚持只要有好的结构就可以构成建筑艺术，也是不正确的。试图使结构造型成为一种流行式样或在建筑之上的趋向，也是没有什么比这种设想更糟糕的了。结构造型是建筑表现的一种工具，就像语言一样，它甚至可以淹没最好的思想，使人们误解和忽略它；然而，与此同时，它又可以把一个本质上朴素的陈述，提高到极为清晰和卓越的艺术作品的水平。

（二）材料的要素

1. 建筑材料的特性

建筑材料是建筑工程的物质基础。材料特性是建筑用料的选择依据和构造做法变化的因素，包括以下五种特性。

物理特性、力学特性、化学特性、使用特性、加工特性。

（1）物理特性包括：密度、表观密度和堆积密度，孔隙率和空隙率，亲水性和憎水性，吸水性和吸湿性，耐水性，抗渗性，抗冻性，导热性和吸声性。

（2）力学特性包括：强度与等级、标号，弹性与塑性，脆性与韧性，硬度。

（3）化学特性：材料与它所处外界环境的物质进行化学反应的能力，或在所处环境中保持其组成及结构稳定的能力。

（4）使用特性：耐久性。

（5）加工特性：与材料的组成及结构有关。材料的组成包括化学组成和矿物组成。材料的结构包括微观结构、细观结构、宏观结构。

2. 材料分类

根据建筑物的部位不同，所用材料的功能也不尽一致。

（1）结构功能。建筑结构依材料的构成分为：砖混结构、钢筋混凝土结构、钢结构、木结构。不同材料构成了不同的结构形式；在一定程度上影响了建筑的空间造型。

（2）装饰功能。建筑物的内外墙面装饰是通过装饰材料的质感、线条、色彩来表现的。质感是指材料质地的感觉，重要的是要了解材料在使用后人们对它的主观感受。一般装饰材料要经过适当的选择和加工才能满足人们视觉美感的要求。花岗石如不经过加工打磨，就没有动人的质感，只有经过加工处理，才能呈现出不同的质感，既可光洁细腻，又可粗犷坚硬。

色彩可以影响到建筑物的外观和城市面貌，也可影响到人们的心理。材料的本身颜色有些是很美的，所以在室内外装饰中应充分发挥材料的这一天然美的条件，例如大理石色彩的庄重美，花岗石色彩的朴素美，壁纸的柔和美，木材质朴的色彩美和纹理美。

（3）保护功能。建筑物在长期使用过程中经常会受到日晒、雨淋、风吹、冰冻等作用，也经常会受到腐蚀性气体和微生物的侵蚀，使其出现粉化、裂缝、甚至脱落等现象，影响到建筑物的耐久性。选用适当的建筑装饰材料对建筑物表面进行装饰，不仅能对建筑物起到良好的装饰功能，且能有效地提高建筑物的耐久性，降低维修费用。如在建筑物的墙面、地面粘贴面砖或喷刷涂料，能够保护墙面、地面免受或减轻各类侵蚀，延长了建筑物的使用寿命。

（4）室内环境调节功能。建筑装饰材料除了具有装饰功能和保护功能外，还有改善室内环境使用条件的功能。如内墙和顶棚使用的石膏装饰板，能起到调节室内空气的相对温度，起到改善使用环境的作用；木地板、地毯等能起到保温、隔声、隔热的作用，使人感到温暖舒适，改善了室内的生活环境。不同角度，有不同的分类。通常将水泥、钢材及木材称为建筑工程三大材料。根据其性质和使用的部位划分，常用的材料有：水泥、混凝土、砂浆、石灰、建筑石膏、水玻璃、砖、瓦、建筑金属、木材、建筑塑料、石材、玻璃、涂料、陶瓷。

3. 建筑常用材料

在建筑工程中，根据使用功能和部位，常用的材料有：

（1）天然石材（大理石、花岗石），人造石材（水泥型人造石材、聚酯型人造石材、微晶玻璃型人造石材）。

（2）建筑陶瓷（釉面内墙砖、墙地砖、陶瓷锦砖、劈裂砖等）。

（3）天然木材（实木地板、实木复合地板），人造木板（胶合板、花纹人造板、细木工板、纤维板、刨花板、微薄木贴面胶合板等）。

（4）建筑玻璃（普通建筑玻璃、安全玻璃、特种玻璃）。

（5）建筑胶粘剂及无机胶凝材料；建筑涂料（内墙涂料、外墙涂料、地面涂料、木器涂料、防火涂料）。

（6）建筑塑料（塑料管道、塑料地板、塑料门窗、塑料装饰板）。

（7）建筑装饰装修用金属材料（不锈钢、彩色压型钢板、铝合金型材、铝塑板）。

（8）水泥、混凝土、砂浆、石灰、建筑石膏、水玻璃、砖、瓦、建筑金属（钢材和铝合金）、木材、建筑塑料、石材、玻璃、涂料、陶瓷。

（三）施工技术要素

建筑施工技术的任务是按照设计要求，依据技术规范，结合工程条件，选择合理的施工方案和操作工艺，建成满足使用功能、综合效益好的建筑物、构筑物。建筑施工技术的核心是研究确定分项工程的施工方法。

1. 施工技术的种类

（1）钢结构和钢筋混凝土结构施工技术：在20世纪70年代，人们已能建造110层、高443m的超高层建筑，近年来发达国家正酝酿兴建高1500～4000m的多功能摩天大楼。在70年代和80年代陆续建成一批跨度超过200m的体育馆、飞机库，并在研究能覆盖一座"城市"的新材料、新结构和相应的施工方法。高层、超高层建筑施工，近年已形成钢结构和钢筋混凝土结构的多种成套技术，施工速度达到每层2～6d。特别是大模板、滑模、爬模、隧道模和飞模、密肋模壳、电脱模技术等现浇与预制相结合的施工方法发展更为迅速。

钢筋混凝土是基础工程和主体的基本结构材料，近年现浇和预制两个方向都在发展。现浇技术集中反映在工业化模板、泵送商品混凝土和钢筋连接的进步；预制构件的成型工艺和养护工艺，在提高构件的功能、质量、效益和节约能源等方面有了新进展。

(2) 大跨度层盖结构施工技术：大跨度层盖结构已形成网架、网壳、悬索、薄壳、薄膜等多种施工成套技术，针对不同条件采用高空散装法、高空滑移法、整体吊装法、整体提升法、整体顶升法、分段吊装法、活动模架法、预制拼装法等施工方法。电视塔集高耸构筑物和超高层建筑于一体。拉线式电视钢桅杆高度达630m，自立式钢结构电视塔高度达380m。近年发展较快的是钢筋混凝土电视塔。我国已有3座高度超过400m的这种电视塔，为亚洲之最。目前世界上以加拿大多伦多电视塔为最高，高度达553m。电视塔施工需要解决变断面塔身、大直径塔楼、高耸桅杆及高空作业等难题。

(3) 装饰施工技术：装饰施工技术的进步主要表现在推选干法作业，提高预制程度，实现机械化，采用装饰涂料、装饰混凝土、玻璃幕墙、金属制品饰面、干挂石材、壁纸、装饰板材、塑料制品等多种新做法。

(4) 防水施工技术：防水作业已打破传统沥青防水的单一做法，正在逐步发展高分子卷材、防水涂料、密封膏等高效弹性防水作业。传统沥青防水施工在不断改进向冷作业方向发展，并提高综合机械化水平。

(5) 设备施工技术：现代化设备正向大、重、高、柔和精密、高压、低温等方向发展，在设备安装工程中形成了大型设备整体吊装、自动焊接、气顶法、水浮法、电气快速接头安装、直埋式保温道等安装技术。

(6) 网络技术、全面质量管理和电子计算机应用技术：现代科学技术在建筑施工中的应用，在我国更多地反映在网络技术、全面质量管理和电子计算机应用技术等方面。在一些发达国家，已开始在建筑业研制和应用机器人，特别是在危险作业中代替人不能胜任的工作；建筑业工厂的自动化流水作业线和建筑机械的遥控作业也在发展中。

2. 建筑施工技术的发展方向

今后，建筑施工技术将沿着工业化、现代化的道路发展，着重提高量大、面广的住宅等一般建筑的功能、质量和效益，以及进行高、大、深、精、尖等特殊建筑物的技术攻关。建筑工业化是建筑业从手工操作的小生产方式向社会化大生产方式过渡的全过程，在标准化和多样化结合的前提下，着重推进大开间、大柱网、多功能、灵活性大的工业化建筑体系，发展机械化、专业化施工和工厂化、社会化生产，努力掌握多种超高层、大跨度、深基础及各类建筑的施工成套技术及现代施工组织设计管理。

三、建筑空间要素

(一) 结构构件构成的空间

建筑空间，是人们用一定的物质材料从自然空间中构成的，但一经构成之后，这种空间就改变了性质——由原来的自然空间变为人造空间。人们构成空间主要服务于两重目的：其一，也是最根本的，是为了满足一定的功能使用要求；其二，还要满足一定的审美要求。就前一种要求而言，就是要符合于功能的规定性。具体的讲所构成的空间必须具有确定的量（大小、容量），确定的形（形状）和确定的质（能避风雨、御寒暑，具有适当的采光、通风条件）；就后一种要求而言，则是要使这种构成符合美的法则——具有统一和谐而又富有变化的形式或艺术表现力。

构成空间是达到上述双重目的所采用的手段。为了经济有效地达到目的，人们还必须充分发挥出材料的力学性能；巧妙地把这些材料组合在一起并使之具有合理的荷载传递方式；使整体和各个部分都具备一定的刚性并符合静力平衡条件。

如果把符合功能要求的空间称之为适用空间，把符合审美要求的空间称之为视觉或意境空间，把按照材料性能和力学的规律性而围合起来的空间称之为结构空间；这三者由于形成的根据不同，各自所受到的制约条件不同，各自所遵循的法则不同，因而它们并不是天生就吻合一致的。可是在建筑中这三者确是一身而三任，并合而为一的，这就要求建筑师必须把这三者有机地统一为一体。

在古代，功能、美、结构三者之间的矛盾并不突出。当时的建筑师既是艺术家又是工程师，他们在创作的最初阶段几乎就把这三方面的问题都同时地、综合地加以考虑，反应在作品中，三者的关系完全熔铸在一起。可是到了近代情况就不同了，由于科学技术的进步和发展，工程结构已经形成为一门独立的科学体系，并从建筑学中分离出来从而成为相对独立的专业。和古代建筑师不同，现代的建筑师必须和结构工程师相配合才能最终确定设计方案，于是正确的处理好上述三者的关系就显得更为重要了。

（二）造型构成的空间

建筑的空间美一直以来是建筑最突出的魅力所在。

在古代，材料和结构技术落后，砌筑实体厚重，大量的人力、物力花在实体上，而建筑的内部空间比较小，所以，建筑艺术加工的对象，重在实体，这是自然的。

希腊古典时代庙宇的神堂，内部长度和宽度之比已经很匀称。为了加大宽度，在神堂里立了两排柱子。这些柱子，高度只有神堂高度的一半左右，要两层叠起来，才达到大梁的下表面。这种做法，目的在于反衬内部空间的尺度，使它仿佛比实际的要宽敞一些（图1-1-7）。

图 1-1-7　帕提农神庙

古罗马建筑用券拱结构，内部空间相当宏大，也可以相当复杂。罗马城里的万神庙，穹顶的直径竟有43.3m，同时，把高度也做成43.3m，这样，内部空间显得格外单纯而完整。至于由复杂的券拱平衡体系所形成多种内部空间的组合，它们的艺术处理就更加精致了（图1-1-8）。

哥特式的大教堂，很注意空间的方向性，狭而长的中厅，把信徒们的心带向祭坛。祭坛所在之处，空间突然发生变化，一簇阳光随之投射到祭坛上（图1-1-9）。

文艺复兴时期，空间的形式空前丰富多样。新型的、穹顶覆盖之下的集中式教堂，内部空间既统一又有变化。建筑学家们，把内部空间的和谐当作专门课题来研究。在维特鲁威的《建筑十书》里，对室内空间的比例提出了不少建议。其中之一

图 1-1-8　罗马万神庙

图 1-1-9　哥特式教堂

即，房间的长度最好是宽度的两倍，而高度应该是长度和宽度之和的一半。

巴洛克时期的建筑师们，不喜欢界限明确、形状简洁的内部空间，他们力求打破内部空间的封闭性，于是，创造了联列厅，把许多厅堂贯穿在一个透视感十分深远的画面之中。并且，有一些大厅向花园的一面只设柱廊，甚至只有两只支承券脚的垛子，使大厅同花园连通，消除室内外空间的分隔。意大利的热那亚，这时候有一些官邸和公共建筑物，从门厅到内院，从楼上到楼下，从室内到室外，空间流转贯通，没有死板的界限，开辟了建筑空间艺术的新境界。为了减弱内部空间的封闭性，还动用这个时候刚刚发展成熟的透视法，把整面墙画成一幅大壁画，有渐渐远去的长列柱子，有盘旋而来的宽阔楼梯，靓妆仕女款款闲步，仿佛这不是一面墙，而是展开着的另一个建筑空间，人人都可以走进去似的。

希腊庙宇神堂的尺度，罗马万神庙内部的完整，哥特教堂中厅的动感，文艺复兴时期室内的和谐，以及巴洛克建筑的诡异变换，都说明建筑有一种美，即空间的美。

中国古代木框架建筑，因为结构技术水平比较低，内部空间很不发达，所以，一般需要利用内院作为各项活动的补充场所，即形成了四合院的形制。它的院落半开半闭，同四周建筑物的长宽、高低有和谐的比例关系，也同样有空间的美。中国古建筑的内院式空间，同欧洲完全的室内建筑空间的差别，是中国建筑同欧洲建筑的基本差别之一（图1-1-10）。

虽然中国古建筑的室内空间远远不及欧洲的古建筑，但是，像颐和园里乐寿堂内部那样用壁纱橱、落地罩、屏风或者陈设来分隔，造成空间若断若续，若分若合，若开若闭的层次丰富的变化则是中国建筑特有的一种空间美（图1-1-11）。这种变化多端的空间的获得，是同中国建筑使用轻盈的木框架结构而不用承重墙有关的。欧洲人从20世纪建筑中广泛使用钢或钢筋混凝土框架之后，类似的手法也大大发展起来。

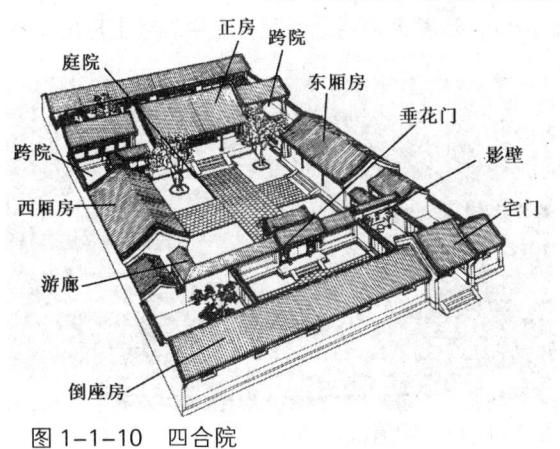

图1-1-10 四合院

图1-1-11 颐和园乐寿堂

一座比较大的，或者功能比较复杂的建筑物，往往不能只有一个单一的内部空间，而需要一系列空间组合起来才行。在欧洲，从古罗马时代起，就能建造复杂的券拱结构体系，所以，能够在一栋建筑物里组合许多室内空间，杰出的例子是罗马城里规模极其宏大的公共浴场（图1-1-12）。经过一千多年的演进，到17世纪，室内空间组合在欧洲达到了很高的艺术水平。在这个组合里，一连串的空间的形状、大小、纵横、明暗、开阖等不断地变化着。它们既是对比的，又是连续的；既是预料得到的，又是有点意外的。建筑师引导人们依次从一个空间到另一个空间，一方面保留着对前一个空间的记忆，一方面怀着对下一个空间的期待。序列有它的高潮，前面是它的准备。建筑师按照建筑物的艺术目的，在准备阶段使人们逐渐酝酿一种情感，一种心理状态，以便使作为高潮的空间得到最大限度的艺术效果。

（三）空间序列的构成

空间序列，既是艺术和功能的序列，也是结构的序列。一个好的建筑物，这三个序列应完全符合。例如一个剧场，从门廊、门斗、门厅、衣帽间、楼梯厅、休息厅到观众大厅，是按照人的活动过程合理安排的。它符合艺术上逐步趋向高潮的渐进过程。观众厅是建筑艺术的高潮，它担当着主要的功能，同时，结构也是最宏大的。观众厅还有它的艺术焦点——舞台，这是序列的终点。

在现代建筑诞生之前，以往的欧洲建筑里，空间的序列是由一个个相当封闭的空间组成的，把它们设计成统一的艺术整体，一直是一个十分引人入胜的课题。那时候，往往只有宫殿、教堂、议会大厦之类才能讲究这种空间的序列，艺术上追求庄严肃穆，所以，这个序列就同建筑物的中轴线重合，完全对称。

中国古代建筑的结构没有能力把一系列空间覆盖在一栋建筑物里，因此，中国古建筑的序列，是一连串的院落，沿纵深方向排列。从住宅到宫殿、庙宇，大体都是这样的。"笙歌归院落，灯火下楼台"，"庭院深深深几许"，就反映着这种情况；最突出的例子，是北京的明清故宫（图1-1-13）。

因为空间序列是一串院落，所以，沿着人们活动过程，在中轴线上形成了室

图 1-1-12　罗马公共浴场（卡瑞卡拉浴场）

图 1-1-13　明清故宫

内外的交替，景色的变化非常强烈。而且，每步入一个院落，其正面都会是一幢建筑物，它们向院落展示出自己完整的形象。例如故宫，从大清门、天安门、端门、午门、太和门到太和殿，这个序列是十分壮观的。当作为高潮的太和殿出现时，前面的心理和情感的酝酿已经很充分了。

在欧洲，空间序列在一幢建筑物里展开；在中国，空间序列则是一个内向的建筑群。因此，中国建筑的纵深轴线远比欧洲的长，而且更壮丽。这两种空间序列在建筑艺术上差别极大，但它们的实质是一样的。

20世纪初，现代建筑在欧洲兴起，建筑的空间美受到了远比过去任何时代都多的关注。这是因为，由于材料和结构技术的进步，建筑的实体非常薄、非常细、非常轻，建筑物的透空度很大，而且，被相当严格的大工业工艺所限制，对它们的实体艺术加工的自由度比对古建筑的少多了；相反，对建筑空间进行艺术加工的自由度却比过去大大增加了。大跨度的结构，可以覆盖十分宽阔的空间而没有厚厚的墙壁和密密的柱子。于是，在一些情况下，空间的分隔可以几乎只根据功能和艺术的构思。而现代技术又提供了许许多多分隔空间的新手段，引人入胜。这些新的可能性，大大激发了建筑师在建筑空间美上的创新自觉性和想像力。德国著名建筑师格罗皮乌斯说："比这种结构经济及其功能上的强调远为重要的，是在认识水平上的进展，为新的空间想像创造了条件。建造房屋仅是解决材料和施工方法的问题，而建筑艺术则包含了掌握空间处理的艺术。"意大利有机建筑派理论家塞维说："空间——空的部分——应当是建筑的主角"，"建筑的历史主要是空间概念的历史。对建筑的评价基本上是对建筑物内部空间的评价。"

新的建筑空间观念的基本点是：尽可能地取消封闭的空间，而代之以开敞的空间。大的通用空间代替一个个分隔得死死的小专用空间。力争建筑内部空间在功能上的灵活性和对各种变化的适应力。

现代建筑正好诞生在未来主义、立体主义这些艺术流派盛行的时候，从它们那借鉴了许多理论、观念甚至手法。这些理论、观念和手法用之于建筑，大约比用之于绘画或者雕塑更适宜得多。因为，现代建筑不满足于静态的、形状单纯而一目了然的、从各个位置看过去都差不多的室内空间，而是追求动态的、形状不容易捉摸的、从各个位置看过去差别很大的室内空间。为了创造这样的空间，就尽量避免对称，避免让人们在一条对称轴线上运动。德国的建筑师密斯1925年设计的巴塞罗那博览会上的德国馆（图1-1-14），是新的建筑空间观念的纲领性作品。他的空间之美使参观者大为倾倒，轰动一时，对现代建筑的发展起到了很大的推动作用。

在不妨碍室内功能的前提下，室内空间的流动和漫溢突破了单一空间，因

图 1-1-14 密斯设计的巴塞罗那博览会德国馆

此，空间的序列也发生了变化。除了少数需要隆重、严肃气氛的建筑物之外，空间的序列不再依次排列在一条对称的纵深轴线上，也不再是一个接着一个的封闭空间。新的空间序列从一个个开敞的空间，沿着不对称的运动路线连续展开，而且前后的空间彼此穿插，没有死板的界限。这种空间序列，不一定在一条直线上，也不一定在一个水平面上。通过楼梯、眺台、跑马廊之类的引导，空间序列可以在几个楼层展开。一般的非纪念性建筑物，不一定需要艺术的高潮。不对称的、明朗的空间和它们的灵活变化使人觉得轻松、亲切、有人情味，始终保持盎然的兴趣而不致疲劳。这样的空间序列的应用范围很广。

这个空间序列仍然应该是艺术序列、功能序列和结构序列的统一。功能本身有导向性，所以，只有这三者统一了，人们才会按照建筑师的意图在空间中顺序运动，去观赏一个个的变化，接受一个个的印象，达到预期的艺术效果。

当然，空间的连续和穿插是由实体的连续和穿插造成的，没有实体的连续和穿插，也就没有空间的连续和穿插。所以，空间美的创造，仍然离不开实体的推敲，不过考虑的角度不同而已。隔断、楼梯、天桥、挑廊、台阶、陈设等，是形成动态的连续空间的重要手段。建于华盛顿1978年完工的美国国立美术馆的东馆，巧妙地利用了这些建筑因素，形成了优美的内部空间。

（四）色彩要素构成

建筑空间的色彩直接影响到人们的心理，色彩搭配运用得当，不仅可以对建筑空间起到进一步美化和完善的作用，还可以对人们的视觉、行为、心理起到引导的作用。

不同的色彩将对人的生理、心理和行为产生不同的影响；在建筑空间设计中，强调以大多数人对色彩的感受来进行设计和选择。特别是在无障碍环境设计中，对弱视者和残疾人，色彩的选择更为重要。

物体色彩变化的主要原因：一是不同光源的照射（物理学变化）；二是不同物质的色彩成分所产生的效果（化学变化）。欲使装饰体现良好的色彩效果，必须在设计中处理好光源的变化和色素的选择。

颜色的爱好与所涉及的对象有关，并且又因每个人的经历和文化影响而异。我国的心理学家对此进行过研究，得出的报告为（按爱好的次序）：

2.5岁到8岁	红，蓝，绿，黄；
大 学 生	红，蓝，绿，黄；
男（成人）	红，蓝，绿，黄；
女（成人）	蓝，红，绿，黄。

颜色在设计中可以作为一种主观的语言来使用，它的意义是与情绪和联想有关，并且民族的传统和文化也起着重要的作用。这里只限于对几种简单的、常用的颜色加以描述。

黑：在戏剧色彩中是属于忧郁的，冰凉的颜色，并且常常与失望、低落和伤感的情绪联系在一起，虽然有时它也能创造强有力的印象。

蓝：即使它是人们最喜欢的颜色之一，但在戏剧中是与悲剧和灵性（精神）联系在一起的，人们也会由于它的轻和冷的色调而不自觉地退缩。它对于肌肉和循环系统的刺激小，因此它常与悠闲安逸的情绪联系在一起。它也被描述为舒适、安全、晴朗和脆弱，是一种被动消极的颜色。

绿：心理学研究说明，暴露于被动性质的绿光下时，由于放松了肌肉和循环系统的活动而降低了焦虑、烦躁的情绪。

橙：在戏剧中常常与喜剧联想在一起，因此发展为温暖、兴奋和轻快等情绪。另一方面，它用在有关的环境中时，也能唤起忧伤、心烦意乱、闷气等。人类下意识地被这种主动积极的颜色所吸引。

红：这种中等重的暖色使神经系统兴奋到一种显著的和爆发性的状态。特别在无意识状态下，红色是一种吸引的甚至是危险地迷人的颜色。红色是一种最受人欢迎的，但也是最不安宁的颜色。

紫：是一种中间温度的颜色，它造成的情绪既是高贵的、庄严的，也是忧郁的或严肃的，带有一种抑制的影响。

白：属于意识的颜色，也引发和平与纯洁的情绪，它给人以轻而脆弱的感觉。

黄：联想到喜剧、温暖和使人喜悦的情绪，这是一种轻的中等温度的颜色，它说明的情绪是快乐的和幽默的。

颜色有冷暖的效果也有远近的效果，同时颜色对人们的行为也会产生影响，在环境设计中应加以考虑。

建筑是产品，以其内部和外部空间的组合由建筑体型、立面式样、细部装饰处理、色彩等构成一定的建筑形象，表现了某一时期的面貌和特征，民族特点。

以上几个基本要素的构成，是辩证统一不可分割的。建筑功能是建筑的目的，是主导因素，它对物质技术要素和建筑空间要素起决定作用，不同的功能，要求选择不同的结构形式，也会产生不同的建筑造型。特质技术条件又对功能要求起制约或促进发展的作用。建筑空间要素也是发展变化的，在相同的功能要求和特质技术条件下，可以创造出不同的建筑形象。

建筑技术构成的条件必须满足：经济条件、技术条件、功能条件、建筑的用途和规范法规，从下面的漫画中可能能够取得一些更具象的解释（图1-1-15）[1]。

---

[1] 此图引自：荆其敏.建筑学漫笔.天津：天津大学出版社，1993

建筑空间

流动空间迷惑了建筑师一个世纪，现代建筑运动使建筑由房屋建设时代进入了空间设计时代。空间理论"无"之以为"用"是中国古代老子道家的哲学思想。

埏埴以为器，当其无，有器之用。凿户牖以为室，当其无，有室之用。

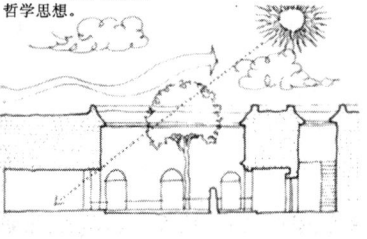

容器空间

室外空间

院落空间

地下空间

中国的地下窑洞空间

(a)

行为空间

由于结构体系的限定和灵活性的要求，空间与人的独立行为有关。行为受空间的形式变异、开放灵活和大小的限定。人为的环境应反映人类行为需求的一致性，空间的形式应尽可能有效地包围着行为。

行为需求式

武断式

结构式

成年人和儿童的行为空间

(c)

空间的限定

FIGURE 图形　GROUND 背景
SPACE 空间　FORM 形式

空间中的独立物体彼此无关　　水平空间由地面和天花所限定　　透明体产生水平与垂直空间的交替

建筑设计中的空间理论使建筑师致力于采用多种方法限定室内和室外空间。

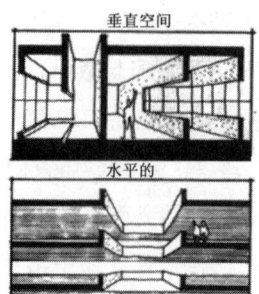
垂直空间

垂直表面

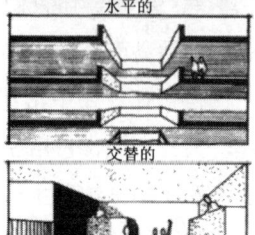
水平的

地面

交替的

天棚

连续表面

空间的层次性　　　　限定空间的要素

(b)

人体尺度

尺度的转变反映人在观念上，认为空间比物体本身更重要。物体或环境大小的感觉与人体的尺度有关，即我们的人体是测量我们周围环境的尺度。

物体

纪念碑

环境

柯布西耶的人体模度

(d)

图1-1-15（一）

建筑流线

流线是建筑环境布局中的关键性要素。明确、简捷、通畅的流线组织是城市和建筑设计的基本功能要求。动线形成一定环境内外之活动方法及模式,包括人、车、物,甚至空气的流动。

去问建筑师

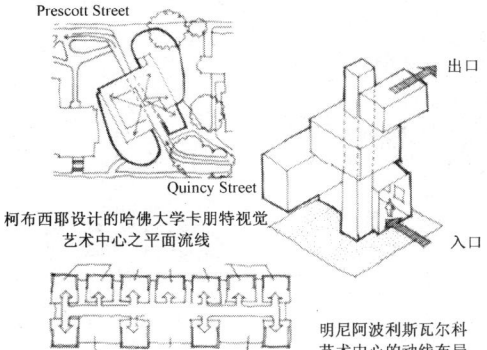

柯布西耶设计的哈佛大学卡朋特视觉艺术中心之平面流线

明尼阿波利斯瓦尔科艺术中心的动线布局

华盛顿国家航空空间博物馆的图解平面

(e)

设计导向

设计导向包括流线中的转向要素和建筑布局中的轴线。轴线是看不见的,但导线却明确地存在于人的行为心理之中。

中国地下窑洞的动线

(f)

居住生活空间

建筑群体的组合方式多种多样,焦点式的组合是建筑围合共同的焦点,沿线式组合是建筑呈线形向两侧伸展,结合点组合是建筑群体围合向内的空间。

由于生活空间形式不同,人和人之间相处的方式、产生的关系都不相同。

焦点式　　居住区中的公共地段

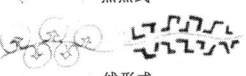

线形式

 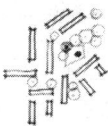

节点式　　公共活动地段分布在每一个建筑组团之中　公共活动地段介于几个建筑组团之间

(g)

建筑落位

建筑落位是要求建筑与用地环境发生联系,落位的建筑在空间造型上应有进有出。以及强烈的空间穿插,建筑好像把握在用地环境中,达到完美的落位关系。

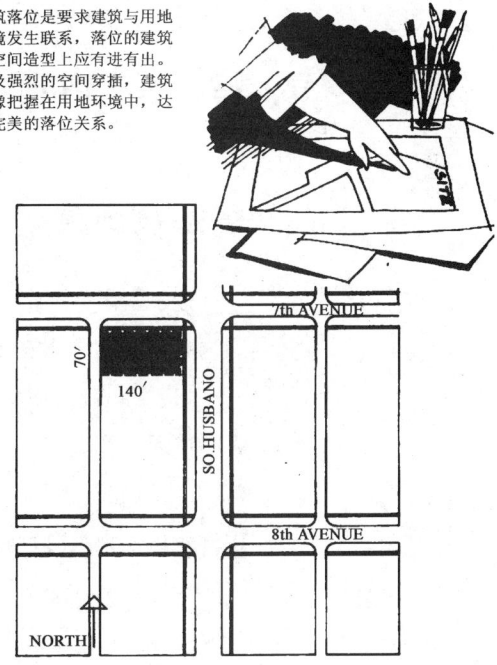

(h)

图1-1-15(二)

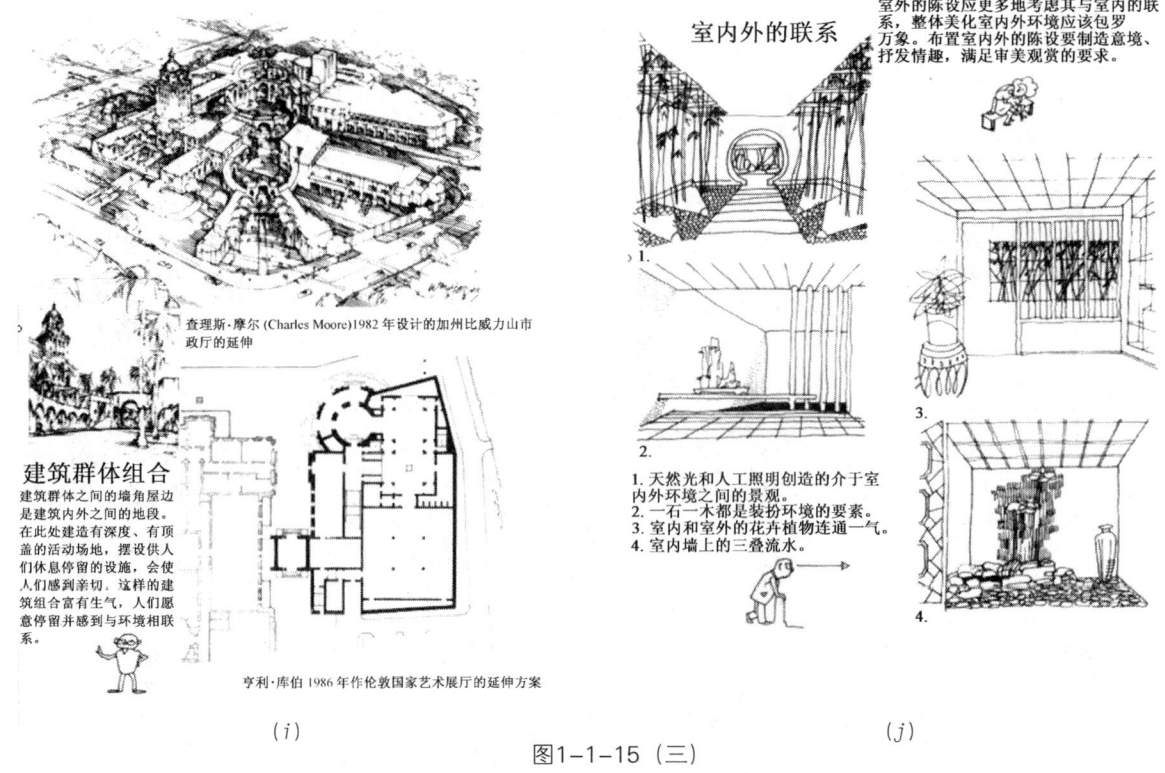

图1-1-15（三）

第二节　建筑技术构成的环境要素

一、建筑气候环境

建筑室内气候指的是由空气湿度、气流以及壁面的辐射热等综合组成的一种室内环境，它是建筑环境科学重要的研究对象之一。

（1）生存。人体内有复杂的热调节系统，其首要任务是使人在休息时，能保持体温于37℃左右。人的活动，哪怕是在舒适条件下活动，也可使体温升高约0.1℃。超过或低于标准体温2℃时，在短期内还可忍受，但如持续时间太长或体温升降偏差太大时，就会损害健康甚至危及生命。

（2）舒适。在人类赖以生存的条件范围内，有一较小的范围定名为舒适区（即冷热适度，或者说，在温度上是中和的）。在此条件下，人体热调节机能的应变最小。

（3）工作效率。虽然有证据表明，热条件会影响人们敏感、警觉、疲乏、专注及厌烦的程度，但其影响究竟有多大却不得而知。不过，人们知道，热条件通过上述作用会对体力劳动和脑力劳动的效率产生影响，此外，有些证据表明，工作所需要的热条件不一定会和舒适条件一致。工作需要的条件可能有更严格的规定，也许那种条件范围更广泛而仅与舒适条件部分有关，甚至完全无关。

（4）健康标准。保持正常健康状态的人，即使处在不舒适的条件下，只要不是极端冷热，该热条件也不大可能影响其身心健康。但对于病人，其体质虚弱，特别是胸腔、心脏、循环系统及其他系统易感染疾病的人来说，热环境对他们的发病率及康复期都会产生重大影响。在北方，气候的季节变化与发病率、死亡率之间存在着很大的关系。此外，有证据表明，供暖不足的室内环境也与健康统计数字有某种联系。还有证据表明，在炎热气候区，过热的建筑物与由高温诱发疾病以及死亡之间也有某种联系。关于健康与舒适条件相关的资料，现在积累的尚不多，很可能舒适条件本身就包括在健康条件之内。

（5）温度。建筑气候环境的要素中必须了解空气温度的重要性，因为温度是决定热舒适条件的四种变量中最重要的参数。在设计供暖或供冷设备时需应用极端温度值来衡量。"极端值"是一种具有概率意义的概念，其数值的精确程度应根据目标数据的用途来选择。为了计算能耗量，应了解气温平均值。要计算与建筑物热质量以及间歇供暖或间歇供冷型有关的室内热状态的峰值，还需研究温度的日波动振幅。

（6）风。风速和风向从两方面来影响建筑物的热状态：它们决定着建筑物外表面的热阻大小，因而决定着建筑物外围护结构的隔热；同时影响着通过开口的换气量，从而影响建筑物总的热平衡。

在设计工作中，与建筑物两边或通过外围护结构的传热有关以及与确定热感觉有重大关系的气候条件是一种特定的局地气候，通常将之归于"微气候"的范畴。微气候是指在建筑物周围地面上及屋面、墙面、窗台等特定地点的风、阳光、辐射、气温与湿度条件。建筑物本身以其高大的墙面而成为一种风障并在地面与其他建筑物上投下影子，从而改变着该处的微气候。建筑师的任务之一便是根据一般的气候常识结合对该地区的微气候的了解来推断位于该地的某一特定的建筑物是怎样改变着该地的微气候的。

（7）日照与遮荫问题。由建筑物本身及地貌，树木等其他不透明物体在建筑物周围投射的日照区块与影子区块的移动对于改变建筑物及其附近环境的微气候起着关键的作用。

（8）湿度。大气中温度的变化对热舒适产生影响。就湿度对建筑物的热反应而言，其主要影响在于使多孔材料的含湿量发生变化，因而影响其导热性能。

二、建筑空气质量环境

(一) 人与室内空气环境

室内主要是指建筑物内,从广义上讲,包括办公室、会议室、教室、医院、旅馆、影剧院、图书馆、候车室等各种室内公共场所,也有扩展到飞机、汽车、火车等交通工具内的。有些国家认为,还应包括室内的工作场所和生产场所。

人类已较早地认识到了大气污染会影响人体健康。本世纪中期,逐渐认识到室内空气污染有时比室外更严重。因为室内空气污染物的种类更多,污染源更广泛,影响因素也很复杂,对人体健康造成的危害也是多方面的。据美国环保局对各种建筑物室内空气连续5年监测结果表明,迄今已在室内空气中发现有数千种化学物质,其中某些有毒化学物质含量比室外绿化区多20多倍,已对人体健康造成威胁。近20多年来,更加感到研究室内空气质量的重要性和迫切性,其主要原因有以下三点:

①室内环境是人们接触最频繁、最密切的环境之一。人们约有80%以上的时间是在室内度过的,因此,室内空气质量的优劣能够直接关系到每个人的健康。

②室内污染物的来源和种类日益增多。人们在室内接触有害物质的种类和数量比以往明显增多。据统计,至今已发现室内空气污染物约有300多种。

③建筑物密闭程度的增加,使得室内污染物不易扩散,增加了室内人群与污染物的接触机会。

至今,室内空气污染问题已经成为许多国家极为关注的环境问题之一,室内空气质量的研究已经成为环境科学领域内的一个新的重要的组成部分。

继"煤烟型"、"光化学烟雾型"污染后,刚刚完成的一项研究报告发现,现代人正进入以"室内空气污染"为标志的第三污染时期。综合调查结果,通风空调系统、建筑及装饰材料、办公设备和家用电器等是室内空气质量最重要的"隐性杀手"。例如,日产柴油公司进驻一家豪华写字楼,员工们普遍感到咽喉痛、嗓子发干、脑袋发蒙、容易疲劳,总感觉有刺激的气味,眼睛和鼻子都难以适应,而且特别容易感冒,但是一下班就没有问题了。后经检测,办公室内空气中氨气含量严重超标,高达国家卫生标准的10倍。在香港,上班族因办公室空气质量差,普遍存在"不良建筑综合征",由此每年要损失包括医疗费、电费及生产力损失在内的175亿港元。人体代谢产生的物质也很多,其中呼吸气体排泄的有毒物质有149种,汗液中有151种,"人味毒"也是造成室内污染的原因之一。

(二) 室内空气污染物对人体的危害

1. 不良建筑物综合征（大楼综合征）

不良建筑物综合征（Sick Building Syndrome，SBS）亦称病态建筑物综合征，是近年国外有关专家提出的。某些建筑物内由于空气污染，空气交换率很低，以致在该建筑物内活动的人群产生了一系列自觉症状，而离开该建筑物后，病状即可消退。这种建筑物被称为不良或病态建筑物，这一系列症状称为"不良（病态）建筑物综合征"。

SBS的主要症状表现为：眼、鼻、咽、喉部位有刺激感，头疼，易疲劳，呼吸困难，皮肤刺激，嗜睡，哮喘等非特异症状。

目前认为，SBS是多种因素综合作用而成。除污染和通风以外，还包括由于温度、湿度、采光、声响等舒适因素的失调，以及情绪等心理反应。

美国全国职业安全与卫生研究所对政府及商业办公楼、学校、卫生设施进行了调查。调查表明，对健康危害的原因45％为通风不良，18％为室内空气污染；室外污染物进入为10％，建筑物构件产生的污染物为3.5％，湿度4％，吸烟2％，肺炎3％，其他为1.5％，原因不明为10％。

空调系统是导致SBS的众多因素中最主要的一个，空调系统造成的室内空气污染有以下几种途径。

（1）新鲜空气量不足：采用封闭式空调系统时，因无室外新风补充，全部为再循环空气，当人在其中长时间停留、活动、工作或存在其他污染源，可能导致室内一氧化碳、二氧化碳、可吸入颗粒物、挥发性有机化合物浓度增加和空气负离子浓度减少。即使是有新风的空调系统，也可能发生因设计不当、运行管理失误而造成系统内新鲜空气量不足，同样会导致室内各类污染物体积浓度积累和空气负离子粒子数量的减少。

（2）空调系统新风采集口受到污染：空调系统新风采集口若设置不当，可能受到室外环境的干扰和污染，如工业企业排放的废气、机动车排放的尾气等。尽管空调系统设有过滤器，但对这些污染源排放的硫氧化物、氮氧化物、多环芳烃、苯及其衍生物等有害物质并无消除作用，此时，空调系统就是将这些污染物传播到室内的媒介。

（3）过滤器失效：非自动清洗的过滤器长久使用后，灰尘积聚使过滤器丧失过滤能力，不仅本身形成一污染源，外环境尘粒污染物和回风中的可吸入颗粒物均可经空调系统在室内形成高浓度。

（4）气流组织不合理：空调房间由于气流组织不合理导致气溶胶类污染物（微粒、细菌、病毒）在局部死角积聚，形成室内空气污染。

（5）水致空气污染：空调系统冷却水若被污染，可导致空气微生物污染，如军团菌污染等。

空调系统造成的室内空气污染以新鲜空气量不足的途径最为常见。SBS多反映为"空调综合征",俗称空调病。据统计,在德国有250万人日常在空调房间办公,其中160万人感觉不适,其表现为:感冒、过敏、风湿痛、黏膜干燥、紧张、烦躁、注意力难以集中、头疼等。

2. 对室内建筑环境设计的思考

人类越来越依赖于人工气候。设计不合理、运行维修不完善的室内空调系统是造成室内空气环境污染的主要原因。人们是否可以考虑不要盲目使用人工气候。当室外空气质量高时,可采用自然通风;当室外空气质量低时,可采用空气净化。

据报道,一种最新应用于空调的冷触媒技术能在30~120℃范围内正常工作,在常温下不需任何附加条件,能有效分解致癌物质,其中甲醛达88%以上,清除房间内各种异味达99%以上。这种从日本引进的冷触媒技术能通过固化作用使空气中的甲醛等挥发性有机化合物和空气中的氧气发生分解反应,生成对人体无害的二氧化碳和水,冷触媒技术在常温下即可起作用,因此不存在吸附饱和失去作用以及二次污染问题。

设计师肯·耶昂在马来西亚建造了一座"绿色"摩天大楼,这座21层的大楼被设计师称为"生物气候摩天大楼"。它是世界上惟一一座利用自然通风创造舒适的内部环境的建筑。为这座高楼设计两面翼墙的目的是为了获得习习海风,并通过窗户和阳台门把它们送入大楼。

三、建筑物理环境

建筑室内物理环境包括建筑热工环境、建筑光环境、建筑声环境,以人的视、听、触觉为基础,利用建筑的墙体、顶棚、地面,进行建筑保温、隔热、防潮、建筑节能、厅堂音质、噪声控制、天然采光和人工照明的设计,为人们提供一个良好、舒适的室内物理环境。实际上也是为从事建筑室内设计和施工的人员提供理论基础。

1. 建筑热工环境

建筑热工环境,是从建筑技术的角度,通过建筑规划和设计上的相应措施,对建筑的各部分如墙体、楼地面、门窗、顶棚的材料选择,有效地防护或利用室内外热湿作用,合理地解决房屋的保温、防热、防潮、节能等问题,进行室内热工环境的设计,以创造一个良好的室内气候环境。

2. 建筑光环境

以人的视觉为依据，结合室外环境特征、使用功能或功能划分及结构形式等实际条件，结合地域文化的要素，确定合适的窗地比、照度标准、照明质量；正确选择采光口的大小、位置、朝向进行天然采光的设计，对光的分布、明暗构图及视觉景观中心作出统一的规划；利用灯具自身的艺术性、灯具的规律布置方式以及光色、亮度、光斑图案的合理调控等手法，进行人工照明的设计，使之形成舒适宜人的光环境。同时还需注意眩光限制、节能及合理的灯具选型。

3. 建筑声环境

或称建筑声学，是建筑空间环境控制学的一门分支。它主要研究的内容是室内厅堂音质和噪声控制。对于新建的建筑，会面临很多新问题，其中在声环境方面有如下几个方面：

①剧院、演讲厅、音乐厅、电影院、多功能厅和大容积非演出性厅堂的室内声环境的设计；

②规划和建筑设计中的噪声控制；

③建筑的隔声问题；

④室内空调设备、机械设备、电器设备等产生的噪声如何控制；

⑤室外环境噪声对人的干扰；

⑥振动噪声的控制。

四、建筑生态环境

建筑生态环境问题的实践和设计，远的可以追溯到远古人类的居住环境，近的则是世界各国广泛的社会实践和试验。显然，它也是今后的发展趋势之一。无论民族、国别和贫富，这种对于主要的自然能源（如风能、太阳能等）的趋和避，都自觉不自觉地体现在人们的生活、生产和各类活动的空间中。这首先和集中体现在房屋单体的建造和设计中，随后拓展到室内空间和建筑群体空间的组织上，最后延伸至室外环境的设计和营造过程中。

建筑生态环境的范围非常宽泛。从地球、气候、历史到能量、健康以至具体的工作方法和技术等。环境（environment）和"生态"（ecology）都成了可大可小的概念，关键是如何界定。

（一）生态学家提出的"生态设计原则"

①尊重自然的原则：建立正确的人与自然的关系，尊重自然、保护自然，尽量小地对原始自然环境进行变动；

②整体优先的原则：局部利益必须服从整体利益，一时性的利益必须服从长远的、持续性的利益；

③经济性原则：对能源的高效利用，对资源的充分利用和循环利用，减少各种资源的消耗，提倡"4R"原则，即减少使用（reduce）、回收（recycle）、重复使用（reuse）和使用可再生资源（renewable）；

④乡土化原则：延续地方文化和民俗，充分利用当地材料，结合地域气候、地形地貌；

⑤安全性原则：住区环境设计不仅要保证居民日常生活安全，还要考虑突发情况下的安全，如火灾、地震、洪水等，因此要有防灾设施和避难场所；

⑥方便性原则：住区环境对居民提供的方便性服务主要体现在住区的内外交通、内外系统关系、公共服务设施的配套和服务方式的便利程序上；

⑦舒适性原则：一般应当保证住区环境阳光充足，空气清新无污染，安静无噪声，宽阔的绿地和活动空间等；

⑧过程性原则：住区环境生态系统是不断变动的，在环境生态设计时要充分考虑这种变动性，充分考虑适应环境不断变动的环境管理问题。

（二）"绿色建筑设计"的原则和方法

①建筑与自然共生；
②应用减轻环境负荷的建筑节能新技术；
③循环再生型的建筑材料；
④创造健康、舒适的室内环境；
⑤使建筑融入历史与地域的人文环境。

五、建筑绿化环境

在今日，由于现代生产及科学技术活动范围的不断扩大，人们越来越感到环境质量在不断下降。由于人口的剧增，城市中的绿地被拥挤的房屋所替代，一块块绿地被不断蚕食。于是人们更渴望接触自然，正像他们一有机会就利用休假到风景区旅游一样，他们也希望在城市中，在建筑的室内外见到更多自然的景象，置身于绿色的天地之中。为此人们要创造人工环境，在建筑的室内外配置更多的绿化，用来调节气候，防止噪声，美化环境。

（一）建筑绿化

是指用花、草、树、木等植物在建筑的内部及外部空间进行绿化配置，由此来改善和美化建筑环境。建筑绿化分为人工绿化与天然绿化。先造建筑，后植林木、花草的人工绿化旨在为建筑内外空间创造良好的环境。在已有的绿化中建造房屋意在充分利用环境。无论是人工绿化，还是天然绿化，都存在着绿化自身的形式与形态，绿化与建筑如何结合成为统一、和谐的整体等问题。因此，有必要就建筑与绿化的整体设计及在使用建筑时的绿化配置进行专门论述。尽管有关绿化设计的论述很多，但大多都是从城市绿化，园艺及造园理论出发。这里论述的不是园林建筑而是建筑绿化，研究在现代建筑环境中如何创造绿化环境和如何保护与利用绿化环境。

建筑绿化源于园林绿化，古典造园理论仍值得今天借鉴。建筑绿化的内容是从一个房间到厅堂以至庭院、广场，这些大小、性质不同的空间绿化又与建筑设计理论有密切的关系，因此，在论述建筑绿化的同时，不无这些理论的渗入，因而也就形成了建筑绿化这一较有特性的理论特点：源于园林、建筑设计而又不同于这些设计。

(二) 建筑绿化的功能与作用

1. 改善建筑内外环境

(1) 净化空气：早晨人们到户外活动都喜欢选择绿林间，因为那里会使人感到空气清新宜人。绿化能够净化空气，如果一般城市每人平均拥有 $10m^2$ 树林或 $25 m^2$ 的草坪，就能够自动调节空气中的二氧化碳和氧气的比例平衡，使空气保持新鲜。另外，空气中有害气体虽对植物生长不利，但在一定浓度条件下，许多植物对它们分别有吸收和净化作用。如松树每天可以从 $1 m^3$ 空气中吸收20mg二氧化碳；女贞、刺槐等有较强的吸氟能力；合欢、木槿等则有较强的吸氯能力；樟树、悬铃木等具有吸臭氧的能力。因此在散发有害气体的建筑周围，选择与其相应的具有吸收及适应性强的树木进行绿化，对于净化空气是有益的。

(2) 防止污染：植物还具有一种过滤作用，它能将粉尘吸附于叶下。如刺楸、榆树、刺槐、悬铃木、女贞等树木对防尘效果较好。草地的茎叶也有吸附粉尘的作用。故在厂区或道路旁植树或铺草坪会有效地控制尘土飞扬。

(3) 调节气温：建筑物前铺沥青或水泥地面在炎热的夏天常会使人因燥热不愿驻足。若适当种植一些绿化，局部小气候就会得到改善。一般草地上空气温度比沥青路上的空气温度低 $2 \sim 3$℃。绿地除在夏天可以降低空气温度外，还可在冬季稍稍提高空气温度。如冬季铺有草坪的足球场地，表面温度比裸露的球场表面温度可提高4℃。植物蒸馏水分的叶片面积要比它所占的地面大，因而绿化地带空气相对湿度和绝对湿度都较无绿化区大。利用绿化可以提高空气相对湿度，通过建筑绿化，可以调节室内外湿度，改善局部小气候，特别是在干燥季节，在北方地区绿化对改善干燥气候效果更为明显。

(4) 减少噪声：城市交通的不断增长给城市带来大量噪声，长期处在噪声的环境中会使人疲倦、头晕、恶心。无论是公共建筑，还是居住建筑都不愿处于噪声的包围之中。在建筑的室内外种植绿化会降低噪声级，减少噪声对人体健康的影响。

2. 满足人们的使用及观赏功能

现代城市中的绿地不多，又常看到一些绿地用栅栏围起禁止入内，这种过多的"死绿地"丧失了它的使用功能。现代建筑设计特别注重人的使用要求，认为绿化不仅要具有观赏性，更应具有使用性。在绿化设计时要考虑人的活动特性，充分满足各种活动的要求。许多建筑周围的绿地，都成为了人们乐于集聚的场所，儿童在草坪树丛中嬉戏，老人在树下乘凉对弈。

在宅院内除种植一些观赏植物外，还可另种植具有一定经济价值的植物，如果树、油料植物、药用植物等。还可利用水面种植水中植物，如荷花等。

绿化的观赏功能最能满足人们的心理需求：人们在室内外栽花、植树为的是赏心悦目，陶冶情操，净化心灵；在家庭内绿化可以使人缓解一天的疲劳；在工作环境中绿化可以使人在紧张的工作中得到精神的放松。

3. 丰富建筑的表现力

建筑的表现力主要在于它的内外空间及形象特征，但若加入了绿化这一要素就会更丰富建筑的表现力。如海滨青岛的建筑用红瓦黄墙，高低错落地散布于山丘上，掩映在绿树丛中，创造了独特的建筑风格及城市形象；如法国的凡尔赛宫（图1-2-1、图1-2-2），由于绿化的衬托，它的"美和庄严在闪烁发光"；北京天坛的祈年殿在周围密植的松柏衬托下，使来到此地的人有超出苍翠林海之上，超凡出尘，与天接近的感觉；苏州园林中用粉墙花影、芭蕉、南天竹、兰花等植物来表现建筑的幽雅清静。

绿化在组织空间，丰富空间层次方面有不可忽视的作用。用绿化限定空间及填充空间，就像其他限定划分空间的要素一样，可使空间形成大与小、封闭与开敞的不同感觉。用绿化还可填充那些既不可用又不好看的"死空间"，使空间由于绿化的存在"起死回生"，富有生气。

图1-2-1 凡尔赛宫（一）

图1-2-2 凡尔赛宫（二）

第三节　建筑技术科学的范畴

一、建筑设计媒介技术

设计通常被视为在头脑中进行的活动，传统的纸、笔被看作人脑的延伸。我们习惯将思维记录在纸上，表达对空间和形式的感觉，对不可见的特性进行数学计算。图纸是工程师们进行交流的语言，也是承载着设计思想的媒介。当我们的设计思想复杂得无法用语言表达清楚的时候，纸和笔成为借助的工具。

计算机是一种完全新型的、主动的媒介，不仅能够原封不动地接受命令本身，也能作出一些处理和反应。这给建筑设计带来了极大的方便，同时也提出了更高的要求。CAD便是用来辅助建筑绘图设计的软件。它是英文Computer Aided Design（计算机辅助设计）的缩写。CAD软件是一个完整的绘图设计程序系统，能够产生成套的工程图纸全部有关的技术文档，如材料表、技术规格、计算书、概预算报表、方案评估、项目管理文件等。目前计算机的智能水平还不高，在相当程度上要依靠人的操作，在建筑设计中仅仅起到辅助的作用，以减轻设计师在设计过程中程序化的重复性劳动。

模型也是建筑设计的一种有力的媒介。模型设计与制作在基本建设规划和发展经济过程中的地位之所以重要，在于它要用艺术的构成形式，体现科学的构思和美的理想。展示工程建设的概貌和工程的设计水平，以获得预期的宣传效应。模型作为科学论证与宣传的形象依据，要求尽可能精确地体现建筑艺术和环境艺术之美，模型设计制作工艺乃是艺术美、自然美的再创造。模型制作作为一种完成某项设计任务的手段，由简朴的雏形结构开始演进，完成自己的构思。有经验的建筑设计师大都利用模型开展自己的设计工作。模型的规模、范围、繁简以及材料的选择是依据其使用功能决定的。随着现代科技的进步，新技术、新材料的涌现为模型设计、制作、展示提供了更加便捷的条件。优秀的模型设计与制作，可以全面地表现时代的社会文明，更具有长期保存与展示的价值。不少地方的建筑文物展览中，除了用实物与图片介绍，还用微缩模型、剖面模型展示主体结构之巧妙，更给人以智慧的启迪。

二、建筑材料

建筑材料是建筑工程中不可缺少的原材料，是建筑事业的物质基础。它直接关系到建筑的形式、建筑质量和建筑造价，影响国民经济的发展、城乡建设面貌的变化和人民居住条件的改善。

在建筑中，建筑材料的品种多、用量大，从建筑物的主体结构直至每一个细部和零件，无一不涉及各种建筑材料。建筑材料的数量、质量、品种、规格以及外观、色彩等，都在很大程度上影响建筑物的功能和质量，影响建筑物的适用性、艺术性和耐久性。

建筑、材料、结构、施工是密切相关的。从根本上说，材料是基础，材料决定了建筑形式和施工方法。新材料的出现，促使建筑形式的变化、结构设计方法的改进和施工技术的革新。现代材料科学技术的进步为建筑学和建筑技术的发展提供了新的可能。

为了使建筑物满足适用、坚固、美观等基本要求，材料在建筑物的各个部位，应充分发挥各自的功能作用，分别满足各种不同的要求。如高层或大跨度建筑中的结构材料，要求是轻质、高强的；冷藏库建筑必须采用高效能的绝热的材料；防水材料要求致密不透水；影剧院、音乐厅为了达到良好的音响效果需要采用优质的吸声材料；而大型公共建筑及纪念建筑的立面材料，要求较高的装饰性和耐久性。材料的合理使用或最优化设计，应该是建筑上的所有材料能最大限度地发挥材料本身的效能，合理、经济地满足建筑功能上的各种要求。

三、建筑结构技术

在房屋建筑中，由构件（屋架、梁、柱、基础等）组成的能承受"作用"的体系叫作建筑结构。它在房屋建筑中起骨架作用。这里所指的"作用"，是指施加在结构上的荷载（如恒荷载、活荷载等），或引起建筑结构外加变形或约束变形的原因（如地震、基础沉降、温度变化等）。由于前者直接作用在结构上，故称为直接作用；而后者则是以变形的形式作用在结构上的，故称为间接作用。

建筑结构可按所用的材料和承重结构的类型来分类。按所用材料划分，有钢筋混凝土结构、砖石结构、钢结构和木结构；按承重结构类型划分，有混合结构、框架结构、框架—剪力墙结构、剪力墙结构、筒体结构及大跨结构。无论哪种结构类型都有其自身的优缺点和适用范围，在实践中应灵活运用，以达到最好的效果。

结构对于建筑就如同骨骼之于人体，因此结构的合理、稳定、安全、适用、耐久与否，就是建筑能否"长命百岁"的关键。建筑设计在初步完成了总体规划布局阶段后，单体设计方案的可行性，可以说在很大程度上取决于结构技术上的合理性及经济上的现实性。一般来讲，结构在规定的设计基准期内必须满足下述三项基本要求：

①能承受在正常施工和正常使用时可能出现的各种作用（安全性）；

②在正常使用时应具有良好的工作性能（适用性）；

③在正常维护下应具有足够的耐久性能（耐久性）。

安全、适用、耐久是结构可靠的标志。结构在规定的设计基准期（通常为50年，重要建筑为100年）内，在正常设计、正常施工和正常使用的条件下，即排除了错误设计、错误施工和违反原规定的使用情况，所完成预定功能（即安全性、适用性、耐久性）的能力，称为结构的可靠性。

结构设计的基本目的就是在一定的经济条件下赋予结构以有保障的可靠性。

四、建筑构造技术

建筑构造是建筑学专业的一门综合性工程技术科学，也是建筑设计的一个组成部分。根据建筑物的分类、建筑物的用途、建筑物的等级、建筑物的使用性质及耐久年限、建筑物的耐火程度、建筑物的主要承重结构材料、建筑物的结构形式，进行构造设计。

（一）建筑物的组成

建筑物是由基础、墙和柱、楼地层、楼梯、屋顶、门窗等主要构件所组成。

1. 基础

基础是建筑物最下面的部分，埋在地面以下、地基之上的承重构件。它承受建筑物的全部荷载（包括基础自重），并将其传递到地基上，要求坚固、稳定，且能抵抗冰冻、地下水与化学侵蚀等。

2. 墙和柱

墙是建筑物的承重及围护构件。按其所在位置及作用，可分为外墙和内墙；按其本身结构，可分为承重墙和非承重墙。承重墙是垂直方向的承重构件，承受着屋顶、楼板等传来的荷载。有时为了扩大空间或结构要求，不采用墙承重，而用柱来承重。

3. 楼地层

楼地层是建筑物水平方向的承重构件，分为楼层和地层。楼层将建筑物分隔为若干层，并将其荷载传递到墙或柱上。它对墙身还起水平支撑作用。楼层主要包括面层、结构层、顶棚三部分，应具有足够的坚固性、刚性、耐磨以及隔声等特性。

4. 楼梯

楼梯是多层建筑中的上下交通通道。应有足够的通行宽度和疏散能力，并符合坚固、稳定、耐磨、安全防火等要求。

5. 屋顶

屋顶是建筑的顶部结构，形式有坡屋顶、平屋顶等。屋顶由屋面及屋架组成。屋面用以防御风沙雨雪的侵袭和太阳的辐射；屋架支于墙或柱上，并将自重及屋面的荷载传至墙和柱上。屋顶应坚固、耐久、防渗漏，并能保温、隔热。

6. 门窗

门的大小和数量以及开关方向是根据通行能力、使用方便和防火要求决定的。窗用作采光和通风透气，它是围护结构的一部分，亦须考虑保温、隔热、隔声、防风沙等要求。

（二）建筑构造的设计要求

建筑构造设计要求满足功能要求、经济条件、规范法规、材料特性、物理环境、生态环境、绿色环保以及建筑的可持续性。建筑构造必须解决：

①与建筑主体的附着与剥落，装修层的厚度与分层、均匀与平整；

②空间造型比例尺度的把握，对接近人活动空间的造型，应考虑对人的安全影响；

③与建筑主体结构的受力和温度变化相一致的构造设计；

④为人提供良好的建筑物理环境、生态环境、室内无污染环境和色彩无障碍环境；

⑤构造的防火、防水、防潮、防空气渗透和防腐处理。

五、建筑设备技术

建筑为了满足生产工艺上的需要，以及提供卫生而舒适的生活和工作环境，在建筑物内设置完善的给水、排水、采暖、通风、空气调节、煤气、供电等各种设备，总称为建筑设备。这些设备装置在建筑物内，必然要求与建筑、结构及生产工艺设备等相协调。因此在进行建筑设计时，应综合考虑建筑设备与建筑结构、生产工艺设备之间的密切关系，以保证设计质量。

1. 建筑电气

城市建设的基本内容之一是建造房屋及其配套设施。建筑电气是其中一部分，它的任务是实现建筑物的功能，满足建设单位的使用要求。从某种意义上讲，建筑电气设施的优劣标志着建筑物现代化的程度。而建筑电气设计又是体现上述问题的关键，因此搞好建筑电气设计是基本建设中十分重要的一环。

建筑电气从广义上讲包含工业与民用建筑电气两个方面。本书仅讨论民用建筑范畴内的问题。概括地说，建筑电气设计的内容可以分为两大部分。

(1) 照明与动力（"强电"系统）。它包括照明、供配电、建筑设备的控制、防雷、接地等。这部分中的照明、供配电、防雷和接地是传统的设计内容。随着建筑现代化程度的提高以及建筑向高空发展，对建筑设备的控制要求愈来愈高，因此其内容也愈来愈复杂。

(2) 通信与自动控制（"弱电"系统）。这部分含有电话、广播、呼唤信号、电视系统、空调自控、火灾报警与消防自控、机电设备自控等系统。其中电话、广播、呼唤信号属于传统的设计内容。电视系统及各种自动控制系统等属新增的内容，它们是体现建筑现代化的重要组成部分，尤其是高层建筑必不可少的装备。

随着经济和技术的发展，"强电"与"弱电"的关系愈来愈紧密，由于电气设备的更新和微机的普及，所谓传统的设计内容被赋予了新的含义。总而言之，建筑电气设计的内容愈来愈多，技术愈来愈新，作为建筑电气设计工作者，除了要具有扎实的基本专业理论外还要随时注重新设备、新工艺、新技术的出现，以便在工程设计中应用。为了适应电气技术的发展，在设计中尚应留有余地或考虑日后有更新的可能。一般说来，建筑是"百年大计"，其中的电气设备虽不可能考虑到百年，但也应在相当长的一段时期内能适应建筑功能的需要，而且在这以后能在不影响建筑结构安全，不致大量损坏建筑装修的情况下，改造或增加电气设施。例如我们设计一幢普通的办公楼，目前电气的安装项目仅仅是照明、供电及电话而已，但随着时间的推移，"办公自动化"将会愈来愈普及，因此在设计中应设一些电源插座和将电话管路放大，以便日后接用办公自动化设备及接入数据传输网络。

2. 建筑电气设计与建筑、结构、采暖、通风、给水排水设计的协调

建筑电气是建筑工程中的一部分，它相当于人体的"神经系统"，与其本体不可分，而且与其他"系统"纵横交错，休戚相关。人体的各个组成部分是巧妙结合的一个统一体，它的各个方面、各个系统所具备的单独功能可以组合成协调的、健康人的机能。一幢具备完整功能的建筑物与人一样，应该是由电、水、暖通等系统所组成的统一体。因此，个体完善的建筑设计决不是一个专业所能决定的，只能是各专业密切协调下的产物。建筑电气设计必须与建筑协调一致，按照建筑的格局进行布置，同时要不影响结构的安全，在结构安全的许可范围之内"穿墙越户"。建筑电气与建筑设备由于管道纵横交错，"争夺地盘"的矛盾特别多，为此，要像人体一样各行其道，要求电气专业与设备专业协调。例如插座设于内墙，暖气片设于外墙内侧，在走廊内敷设干线、干管时，设计中先约定电气线槽与设备干管各沿走廊的两侧敷设，协商好相互跨越时的标高，电气和设备两个专业在设计具体管线时，即以事先约定的敷设部位进行布置，这样，

可以基本上避免各自在完成图纸后发生矛盾，当然事先约定的敷设部位，在局部范围内可进行调整，但是调整前必须征得对方的同意。

3. 照明系统

电气照明是建筑物的重要组成部分。照明设计的优劣除了影响建筑物的功能外，还影响建筑艺术的效果。从某种意义上讲，建筑电气设计是"照明"、"变配电"和"弱电"三项技术的综合体。这里首当其冲的是照明技术，因此我们必须熟悉照明系统的基本概念和掌握基本的照明技术。

室内照明系统由照明装置及其电气部分组成。照明装置主要是灯具，照明装置的电气部分包括照明开关，照明线路及照明配电盘等。

照明装置的基本功能是创造一个良好的人工视觉环境。在一般情况下要满足"明视条件"为主的功能性。在那些为突出建筑艺术的厅、室内，照明的装饰作用需要加强，成为以装饰为主的艺术性照明。

六、智能建筑技术

（一）建筑的智能化

随着现代计算机技术（computer）、现代控制技术（control）、现代通信技术（communication）和现代管理技术（conduct）所谓4C等高科技技术在城市建筑中的突破性应用与发展，出现了"智能建筑"（intelligent building，IB）的概念。我国从1993年开始，智能建筑也得到了快速发展与广泛应用。智能建筑使建筑物在使用的功能和性能上发生了深刻变革，综合高科技性能的建筑物已成为现代化城市的重要标志之一。

自从1984年世界上第一座智能建筑City Place智能大厦在美国康涅狄格州建成后，智能建筑工程实践主要是应用在办公楼和商用写字楼。智能化系统包含了办公自动化（OA）、通信自动化（CA）、楼宇自动化（BA），即所谓3A智能化。有的建筑商为了宣传、标榜建筑物智能化达到7A、8A，实际上是将自动化系统细化的结果，如将BA分成楼宇管理自动化、楼宇控制自动化、楼宇消防自动化、楼宇安全监控自动化，楼宇空调自动控制等。这些建立在建筑物综合布线系统上的自动化设备集成，形成了建筑物在结构、系统、管理和服务，以及它们之间关联的优化，为业主及用户提供了高效、便捷、舒适、安全的环境与条件，使其与开发商都获得较高的经济效益。但也使智能建筑刻上了硬化的标准，好像智能建筑只是多个自动化子系统的合成，其实自动化系统只是建筑智能化的手段，而不是目的。

建筑的智能化最基本的是要具备："对环境和使用功能变化的感知能力；将数

据讯号传递到主控制设备的能力；综合分析数据信息的能力；作出决定和响应，并发出指令的能力。"这就要求各子系统在高度自动化的同时，还要求各自动化子系统的高度集成，不然就达不到智慧型的要求。一定要避免子系统自动化中的"植物化"现象，例如刷卡出入系统，如果在系统设计中只考虑防盗问题，不考虑防火问题，当火灾发生时，该系统就会成为逃生的障碍，所以，要提出智能化IC识别系统。另外，各自动化子系统在集成时，如果达不到协调和响应的能力，那么，就会出现部分系统设置无效的局面，使设备闲置，浪费极大。所以，必须从系统控制理论的角度，分析、研究子系统的必要性和集成中的作用。近些年来，电子技术（尤其是计算机技术）和网络通信技术的发展，使社会各领域逐步实现了信息化。在建筑智能化问题中，还要考虑的是智能化投入的效益问题。

例如，为了达到智能化的目的，要在建筑物中导入许多设备、传感器和控制器，这些设备都是要耗能、耗电的。一般智能建筑比普通建筑耗能大，而楼宇自动化控制系统，在空调和照明等方面的节省电量大概为30%左右；所以，仅能源这一项，就会加大用户的使用费用，更不用说还有其他的设备费用和服务维护费用。当然是否有效益，还要看用户在建筑物智能化所提供的高效、便捷、舒适和安全的环境条件下的工作效率。虽然一些统计结果表明，"用于智能建筑的附加投资低于基本投资的3%，而建筑物的价值可以提高15%。在美国，智能建筑的空房率通常低于1%。但是，这一问题依然是导致一些智能大楼空房率比较高的关键，用户很难评估自动化设备会带来多大的效益。

（二）智能建筑的组成及功能

智能建筑和一般建筑不同，除了有一般的电力供应、给水排水、空气调节、采暖通风等设施外，还应具有较好的信息处理及自动控制能力。

现代智能建筑主要由三大系统所组成：建筑物自动化系统（building automation system, BAS）；办公自动化系统（office automation system, OAS）；通信系统（telecommunication system, TCS）。这三个系统中又包含各自的子系统。应该注意，这三个系统是一个综合性的整体，而不是像过去那样分散的、没有联系的系统。

1. 建筑物自动化系统

建筑物自动化系统（BAS）又称楼宇自动化控制系统或建筑自动化系统。它采用现代传感技术、计算机技术和通信技术，对建筑物内所有机电设施进行自动控制。这些机电设施包括变配电、给水排水、空气调节、采暖、通风、运输、火警、保安等系统设备。用计算机对设施实行全自动的综合监控管理，其中包括空调自动化管理、出入口管理、卡类识别系统、防盗保安系统、火灾报警系统以及各种设备控制与监视系统等。

2. 防灾与保安系统

它主要有：火灾报警与消防系统，用于火灾监测报警、定位、隔离、通风、排烟、灭火等联动控制，保安系统：电视监视、出入口控制、身份识别、防盗防抢、保安巡逻监控。其他还有结构及地震监视与报警、煤气泄漏、水灾报警等系统。

七、建筑节能技术

为满足人们对环境质量的不断提高的要求，建筑中增设了多种建筑设备系统。因此带来了建筑耗能的增加。国际上在经历数次能源危机后，对矿物能源资源的不可回复性和温室效应对环境自下而上的负面影响，提出了控制矿物能源用量的增长、提高用能效率、开发新能源和可再生能源、保护环境的目标。作为耗能大户的建筑节能受到极大的关注。人们在思考和实践中，寻求实现建筑节能的有效途径。

（一）基本原则

根据世界各国及我国能源问题的形势和各国节能工作的经验，在建筑节能方面，应遵循下列原则。

（1）可以也应该制定阶段性的、局部的建筑节能目标和计划，但重要的是必须建立长远的、全局的能源意识；

（2）节能工作应该兼顾能源节约和人民生活水平的逐步提高，不应将提高建筑环境质量与建筑节能对立起来；

（3）建筑节能的具体方法应根据各地区的不同气候条件而有所区别，以充分利用太阳、风、气温、水利、地形等各种自然因素；

（4）大力开发不同层次的多种节能技术，特别是在较为经济的、量大、面广的住宅建筑中可取得实效的技术及最佳民用能量形式；

（5）目前建筑节能工作的重点是降低建筑的日常运转能耗，尤其是住宅采暖能耗；

（6）重视低水平、低能耗建筑的节能问题研究，以保证在稳步提高人民生活水平的同时避免能源浪费；

（7）在降低建筑围护结构能耗的同时，改善建筑设备，提高节能效益；

（8）既要积极推行建筑节能设计，又要充分重视建成环境的节能改造；

（9）采用中水道，以节约能量和水资源；

（10）充分利用太阳能；

(11) 开发利用新能源；

(12) 重视综合用能，逐步提高对残余能量和自由热的利用水平。

（二）建筑节能的目标

所谓建筑节能的目标，是国家在《民用建筑节能设计标准（采暖居住建筑部分）》JGJ 26—95中对我国建筑节能工作提出的具体要求。

总目标：在保证使用功能和建筑质量并符合经济原则的条件下，在当地1980～1981年住宅通用设计的基础上节能50%。其中：

(1) 改善建筑围护结构设计，以减少建筑物采暖耗热量30%。

但在执行时应注意，对于较有条件的围护结构，应力争做到一次达到下述第二步的要求，而对于条件尚不成熟的围护结构，可适当放宽。并且，由于一些层数较低、体量较小、体型系数较大的建筑物大幅度提高保温水平难以达标，故应以多层为主，低层和高层互补，实现对建筑节能的总体宏观控制。

(2) 改善采暖供热系统，以节约采暖能耗20%。其中，提高锅炉运行效率10%；提高管网热输送效率10%。

通过实现上述两方面的要求，以使建筑物（住宅）的采暖能耗降低约50%。

建筑节能是一项系统工程。在策划、实施及取得持续实效的长期过程中涉及规划、设计、施工、调试、运行、维修等诸多环节。在实施中涉及诸多技术与产品。而这有关技术与产品又涉及诸多专业及产业，它们纵横交错，相互推动和制约。在价值观上又涉及一次投资、运行费、维修费、改造费等眼前与长远利益、产品增值效益等诸多利益的权衡、取舍。在提高建筑围护结构保温隔热性能，减少冷热负荷的同时应对建筑节能设备与产品的发展给予足够重视。

（三）影响建筑节能发展的几个问题

(1) 充分注意地区差异的观念，我国幅员辽阔，地区气候、人文、经济水平均有较大差异。不可能用一种类型的设备通行全国。对于引进国外产品应分析其产生和应用的背景与我国的异同，择其善者而用之。

(2) 建立寿命周期成本观念，一般应按建筑寿命50年内发生的各项费用，取其总和较低者作为选取决策的依据，不应只考虑一次投资最低者。

(3) 外墙应采用复合结构的观念。在推进墙体材料革新时一定要考虑、分析原有传统墙材构成的墙体的诸功能可以在新墙体中均能得到落实，而且能有效结合，形成整体工作。国内外实践均表明应走复合结构之路。

(4) 重视综合设计过程这个新观念，在方案之初即让相关专业工种介入，统筹考虑相互影响，寻求合理的解决方案，不留下遗憾的"硬伤"。

(5) 正确对待门窗功能的观念，窗这种透明的围护结构在当代建筑的外围护结构中所占比例正在发生变化，应给予关注。

八、建筑安全和防护技术

（一）城市发展与规划

20世纪世界各国都经历了大规模城市化的过程，其重要标志体现在：可耕地被大量征用，农村人口大量流失并急剧地涌入城市；城市建设急功近利，盲目性很大；城市规划缺少理性支撑，破坏了人文环境；城市缺少系统防灾规划，安全防范水准不高。

自1992年"可持续发展"这个词被引入中国后，人们提出了生态规划的概念。21世纪是提高城市品位的时代，建筑师、规划师们将为缔造更美好的城市而重新编写城市规划，而城市生态的可持续发展将是这类规划设计的核心。城市是人类为自身发展而创造的与大自然相互作用的一个人工环境，这种环境又促使人类的生活、工作、行为与观念产生着根本性的改变。

现代化城市具有生产集中、人口集中、建筑集中和财富集中等特点，同时伴有可燃、易燃物品多，火灾危险源多等现象，这就导致了城市火灾损失呈上升趋势这一世界性的普遍问题。目前，我国大部分城市抗御火灾的能力极差，存在大量的火灾隐患。从近十年城市（镇）火灾情况来看，火灾数量及损失随着城市化和城市现代化进程的加快而呈上升趋势。

由于人口和各种生产力要素高度集中于城镇，各种自然灾害对城镇侵袭造成的经济损失日趋严重。但长期以来，我国对于城镇抗御灾害的问题常局限在个别的自然灾害上，而没有从整个城镇的整体规划、建设和发展的各个环节与不同方面进行研究。

我国现有600多座中等以上的城市，它们创造的工业产值对国民经济发展影响极大。随着城市现代化程度的提高，火灾发生的概率也愈高。要减轻火灾对城市的危害，主要靠科学技术，同时，要提高城市的管理水平，加强人民群众的防火意识教育。

（二）建筑防灾设计理念

1996年曾经召开过一个国际研讨会，主题是：21世纪的可持续发展的建筑工程。会议得出的一个主要结论是：为了达到可持续发展的目的，需要对建筑设计理念以及相关建设、运行、维护和更新过程进行彻底改造。

如果说20世纪的建筑设计主要竞争在造型和功能方面的话，21世纪的建筑设计行业的核心竞争力将体现在预防灾害发生的方面。事实证明，一个构思科学合理的建筑设计，可以大大降低突发灾害对建筑本身和社会造成的经济损失和危害。

自然界中的灾害种类很多，有风灾、水灾、火灾、地震等灾害，有的灾害还会互相影响，互相并存。例如强烈的地震往往使建筑物倒塌，甚至会造成建筑物爆炸而引起火灾等。

1. 建筑防火

火灾对社会产生严重的政治影响、巨大的经济损失或重大的人身伤亡。故建筑防火应在规划设计阶段就作周密考虑。

建筑起火的原因是多种多样和复杂的，在生产和生活中，有因为使用明火不慎引起的、有因为化学或生物化学的作用造成的、有因为用电电线短路引起的、也有因为人为纵火破坏引起的。为了避免发生火灾，减少火灾造成的损失，在着手设计一个建筑物时，应首先调查一下这个建筑物可能的起火因素，分析同类建筑物起火的一般原因，以便有针对性地采取积极的预防措施。同时参加设计的建筑师应积极争取参加有关部门组织的火灾现场会和火灾原因调查，更多地了解情况，共同研究，总结经验教训，以便制定出更多、更有效的防火措施。

生产和生活中，因使用明火不慎而引起的火灾是很多的。例如在厂房内，不顾周围环境随意动火焊接、烘烤物品过热等；在居住建筑内因打翻油灯、烛火碰到蚊帐、炉火点燃旁边的柴草、小孩玩火等；在公共场所内乱扔烟头、乱放鞭炮、乱扔火柴梗等而使火种混进废纸堆等频频引起火灾，这些都是由于违反操作规程、缺乏防火常识、思想麻痹等原因造成的。除明火外，暗火引起火灾的情况也很多。其中有的是有火源的，如炉灶、烟囱的表面过热烤着临近的木结构；也有的是没有火源的，如大量堆积在库房的物质，因为通风不好，内部发热，以致积热不散发生自燃；把化学性质相互抵触的物品混在一起，发生化学反应起火或爆炸；化工生产设备失修，出现可燃气体，易燃、可燃液体跑、冒、滴、漏现象，一遇明火便燃烧或爆炸；机械设备摩擦发热，使接触到的可燃物自燃起火等。用电引起火灾的原因，主要是因为用电设备超负荷，导线接头接触不良，电阻过大发热，使导线的绝缘物或沉积在电气设备上的粉尘自燃；短路的电弧能使充油的设备爆炸；保险丝和开关的火花能使易燃、可燃液体蒸汽与空气的混合物爆炸；易燃液体、可燃气体在管道内流动较快，摩擦产生静电，由于管线接地不良，在管道出口处出现放电火花，使管道内的液体或气体燃烧，发生爆炸。

在建筑设计中，除了要充分估计到建筑物内部起火的可能性外，同时还要注意到外部可能出现引起建筑物起火的因素，不要留下隐患，为坏人纵火破坏提供可乘之机。此外，突然的地震和战时的空袭，都会因为人们急于疏散而来不及断电、熄灭炉火以及处理好易燃、易爆生产装置和危险物品，因房屋受震极易起火，便出现了地震火灾或战时火灾的不幸。此种情况迫使我们要有平战结合的观念，在建筑设计中考虑地震和战时火灾的特点，采取防范措施，避免大的火灾损失。

2. 建筑抗震

在各种自然灾害中,地震以其突然造成的巨大震荡,远远超出人力的破坏作用,给人类带来巨大的灾难。直到今天,地震还是一种无法作出准确预报的自然灾害,人类所能做到的只是如何减轻震灾造成的影响。

在一般情况下,地震本身并不会造成危及生命的伤害,最普遍的灾害是对各类建筑物的破坏,多数人员的伤亡主要是由此造成的。根据对以往世界上130次破坏巨大的地震统计,95%的伤亡就是因建筑物的倒塌而引起的。破坏性地震的能量极其巨大。这样大的能量是在若干秒的时间里骤然迅猛地释放出来的。它的力量之大,可以在相当宽广的范围里造成各种各样的破坏。地震对建筑物的破坏,不仅造成经济损失,而且常能招致人员的大量伤亡。

人类对地震并不是无所作为的,科学家一直都在研究地震,努力防止或尽量缩小地震对建筑所造成的灾害,抗震一直是建筑设计的一个重大的课题。抗震工作的主要内容是:弄清地震是怎样对建筑物造成破坏的,然后根据这种对客观规律的认识,采取经济而有效的措施,以克服地震灾害。对日本阪神大地震后建筑的实际调查表明,未经抗震设计的一般房屋在地震中几乎全部倒塌和破坏,但按照抗震要求建造的钢筋混凝土建筑物都基本完好,而按抗震要求设防的高层建筑几乎全部完好无恙。这说明建筑的抗震措施是行之有效的。

在我国,为了使建筑有足够的抗震能力,使建筑达到"小震不坏,中震可修,大震不倒"的抗震要求。建筑师在设计建筑时,往往要考虑下述几个主要的抗震设计的基本原则:

(1) 选择对抗震有利的场地和地基;

(2) 合理规划,避免地震时发生次生灾害;

(3) 选择技术上、经济上合理的抗震结构方案;

(4) 保证结构整体性,并使结构和连接部分具有较好的延性;

(5) 对于在地震时容易倒塌脱落的建筑附属物宜不做或少做;

(6) 减轻建筑物自重,降低其重心位置;

(7) 保证施工质量。

(三) 建筑防雷

雨天,雷电交加,这是我们熟悉的自然现象。雷击对建筑物的损害极大,无防雷装置的建筑物遭受雷击破坏的例子屡见不鲜。据研究表明,高耸的建筑物被雷击的程度是随着建筑物的高度而递增的。所以对高层建筑而言,防雷则更显重要。

建筑物遭受雷击的主要形式有三种。第一种是直击雷,无防雷装置的建筑物遭受直接雷击，可能引起破坏或火灾。第二种是静电感应雷，金属屋顶或其他导体，感应出与雷云符号相反的电荷；雷云放电后，导体上的电荷形成很高的对地电位，可能引起屋内的火花。第三种是高电位引入，架空线路遭受直接雷击或产生感受电压，致使高电位引入建筑物发生火灾。高层建筑物的防雷措施原则上以防止直接雷击为主要目的。人们为了防止高层建筑物遭受雷击，在高层建筑上安装了防雷装置。一般的防雷装置具有三个主要部分：雷电接闪器、接地装置和引下线。

避雷针、防雷网格和避雷系统称雷电接闪器，它们都是装置在建筑物屋顶上的防雷设备。地极、接地体是埋设在地下的防雷设备，统称为接地装置。将装置在建筑物屋顶上的接闪器和埋设在地下的接地装置连接起来的导体称为引下线。

高层建筑如果装上了防雷装置，当遭受雷击时，就能有效地保护建筑不受损害。除此之外，还必须把建筑内部和外部的大型金属设备、电线管、给水管、供暖管、铝合金玻璃幕墙等都连接起来，与防雷装置的接地装置接通，以保证高层建筑的安全。

九、建筑卫生和防疫技术

（一）传染病院的设计原则

医院设计中人流、物流的组织是至关重要的。在传染病院的设计中医疗区内的清洁区、半清洁或半污染区、污染区要明确划分。医务工作人员的工作区域、工作流程与患者住院的治疗活动区域、诊治流程均需要有明确地规划，包括食物、药品的运送分发，清洁物流以及污染废弃物的收集、焚烧，污染物和污、废水的排放处理，都需要作详细分析，采取严密的措施。对于飞沫等有可能引起空气传播的呼吸道传染病，尤其要重视气流组织。通风系统、空气调节系统的选择与设计要特别慎重。

在现代传染病医院中，信息流如计算机综合布线、数字化图文传输等技术将发挥其巨大的潜力，如小汤山医院二部充分利用信息网络，在接收、诊治非典患者中充分发挥作用。医院利用PACS系统将患者的X线胸片传至隔离区外，并请有关专家会诊，节省行程，取得了很好的效果。

（二）总体布置的几种做法

传染病专科医院院址大多数选择城市近郊处，选择远离城市人口稠密区。这不仅有助于保证隔离，同时由于其自然环境与空气也比城区好，有助于患者的康复。当然选址中要考虑选择地势平坦，地基良好的用地，也还要考虑交通方便，以及市政设施、环境保护等相关要求。

在医院总体布置中首先要具有明晰的功能分区，应当注意医疗区内各建筑物间的合理间距，在处理好人流与物流交通，解决好洁污分区、分流的同时，保证各建筑物内的自然通风与采光的基本要求。

除了传染病专科医院外，还有许多大中型综合性医院附设有传染病门诊及传染病住院部，在这类医院规划设计中增大了洁污分区与分流的难度。但从收治病人角度，综合性医院具有学科齐全，可以发挥医院内相关科室的整体优势，有其特点，至今仍为许多医院所采纳。

在后一种情况下，总体布置可采取两种布局方式。第一种是把传染病门诊与住院部设在一个独立的建筑内，布置在医院院区相对独立的区域内。如英国纽里斯特（New Lister）医院、英国北伦敦哈罗诺维士帕克（Northwich Park）医院。日本早期建设的一些医院采用的也是同样方式，如鹿儿岛大学医学部附属医院（1973年）、高岗市民病院（1966年）。

综合医院设传染病区的第二种布局方式则是将传染病区与医院主体建筑合并建设，但单独设传染病区出入口。例如日本在1982年建的青森市民医院，1987年建的东松山市立市民医院是具体实例。日本东松山市立市民医院总床位212张。传染病区设有30床，布置在三、四、五3层，每层10床，并在一层设接待厅、消毒室，设有专用电梯与各病区相联系。

（三）有关建筑单体平面设计

如前述，传染病医疗设施的规划与设计必须重视人流、物流的科学合理安排。各个部门的设计布置，需要针对不同传染病的传染渠道采取有针对性的应对隔离措施。

以护理单元（病区）平面设计为例，医务工作人员与病患者应分别安排使用不同通道。医务工作人员进出工作区，需要经过强制卫生通过室，也就是说要经一次更衣、淋浴、二次更衣才能进入工作区，反之亦须经过相同的步骤与通道。根据传染病的不同情况，在必要时设置医务工作人员通道（半清洁或半污染区）与患者病房之间设置缓冲间（附设洗手盆）。医务人员进出病房时需要先通过缓冲过渡空间，这种布置也有利于保证气流组织是由半清洁区向病房（污染区）流动。

病区中的物流运输也需要合理布置。清洁药品、食物可以利用医护人员共用通道并通过走廊与各个病房间设置的双门密闭传递窗传送至病房。但患者餐后余留物、污染废弃物则利用另一不同通道回收收集。如需回收餐具则需要分设洁区备餐与污区备餐回收间，两者相靠以传递窗相通，方便餐具洗涤灭菌后回收。当然一次性餐具是比较彻底的方法。具体工程实例如北京小汤山医院二部，意大利罗维果医院等。

Chapter2　Medium Technology of Architecture Design

第二章　建筑设计媒介技术

第二章 建筑设计媒介技术

第一节 设计媒介

如同画家要借助画笔和颜料才能在纸上描绘出迷人的景物，音乐家要借助音符和琴键才能谱奏出优美的旋律；建筑师为了向别人表达出自己的设计意图，也要借助一些必要的工具，运用一些表达方法。这些工具和表达方法，就像电视和广播一样，它们在向广大观众展示、传达了大量知识和信息的同时，观众从电视和广播里也了解到大量的知识和信息。建筑师需要借助的一些工具和表达方法与其有相似的作用。通过这些工具和表达方法，建筑师将自己的设计意图和设计的作品形象地展示给大众，大众只有通过这些工具和表达方法展示出来的内容，才能了解建筑师的思想，才能感受到建筑的实在性。这些建筑师借用的工具和表达方法，简单地说，就是建筑的设计媒介。

建筑的设计媒介是建筑师的喉舌，是建筑作品的表达途径，因此，善于运用设计媒介是优秀建筑师的基本素养。事实也证明，许多著名建筑师都在这方面有突出表现。比如，美国建筑师赖特、文丘里、格雷夫斯都擅长用彩色铅笔出色地表现建筑形象。在艺术道路上，是从自然到绘画，并走向建筑的过程。

建筑的设计媒介从形式上大体可分为三类：文字、图纸和模型。

一、语言，文字

语言和文字是最基本的建筑设计媒介，它们是对建筑进行介绍、分析、说明的工具，最常见的是设计说明。

在内容上，设计说明体现设计师的设计意图，说明可以对建筑的功能、特性及设计依据进行相应的阐述，是对设计方案的整体概括。

二、图形，符号

"设计"的英语为design，在日本明治时期被译为"图案"，与法语的dessin，dessein（素描、图案）基本相同，在拉丁语中 designare（动）designum（名）是徽章、记号的意思。就是说，设计本来的意思是"通过符号把计划表示出来"，这无非是把思想上的意图表示成可见的内容。因此，图形、符号可以算作设计最初的媒介了，它们也成为今天建筑设计媒介最重要的一部分。

从内容上，图纸分为设计图和表现图。设计图与施工结合得相对密切。人们具有时常从立体和空间的角度看待建筑的视觉习惯，因此，在设计图纸中用了比例和透视，将这种视觉习惯分为支撑立面和交替的平面空间，创造了各种造型的建筑形式。同时，通过高度、宽度、长度三维空间展示出建筑的各组成部分，诸如门楣、立柱等，使建筑设计能够形象地表现出节奏、环境及和谐的效果。这些效果使图纸上的建筑成为真正视觉意义上的建筑，即希腊人所认为的数的科学，这就是建筑设计表现图的作用。

换句话说，建筑表现即建筑性质与意义的表达，建筑的功能与技术通过表现而转化为艺术。表现的种类因不同时代、不同地区的文化特征而异，形成明显的表现方式或语言，称为风格。表现的内容包括功能的象征、技术的表现。表现的形式有空间的体量、构图、尺度、光线、质地、色彩、环境。

建筑设计表现应该简练且统一，关于这一点，古典主义建筑和现代主义建筑都十分重视。传统的建筑学均包含了建筑表现的内容。除了职业的建筑表现惯例之外，同样适用于培养建筑历史学者、实用性的设计人才。通常要求掌握古希腊、古罗马的古典柱式，以及欧洲中世纪、文艺复兴时期的纪念建筑样式。这些课程要经过特殊的课题训练，如绘制古代建筑遗址，参与或完成一栋大厦的设计，描绘其三维图像，刻画清晰而美观的建筑表现图，以及表现建筑物内部空间或外部形体，与看到的实际建筑相似的图像。在建筑造型、空间布置、色彩和外部环境方面，要求能达到逼真的效果，附加必要的说明文字，最终实现建筑表现的任务。

在建筑学中，还有一种透视图称"鸟瞰图"或"俯视图"，所使用的渲染手段是多样的，其中包括计算机绘制效果图。在图形和色彩上，清晰、明丽，透视效果逼真，表现了建筑和建筑环境艺术中对体量和空间关系的处理，从而主宰着整个建筑的形象和主题。

三、模型，技艺

在建筑历史上，很早以前就已经出现了建筑模型。用模型表达建筑设计是最直观有效的方法，尤其对于建筑外行来说就更加重要了。与文字和图纸那种间接描述的方式相比，模型的直观性不言而喻，人们很快就能了解和掌握设计的意图，并能对建筑最终的造型和体量有具象的认识。

第二节　古代设计媒介

中国历史上曾经产生两类不同身份的建筑师：其一是技术工人出身的匠师，

例如李春、喻浩等；其二就是知识分子出身的建筑计划主持者，建筑部门的官员，例如宇文恺、李诫、阮安等。他们通过模型、文字和图样表达设计。

一、模型

中国建筑结构和构造的发展主要是由实践经验的积累而发展起来，建筑古代建筑官员因为一不作试验研究，二无力学的科学理论，使他们很少能在结构和构造技术上作出贡献。鲁班、喻浩、李春等人在建筑结构上取得重大的成就，正确地说他们应该是古代的结构工程师。因为古代的分工方式和现代不同，建筑设计和结构设计没有分割开来，因此这一类"匠师"就具有建筑师的特征。

那么匠师们是怎样进行结构的设计和研究工作的呢？既然是匠人，他们自然拿得起刀斧，不像知识分子们只懂得用纸和笔，他们是通过制作具体的模型来进行设计和研究工作的。据宋人笔记《玉壶清话》说，喻浩设计开宝寺塔的时候，在模型上发觉有一尺五寸的误差，因而数夕不寐去思考解决的办法。

利用模型来进行结构或者构造的设计和研究是一种已经有很长历史的方法。近年在新疆吐鲁番阿斯塔那古墓出土了一座唐代的"阙楼"（木结构模型），相信就是那个时候用作结构设计和研究之用的。

除了结构问题的考虑之外，建筑模型当然同时是表达建筑计划的一种方式。隋代的建筑师宇文恺曾经因为"明堂"①的规格、样式问题向皇帝上表曰："臣研究众说，统撰今图，其样以木为之。"就是说用木造了一座模型，用来给皇帝批准。

利用模型作为设计和研究的方法比设计图样有更长的历史，尤其是工匠出身的设计师，他们以模型来表达自己的构想和研究其中的构造，比起拿纸笔表现恐怕是容易得多的。

到了清代，模型制作有了进一步的发展。在"工部营缮所"设"样房"和"算房"，其中"样房"负责拟草图、绘制按比例的施工图和制作模型。这时的模型是用硬纸制作，不但表达了外形，还可以拆开来显示内部的构造情况，直接为施工服务，这种模型称为"烫样"。最著名的是清代的"雷氏家族"。清初，一位南方匠人雷发达（1619—1693年）应征到京师参加宫室的营建工作，因艺出众而被提升，担任"样师"职责，其后他的子孙一共七代都成为了清代"宫廷总建筑师"，主管工部营缮所的设计机构"样房"，于是清代二百多年间的建筑设计工作都是由雷家所主持，规模巨大的工程如圆明园、清漪园、玉泉山、香山离

---

① 明堂：古代皇帝举行国家盛大典礼的殿宇被称为明堂。

宫、热河行宫、三海、昌陵、惠陵等规划设计无一不是出自这个雷家的"样房"。民间称颂这个"建筑世家"为"样式雷"或者说"样房雷"。

二、文字和图样

知识分子出身的建筑师或者城市规划家，他们所担任的是计划、布局和形式等决策工作，而且同时是一位有地位和有职权的行政官员。这一类的建筑师除了有建筑技术知识外，还兼通文学艺术、政治历史等学问，否则就无法主持城市规划或者巨大的建筑群计划的工作。他们除了在职位上与"匠师"有高下之分，业务和技术也不一样，被称作"将作大匠"。在性质上，他们和现代的建筑师较为接近。

知识分子自然有知识分子表达自己思想的方法，他们熟悉纸笔而不善于使用刀斧，因而必然以文字和图样来表达自己的构思。一些画家和工艺设计师也曾被吸收加入建筑设计的工作，他们在建筑制图和建筑艺术上起了很大的推动作用。在宋代之后，制定"建筑设计图样"和"说明文件"已是一个较大的建筑计划不可缺少的事情了。大概到了宋代，建筑制图已经达到了非常成熟的地步，它们的表现形式已和现代的设计图样差不了多少了。李约瑟看到了（宋）李诫《营造法式》的插图之后，用非常惊奇的口吻说："1103年的《营造法式》是历史上的一个里程碑呢！"书中出现的完善的构造图样已经和我们今日所称的"施工图"相去不远。李诫绘图室的工作人员把框架组合部分的形状表示得十分清楚，几乎可以说这就是今日所要求的施工图。"

虽然"图"和"画"之间由于表现目的的不同而有异，但是在表现方式上往往是基于相同的基础。在绘画上，中国很早就创造出"平行透视"及"平行的一点透视"来表达"三向"物体的体形，并且提出运动的、连续多个视点综合表现景物形象的理论。中国古代的建筑图样就是利用这些原理来表现所要表达的设计意图，我们可以看到：古代的平面图同时具有立面的形状，施工图是以平行透视的方法来绘制，立面图有"平行透视"的图面。

宋代的时候产生了一种"界画"，意思大概是绘画的时候要依靠"界尺"的帮助，其实这就是当时的建筑图。在美术史上有所谓"界画画家"，这些画家大概相当于今日专门绘画透视图的制图人员。

到了14世纪的明代，中国的建筑设计工作已经发展到了相当成熟的地步，当时已经存在着官方的专门建筑设计机构——"工部营缮所"，负责设计、策划各种政府的工程。

第三节 近代设计媒介

一、文　　字

设计说明通常是建筑师对于建筑方案的阐释,它有助于人们更好地理解作品,了解建筑师设计灵感的来源,建筑师设计的切入点以及建筑师怎样处理设计过程中遇到的难题等。

二、设计表现图

建筑设计表现图不同于单纯的绘画,其题材汲取于建筑空间,表现对象的主体是建筑环境和室内环境。因此,建筑表现图具有更强的说明性,但也离不开艺术表现。因而,表现图中的景物都面对生活实际,在人物的动态、着装、窗幔、床罩、灯光及外景中的车辆、悬挂的路标、广告牌、树木等一系列景象中,无一不体现生活的多样性和真实性。只有细致地观察生活,在表现上才会产生精彩的细节。应该知道,细节对于设计表现是非常重要的,要满足人们对居住环境的使用需要和审美要求,充分展示别具特色的艺术风格,就必须根据具体条件营造优美的室内外环境。

（一）设计表现图的种类

1. 素描

什么是素描,素描就是"朴素的描写"。在建筑绘画传统中,素描造型占有统治地位,以铅笔为主的黑白素描是一切造型艺术的基础。法国美术教育家普桑认为"艺术中素描高于一切"。素描是用黑白艺术表达更为真实的画面,能表达物体的精确性和体积感,具有浑厚和结实的画面效果。运用素描造型手段,给人以广阔的联想空间,"如实描写"是理论基石。在建筑设计和建筑装饰中,设计人员往往采用最简便的素描来构思建筑创作;在建筑设计中被称为"草",即草稿,有一草、二草、三草,最后是定稿。所以学好表现图应先学好素描,从几何石膏景物和实物景物开始学,学会去观察物体,用准确的笔调塑造简单的形象。了解铅笔和纸张的特性也很重要,由于绘画铅笔的型号不同,画物体暗面时,可使用软铅(3B~6B),亮部则用稍硬的铅笔(B、HB、2H、4H)。

2. 色彩

色彩是人类的色觉感受,客观世界存在有变换万千的色彩。据考证,自然界有一万多种颜色。人类生活需要色彩,建筑环境也离不开色彩,色彩是科学的，具有美感和实用性。18世纪牛顿的色谱理论揭开了色彩规律；英国水彩画家认定色彩优先于形，色彩是物质也是形。

应该认识到，人们对色彩的认识经历了漫长的岁月，对色彩的应用也随之愈来愈多，建筑环境设计和表现历来都充分运用色彩。如法国古典主义的"巴洛克"风格，用金色、胭脂色、深蓝色装饰建筑，对颜色运用是夸张的。其后是"洛可可"艺术，推崇女性化的柔弱、糜艳和华贵、娇艳的色彩效果，以银色调为主，常用天蓝色、蔷薇色、淡黄色、淡绿色、肉色（跳蚤色）等；当代建筑则使用了大量的灰色和中间色调。因此，可以说色彩已无处不在地作用于人们的感性认识和社会生活中。历来从事建筑设计或室内设计的人士，都在设计中大量运用色彩，并用水彩或水粉表现建筑，使其具有说服力。

色彩建筑表现图的工具可以用水彩或水粉。水粉色又称广告色，作画时以水为媒介，色彩鲜艳亦可覆盖。水彩色与水粉色不同之处在于水彩表现基本不用白粉，颜料十分透明。

3. 速写

速写是素描的分支，在时间和地点上，不像素描有一定时间和空间的要求。平时准备一个速写夹，即使到很远的地方，也可以随地而就，信笔拈来。在用流畅的线条勾画生动的形象时，已浓缩了构图、透视、比例、体积等因素。

速写将往日绘画的过程提炼成迅速表现对象的本领，赋予了即兴和疏简的效果。所以，是一种独特的表现形式，每一名优秀的建筑师都将经过这样的艺术历程。如美国建筑大师格雷夫斯认为速写是"日记"，可获得创作灵感，像草稿又类似最后效果，能记录生活细节及其当时的所见、所悟。在中国传统画论中，有"搜尽奇峰打草稿"之谓，一语概括了速写源于生活又高于生活的特质。从艺术价值的角度和实践方面评价速写的意义，避免作者走马观花地看待生活，使其能够发现丰富创作的源泉，汲取生活中的生动瞬间，最后升华为艺术作品。因为缺乏细节的作品是空洞和僵化的，许多速写作品之所以生动、活泼和耐人寻味，在于其来源于生活的空间，具有亲切感人的生活气息，表现的是作者朴实无华的生活感受，是闭门造车的作画所无法达到的艺术境界。

速写的工具有很多种，基本的工具是炭素笔，因为炭素笔的线条鲜明，运笔时流畅、精细。还可使用铅笔、炭笔、毛笔、彩色铅笔等作画。

（二）表现图所需要的工具

1. 绘图尺

设计表现图应明确地体现建筑的外部结构和装饰构件，因为，现代建筑的室内外形式更多是直线效果，要利用尺子的界定，完美地展现这些特征。即使绘画能力很强的人，如果不运用尺子绘图，也是难以达到表现图的要求。因而，绘图尺的作用是取自于使用者对其充分地利用。作为一名有经验的设计师往往自觉动手制作便于操作的特效尺，如带支撑点的直尺、带卡槽的直尺等。

常用的尺子可分为很多种类，有直尺、丁字尺、三角板、蛇尺、贝卡尺、比例尺和曲线板等。

（1）直尺常用于檐口、立柱、窗棂、地板等直线的表现，也是最基本的绘图工具。直尺的长度不同，一般有30cm、90cm、100cm、120cm之别，可根据画幅的大小选用，还有一种带凹槽和悬空的直尺，能结合两支画笔作图。

（2）丁字尺的角度为90°，横向的长度长于图板，可画出直线。丁字尺若安装上小滑轮，能上下自如地在图板上移动，并作出平行的直线。

（3）三角板有等腰三角形和直角三角形两种。一端平行于丁字尺，可准确无误地画出垂线、垂直平行线、斜线、斜线平行线，以及小于90°的多种角度。

（4）蛇尺是由软铅芯和塑料制成的，可自由弯曲成多变的弧形，如表现图中的圆桌和吊顶造型均有圆弧形，所以，借助蛇尺可完成某些椭圆形物体的绘制。

（5）贝卡尺又称万能尺，体积灵巧，能画出水平平行线、垂直平行线、圆弧线和椭圆线等。在画铅笔稿时运用起来比较灵便。

（6）比例尺（三棱尺）有六种比例刻度，可正确地量出图面各物体之间的尺度关系，比例直尺有四种刻度。室内外表现图一般采用的比例尺度在1：500～1：50之间，画透视图时使用比例绘图的方法能获得真实的效果。

（7）曲线板又叫云形尺，可利用其画弯曲的线型。

"界尺法"是绘制表现图时使用最多的一种直尺用法。在表现直线的物体时，可用此法来画图，主要是绘制各种粗、细线，以及线的排列与交叉。由于采用的是毛笔或软笔，绘制时不会出现像直线笔被颜料堵塞的情况。并能运用水粉、水彩、马克笔、钢笔等不同的绘图工具进行绘图。方法如下：拿两支笔和一把直尺，长度根据画面需要而定，两支笔里有一支反向而握，笔根紧贴直尺边缘，另一支笔可以是尖毫、毛笔或宽笔，笔端触在纸面，调节适当角度就可以画线了。需指出的是直尺的底端两侧，最好用胶带纸粘两枚硬币，被垫高的尺子就不会粘带颜料，或是将两把尺子稍错位地粘接在一起，使画线一端的尺子离纸面有一段距离。

2. 绘图笔

应用于环境设计的绘图笔种类比较多，有铅笔、针管笔和直线笔、水粉笔和水彩笔、马克笔、喷笔、彩色铅笔等。这些笔的作用各有不同，颜料有快干型和慢干型，作图效果有细腻和粗犷，清晰与模糊等区别。应运用不同的笔可以表现迥然不同的艺术形式。在传统画论中，认为用笔应"意在笔先"，即胸有成竹，而后下笔。只有熟练地运笔才能达到一定的艺术效果。因为表现图需要更加谨严的用笔方法，但与追求一定的画面效果并不矛盾，所以用笔的方法比较多样。

在画建筑时，用笔的方向性很强。如画一段墙体或一段屋檐时应将笔运行到底，铺颜色和勾线条均如此。由于建筑画的用笔比绘画更注重尺度感，因此应了解各种笔类的性能。在中国画中所使用的毛笔，其原料是兽毛，弹性和长短不同，一般以"尖、齐、圆、健"为佳，其他材料所制的笔也大致如此。一些作者长期使用固定的几支笔作画，对这些笔的"习性"已了如指掌，若换成其他笔时，会产生操作不便的感觉。因此，最好选几支质量较好的常用笔，经过一段时间的使用之后，其性能会愈佳。

常用的各类绘图笔有以下几种：

（1）绘图铅笔：绘图铅笔是专用的制图铅笔，笔芯有软、硬之分。在起稿子时，可以用HB～4B的铅笔，定稿后应该用6H～4H的硬铅笔。在铅笔淡彩或素描表现图时，可软、硬兼用。

（2）针管笔（绘图笔）：针管笔也称绘图笔、绘图墨水笔，有0.3mm、0.6mm、1.0mm等不同直径，用于绘制各种粗细不同的线条，在表现图中，可用其完成最后的造型。画线时不宜过快，不能反向运笔。绘制时，笔顺斜为80°～85°为佳。

（3）直线笔（鸭嘴笔）：直线笔又叫鸭嘴笔，可用炭素墨水和水粉画出多样的同针管笔一样的线型，对修饰画面和提高画面表现力有着至关重要的作用。

（4）水粉笔与水彩笔：水粉笔和水彩笔之间的区别并不显著，两者可互换使用，在一般情况下会使用水粉笔。因为水粉笔笔毛呈方形，笔划宽直，符合表现建筑的直线感。近来较流行的尼龙笔是一种更为方便的绘图工具，一般成套的笔从1～6号共有6支，比兽毛笔更具有弹性，且不易变形。但天然毛类制成的笔吸水性强，质地柔软适于用水较多的湿画法。如果画面较大，可以用10号以上的1～2支大笔画背景，再大的画面就要用排板笔来画了。

（5）马克笔：马克笔（Marker）又称记号笔，色彩鲜明，可以快速表达设计意图，在作图时不必调色，同时还具有不变色的性能，适合在专用的马克笔纸或白卡纸上使用，也能在其他类型的纸上绘图。用马克笔作图速度很快，省去很多时间，受到很多从业者的青睐。品牌以进口居多，有水性和油性两种。油性笔的色阶衔接优于水性笔，如YOKEN牌马克笔一套5盒，116种色彩，有各种层次和多种颜色。笔头在笔的两端，一端是斜方形的，可画出较宽的色带，拼画地板和顶棚那样较大的色域，还可用较尖细的笔端画出细线。有的马克笔的另一端还装有细头，可以绘制略细的线条。

作画的纸面不宜太大，不要超过A1号图纸，A4和A3号图纸的视觉感最佳，能体现马克笔的用笔和技法，展示笔触的宽度，而且马克笔的透明性高，可以相互叠加，生成另一种颜色，这一功能类似调色，基本上能满足绘图的需求。马克笔的性能虽很优越，但无法作过多次地修改，若出现败笔可用橡皮或刀片刮改，但不能再改第二次，因为硫酸纸本身很薄，刮过的地方更薄，会降低着色的可能。再者，用笔不宜叠加过多，不可重复落笔，要求肯定、准确、轻快地运笔。先画浅色，深色最后覆盖。同时，轮廓线条可与色块相结合，并添画适当的阴影，因而能与水彩、彩色铅笔、炭素钢笔以及塑料笔混用，形成综合画法，令画面具有特殊效果和表现力。由于马克笔采用了挥发较快的颜料，对人体有一定的不良影响，用毕一定将笔帽盖好。还有一种是可湿画的或可喷涂的马克笔，但在国内使用的较少。

(6) 喷笔：喷笔（Airbrush）是靠压缩空气，将喷笔中的颜色从喷嘴中喷出，如图2-3-1所示。通过调节喷嘴的旋钮，可改变喷出气流的口径，喷出粗细不同的线条和色块，如图2-3-2所示。并通过各种形状的遮盖物喷出所需的图形，遮盖物通常是自制的硬卡纸和专用的遮盖胶带。其设备有两部分，即喷笔和压缩机。喷笔的质量有一定的区别，有高档专业用笔和价格经济的学生用笔，产地分为国产和进口，应选用双控式的喷笔（可用食指上下左右地控制擎柄）。同时，压缩机有自动和半自动之别，自动的压缩机可随着喷笔的开关而起动或停止；半自动的压缩机价格适中，但开机时间不宜过长。

以喷笔为主的表现图称喷绘，能与水粉、水彩、钢笔等多种画笔相结合，先喷后画或先画后喷均可，其效果细腻、真实，色彩衔接自然丰富，尤其是能得心应手地表现较大面积的色域，像天空和云层等。有专用的喷绘颜料，也可使用普通的水粉色和水彩色，对纸张没有特殊要求，但纸基应厚，以免喷绘时起翘。

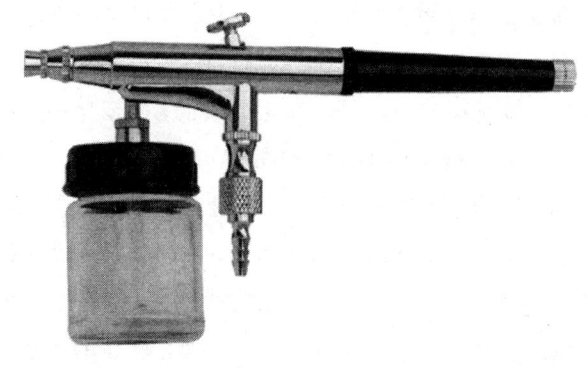

图 2-3-1　喷笔

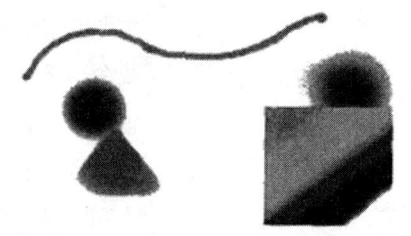

图 2-3-2　喷笔喷绘的线条和色块

(7) 彩色铅笔：彩色铅笔少至十几种，多达几十种颜色，虽然没有中间色，但是可以通过几种颜色的叠加获得较柔和的效果，不得与其他颜料混用，但可以在钢笔、铅笔、炭笔等图形的轮廓中填充颜色。对于水溶性彩色铅笔，可以用水溶解笔画，以替代一般的淡彩。水彩笔的笔蕾由尼龙制成，能勾勒画面的局部，以强调某一结构的效果。

3. 画纸

绘制表现图所用的纸张要求为150～180g的专用纸，纸基较厚，有良好的吸水性。这些纸有水彩纸和水粉纸、有色纸及卡纸，还有稍薄的拷贝纸、宣纸、硫酸纸等。利用这些纸的性能，能绘出各种各样的画面效果。为了追求画面的特殊效果，将纸处理一下，如可以先刷上底色或浸泡打磨等，由于纸张品质不同，会产生各自的特殊绘制技法。熟练的设计人员在落笔之前，对最终的效果已有八成的把握，其中相当的成分是熟知纸张、水分和颜料的相互关系。许多有独到之处的表现图，是经过反复的绘制产生出的"孤品"，可能是从千百张作品中筛选出的。因此，应了解以下各类纸张的特点。

(1) 水彩纸：水彩纸不仅是水彩画的专用纸，也适用于水粉画，质量较好，白而坚实，便于修改，着色后色彩饱和、稳定。现在普遍使用的是180g保定产水彩纸，还有其他省份所产的水彩纸，可依据各自的具体情况选用。

(2) 水粉纸：水粉纸的性能比水彩纸单一，原因是纸基经热压而成，吸水性较水彩纸弱，若用湿画法，在画面上不易产生氤氲的效果，所以，常采用水彩纸作表现图。

(3) 有色纸：有色纸是指由国内外厂家生产的牛油纸、卡纸、水彩纸等，这些纸类有各种颜色，表面纹路似水彩纸，具备一定的吸水性，纸基厚实。有色纸底色和谐，色调适度，作图时可用作背景颜色，画面的亮色用水粉提画，用彩铅平涂效果较佳，但有色纸无法有效地体现湿画法的效果。另一种是白卡纸，也称卡纸，纸基较其他纸类都厚些，表面为白色，背面呈灰色，基本上不吸水，作图时色层均浮在纸面上，显出颜料的厚度，使图面效果凝重而清晰。

(4) 绘图纸：绘图纸是绘制平、立、剖墨线图用纸，不具备任何吸水性，但在方案图中常附有小的室内外表现图，所以，适于马克笔和彩色铅笔进行描绘。另则，还有硫酸纸，往往用来勾画草图或绘制方案图。如果将硫酸纸附在其他稍硬的白纸上，再用马克笔来绘图也是不错的效果。

(5) 裱纸：无论用何种纸张作图，都必需裱纸，可以避免在作画中遇到纸面起翘，以致在画线或铺色的时候无法进行作图的情况。因此，在裱好的纸上从容不迫地画图，能提高图面的效果和质量。裱纸的程序是：在图板上先将裁好的纸平铺在图板上，纸的尺寸不要超过图板的边缘，把纸的四边折叠2cm，用水泡好后在此涂上胶水，再向纸面倒少许清水，浸泡一段时间。用水浸泡纸张的目的是为了使纸基膨胀，待裱好的纸逐渐干后，纸面就会不断地收缩，致使纸面非常平整。需要说明的是，倒入的清水不能用笔或毛巾蘸干，而是自然晾干，以保证纸基充分吸收水分。180g的0号水彩纸幅较大，应浸泡1～3h，但在任务比较急的情形下，可采用快速裱纸法，稍小的幅面如3号或4号图纸适宜用快速裱纸法，具体操作过程是：纸的浸泡时间可缩短为20～30min，当水倒入纸面的中心后，用干净的排笔刷将水向四面刷匀，然后用干净毛巾蘸干纸面的浮水，即刻将纸的四边涂上胶水，把四边粘在图板上，将白毛巾卷成条状，从纸面中心沿十字方向向纸的四边滚动，以使纸下面的气泡排出。再将纸的边缘朝水平方向的外侧拉伸，用力将四边牢固粘在图板上，不能使纸边留出缝隙。再使用吹风机，打开热风沿画面左右吹，注意吹风机不要离纸太近，以防温度过热而将纸吹皱（离纸面30cm高左右），这种做法可使纸的干燥时间大为缩短。其他稍薄的纸依情况而定，无须都用水浸泡，可用湿毛巾轻轻地将纸面蘸潮湿，然后将纸的四边抹上乳白胶，粘贴在图板上，晾干后就可使用了。

4. 颜料

目前市场上的颜料品牌分好多种，一般老厂家的产品和中外合资品牌的性能都较佳。调色盒里的颜色应尽可能的齐备，同时，对其他的颜料特性也应有所了解。描绘表现图所用的颜料与其他的绘画颜料并无太大区别，但存在差异性，这不在于颜料本身，而是如何使用颜料。室内外环境表现图的色彩较明快，这种明快不是刺眼的鲜艳，应是轻柔和温馨的感觉。因此，在绘图时，颜料不应是孤立的原色或固有色。现代制造颜料的原料是矿物质和植物，矿物性颜色的色相与植物性颜色的色相相比较纯，两者可混合使用。颜料可大致分为以下三种：

（1）水粉色：水粉色又称宣传色或广告色。色彩鲜艳，可绘制尺寸较大的画面，有瓶装的大包装和较小的锡管包装，使用方便，易于携带。由于水粉色中的成分由植物胶和石垩类粉质构成，色粉较厚，具有较强的覆盖力，适合于较大的画面；但厚度达到一定的程度时，会呈现龟裂以至脱落，因此，在作图时不宜太厚。

（2）水彩色：水彩色的特点是色彩雅致、透明，笔调轻柔。水彩色的包装比水粉色更轻便，色彩也较为细腻。若以湿画法作图，其酣畅淋漓的效果是任何画法都无法比拟的，但色泽不如水粉色鲜艳，一般用来画钢笔淡彩或铅笔淡彩表现图。

（3）透明色：透明色分照相透明色和水彩透明色、国画色等。这些颜料的用途特殊，取色不如锡管颜料使用方便，但能在更简陋的条件下使用，如照相透明色属于干燥的色片，体积仅为一盒水彩色的几十分之一，用水也很少，是快速渲染的可选颜料。还有一类不常用的丙烯色，也属于快干类颜色，用法与水粉相同，而且防水、耐折，可塑性强，耐涂盖且不剥离，不反色，这是其他颜料所不具备的性能，国外较为流行。

三、模　　型

近代模型与古代模型相比在材料上有了进一步发展。除陶土、木材、纸这些传统材料外，塑料、玻璃等工业产品被广泛运用到建筑模型制作上。

第四节　现代设计媒介

一、文　　字

设计总说明是现代建筑设计中对方案最常见的文字描述。在我国，设计总说明主要包括两方面：

（一）工程设计的主要依据

如项目立项文件、土地使用权属证明、场地红线图及有关规范和文件。

（二）工程设计的规模、范围及概况

二、图　　纸

电脑辅助设计及绘图如今已发展到绘制三度空间的立体图、透视图，图面由单色变为彩色，由静止变为旋转，由绘图变为设计。

目前，用于建筑设计的计算机软件很多，常见的有AutoCAD、3dMAX、Photoshop、Coreldraw、Freehand、Illustrator等。

AutoCAD是成熟的专业绘图软件。

3dMAX是功能强大的三维动画制作软件，被广泛应用于电脑效果图的制作当中。它拥有强大的建模功能、神气的材质编辑器，以及灵活的灯光照明和渲染系统，再配合Photoshop等平面软件加以后期处理、画龙点睛，可以把建筑形象淋漓尽致地呈现出来。

3D效果图主要特点是生产周期短、画面真实丰富，以及交互性的制作过程。如今在建筑行业的前期策划，项目的投标、竞标和施工的过程中，电脑效果图已经很大程度上取代了传统手绘效果图。现在，设计师们不再把大量的时间放在绘图上，而是把更多的精力放在设计和创意上，业主可以通过计算机效果图更直观地了解设计师的想法，最大限度地参与到设计中来。

3D效果图本身是根据商业需求而产生的一种图形艺术，所以它具有商业化的制作流程。大体分为：前期设计、建立模型、设置相机、材质编辑、灯光照明、渲染输出和后期处理几个步骤。

Photoshop是图片编辑处理软件。它为专业设计和图片编辑人员提供了非常完善而便利的创作环境。它主要采用位图方式，其中某些工具，如钢笔工具，绘制的又是矢量图。因此实际上，Photoshop既能处理位图，也能处理矢量图，并把它们加以集成。设计者通过对各图层的编辑、修改，最终完成了对整幅图片的处理。

三、模　　型

现代模型的制作已经开始探索利用计算机程序控制对各种新型材料的切割。对材料的研究与新的加工技术，可以使建筑师预见到建筑材料新组合的运用，同时也促使他们大胆设想更多传统材料的运用方式。

第五节　信息技术对城市规划的影响

信息技术对城市规划的影响表现在对城市规划所需信息的采集、分析、处理和利用方面，更为重要的是它改变了城市规划的内部信息流程和城市规划部门与社会的信息交流与反馈机制，进而对城市规划的管理体制产生深远的影响。

影响城市规划的信息技术主要包括因特网（Internet）技术、3S（遥感、GPS、GIS）技术、数字化野外测量技术、CAD技术、虚拟现实（Virtual Reality）技术。

因特网技术主要改变了城市规划中建设者、规划师、规划管理人员和公众的信息交流与反馈的方式。随着邮电通信网和有限电视网的数字化和计算机网络化，网络传输速度大幅度提高，这些人员可以方便地通过因特网进行静态和动态的信息交流，尤其是交互式双向信息传输，使这些人员的信息交流可以跨越空间甚至是一些时间限制。

遥感、GPS技术和数字化野外测量技术主要解决了城市规划中空间地理信息的采集问题。卫星遥感图像的精度将有可能提高到米级甚至分米级；而无人驾驶的采用GPS定位的小型飞机或航空模型装载CCD数字相机可以直接、快速地获取高精度对城市规划有用的信息和制作数字化影像图和矢量地图。数字化野外测量技术则采用电子平板仪加上GPS定位，获取高精度的测量电子数据，直接输入计算机系统中，在城市规划中应用。

GIS与CAD技术主要解决现实地理空间的数字模型问题，利用GIS与CAD技术可以构造与现实地理空间对应的虚拟地理信息空间，并可以用数字模型对现实地理空间的现象和过程进行模拟和仿真，并加以预测。利用GIS技术建立的城市空间基础数据库和各种专题数据库（如人口、交通、地下管理线等）使城市规划中所需的信息数字化，使规划师和规划管理人员更容易获取。

虚拟现实技术是人们借助于各种设备感觉信息空间所反映的现实世界，使计算机的使用更为方便，更为形象生动地表现信息世界中所反映的现实世界。

Chapter3 Building Materials

第三章 建筑材料

第三章　建筑材料

建筑材料是指在建筑工程中所应用的各种材料的总称，它所包含的门类、品种极多，就其应用的广泛性及重要性来说，通常将水泥、钢材及木材称为一般建筑工程的三大材料。

一、建筑材料可从不同的角度进行分类，有以下三种类型

按材料的化学组成分为无机材料、有机材料和复合材料三类，见表3-0。

建筑材料的分类　　　　　　　　　　　　表3-0

分　类			实　例
无机材料	非金属材料	天然石材	毛石、料石、石板、碎石、卵石、砂
		烧土制品	黏土砖、黏土瓦、陶器、炻器、瓷器
		玻璃及熔融制品	玻璃、玻璃棉、矿棉、铸石
		胶凝材料	石膏、石灰、菱苦土、水玻璃、各种水泥
		砂浆及混凝土	砌筑砂浆、抹面砂浆、普通混凝土、轻骨料混凝土
		硅酸盐制品	灰砂砖、硅酸盐砌块
	金属材料	黑色金属	铁、非合金钢、合金钢
		有色金属	铝、铜及其合金
有机材料	植物质材料		木材、竹材
	沥青材料		石油沥青、煤沥青
	合成高分子材料		塑料、合成橡胶、胶粘剂、有机涂料
复合材料	金属—非金属		钢纤混凝土、钢筋混凝土
	无机非金属—有机金属		玻纤增强塑料、聚合物混凝土、沥青混凝土
	金属—有机金属		PVC涂层钢板、轻质金属类芯板

二、按材料的使用功能

分为建筑结构材料、墙体材料、建筑功能材料及建筑器材等几大类。

建筑材料品种繁多，性能各异，价格相差悬殊，建筑材料的质量与选用，

直接影响建筑物的坚固性、适用性、耐久性及经济性。

建筑工程中许多技术问题的突破,往往依赖于建筑材料问题的解决;而新的建筑材料的出现,又将促进结构设计及施工技术的革新。因此,建筑材料生产及其科学技术的迅速发展,对于社会主义现代化建设,具有重要作用。

第一节 建筑材料的基本性质

一、建筑材料的物理性质

(一)材料的密度、表观密度与堆积密度

1. 密度

密度是指材料在绝对密实状态下,单位体积的质量,可用下式表示:

$$\rho = m/v \quad (3-1-1)$$

式中 ρ——密度 (g/cm^3);

m——材料在干燥状态下的质量 (g);

v——干燥材料在绝对密实状态下的体积 (cm^3)。

绝对密实状态下的体积是指不包括孔隙在内的体积,在测定有孔材料的实体积时,须将材料磨成细粉,干燥后用李氏瓶(排液置换法)测定。

2. 表观密度(原称容重,也称体积密度)

表观密度是指材料在自然状态下,单位体积的质量,可用下式表示:

$$\rho_0 = m/v_0 \quad (3-1-2)$$

式中 ρ_0——表观密度 (g/cm^3, kg/m^3);

m——材料的质量 (g, kg);

v_0——材料在自然状态下的体积(指包含内部孔隙的体积) (cm^3, m^3)。

材料的表观密度的大小与其含水情况有关,应予以注明,通常材料的表观密度是指气干状态下的表观密度。

3. 堆积密度

仅适用于散粒材料(粉状或粒状材料)的一个指标,为在堆积状态下单位体积的质量。可用下式表示:

$$\rho_0' = m/v_0' \quad (3-1-3)$$

式中 ρ_0'——堆积密度 (kg/m^3);

m——材料的质量 (kg);

v_0'——材料在堆积状态下的体积 (m^3)。

(二) 孔隙率及空隙率

1. 孔隙率

孔隙率是指材料中孔隙体积占总体积的比例，可按下式计算：

$$孔隙率 P = V_孔/V_0 = (V_0-V)/V_0 = 1-V/V_0 = 1-\rho_0/\rho \tag{3-1-4}$$

材料中固体体积占总体积的比例，称为密实度，密实度 $D=1-P$，即材料的密实度 (D)+孔隙率$(P)=1$。

材料的孔隙率的大小直接反映了材料的致密程度。孔隙率的大小及孔隙本身的特征（孔隙构造与大小）对材料的性质影响较大。

通常，对于同一种材质的材料，如其孔隙率在一定范围内变化，则这种材料的强度与孔隙率有显著的相关性，即孔隙率越大，则强度越低。

2. 空隙率

空隙率是指散粒材料在某堆积体积中，颗粒之间的空隙体积占总体积的比例。可按下式计算：

$$空隙率 P' = V_孔/V_0' = (V_0'-V_0)/V_0' - 1 - V_0/V_0' = 1-\rho_0'/\rho \tag{3-1-5}$$

空隙率的大小反映了散粒材料的颗粒互相填充的致密程度。在混凝土中，空隙率可作为控制砂石级配及计算混凝土砂率的依据。

(三) 材料的亲水性与憎水性

材料表面与水或空气中的水汽接触时，产生不同程度的润湿。材料表面吸附水或水汽而润湿的性质与材料本身的性质有关。材料能被水润湿的性质称为亲水性，材料不能被水润湿的性质称为憎水性，一般可以按润湿边角的大小将材料分为亲水性材料与憎水性材料两类。润湿边角指在材料、水和空气的交点处，沿水滴表面的切线与水和固体接触面所成的夹角。

亲水性材料水分子之间的内聚力小于水分子与材料分子间的相互吸引力，表面易被水润湿，且水能通过毛细管作用而被吸入材料内部。建筑材料大多为亲水性材料，如砖、混凝土、木材等；少数材料如沥青、石蜡等为憎水性材料。憎水性材料有较好的防水效果。

(四) 材料的吸水性与吸湿性

1. 吸水性

材料在水中能吸收水分的性质称为吸水性，吸水性的大小用吸水率表示。吸水率是指材料浸水后在规定时间内吸入水的质量占材料干燥质量或材料体积的百分率。工程建筑材料吸水性的衡量一般均采用质量吸水率。

$$W_m = (m_1-m)/m \times 100\% \tag{3-1-6}$$

式中 W_m——质量吸水率；

m_1——材料吸水饱和状态下的质量 (g)；

m——材料干燥状态下的质量（g）。

材料的吸水性与材料的亲水、憎水性有关，还与材料的孔隙率的大小、孔隙特征有关。对于细微连通孔隙，孔隙率愈大，则吸水率愈大；封闭孔隙，水分不能进入，粗大开口孔隙，水分不能存留，吸水率均较小。因此，具有很多微小开口孔隙的亲水性材料，其吸水性特别强。

2. 吸湿性

材料在潮湿空气中吸收水分的性质称为吸湿性。常用含水率表示，可用下式计算：

$$W=(m_{湿}-m)/m\times 100\% \quad (3-1-7)$$

式中　W——含水率；

　　　$m_{湿}$——材料吸收空气中水分后的质量（g）；

　　　m——材料烘干至恒重时质量（g）。

材料的含水率随空气湿度和环境温度变化而变化，也就是水分可以被吸收，又可向外界扩散，最后与空气湿度达到平衡。与空气湿度达到平衡时的含水率称为材料的平衡含水率。

材料的吸水性与吸湿性均会导致材料其他性质的改变，如材料自重增大，绝热性、强度及耐水性等产生不同程度的下降等。

（五）材料的耐水性

材料长期在饱和水作用下不破坏，其强度也不显著降低的性质称为耐水性。材料的耐水性用软化系数（K）表示：

K=材料在吸水饱和状态的抗压强度/材料在干燥状态下的抗压强度

软化系数的大小表示材料浸水饱和后强度降低的程度，其范围波动在0～1之间，软化系数愈小，说明材料吸水饱和后的强度降低愈多，耐水性则愈差。对于经常处于水中或受潮严重的重要结构物的材料，其软化系数不宜小于0.85；受潮较轻或次要结构物的材料，其软化系数不宜小于0.75。

（六）材料的抗渗性

材料抵抗压力水渗透的性质称为抗渗性（或不透水性）。材料的抗渗性常用渗透系数表示：

$$K=Qd/ATH \quad (3-1-8)$$

式中　K——材料的渗透系数（cm/h）；

　　　Q——渗水量（cm³）；

　　　d——试件厚度（cm）；

　　　H——静水压力水头（cm）；

　　　T——渗水时间（h）；

A——渗水面积（cm^2）。

渗透系数愈大，表明材料渗透的水量愈多，抗渗性则愈差。

抗渗性也可用抗渗等级表示，抗渗等级是以规定的试件、在标准试验方法下所能承受的最大水压力来确定，以符号P_n表示，其中n为该材料所能承受的最大水压力为0.1MPa，如普通混凝土的抗渗等级为P_6，即表示混凝土能承受0.6Pa的压力水而不渗透。

材料抗渗性的好坏，与材料的孔隙率及孔隙特征有关。孔隙率较大且是开口连通的孔隙，其抗渗性较差。

抗渗性是决定材料耐久性的主要指标，对于地下建筑及水工构筑物，因常受到压力水的作用，所以要求材料具有一定的抗渗性。对于防水材料，则要求具有更高的抗渗性。材料抵抗其他液体渗透的性质，也属抗渗性。

（七）材料的抗冻性

材料在吸水饱和状态下，能经受多次冻融循环（冻结与融化）作用而不破坏，强度也无显著降低的性质，称为材料的抗冻性。

材料受冻融破坏是由于材料孔隙中的水结冰造成的。水在结冰时体积约增大9%，当材料孔隙中充满水时，由于水结冰对孔壁产生很大的压力，而使孔壁开裂。

材料的抗冻性可用抗冻等级"F_n"表示，n为最大冻融次数，如F25、F50等。一般规定材料在经受若干次冻融循环后，质量损失不超过5%，强度损失不超过25%时，认为抗冻性合格。对于水工及冬季气温在-15℃的地区施工应考虑材料的抗冻性。

材料抗冻性的高低，取决于材料孔隙中被水充满的程度和材料对因水分结冰体积膨胀所产生压力的抵抗能力。

抗冻性良好的材料，对于抵抗大气温度变化、干湿交替等风化作用的能力较强，所以抗冻性常作为考查材料耐久性的一项指标。处于温暖地区的建筑物，虽无冰冻作用，为抵抗大气的作用，确保建筑物的耐久性，有时对材料也提出一定的抗冻性要求。

（八）材料的导热性

在建筑中，除了满足必要的强度及其他性能的要求外，建筑材料还必须具有一定的热工性质，以达到降低建筑物的使用能耗、创造适宜的生活与生产环境。导热性是建筑材料的一项重要热工性质。

导热性是指当材料两侧存在温度差时，热量从温度高的一侧向温度低的一侧传导的性质。材料的导热性通常用导热系数"λ"表示。匀质材料导热系数的计算公式为：

$$Q = \lambda(t_1-t_2) \cdot A \cdot Z/a \text{ 从而 } \lambda = Q \cdot a/[(t_1-t_2) \cdot A \cdot Z] \quad (3-1-9)$$

式中　　λ——材料的导热系数（W/m·K）；

　　　　Q——总传热量（J）；

　　　　A——材料厚度（m）；

　　　　(t_1-t_2)——材料两侧绝对温度之差（K）；

　　　　A——传热面积（m²）；

　　　　Z——传热时间（s）。

导热系数的物理意义是：单位厚度的材料，当两侧温度差为1K时，在单位时间内通过单位面积传导的热量。它是评定材料保温绝热性能好坏的主要指标。λ 越小，则材料的保温绝热性能越好。影响建筑材料导热系数的主要因素有：

（1）材料的组成与结构：通常金属材料、无机材料、晶体材料的导热系数分别大于非金属材料、有机材料、非晶体材料。

（2）孔隙率：孔隙率大，含空气多，则材料表观密度小，其导热系数也就小。这是由于空气的导热系数小的缘故。

（3）孔隙特征：在同等孔隙率的情况下，细小孔隙、闭口孔隙组成的材料比粗大孔隙、开口孔隙的材料导热系数小，因为前者避免了对流传热。

（4）含水情况：当材料含水或含冰时，材料的导热系数会急剧增大。

二、建筑材料的力学性质

（一）材料的强度与等级、标号

材料在外力（荷载）作用下，抵抗破坏的能力称为材料的强度。当材料承受外力作用时，内部就产生应力，外力逐渐增加，应力也相应地加大，直到质点间作用力不再能够承受时，材料即破坏，此时极限应力值就是材料的强度。

根据外力作用方式的不同，材料强度有抗压强度、抗拉强度、抗弯强度及抗剪强度等。

材料的抗压强度（f_a）、抗拉强度（f_t）及抗剪强度（f_v）的计算公式如下：

$$f = F/A \quad (3-1-10)$$

式中　F——材料破坏时最大荷载（N）；

　　　A——材料受力截面面积（mm²）。

材料的抗弯强度与受力情况、截面形状及支承条件等有关，通常将矩形截面条形试件放在两支点上，中间作用一集中荷载，称为三点弯曲，抗弯强度计算式为：

$$f_{tm}=3FL/2bh^2 \qquad (3-1-11)$$

也有时在跨度的三分点上作用两个相等集中荷载,称为四点弯曲,则其抗弯强度计算式为:

$$f_{tm}=FL/bh^2 \qquad (3-1-12)$$

式中　　f_{tm}——抗弯强度(MPa);

　　　　F——弯曲破坏时最大荷载(N);

　　　　L——两支点间的跨距(mm);

　　　　b,h——试件横截面的宽及高(mm)。

为衡量材料轻质高强方面的属性,还需规定一个相关的性能指标,称为比强度。比强度定义为材料的强度与其表观密度之比,即f/ρ_0,它描述了单位重量材料的强度,其值愈大,表示该材料具有愈好的轻质高强属性。

各种建筑材料的强度特点差异很大,为了使用方便,建筑材料常按其强度高低划分为若干个标号或等级,例如硅酸盐水泥按抗压和抗折强度分为六个强度等级,普通混凝土按其抗压强度分为12个强度等级。

(二)材料的变形性质

变形性质是指材料在荷载作用下发生形状、体积变化的有关性质。主要有弹性变形、塑性变形、徐变和松弛等。

1. 弹性变形和塑性变形

材料在外力作用下产生的变形,当外力除去后可以完全自行消失的,称为弹性变形。材料在外力除去后,能恢复原有形状的性能,称为弹性。产生弹性变形的原因,是作用于材料的外力改变了材料质点间的平衡位置。但此时外力并未超过质点间的最大结合力,外力所做的功,转变为材料的内能(弹性能),当外力去除时,内能做功,质点恢复到原有的平衡位置,变形消失。

材料的变形在外力除去后,不能自行恢复到原有的形状,而是保留残余变形,这种变形成为塑性变形。材料的这种性质,称为塑性。产生塑性变形的原因是作用于材料的外力,超过材料质点间的最大结合力,或在长时间持续应力的作用下,使材料部分结构或构造受到破坏,外力所做的功未转变为弹性势能,而消耗于部分结构或构造的破坏,因而变形不再消失。

通常把材料放在规定的加荷速度和一定的温度下进行试验,并根据材料在破坏前塑性变形的显著与否,将材料分为塑性材料与脆性材料两类。材料在破坏前有显著塑性变化者,称为塑性材料,如低碳钢、塑料及沥青等。反之在破坏前无显著塑性变形者,称为脆性材料,如石料、烧土制品、混凝土及生铁等。但材料的塑性和脆性并不是固定不变的,可随着温度、含水率、加荷速度及受力状况等因素而改变。如沥青材料在迅速加荷或低温条件下是脆性的,在缓慢加荷或温度稍高的条件下,则是塑性的。

2. 徐变与松弛

固体材料在长期不变的外力作用下,变形随着时间的延长而逐渐增长的现象,称为徐变。产生徐变的原因,是由于材料中某些非晶体物质,具有类似液体的黏性流动而造成的;而晶体材料的徐变则是由于在剪切应力作用下,出现晶格错动或滑动而造成的。

徐变的发展与材料所受的应力大小有关,当应力未超过某一极限值时,徐变发展随着时间的延长而减小,最后材料的变形停止发展;当应力达到(或超过)某一极限值时,徐变发展随时间而增大,最后导致材料的破坏。材料的徐变还与环境的温度和湿度有关,如混凝土、岩石等材料,它们的徐变量随着温、湿度的增高而加大。金属材料在高温下的徐变特别显著。

材料在长期荷载作用下,如总的变形不变,而其中的塑性变形部分逐渐增加,弹性变形部分逐渐减少,因而引起弹性应力随时间的延长而逐渐降低的现象,称为应力松弛。

产生松弛的原因与产生徐变的原因相似,也是由于非晶体物质的部分黏性流动或晶体物质的晶格滑移,使其塑性变形逐渐发展,从而引起材料的部分弹性变形逐渐转变为塑性变形,材料中储存的弹性位能转变为热而逐渐消失,故弹性应力逐渐降低。一般材料的徐变越大,应力松弛也越大。

(三) 材料的静力强度

材料的静力强度,使材料在静荷载所产生的应力作用下,抵抗破坏的能力。它是以材料在静荷载作用下达到破坏时的极限应力值来表示的。随着外力作用情况的不同,有抗压、抗拉、抗剪、抗弯等几种强度。

通常所规定的材料强度,是材料在短期荷载作用下抵抗破坏的能力,或称暂时强度。材料在持久荷载作用下的强度,称为持久强度。持久强度以材料在长期荷载作用下,不发生破坏的最大应力值表示。结构物中材料所承受的荷载,一般都是持久荷载。因为材料在持久荷载下发生徐变,致使塑性变形增大,所以持久强度都低于暂时强度。

(四) 冲击韧性

材料抵抗冲击或振动等荷载作用的性能,称为冲击韧性或冲击强度。根据荷载作用的方式不同,有冲击抗压、冲击抗拉、冲击抗弯等。冲击韧性的大小,以材料试件破坏时消耗于单位面积或单位体积的功来表示。对于用作桥梁、路面、桩以及由抗震要求的结构物的材料,都要考虑其冲击韧性。脆性材料的韧性较小,容易因冲击作用而破坏。

(五) 疲劳极限

材料在受到随时间而交替变化的荷载作用时，所产生的应力也会随时间作交替变化，这种交变应力超过某一限度而且长期反复作用即会导致材料的破坏，这个极限称为材料的疲劳极限。疲劳极限是通过实验确定的。一般是在规定应力循环次数下，把它对应的极限应力作为疲劳极限。疲劳破坏与静力破坏不同，常在没有明显的塑性变形情况下，就发生突然断裂，即使塑性很好的材料也是这样。其破坏应力远低于静力强度，甚至低于屈服强度。

（六）硬度、磨损及磨耗

材料抵抗其他较硬物质压入的能力称为硬度。材料的硬度与其键性有关，一般共价键、离子键及某些金属键结合的材料硬度都大。硬度大的材料耐磨性较强，但不易加工。所以，材料的硬度在一定程度上可以表明材料的耐磨性和加工的难易程度。

材料受外界物质的摩擦作用，而减小重量和体积的现象称为磨损。材料同时受到摩擦和冲击两种作用，而减小重量和体积的现象称为磨耗。在水利工程中，如滚水坝的溢流面、闸墩和闸底板等部位经常受到挟砂高速水流的冲刷作用，或者水底挟带石子的冲击作用而遭受破坏，这些部位都需要考虑材料抵抗磨损及磨耗的性能。材料的硬度较大、韧性较高、构造较密实时，其抗磨损及磨耗的能力较强。

三、材料的稳定性和耐久性

材料在使用过程中，除受到各种外力的作用外，还长期受到各种自然因素的破坏作用。这些破坏作用一般可以分为物理作用、化学作用及生物作用等。

物理作用包括材料的干湿变化、温度变化及冻融变化等。干湿变化和温度变化引起材料发生收缩和膨胀，时间长了会使材料逐渐破坏。在寒冷地区，冻容变化对材料的破坏作用更为显著。

化学作用包括酸、碱、盐等物质的水溶性及气体对材料产生的侵蚀，这是材料产生质的变化而破坏。

生物作用是昆虫、菌类等对材料所引起的蛀蚀腐朽等破坏作用。

一般矿物质材料，如石料、砖、混凝土及砂浆等，当暴露在大气中时，主要是受到物理破坏作用；当处于水位变化区或水中时，除物理作用外，还可能受到环境水的化学侵蚀作用。

对于各种金属材料来说，引起破坏的原因主要是化学腐蚀及电化学腐蚀作用。

由木材及其他植物纤维组成的有机质材料，常由于虫、菌等生物对材料所起的蛀蚀和腐朽作用而破坏。

沥青质的有机胶结材料及高分子合成材料，在阳光、空气及热的作用下，会逐渐老化而破坏。

综上所述，所谓材料的耐久性，就是指材料在上述各种因素作用下，仅就不易破坏也不易失去其原有性能的性质。耐久性是材料的一种综合性质，诸如抗冻性、抗风化性、抗化学侵蚀性等均属于耐久性的范围。此外，材料的抗渗、抗磨损等性质也属于耐久性的范畴。

四、材料的外观特性

材料的外观特性主要包括三个方面的内容。

（一）色彩

色彩是构成建筑物外观、乃至影响周围环境的重要因素，古今中外的建筑物都是利用材料的色彩使建筑造型更加美丽。一般以白色或浅色为主的立面色调，常给人以明快、清新的感觉；以深色为主的立面，则显得端庄、稳重；在室内看到红、橙、黄等暖色，使人感到热烈、兴奋、温暖；看到绿、蓝、紫罗兰等冷色，使人感到宁静、幽雅、清凉。由于生活条件、气候条件以及传统习惯等因素不同，人们对色彩的感觉和评价也不相同。

使用色彩是中国古代建筑形式美的突出表现。随着社会的进步和发展，建筑物外部的色彩处理日趋丰富。在这方面的卓越成就，是在建筑艺术和保护结构的材料相结合的基础上而取得的。

我国建筑的色彩处理的方法和技巧是多种多样的，常用的方法和技巧如下：

（1）根据建筑物的性质，明确区分色彩。如宫殿、庙宇为了显示富丽堂皇、璀璨夺目，常采用强烈的原色，台基为白色或青色，屋身为朱红色，檐下以青绿等冷色为主，屋面是黄色或绿色的琉璃瓦。而平民住宅一般采用中和的色彩，使建筑物显得素雅、宁静，与居住环境所要求的气氛相协调。

（2）运用对比色以达到强调某种艺术气氛的目的，由色的对比衬托质的对比。运用对比色还可以达到协调建筑物各部分统一于同一风格的目的。在现代建筑中，材料色彩的选择是十分重要的，它是构成人造环境的重要内容。

建筑物外部色彩的选择，要考虑它的规模、环境和功能等因素。深浅不同的色块在一起对比时，浅色块会使人感到庞大和肥胖，深色块感到瘦小和苗条。因此，庞大的高层建筑宜采用稍深的色调，使之在蓝天衬托下显得庄重和深远；小型民用建筑宜采用淡色调，使人不会感觉矮小和零散。室内宽敞的房间，宜采用深色调和较大图案，不致使人有空旷感而显得亲切；房间小的墙面，要有意识地利用色彩的远近感来扩伸空间感。例如北京天坛太和殿外部多种色彩的运用有简有繁、有细有粗、彼此呼应，获得浑然一体的艺术效果。

(3) 以各种色彩的和谐创造建筑的风格和环境。为了表现园林建筑特有的风格，色彩一方面运用浅灰、棕褐、绿、浅黄、浅蓝等作原色，同时又综合使用，避免大面积的单色，再配以精致淡雅的装饰和家具、陈设、建筑小品等，使色彩更加协调。

(4) 各种色彩使人能产生不同感觉。炎热夏天在工作和生活环境中采用冷色调，会使人感到凉爽；寒冷的冬季采用暖色调，会使人感到温暖。幼儿园的活动室宜用暖色调以适合儿童天真活泼的心理；寝室宜用冷色调以便创造一个舒适、宁静的环境，使人安静入睡；饭店餐厅宜用淡黄、橙黄等暖色调以增进人的食欲。

(二) 质感

质感是材料表面的粗细、软硬程度、凹凸不平、纹理构造、花纹图案、明暗色差等给人的一种综合感觉。如粗糙的混凝土或砖的表面，显得较为厚重、粗犷；平滑、细腻的玻璃和铝合金表面，显得较为轻巧、活泼。质感与材料的材质特性、表面的加工程度、施工方法有关，同时会影响到建筑物的形体和立面风格。建筑物外墙装饰材料既要美观，又要耐久。如有机材料在光、热等自然条件作用下，容易老化而改变其固有性能，故不宜选作外墙装饰材料；而无机材料如白水泥、彩色水泥、陶瓷、玻璃及铝合金制品等，不但色彩宜人，而且耐久可靠，是理想的外墙装饰材料。

室内装饰材料可供选择的品种较多，其选择主要取决于室内装饰设计的基调和材料本身的功能，因此，必须根据材料的色彩、质感、光泽、性能诸方面综合考虑，使其与建筑艺术能达到完美统一。

装饰材料的选用还应该考虑装饰造价问题。就我国目前的经济水平，绝大部分建筑还不可能大量使用高档装饰材料，而以新型、美观、适用、耐久、价格适中的装饰材料较为适宜，一些名不见经传的材料，经过建筑师的精心设计和能工巧匠的高超手艺，同样能达到以假乱真的装饰效果。

(三) 线型

线型主要是指立面装饰的分格缝与凹凸线条构成的装饰效果。如抹灰、水刷石、干粘石、天然石材、加气混凝土等均应分格或分缝，既可获得不同的立面效果，又可防止开裂。分格缝的大小应与材料相配合，一般缝宽取10~30mm为宜，而分块大小不同，装饰效果也不同。

第二节　室内环境中的建筑材料污染控制

一、室内环境中的主要污染物质

（1）有机化合物：甲醛、苯、甲苯和二甲苯、苯并（a）芘、总挥发性有机化合物（TVOC）、甲苯二异氰酸酯；

（2）无机含氮化合物和氧化剂：氨、氮氧化物、臭氧；

（3）含硫磷的化合物：二氧化硫、硫化氢；

（4）一氧化碳和二氧化碳；

（5）重金属：铅、镉、铬、汞；

（6）可吸入颗粒物；

（7）微生物和尘螨；

（8）噪声；

（9）放射性污染；

（10）室内空气品质。

二、室内主要污染物质的来源

污染物质主要来自胶合板、细木工板、中密度纤维板和刨花板等人造板中使用的胶粘剂，油漆及其添加剂和稀释剂，贴墙布和纸，化纤地毯，化纤窗帘，泡沫塑料，空气消毒剂和杀虫剂的溶剂，含碳燃料及有机物的热解过程，熏制食品，油墨，打印，复印机，汽车尾气，密封膏，防水材料，防冻剂，香烟，人口稠密的室内，近身织物，交通，施工，社会活动，天然石材（如花岗石）。

由于建筑装饰材料的使用直接与人们的日常生活相关，所以建筑装饰材料的环保问题特别为广大消费者所重视。中国环境标志产品认证委员会所制订的环境标志产品中，装饰材料占有比较大的份额；同时，为了全面加强建筑装饰材料使用的安全性，控制室内环境的污染，国家质量监督检验检疫总局于2001年底组织专家专门制订了10种室内装修材料的污染物控制标准，这10种材料包括：人造板、内墙涂料、木器涂料、胶粘剂、地毯、壁纸、家具、地板革、混凝土添加剂、有放射性的建筑装饰材料。

（一）木质装饰板

装饰板是利用天然树种(如水曲柳、橡木、榉木、枫木、樱桃木等数十种)装饰单板或人造木质装饰单板通过精密刨切或旋切加工方法制得的薄木片，贴在基材上，采用先进的胶粘工艺，经热压制成的一种高级装饰板材。装饰板作为一种表面装饰材料，不能单独使用，只能粘贴在一定厚度和具有一定强度的基材板上，如大芯板、多层胶合板、中密度纤维板和刨花板等，才能得到合理地利用。按材质分类装饰板可分为天然木质贴面和人造木质贴面。天然木质单板的贴面具有天然木质花纹，纹理图案自然，变异性比较大，无规则，无人工造作，真实感和立体感强，被人们广泛使用于室内装修中。人造木质贴面的纹理基本为通直纹理，纹理图案有规则，因其表面较耐磨、耐清洗、不怕水、使用范围正在不断扩大。目前世界各国都十分关注环境的可持续发展，对森林资源进行保护的呼声日益高涨。天然木质贴面材料必然会被人工合成、人造木和纸质贴面材料取而代之。

人造板材通常是由小木屑、树皮、果实或亚麻、亚麻纤维，加入树脂、胶粘剂通过热压粘合而成。常见的人造板材有胶合板、纤维板、刨花板、细木工板、木丝板、饰面防火板等，它们广泛用于顶棚、隔断、踢脚线、门窗口等罩面板工程中。复合木地板是地面装饰材料之一，它是由木纤维及胶浆经高温高压压制而成的，是随化工技术的进步而发展起来的一种新型材料，由于其具有耐磨、耐冲击、强度高、含水率低、表面耐灼烧等特点而越来越受人们的青睐。木地板、强化木地板、人造板等木装饰材料美观细腻的纹理，柔和的色泽，富于弹性、自然的色彩与光泽给人以典雅、亲切、温和之感。在室内装饰中具有不可替代的地位。用作室内装饰的人造板材在生产时所使用的胶粘剂是以甲醛为主要成分的脲醛树脂，板材中残留的和未参与反应的甲醛会逐渐向周围环境释放，是形成室内空气中甲醛的主体。

（二）塑料装饰板

塑料装饰板是一种具有轻质、高强、隔声、透光、防火、可弯曲、安装方便、抗老化等特点的建筑装饰板材。该产品的推广应用，不仅可替代传统的消耗一次性资源的建筑材料，如木材、钢材等，还可以改善建筑功能，美化环境，满足现代建筑装饰的需求。塑料装饰板材依据使用的树脂原料不同可分为：聚碳酸酯板、聚氯乙烯装饰板、聚乙烯装饰板、聚丙烯装饰板等。由于材料的不同，其产品性能和使用功能亦有差异。一般而言，塑料装饰板可广泛用于现代建筑的内外装饰、装修和室内吊顶装修等。

塑料装饰板的绿色环保型主要体现在三个方面：

（1）可以替代大量的高能耗、资源短缺的钢材、木材、铝材等，生产过程节能环保；

（2）塑料装饰板使用安全、卫生；

（3）由于塑料装饰板为高分子材料制成，质轻、高强、安装方便，可节省基础、运输、安装等方面的费用。

（三）室内装饰用涂料与内墙涂料

装饰装修涂料可分为木器装修漆和内、外墙涂料。在室内装修中，内墙涂料已大量取代墙纸，聚氨酯木器漆的装饰也占较大的比重。有些劣质内墙涂料甲醛含量超标，还含有一定量的甲苯、二甲苯、氨和铅等；醇酸色漆中铅、铬的含量超标最甚，其次是苯、甲苯和二甲苯。溶剂型聚氨酯木器漆含有VOC、苯类溶剂和游离TDI等。

溶剂型涂料对大气污染，对人类健康有影响。至2000年，欧美等发达国家已限制溶剂型涂料的应用。而水性涂料无污染、无毒害，符合各国的环境政策，为广大用户接受。其中，以丙烯酸酯类乳液为基础的水性涂料是综合性能最好的一种。

丙烯酸酯类乳液具有许多独特、优异的性能：

(1) 无毒、无污染，环境协调性优；

(2) 室温下实现高交联，大大减化涂装工艺，成膜性极佳；

(3) 优良的耐水性和抗污染性；

(4) 优良的耐老化性，使用寿命大大延长；

(5) 良好的硬度、强度、粘结牢度和光泽度；

(6) 用途广泛。

丙烯酸酯类乳液是一种全新的环保型装修用漆，它的光泽、硬度、耐水性等主要应用指标均可与目前常用的硝基清漆和聚酯清漆相媲美。将纳米粒子添加到聚合物涂料中，可以增强涂层的强度、耐划伤、附着力、耐腐蚀性能及改善憎水、憎油性等，是改善聚合物涂料性能的有效途径，在建筑、家具等多个领域应用。

（四）胶粘剂

溶剂型胶粘剂在装饰行业仍有一定市场，而其使用的溶剂多为甲苯，其中含有30%以上的苯，但因为价格、溶解性、粘结性等原因，还被一些企业采用。一些家庭购买的沙发释放出大量的苯，主要原因是在生产中使用了含苯高的胶粘剂。从我国胶粘剂和涂料的发展历程来看，传统的建筑装饰、装修用胶粘剂可分为溶剂型胶粘剂(万能胶)和水基型胶粘剂(白乳胶)。长期以来被广泛使用的溶剂型胶粘剂大多以苯、甲苯或二甲苯为主要溶剂。在使用过程中，大量的苯系物质挥发在空气中，污染了空气，给人体造成危害。无溶剂型的水基胶粘剂正逐渐取代溶剂型胶粘剂。目前市场上使用低级的水基型胶粘剂或低质量的水性涂料虽然不含大量的苯系物，但在使用过程中，游离的甲醛会逐渐向周围环境释放，造成空气污染。环境、人类健康需要高性能、高质量、符合环保要求的健康型装饰用胶粘剂。在21世纪初的十年内，我国应重点发展高性能的环保型水基胶粘剂，尽快制定胶粘剂的国家质量标准，加快淘汰部分质量低、污染大的胶粘剂产品如107胶、氯丁胶和甲醛释放量超标的脲醛胶等。

(五)天然石材与陶瓷材料

天然石材中广泛被应用的主要是花岗石和大理石。天然石材以其强度高、硬度大、耐磨、耐酸、耐久性好以及其特有的色泽、纹理和色彩等装饰特点广泛应用于公共及民用建筑的墙面、柱面、地面及台面等部位。

在室内装饰中，陶瓷材料主要用于地面、墙面、柱面，以及厨房、卫生间用卫生洁具等。其强度高、坚硬、耐磨、耐酸碱、易清洁，色彩、花纹、图案丰富，因而受到人们的青睐。但少数天然石材及陶瓷材料中含有放射性元素如：钍、铀、氡气等。天然石材中的放射性危害主要有两个方面，即体内辐射与体外辐射。氡对人体脂肪有很高的亲和力，从而影响人的神经系统，使人精神不振，昏昏欲睡。

对陶瓷材料的放射性问题目前已引起人们的重视，微晶石(亦称微晶玻璃、微晶陶瓷、结晶化玻璃)是近几年来在建筑行业中崭露头角的新产品，是新型的绿色环保建筑装饰材料。它的问世，满足了现代社会对光丽亮泽、气派豪华装饰的要求，同时也顺应了典雅高贵的新型建材发展的潮流。微晶石是一种采用天然无机材料经高温烧结晶化而成的新型高档装饰材料。它既有特殊的微晶结构，又有特殊的玻璃基质结构，质地细腻，板面晶莹亮丽，对于射入的光线能产生扩散漫反射效果，使人感觉柔美、和谐。微晶石产品具有自然柔和的质感、丰富多彩的颜色、极低的吸水率、不易受污染、耐酸碱性佳、耐候性优良、强度大、可轻量化、可弯曲成型、经济省时、不含放射性元素、不损害身体等特点。

三、室内主要污染物质的控制

(一) 无甲醛人造板

目前国内生产的各种人造板所使用的木材胶粘剂基本上是脲醛树脂，脲醛树脂是由甲醛和尿素聚合而成的，因此甲醛释放量基本上均大于E1（不大于1.5mg/L），甚至远大于E2（不大于5.0 mg/L），给家庭装修带来了极大的污染。甲醛缓慢释放持续时间多达3~15年，会严重影响人体的健康。而无甲醛人造板以天然植物为原料，经特殊合成工艺研制而成的胶粘剂，彻底摒弃了甲醛、尿素合成脲醛树脂为木材胶粘剂这些对身体造成危害的物质，胶合强度完全达到国家标准，"无甲醛胶" 系列产品已达到欧洲E0级和日本FcO级标准要求，使用安全，是消费者可以完全信得过的真正的绿色健康产品。

我们所说的放射性对人体的危害来自两方面：一是体外辐射（外照射）；另一个是人体内放射性元素所导致的内照射。在通常情况下，人类所受到的辐射属低剂量辐射。放射性元素对人体最大的危害主要是其在衰变过程中所产生的

"氡",也就是我们所说的内照射。氡是一种放射性元素,且是气体。如果人长期生活在氡浓度过高的环境中,氡经过人的呼吸道沉积在肺部,尤其是支气管及上皮组织内,会放出大量射线,从而危害人体健康。铀矿是氡浓度较高的地区,欧洲早在1937年就发现铀矿工的肺部的发病率是普通人的28.7倍。

（二）绿色石材

绿色石材就应当从勘察、开采、加工等方面来考虑。

勘察：首先要了解区域地质情况，是否有专业的地质队伍进行勘察。然后是普查，通过普查，应掌握石材的花色品种、荒料块度、大致开采条件、交通水电、放射性水平等。

开采：石材在开采前首先应进行材料的检测与分析及放射性测试，以便为下一步的开采和应用打下基础，同时还会提高荒料的出材率。

加工：加工过程中所用的设备是否先进也是石材绿色化的内容之一，如大板锯切加工设备，目前国外所用的如框架锯机，多绳式金刚石串珠锯以及装有带型或链型刀锯的石材大板加工设备都可以做到加工尺寸大、效率高、寿命长。

（三）环保涂料

以乳胶漆为代表的水性涂料就是目前最流行的环保涂料。不过，乳胶漆主要用于墙面的涂饰，对于近年来掀起热潮的家具却不大适用，这就使非环保的溶剂型木器漆成为污染室内空气的主要元凶之一。

用于木制家具的水性木器漆，它以水为介质，无毒无味、无环境污染，而且漆膜平滑光亮，避免了传统木器漆刺鼻气味，完全符合涂料环保化的发展趋势。多功能涂料全面开花。如今，现代涂料品种繁多，其功能也越来越全面，防水、防火、防潮、防霉、防腐、防碳化涂料俨然成了家居卫士。

含防水配方的乳胶漆一大特点是可洗擦。不过，一般的乳胶漆在经过多次擦洗后，会掉粉。现在，厂家在原有的基础上更加完善和加强了防水这一特性，使乳胶漆的胶膜更硬、漆面更易清洗。

陶瓷隔热涂料，它是由极小的真空陶瓷微球和与其他相适应的环保乳液组成的水性涂料，与墙体、金属、木制品等有较强的附着力，直接在基体表面涂抹0.3mm左右，即可达到隔热保温的目的。

防虫、防霉涂料主要是在保持涂料装饰性能的前提下，添加具有生物毒性的药品制成的涂料。因此，高效、优良的且对人体无害的防虫、防霉剂是生产防虫、防霉涂料的关键。

（四）无甲醛胶粘剂

通常在板式家具中会用到胶粘剂，现在含甲醛量较少，较环保的胶粘剂有：聚醋酸乙烯酯(PVAc，单组份及双组份)、双组份异氰酸酯胶（EPI）、腺醛树脂胶

(UF，粉状或液体)，热熔胶(hot melt)、乙烯—醋酸乙烯酯(EVA)类及聚氨酯类(PU)、EVA 液体胶(单组份及双组份)以及溶剂型胶。

聚醋酸乙烯酯(PVAc)：这种胶有单组份和双组份两种，按照欧标EN204 /205耐水等级可分为D1、D2、D3和 D4，其中D1、D2、D3类通常是单组份胶，D4类为双组份胶。其中D3、D4耐水性、耐热性较高。PVAc胶可在常温或低温条件下胶合，通常用于指接、榫接（Finger, dowel jointing）、贴面(Flat laminating)、拼板（Wood laminating）及组装(Assembly)等工艺中。生产中可在压机、指接机、拼接机上使用。

第三节　建筑材料的防火

一、构件的耐火极限

耐火极限为对任一建筑构件按时间和温度标准曲线进行耐火试验，从受到火的作用时起，到失去支持能力、完整性被破坏或失去隔火作用时为止的这段时间，用小时表示。

二、装修材料按其使用部位和功能分类

可划分为顶棚装修材料、墙面装修材料、地面装修材料、隔断装修材料、固定家具、装饰织物、其他装饰材料七类。其中装饰织物系指窗帘、帷幕、床罩、家具包布等；其他装饰材料系指楼梯扶手、挂镜线、踢脚板、窗帘盒、暖气罩等。

装修材料按其燃烧性能应划分为四级，如表3-3-1所示：

装修材料燃烧性能等级　　　　表3-3-1

等　　级	装修材料燃烧性能
A	不燃性
B1	难燃性
B2	可燃性
B3	易燃性

三、建筑装饰装修材料的燃烧性能等级的规定

（一）单层、多层民用建筑内部各部位装修材料的燃烧性能等级（表3-3-2）

单层、多层民用建筑内部各部位装修材料的燃烧性能等级　　表3-3-2

建筑物及场所	建筑规模、性质	顶棚	墙面	地面	隔断	固定家具	窗帘	帷幕	其他装饰材料
候机楼的候机大厅、商店、餐厅、贵宾候机室、售票厅等	建筑面积>10000m²的候机楼	A	A	B1	B1	B1	B1		B1
	建筑面积≤10000m²的候机楼	A	B1	B1	B1	B2	B2		B2
汽车站、火车站、轮船客运站的候车(船)室、餐厅、商场等	建筑面积>10000m²的车站、码头	A	A	B1	B1	B2	B2		B2
	建筑面积≤10000m²的车站、码头	B1	B1	B1	B2	B2	B2		B2
影院、会堂、礼堂、剧院、音乐室	>800座位	A	A	B1	B1	B1	B1	B1	B1
	≤800座位	A	B1	B1	B1	B1	B1	B1	B1
体育馆	>3000座位	A	A	B1	B1	B1	B1	B1	B1
	≤3000座位	A	B1	B1	B1	B1	B1	B1	B1
商场营业厅	每层建筑面积>3000m²或总建筑面积>9000m²的营业厅	A	B1	A	A	B1	B1		B2
	每层建筑面积1000~3000m²或总建筑面积为3000~9000m²的营业厅	A	B1	B1	B1	B1			
	每层建筑面积<1000m²或总建筑面积<3000m²营业厅	B1	B1	B1	B2	B2			
饭店、旅馆的客房及公共活动用房等	设有中央空调系统的饭店、旅馆	A	B1	B1	B1	B2	B2		B2
	其他饭店、旅馆	B1	B1	B2	B2	B2	B2		
歌舞厅、餐馆等娱乐、餐饮建筑	营业面积>100m²	A	B1	B1	B1	B1	B1		B2
	营业面积≤100m²	B1	B1	B1	B2	B2	B2		B2
幼儿园、托儿所、中、小学、医院病房楼、疗养院、养老院		A	B1	B2	B1	B2	B1		B2
纪念馆、展览馆、博物馆、图书馆、档案馆、资料馆等		A	B1	B1	B1	B1			B2
	国家级、省级以下	B1	B1	B1	B2	B2			B2
办公楼、综合楼	设有中央空调系统的办公楼、综合楼	A	B1	B1	B1	B2			B2
	其他办公楼、综合楼	B1	B1	B2	B2	B2			
住宅	高级住宅	B1	B1	B1	B1	B2			B2
	普通住宅	B1	B2	B2	B2	B2			

(二) 高层民用建筑内部各部位装修材料的燃烧性能等级 (表3-3-3)

高层民用建筑内部各部位装修材料的燃烧性能等级　　　　表3-3-3

建筑物	建筑规模、性质	顶棚	墙面	地面	隔断	固定家具	窗帘	帷幕	床罩	家具包布	其他装饰材料
高级旅馆	>800座位的观众厅、会议厅、顶层餐厅	A	B1	B1	B1	B1	B1	B1		B1	B1
高级旅馆	≤800座位的观众厅、会议厅	A	B1	B1	B1	B2	B1	B1		B2	B1
高级旅馆	其他部位	A	B1	B1	B2	B2	B1	B2	B1	B2	B1
商业楼、展览楼、综合楼、商住楼、医院病房楼	一类建筑	A	B1	B1	B1	B2	B1	B1		B2	B1
商业楼、展览楼、综合楼、商住楼、医院病房楼	二类建筑	B1	B1	B2	B2	B2	B2	B2		B2	B2
电信楼、财贸金融楼、邮政楼、广播电视楼、电力调度楼、防灾指挥调度楼	一类建筑	A	A	B1	B1	B1	B1	B1		B2	B1
电信楼、财贸金融楼、邮政楼、广播电视楼、电力调度楼、防灾指挥调度楼	二类建筑	B1	B1	B2	B2	B2	B1	B2		B2	B2
教学楼、办公楼、科研楼、档案楼、图书馆	一类建筑	A	B1	B1	B2	B1	B1	B1		B1	B1
教学楼、办公楼、科研楼、档案楼、图书馆	二类建筑	B1	B1	B2	B2	B2	B2	B2		B2	B2
住宅、普通旅馆	一类普通旅馆高级住宅	A	B1	B2	B1	B2	B1		B1	B2	B1
住宅、普通旅馆	二类普通旅馆普通住宅	B1	B1	B2	B2	B2	B2		B2	B2	B2

注：1. "顶层餐厅"包括高空的餐厅、观光厅等；
　　2. 建筑物的类别、规模、性质应符合国家现行标准《高层民用建筑设计防火规范》GB 50045—95 (2005年版) 的有关规定。

(三) 地下民用建筑内部各部位装修材料的燃烧性能等级 (表3-3-4、表3-3-5)

地下民用建筑系指单层、多层、高层民用建筑的地下部分，单独建造在地下的民用建筑以及平战结合的地下人防工程。

地下民用建筑内部各部位装修材料的燃烧性能等级　　　　　表3-3-4

建筑物及场所	装修材料燃烧性能等级						
	顶棚	墙面	地面	隔断	固定家具	装饰织物	其他装饰材料
休息室、办公室、旅馆的客房及公共活动用房等	A	B1	B1	B1	B1	B1	B2
娱乐场所、旱冰场、舞厅、展览厅、医院的病房、医疗用房等	A	A	B1	B1	B1	B1	B2
电影院的观众厅、商场的营业厅	A	A	A	B1	B1	B1	B2
停车库、人行通道、图书资料库、档案库	A	A	A	A	A		

常用建筑内部装修材料燃烧性能等级划分举例　　　　　表3-3-5

材料类别	级别	材 料 举 例
各部位材料	A	花岗石、大理石、水磨石、水泥制品、混凝土制品、石膏板、石灰制品、黏土制品、玻璃、瓷砖、陶瓷锦砖、钢铁、铝、铜合金等
顶棚材料	B1	纸面石膏板、纤维石膏板、水泥刨花板、矿棉装饰吸声板、玻璃棉装饰吸声板、珍珠岩装饰吸声板、难燃胶合板、难燃中密度纤维板、岩棉装饰板、难燃木材、铝箔复合材料、难燃酚醛胶合板、铝箔玻璃钢复合材料等
墙面材料	B1	纸面石膏板、纤维石膏板、水泥刨花板、矿棉板、玻璃棉板、珍珠岩板、难燃胶合板、难燃中密度纤维板、防火塑料装饰板、难燃双面刨花板、多彩涂料、难燃墙纸、难燃墙布、难燃仿花岗石装饰板、氯氧镁水泥装配式墙板、难燃玻璃钢平板、PVC塑料护墙板、轻质高强复合墙板、阻燃模压木质复合板材、彩色阻燃人造板、难燃玻璃钢等
	B2	各类天然木材、木制人造板、竹材、纸制装饰板、装饰微薄木贴面板、印刷木纹人造板、塑料贴面装饰板、聚酯装饰板、复塑装饰板、塑纤板、胶合板、塑料壁纸、无纺贴墙布、墙布、复合壁纸、天然材料壁纸、人造革等
地面材料	B1	硬PVC塑料地板，水泥刨花板、水泥木丝板、氯丁橡胶地板等
	B2	半硬质PVC塑料地板、PVC卷材地板、木地板氯纶地毯等
装饰织物	B1	经阻燃处理的各类难燃织物等
	B2	纯毛装饰布、纯麻装饰布、经阻燃处理的其他织物等
其他装饰材料	B1	聚氯乙烯塑料、酚醛塑料、聚碳酸酯塑料、聚四氟乙烯塑料、三聚氰胺、脲醛塑料、硅树脂塑料装饰型材、经阻燃处理的各类织物等（另见顶棚材料和墙面材料中的有关材料）
	B2	经阻燃处理的聚乙烯、聚丙烯、聚氨酯、聚苯乙烯、玻璃钢、化纤织物、木制品等

第四节 建筑装饰材料

一、天然石材

（一）花岗石

建筑装饰工程上所指的花岗石泛指各种以石英、长石为主要的组成矿物，并含有少量云母和暗色矿物的火成岩和与其有关的变质岩，如花岗岩、辉绿岩、辉长岩、玄武岩、橄榄岩、片麻岩等。从外观特征看，花岗岩常呈整体均粒状结构，称为花岗结构。花岗石构造致密、强度高、密度大、吸水率极低、材质坚硬、耐磨，属酸性硬石材。

花岗石的化学成分有二氧化硅（SiO_2）、三氧化二铝（Al_2O_3）、氧化钙（CaO）、氧化镁（MgO）、三氧化二铁（Fe_2O_3）等，其中二氧化硅（SiO_2）的含量常为60%以上，为酸性石材，因此其耐酸、抗风化、耐久性好，使用年限长。花岗石所含石英在高温下会发生晶变，体积膨胀而开裂，因此不耐火。

天然石材的放射性是不得忽视的问题。但经检验证明，绝大多数的天然石材中所含放射物质极微，不会对人体造成任何危害。但部分花岗石产品放射性指标超标，其中的镭、钍等放射元素衰变过程中将产生天然放射性气体氡，在长期使用过程中对环境造成污染。氡是一种无色、无味、感官不能觉察的气体，易在通风不良的地方聚集，可导致肺、血液、呼吸道发生病变，因此有必要给予控制。国家标准《建筑材料放射性核素限量》GB 6566—2001中对此给予了规定。

花岗石板材主要应用于大型公共建筑或装饰等级要求较高的室内外装饰工程。花岗石因不易风化，外观色泽可保持百年以上，所以粗面和细面板材常用于室外地面、墙面、柱面、勒脚、基座、台阶；镜面板材主要用于室内外地面、墙面、柱面、台面、台阶等，特别适宜做大型公共建筑大厅的地面。

（二）大理石

建筑装饰工程上所指的大理石是广义的，除指大理岩外，还泛指具有装饰功能，可以磨平、抛光的各种碳酸盐类的沉积岩和与其有关的变质岩。如石灰岩、白云岩、砂岩等。质地较密实、抗压强度较高、吸水率低、硬度一般不大，属碱性中硬石材。天然大理石易加工、开光性好，常被制成抛光板材，其色调丰富、材质细腻、极富装饰性。

大理石的化学成分有氧化钙（CaO）、氧化镁（MgO）、二氧化硅（SiO_2）等，其中氧化钙（CaO）和氧化镁（MgO）的总量占50%以上，故大理石属碱性石材。在大气中受硫化物及水汽形成的酸雨长期的作用，大理石容易发生腐蚀，造成表面强度降低、变色掉粉,失去光泽,影响其装饰性能。所以除少数大理石,如汉白玉、艾叶青等质纯、杂质少、比较稳定耐久的品种可用于室外,绝大多数大理石品种只宜用于室内。

天然大理石板材是装饰工程的常用饰面材料。一般用于宾馆、展览馆、剧院、商场、图书馆、机场、车站等室内墙面、柱面、服务台、栏板、电梯间门口等部位。由于其耐磨性相对较差,虽也可用于室内地面,但不宜用于人流较多场所的地面。大理石由于耐酸腐蚀能力较差,除个别品种外,大理石不宜用于与酸有接触的环境。

二、人造石材

人造石材是采用无机或有机胶凝材料作为胶结剂,以天然砂、碎石、石粉或工业渣等为粗、细填充料,经成型、固化、表面处理而成的一种人造材料。它一般具有重量轻、强度大、厚度薄、色泽鲜艳、花色繁多、装饰性好、耐腐蚀、耐污染、便于施工、价格较低的特点。按照所用材料和制造工艺的不同,可把人造石材分为水泥型人造石材、聚酯型人造石材、复合型人造石材、烧结型人造石材和微晶玻璃型人造石材几类。其中聚酯型人造石材和微晶玻璃型人造石材是目前应用较多的品种。

1. 聚酯型人造石材

聚酯型人造石材是以不饱和聚酯为胶凝材料,配以天然大理石、花岗石、石英砂或氢氧化铝等无机粉状、粒状填料,经配料、搅拌、浇筑成型。在固化剂、催化剂作用下发生固化,再经脱模、抛光等工序制成的人造石材。聚酯型人造石材可用于室内外墙面、柱面、楼梯面板、服务台面等部位的装饰装修。

2. 微晶玻璃型人造石材

微晶玻璃型人造石材又称微晶板、微晶石,是由矿物粉料高温融烧而成的,由玻璃相和结晶相构成的复相人造石材。适用于室内外墙面、地面、柱面、台面。

三、建筑陶瓷

陶瓷通常是指以黏土为主要原料,经原料处理、成型、焙烧烧结而成的无机非金属材料。

陶瓷可分为陶和瓷两大部分。介于陶和瓷之间的一类产品,称为炻,也称为半瓷或石胎瓷。瓷、陶和炻通常又按其细密性、均匀性各分为精、粗两类。建筑陶瓷主要是指用于建筑内外饰面的干压陶瓷砖和陶瓷卫生洁具。

瓷质砖(吸水率≤0.5%)、炻瓷砖(0.5%<吸水率≤3%)、细炻砖(3%<吸

水率≤6%）、炻质砖（6%＜吸水率≤10%）、陶质砖（吸水率＞10%）。

1. 釉面内墙砖

陶质砖可分为有釉陶质砖和无釉陶质砖两种。其中以有釉陶质砖即釉面内墙砖应用最为普遍，过去亦习称"瓷片"，属于薄型陶质制品（10%＜吸水率≤21%）。釉面内墙砖采用瓷土或耐火黏土低温烧成，坯体呈白色或浅褐色，表面施透明釉、乳浊釉或各种色彩釉及装饰釉。

釉面内墙砖是多孔陶质坯体，在长期与空气接触的过程中，特别是在潮湿的环境中使用，坯体会吸收水分产生吸湿膨胀现象，但其表面釉层的吸湿膨胀性很小，与坯体结合得又很牢固，所以当坯体吸湿膨胀时会使釉面处于张拉应力状态，超过其抗拉强度时，釉面就会发生开裂。尤其是用于室外，经长期冻融，会出现表面分层脱落、掉皮现象。所以釉面内墙砖只能用于室内，不能用于室外。

釉面内墙砖主要用于民用住宅、宾馆、医院、试验室等要求耐污，耐腐蚀，耐清洗的场所或部位，如浴室、厕所、盥洗室等，既有明亮清洁之感，又可保护基体，延长使用年限。用于厨房的墙面装饰，不但清洗方便，还可兼有防火功能。

2. 陶瓷墙地砖

陶瓷墙地砖为陶瓷外墙面砖和室内外陶瓷铺地砖的统称。由于目前陶瓷生产原料和工艺的不断改进，这类砖在材质上可满足墙地两用，故统称为陶瓷墙地砖。

炻质砖广泛应用于各类建筑物的外墙和柱的饰面和地面装饰，一般用于装饰等级要求较高的工程。用于不同部位的墙地砖应考虑其特殊的要求，如用于铺地时应考虑彩色釉面墙地砖的耐磨类别；用于寒冷地区的应选用吸水率尽可能小，抗冻性能好的墙地砖。

无釉细炻砖适用于商场、宾馆、饭店、游乐场、会议厅，展览馆的室内外地面。各种防滑无釉细炻砖也广泛用于民用住宅的室外平台、浴厕等地面装饰。

墙地砖的品种创新很快，劈离砖、麻面砖、渗花砖、玻化砖等都是常见的陶瓷墙地砖的新品种。

3. 劈离砖

劈离砖又常称为"背面对分面砖"或"劈裂砖"，该种面砖由于烧成后"一劈为二"，所以烧成阶段的坯体总表面积仅为成品坯体总表面积的一半，大大节约了窑内放置坯体的面积，提高了生产效率。

劈离砖可用于建筑的内墙、外墙、地面、台阶、地坪及游泳池等建筑部位，厚度较大的劈离砖特别适用于公园、广场、停车场、人行道等露天地面的铺设。

4. 陶瓷卫生洁具

常用的陶瓷卫生洁具有以下几种：

(1) 洁面器（挂式、立柱式、台式），目前民用住宅装饰多采用台式。

(2) 大小便器，分为蹲式和坐式两种，按连接分为分体式和连体式，按排泄方式分为冲落式与虹吸式。

(3) 浴缸，按形状有长方形、三角形和多边形，按洗浴方式分为坐浴、躺浴等，按水的流动可分为一般浴缸、冲浪浴缸、按摩浴缸等。

(4) 陶瓷卫生洁具的主要技术指标是吸水率，它直接影响到洁具的清洗性和耐污性。普通卫生陶瓷吸水率在1%以下，高档卫生陶瓷吸水率要求不大于0.5%。耐急冷、急热要求必须达到标准要求。坐便器的一次冲水量必须低于9L。卫生洁具要有光滑的表面，不宜粘污亦宜清洁。便器与水箱配件应成套供应。

四、建筑装饰装修用木材、木制品的特性与应用

木材是有机体，大量的碳以固体形态储藏在其中，木材排向大气中的碳的平衡数为负。另外，废木材可再利用或者说再生循环，同时还具有生物降解性，因此即使废弃也很安全，最后，还可把它烧掉。如上所述，木材是一种与环境协调的材料，可认为它本质上就具有生态建筑材料的特性。

一般可将树木分为针叶树和阔叶树两大类。

针叶树树干通直，易得大材，强度较高，体积密度小，胀缩变形小，其木质较软，易于加工，常称为软木材，包括松树、杉树和柏树等，为建筑工程中主要应用的木材品种。

阔叶树大多为落叶树，树干通直部分较短，不易得大材，其体积密度较大，胀缩变形大、易翘曲开裂，其木质较硬，加工较困难，常称为硬木材，包括榆树、桦树、水曲柳、檀树等。由于阔叶树大部分具有美丽的天然纹理，故特别适于室内装修或制造家具及胶合板、拼花地板等装饰材料。

(一) 木材的含水率

1. 含水率

木材的含水量用含水率表示，指木材所含水的质量占木材干燥质量的百分比。木材吸水的能力很强，其含水量随所处环境的湿度变化而异，所含水分由自由水、吸附水、化合水三部分组成。

2. 含水率指标

影响木材物理性质和应用的最主要的含水率指标是纤维饱和点与平衡含水率。纤维饱和点是木材仅细胞壁中的吸附水达饱和而细胞腔和细胞间隙中无自

由水存在时的含水率。其值随树种而异,一般为25%～35%,平均值为30%。它是木材物理力学性质是否随含水率而发生变化的转折点。

平衡含水率是指木材中的水分与周围空气中的水分达到吸收与挥发动态平衡时的含水率。平衡含水率因地域而异,我国西北和东北约为8%,华北约为12%,长江流域约为18%,南方约为21%。平衡含水率是木材和木制品使用时避免变形或开裂而应控制的含水率指标。

(二)木材的湿胀干缩与变形

只有木材细胞壁内吸附水的含量发生变化才会引起木材的变形,即湿胀干缩。木材含水量大于纤维饱和点时,表示木材的含水率除吸附水达到饱和外,还有一定数量的自由水。此时,木材如受到干燥或受潮,只是自由水改变,故不会引起湿胀干缩。只有当含水率小于纤维饱和点时,表明水分都吸附在细胞壁的纤维上,它的增加或减少才能引起木材的湿胀干缩。即只有吸附水的改变才影响木材的变形,而纤维饱和点正是这一改变的转折点。

由于木材构造的不均匀性,木材的变形在各个方向上也不同:顺纹方向最小,径向较大,弦向最大。因此,湿材干燥后,其截面尺寸和形状会发生明显的变化。

湿胀干缩将影响木材的使用。干缩会使木材翘曲、开裂,接榫松动,拼缝不严。湿胀可造成表面鼓凸,所以木材在加工或使用前应预先进行干燥,使其接近于与环境湿度相适应的平衡含水率。

(三)实木地板

实木地板是用木材直接加工而成的地板。包括气干密度不低于$0.32g/cm^3$的针叶树木材和气干密度不低于$0.50g/cm^3$的阔叶树木材制成的地板。

(1)条木地板具有质感强,弹性好,脚感舒适,美观大方等特点。板材材质可以是松、杉等软木材,也可选用柞、榆等硬木材。条木地板宽度一般不大于120mm,板厚20～30mm,接口可做成平接、榫接。条木地板适用于体育馆、练功房、舞台、高级住宅的地面装饰。

(2)镶嵌地板是用阔叶树种中水曲柳、柞木、榆木、柚木等质地优良、不易腐朽开裂的硬木材,经干燥处理加工而成的条状平接或榫接地板单元,再用铝丝、胶纸或胶网将这些单元纵横拼装而成的方型图案地板,分别称为铝丝榫接镶嵌地板、胶纸或胶网平接地板,镶嵌地板坚硬而富有弹性,耐磨耐朽,不易变形,光泽好,纹理美观质感好。镶嵌地板适用于室内地面装饰的一种较高级的饰面木制品。

(四)人造木地板

1. 人造木地板的种类

(1) 实木复合地板：实木复合地板，由三层实木交错层压形成，表层为优质硬木规格板条镶拼成，常用树种为水曲柳、桦木、山毛榉、柞木、枫木、樱桃木等。中间为软木板条，底层为旋切单板，排列呈纵横交错状。结构组成特点使其既有普通实木地板的优点，又有效地调整了木材之间的内应力，不易翘曲开裂、既适合普通地面铺设，又适合地热采暖地板铺设。面层木纹自然美观，可避免天然木材的疵病。安装简便，适用于家庭居室、客厅，办公室，宾馆的中高档地面铺设。

(2) 浸渍纸层压木质地板：浸渍纸层压木质地板以一层或多层专用纸浸渍热固性氨基树脂，铺装在刨花板、中密度纤维板、高密度纤维板等人造板表面，背面加平衡层，正面加耐磨层，经热压而成的地板，亦称强化木地板。规格尺寸大、花色品种较多、铺设整体效果好、色泽均匀、视觉效果好；表面耐磨性高，有较高的阻燃性能，耐污染腐蚀能力强，抗压、抗冲击性能好；便于清洁、护理，尺寸稳定性好、不易起拱；铺设方便，可直接铺装在防潮衬垫上；价格较便宜；但密度较大、脚感较生硬、可修复性差。

(3) 软木地板：绝热、隔震、防滑、防潮、阻燃、耐水、不霉变、不易翘曲和开裂、脚感舒适有弹性。原料为栓树皮，可再生，属于绿色建材。第一类软木地板适用于家庭居室，第二、三类软木地板适用于商店、走廊、图书馆等人流大的地面铺设。

(4) 竹地板：华丽高雅、足感舒适，物理力学性能与实木复合地板相似，湿胀干缩及稳定性优于实木地板。竹的成材周期短，以竹代木，节约木材资源。可用于室内地面装饰。

2. 人造木地板的甲醛释放量的控制

人造木地板（实木复合地板、强化木地板）由于在生产过程中使用甲醛系列胶粘剂，因此使用中甲醛的释放将对人体健康产生一定影响，并对环境造成污染。

《浸渍纸层压木质地板》GB/T 18102—2000，浸渍纸层压木质地板甲醛释放量A类（甲醛释放量不大于9mg/100g）、B类（甲醛释放量大于9～40mg/100g），采用穿孔法测试。

《室内装饰装修材料——人造板及其制品中甲醛释放限量》GB 18580—2001，饰面人造板（包括浸渍纸层压木质地板、实木复合地板、竹地板、浸渍胶膜纸饰面人造板等）甲醛释放量，E1类（甲醛释放量不大于1.5mg/L），采用干燥器法测试；E2类（甲醛释放量不大于0.12mg/m³），采用气候箱法测试。

(五) 人造木板

1. 人造木板材的分类

(1) 胶合板：胶合板亦称层压板。由蒸煮软化的原木，旋切成大张薄片，然后将各张木纤维方向相互垂直放置，用耐水性好的合成树脂胶粘结，再经加压、干燥、锯边、表面修整而成的板材。其层数成奇数，一般为3~13层，分别称为三层板、五层板等。用来制作胶合板的树种有椴木、桦木、水曲柳、榉木、色木、柳桉木等。胶合板常用作隔墙、天花板、门面板、墙裙等。

(2) 纤维板：纤维板是将树皮、刨花、树枝等废料经破碎、浸泡、研磨成木浆，再经加压成型、干燥处理而制成的板材。因成型时温度和压力不同可分为硬质、半硬质、软质三种。纤维板构造均匀，完全克服了木材的各种缺陷，不易变形、翘曲和开裂，各向同性，硬质纤维板可代替木材用于室内墙面，天花板等。软质纤维板可用作保温，吸声材料。

(3) 刨花板：刨花板是利用施加或未施加胶料的木刨花或木质纤维料压制的板材。刨花板密度小，材质均匀，但易吸湿，强度不高，可用于保温、吸声或室内装饰等。

(4) 细木工板：细木工板是利用木材加工过程中产生的边角废料，经整形、刨光施胶、拼接、贴面而制成的一种人造板材。板芯一般采用充分干燥的短小木条，板面采用胶合板。细木工板不仅是一种综合利用木材的有效措施，而且这样制得的板材构造均匀、尺寸稳定、幅面较大、厚度较大。除可用作表面装饰外，也可直接兼作构造材料。

2. 人造木板材甲醛释放量的控制

人造木板材是装修材料中使用得最多的材料之一。人造木板材在我国普遍采用的胶粘剂是酚醛树脂和脲醛树脂，二者皆以甲醛为主要原料，使用中会散发有害、有毒气体，影响环境质量。一般情况下，脲醛树脂中的游离甲醛浓度约为3%左右，酚醛树脂中也有一定的游离甲醛，由于脲醛树脂胶粘剂价格较低，许多厂家均采用脲醛树脂胶，但由于这类胶粘剂强度较低，所以许多人造木板生产厂就采用多掺甲醛这种低成本的方法来提高粘接强度，故而甲醛释放量超标。人造木板材中甲醛的释放持续时间往往很长，所造成的污染很难在短时间解决。为控制民用建筑工程使用人造木板材及饰面人造木板材的甲醛释放，必须测定其游离甲醛含量或释放量。

五、建筑玻璃的特性与应用

建筑玻璃是以石英砂、纯碱、石灰石、长石等为主要原料，经1550~1600℃高温熔融、成型、冷却并裁割而得到的有透光性的固体材料，其主要成分是二氧化硅(含量72%左右)和钙、钠、钾、镁的氧化物。近代以三氧化二铝和氧化镁为主要成分的铝镁玻璃以其优良的性能逐步成为主要的玻璃品种。

(一) 净片玻璃

净片玻璃是指未经深加工的平板玻璃，也称为白片玻璃。净片玻璃的制造方法有许多种，过去常用的方法有垂直引上法、平拉法、对辊法等，现在比较先进的方法是浮法。浮法玻璃具有表面平整、厚度均匀、幅面宽、产量高、生产效率高和经济效益好等优点。

3~5mm的净片玻璃一般直接用于有框门窗的采光，8~12mm的平板玻璃可用于隔断、橱窗、无框门。净片玻璃的另外一个重要用途是作为钢化、夹层、镀膜、中空等深加工玻璃的原片。

(二) 装饰玻璃

1. 彩色平板玻璃

彩色平板玻璃又称有色玻璃或饰面玻璃。彩色玻璃分为透明和不透明的两种。透明的彩色玻璃是在平板玻璃中加入一定量的着色金属氧化物，按一般的平板玻璃生产工艺生产而成；不透明的彩色玻璃又称为饰面玻璃。

彩色平板玻璃也可以采用在无色玻璃表面上喷涂高分子涂料或粘贴有机膜制得。这种方法在装饰上更具有随意性。

彩色平板玻璃的颜色有茶色、黄色、桃红色、宝石蓝色、绿色等。彩色玻璃可以拼成各种图案，并有耐腐蚀、抗冲刷、易清洗等特点，主要用于建筑物的内外墙、门窗装饰及对光线有特殊要求的部位。

2. 釉面玻璃

釉面玻璃是指在按一定尺寸切裁好的玻璃表面上涂敷一层彩色的易熔釉料，经烧结、退火或钢化等处理工艺，使釉层与玻璃牢固结合，制成具有美丽色彩或图案的玻璃。

釉面玻璃的特点是：图案精美，不褪色、不掉色，易于清洗，可按用户的要求或艺术设计制作图案。

釉面玻璃具有良好的化学稳定性和装饰性，广泛用于室内饰面层，一般建筑物门厅和楼梯间的饰面层及建筑物外饰面层。

3. 压花玻璃

压花玻璃又称为花纹玻璃或滚花玻璃。有一般压花玻璃、真空镀膜压花玻璃和彩色膜压花玻璃三类。

一般压花玻璃的表面凹凸不平，当光线通过玻璃时产生无规划的折射，因而具有透光而不透视的特点，具有私密性。压花玻璃表面的立体花纹图案，具有良好的装饰性。安装时可将其花纹面朝向室内，以加强装饰感；作为浴室、卫生间门窗玻璃时则应注意将其花纹面朝外、以防表面浸水而透视。

真空镀膜压花玻璃是经真空镀膜加工制成，给人以一种素雅、美观、清新的感觉，花纹的立体感强，并具有一定的反光性能，是一种良好的室内装饰材料。

彩色膜压花玻璃是采用有机金属化合物或无机金属化合物进行热喷涂而成。这种玻璃花纹图案的立体感比一般的压花玻璃和彩色玻璃更强，而且具有良好的热反射能力。适用于宾馆、饭店、餐厅、酒吧、浴室、游泳池、卫生间以及办公室、会议室的门窗和隔断等。也可用来制作屏风、灯具等工艺品和日用品。

4. 喷花玻璃

喷花玻璃又称为胶花玻璃，是在平板玻璃表面贴以图案，抹以保护面层，经喷砂处理形成透明与不透明相间的图案而成。喷花玻璃给人以高雅、美观的感觉，适用于室内门窗、隔断和采光。

5. 乳花玻璃

乳花玻璃的外观与胶花玻璃相近。乳花玻璃是在平板玻璃的一面贴上图案，抹以保护层，经化学蚀刻而成。它的花纹柔和、清晰、美丽，富有装饰性。乳花玻璃的用途与胶花玻璃相同。

6. 刻花玻璃

刻花玻璃是由平板玻璃经涂漆、雕刻、围蜡与酸蚀、研磨而成。图案的立体感非常强，似浮雕一般，在室内灯光的照耀下，更是熠熠生辉。刻花玻璃主要用于高档场所的室内隔断或屏风。

7. 冰花玻璃

冰花玻璃是一种利用平板玻璃经特殊处理而形成的具有随机裂痕似自然冰花纹理的玻璃。冰花玻璃对通过的光线有漫射作用。它具有花纹自然、质感柔和、透光不透明、视感舒适的特点。

冰花玻璃装饰效果优于压花玻璃，给人以典雅清新之感，是一种新型的室内装饰玻璃。可用于宾馆、酒楼、饭店、酒吧间等场所的门窗、隔断、屏风和家庭装饰。

（三）安全玻璃

1. 钢化玻璃

钢化玻璃是用物理的或化学的方法，在玻璃的表面上形成一个压应力层，而内部处于较大的拉应力状态，内外拉压应力处于平衡状态。玻璃本身具有较高的抗压强度，表面不会造成破坏。当玻璃受到外力作用时，这个压应力层可将部分拉应力抵消，避免玻璃的碎裂。从而达到了提高玻璃强度的目的。

（1）机械强度高：钢化玻璃抗折强度比普通玻璃大4~5倍；抗冲击强度也很高。

(2) 弹性好：钢化玻璃的弹性比普通玻璃大得多，外力作用下可产生较大变形而不破坏，且当外力撤除后，仍能恢复原状。

(3) 热稳定性好：钢化玻璃强度高，热稳定性也较好，在受急冷急热作用时，不易发生炸裂。

(4) 碎后不伤人：当钢化玻璃表面产生局部破坏时，则内外拉压应力平衡状态被瞬间破坏，玻璃立刻被拉应力裂碎为无数无尖角的小碎块，虽碎而不伤人。

钢化玻璃具有较好的机械性能和热稳定性，常用作建筑物的门窗、隔墙、幕墙及橱窗、家具等。但钢化玻璃使用时不能切割、磨削，边角亦不能碰击挤压，需按现成的尺寸规格选用或提出具体设计图纸进行加工定制。用于大面积玻璃幕墙的玻璃在钢化程度上要予以控制，宜选择半钢化玻璃（即没达到完全钢化，其内应力较小），以避免受风荷载引起震动而自爆。

2. 夹丝玻璃

夹丝玻璃也称防碎玻璃或钢丝玻璃。它是由压延法生产的，即在玻璃熔融状态时将经预热处理的钢丝或钢丝网压入玻璃中间，经退火、切割而成。夹丝玻璃表面可以是压花的或磨光的，颜色可以制成无色透明或彩色的。

(1) 安全性：夹丝玻璃由于钢丝网的骨架作用，不仅提高了玻璃的强度，而且遭受到冲击或温度骤变而破坏时，碎片也不会飞散，避免了碎片对人的伤害作用。

(2) 防火性：当火焰蔓延，夹丝玻璃受热炸裂时，由于金属丝网的作用，玻璃仍能保持固定，隔绝火焰，故又称防火玻璃。

(3) 防盗、抢性：当遇到盗、抢等意外情况时，夹丝玻璃虽玻璃碎但金属丝仍可保持一定的阻挡性，起到防盗、防抢的安全作用。

夹丝玻璃应用于建筑的防火门窗、天窗、采光屋顶、阳台及须有防盗、防抢功能要求的营业柜台的遮挡部位。夹丝玻璃可以切割，但断口处裸露的金属丝要作防锈处理，以防锈造成体积膨胀引起玻璃"锈裂"。

3. 夹层玻璃

夹层玻璃是在两片或多片玻璃原片之间，用PVB（聚乙烯醇缩丁醛）树脂胶片经加热、加压粘合而成的平面或曲面的复合玻璃制品。用于生产夹层玻璃的原片可以是浮法玻璃、钢化玻璃、彩色玻璃、吸热玻璃或热反射玻璃等。夹层玻璃的层数有2、3、5、7层，最多可达9层。

夹层玻璃有着较高的安全性，一般用于高层建筑的门窗、天窗、楼梯栏板和有抗冲击作用要求的商店、银行、橱窗、隔断及水下工程等安全性能高的场所或部位等。

夹层玻璃不能切割，需要选用定型产品或按尺寸定制。

（四）节能装饰型玻璃

1. 着色玻璃

着色玻璃是一种既能显著地吸收阳光中热作用较强的红外线、近红外线，而又能保持良好透明度的节能装饰性玻璃。着色玻璃通常都带有一定的颜色，所以也称为着色吸热玻璃。着色玻璃的制造一般有两种方法，一种是在普通玻璃中加入一定量的具有强烈吸收阳光中红外辐射的能力的金属氧化物（如氧化亚铁、氧化镍等）着色剂；另一种是在玻璃的表面喷涂具有吸热和着色能力的氧化物薄膜（如氧化锡、氧化锑等）。吸热玻璃有蓝色、茶色、灰色、绿色、金色等色泽。

（1）有效吸收太阳的辐射热，故可达到避热节能的效果。

（2）吸收较多的可见光，使透过的阳光变得柔和，避免眩光并改善室内色泽。

（3）能较强地吸收太阳的紫外线，有效地防止紫外线对室内物品的褪色和变质作用。

（4）仍具有一定的透明度，能清晰地观察室外景物。

（5）色泽鲜丽、经久不变，能增加建筑物外形的美观。

着色玻璃在建筑装修工程中应用的比较广泛。凡既须采光又须隔热之处均可采用。采用不同颜色的着色玻璃能合理利用太阳光，调节室内温度，节省空调费用，而且对建筑物的外形有很好的装饰效果。一般多用作建筑物的门窗或玻璃幕墙。

2. 镀膜玻璃

镀膜玻璃亦称热反射玻璃或阳光控制膜玻璃，是一种既能保证可见光良好透过又可有效反射热射线的节能装饰型玻璃。镀膜玻璃是由无色透明的平板玻璃镀覆金属膜或金属氧化物而制得。

（1）具有良好的隔热性能：在保证室内采光柔和的条件下，可有效地屏蔽进入室内的太阳辐射能。可以避免暖房效应，节约室内降温空调的能源消耗。

（2）单向透视性：镀膜玻璃的镀膜层具有单向透视性，故又称为单反玻璃。

镀膜玻璃可用作建筑门窗玻璃、幕墙玻璃，还可用于制作高性能中空玻璃。热反射玻璃具有良好的节能和装饰效果，很多现代的高档建筑都选用镀膜玻璃做幕墙，但在使用时应注意，不恰当或使用面积过大会造成光污染，影响环境的和谐。单面镀膜玻璃在安装时，应将膜层面向室内，以提高膜层的使用寿命和取得节能的最大效果。双面膜层的热反射玻璃在装饰工程上使用较多。

3. 低辐射膜玻璃

低辐射膜玻璃是镀膜玻璃的一种，它对于太阳可见光和近红外光有较高的透过率，有利于自然采光，可节省照明费用，但这种玻璃的镀膜具有很低的热辐射性，室内被阳光加热的物体所辐射的长波远红外光很难通过这种玻璃辐射出去，因而具有良好的保温效果，冬季保温节能效果明显。此外低辐射膜玻璃还具有较强的阻止紫外线透射的功能，可以有效地防止室内陈设物品、家具等受紫外线照射产生老化、褪色等现象。

低辐射膜玻璃一般不单独使用，往往与普通平板玻璃、浮法玻璃、钢化玻璃等配合，制成高性能的中空玻璃。

4. 中空玻璃

中空玻璃是由两片或多片玻璃以有效支撑均匀隔开并周边粘结密封，使玻璃层间形成有干燥气体空间，从而达到保温隔热效果的节能玻璃制品。中空玻璃按玻璃层数，有双层和多层之分，一般是双层结构。可采用无色透明玻璃、热反射玻璃、吸热玻璃或钢化玻璃等作为中空玻璃的基片。

（1）光学性能良好：中空玻璃的光学性能取决于所用的玻璃原片，由于中空玻璃所选用的玻璃原片可具有不同的光学性能，因而制成的中空玻璃其可见光透过率、太阳能反射率、吸收率及色彩可在很大范围内变化，从而满足建筑设计和装饰工程的不同要求。

（2）保温隔热、降低能耗：中空玻璃比单层玻璃具有更好的隔热性能。以6mm厚玻璃为原片，玻璃间隔（即空气层厚度）为6mm和9mm的普通中空玻璃，大体相当于100mm厚普通混凝土的保温效果。适用于寒冷地区和需要保温隔热、降低采暖能耗的建筑物。

（3）防结露：中空玻璃的露点很低，因玻璃层间干燥气体层起着良好的隔热作用。在通常情况下，中空玻璃内层玻璃接触室内高湿度空气的时候，由于玻璃表面温度与室内接近，不会结露。而外层玻璃虽然温度低，但接触的空气湿度也低，所以也不会结露。

（4）良好的隔声性能：中空玻璃具有良好的隔声性能，一般可使噪声下降30~40dB。

中空玻璃主要用于保温隔热、隔声等功能要求较高的建筑物，如宾馆、住宅、医院、商场、写字楼等，也广泛用于车船等交通工具。

六、建筑塑料

塑料是以合成或天然高分子树脂为基本材料，再按一定比例加入填充料、增塑剂、固化剂、着色剂及其他助剂等，在一定条件下经混炼、塑化成型，在常温、常压下能保持产品形状不变的材料。

(一) 合成高分子树脂的种类

1. 热塑型树脂

聚氯乙烯 (PVC)、聚乙烯 (PE)、聚苯乙烯 (PS)、聚丙烯 (PP)、聚甲基丙烯酸甲酯 (即有机玻璃) (PMMA)、聚偏二氯乙烯 (PVDC)、聚醋酸乙烯 (PVAC)、丙烯腈-丁二烯-苯乙烯共聚物 (ABS)、聚碳酸脂 (PC) 等。

2. 热固型树脂

酚醛树脂 (PF)、环氧树脂 (EP)、不饱和酯 (UP)、聚氨酯 (PUP)、有机硅树脂 (SI)、脲醛树脂 (UF)、聚酰胺 (即尼龙) (PA)、三聚氰胺甲醛树脂 (MF)、聚酯 (PBT) 等。

塑料具有质轻、绝缘、耐腐、耐磨、绝热、隔声等优良性能，而且加工性能好、装饰性优异。但也有耐热性差、易燃、易老化、刚度小、热膨胀性大等缺点，缺点可以通过采取措施加以改进。

塑料在建筑上可作为装饰材料、绝热材料、吸声材料、防火材料、墙体材料、管道及卫生洁具等。

(二) 塑料管道

1. 硬聚氯乙烯 (PVC-U) 管

通常直径为40～100mm。内壁光滑阻力小、不结垢。无毒、无污染、耐腐蚀。使用温度不大于40℃，故为冷水管。抗老化性能好、难燃 (可以用于室内敷设，属于B2级难燃材料)。可采用橡胶圈柔性接口安装。用于给水管道 (非饮用水)、排水管道、雨水管道。

2. 氯化聚氯乙烯 (PVC-C) 管

高温机械强度高，适于受压的场合。使用温度可高达90℃左右，寿命可达50年。安装方便，连接方法为溶剂粘结、螺纹连接、法兰连接和焊条连接。阻燃、防火、导热性能低，管道热损少。管道内壁光滑，抗细菌的滋生性能优于铜、钢及其他塑料管道。热膨胀系数低。产品尺寸全 (可做大口径管材)。安装附件少，安装费用低。但要注意使用的胶水有毒性。用于冷热水管、消防水管系统、工业管道系统。

3. 无规共聚聚丙烯 (PP-R) 管

无毒、无害、不生锈，不腐蚀，有高度的耐酸性和耐氯化物性。耐热性能好，在工作压力不超过0.6MPa时，其长期工作水温为70℃，短期使用水温可达95℃，软化温度为140℃。使用寿命长，使用寿命长达50年以上。耐腐蚀性好，不生锈，不腐蚀，不会滋生细菌，无电化学腐蚀。保温性能好。膨胀力小。适合采用嵌墙和地坪面层内的直埋暗敷方式。水流阻力小，管材内壁光滑，不会结垢。采用热熔连接方式进行连接，牢固不漏，施工便捷。对环境无任何污染，绿色环保。配套齐全。价格适中。缺点是管材规格少（外径20～110mm）。抗紫外线能力差，在阳光的长期照射下易老化。属于可燃性材料，不得用于消防给水系统。刚性和抗冲击性能比金属管道差。线膨胀系数较大，明敷或架空敷设所需支吊架较多，影响美观，用于饮用水管、冷热水管。

4. 丁烯（PB）管

较高的强度、韧性好、无毒。其长期工作水温为90℃左右，最高使用温度可达110℃。易燃、热胀系数大、价格高。用于饮用水、冷热水管。特别适用于薄壁小口径压力管道，如地板辐射采暖系统的盘管。

5. 交联聚乙烯（PEX）管

普通高、中密度聚乙烯（HDPE及MDPE）管，其大分子为线形结构，缺点是耐热性和抗蠕变能力差，因而普通PE管不适宜使用高于45℃的水，交联是PE改性的一种方法，PE经交联后变成三维网状结构的交联聚乙烯(PEX)，大大提高了其耐热性和抗蠕变能力，同时耐老化性能、力学性能和透明度等均有显著提高。PEX分为A、B、C三级：PEX-A（交联度＞70%），PEX-B（交联度＞65%），PEX-C（交联度＞60%）。

交联度低或无交联度：塑料管较软，韧性大；交联度过高：塑料管较硬，无韧性。因此交联度要适中，80%～90%之间较理想。无毒、卫生、透明。有折弯记忆性、不可热熔连接、热蠕动较小、低温抗脆性较差、原料较便宜。使用寿命可达50年。可输送冷、热水，饮用水及其他液体。阳光照射下可使PEX管加速老化，缩短使用寿命，避光可使塑料制品减缓老化，使寿命延长，这也是用于地热采暖系统的分水器前的地热管须加避光护套的原因，同时也可避免夏季供暖停止时光线照射产生水藻、绿苔，造成管路栓塞或堵塞。主要用于地板敷设采暖系统的盘管。

6. 铝塑复合管

铝塑复合管是以焊接铝管或铝箔为中层，内外层均为聚乙烯材料（常温使用），或内外层均为高密度交联聚乙烯材料（冷热水使用），通过专用机械加工方法复合成一体的管材。长期使用温度（冷热水管）80℃，短时最高温度为95℃。安全无毒、耐腐蚀、不结垢、流量大、阻力小、寿命长、柔性好、弯曲后不反弹、安装简单。用于饮用水，冷、热水管。

7. 塑复铜管

塑复铜管为双层结构，内层为纯铜管，外层覆裹高密度聚乙烯或发泡高密度聚乙烯保温层。无毒、抗菌卫生、不腐蚀、不结垢、水质好、流量大、强度高、刚性大、耐热、抗冻、耐久、长期使用温度范围宽（-70～100℃），比铜管保温性能好。可刚性连接亦可柔性连接，安全牢固，不漏。初装价格较高，但寿命长不需维修。主要用作工业及生活饮用水，冷、热水输送管道。

（三）塑料装饰板材

塑料装饰板材是指以树脂为浸渍材料或以树脂为基材，采用一定的生产工艺制成的具有装饰功能的普通或异型断面的板材。按原材料的不同可分为塑料金属复合板、硬质PVC板、三聚氰胺层压板、玻璃钢板、塑铝板、聚碳酸酯采光板、有机玻璃装饰板等。

1. 三聚氰胺层压板

三聚氰胺层压板是以厚纸为骨架，浸渍三聚氰胺热固性树脂，多层叠合经热压固化而成的薄型贴面材料。三聚氰胺层压板是多层结构，即由表层纸、装饰纸和底层纸构成。耐热性优良（100℃不软化、开裂、起泡）、耐烫、耐燃、耐磨、耐污、耐湿、耐擦洗。同时还耐酸、碱、油脂及酒精等溶剂的侵蚀、经久耐用。三聚氰胺层压板常用于墙面、柱面、台面、家具、吊顶等饰面工程。

2. 塑铝板

塑铝板是一种以PVC塑料作芯板，正背两表面为铝合金薄板的复合材料。厚度为3mm、4mm、6mm和8mm。重量轻、坚固耐久、比铝合金更具有抗冲击性和抗凹陷性、可自由弯曲且弯后不反弹、较强的耐候性、较好的可加工性、易保养、易维修。板材表面铝板经阳极氧化和着色处理，色泽鲜艳。广泛用于建筑幕墙、室内外墙面、柱面、顶棚的饰面处理。

3. 聚碳酸酯采光板

聚碳酸酯采光板是以聚碳酸酯塑料为基材，采用挤出成型工艺制成的栅格状中空结构异型断面板材。轻、薄、刚性大、抗冲击、色调多、外观美丽、耐水、耐湿、透光性好、隔热保温、阻燃、被火燃烤不产生有害气体、耐候性好、不老化、不褪色、长期使用的允许温度为－40～120℃。适用于遮阳棚、采光天幕、温室花房的顶罩等。

（四）塑料壁纸

塑料壁纸是以纸为基材，以聚氯乙烯塑料为面层，经压延或涂布以及印刷、轧花、发泡等工艺而制成的双层复合贴面材料。因为塑料壁纸所用的树脂大多数为聚氯乙烯，所以也常称聚氯乙烯壁纸。大致可分以下三类：

（1）纸基壁纸：单色压花、印花压花、平光印花、有光印花。

（2）发泡壁纸：低发泡压花壁纸、发泡压花壁纸、发泡印花壁纸、高发泡壁纸。

（3）特种壁纸：耐水壁纸、防火壁纸、特殊装饰壁纸。

有一定的伸缩性和耐裂强度、装饰效果好、性能优越、粘贴方便、使用寿命长且易维修保养等特点。塑料壁纸是目前国内外使用广泛的一种室内墙面装饰材料，也可用于顶棚、梁柱等处的贴面装饰。

（五）塑料地板

塑料地板是以高分子合成树脂为主要材料，加入其他辅助材料，经一定的制作工艺制成的预制块状、卷材状或现场铺涂整体状的地面材料。塑料地板可以分为以下四种类型：

（1）按其外形可分为块材塑料地板和卷材塑料地板。

（2）按其组成和结构特点可分为单色塑料地板、透底花纹塑料地板、印花压花塑料地板。

（3）按其材质的软硬程度可分为硬质塑料地板、半硬质塑料地板和软质塑料地板。

（4）按所采用的树脂类型可分为**聚氯乙烯（PVC）塑料地板、聚丙烯塑料地板和聚乙烯—醋酸乙烯酯塑料地板**等，国内普遍采用的是硬质PVC塑料地板和半硬质PVC塑料地板。

塑料地板种类花色繁多。具有良好的装饰性能，性能多变、适应面广，质轻、耐磨、脚感舒适，施工、维修、保养方便。

（六）塑钢门窗

塑钢门窗是以强化聚氯乙烯（UPVC）树脂为基料，以轻质碳酸钙做填料，掺以少量添加剂，经挤出法制成各种截面的异型材，并采用与其内腔紧密吻合的增强型钢做内衬，再根据门窗品种选用不同截面的异型材组装而成。

色泽鲜艳，不需油漆；耐腐蚀，抗老化，保温，防水，隔声；在30～50℃的环境下不变色，不降低原有性能，且防虫蛀又不助燃。

适用于工业与民用建筑，是建筑门窗的换代产品，但平开门窗比推拉门窗的气密性、水密性等综合性能要好。

（七）玻璃钢

玻璃钢（简称GRP）是以合成树脂为基体，以玻璃纤维或其制品为增强材料，经成型、固化而成的固体材料。

玻璃钢按采用的合成树脂的不同可分为不饱和聚酯型、酚醛树脂型和环氧树脂型。玻璃钢制品具有良好的透光性和装饰性，可制成色彩绚丽的透光或不透光构件或饰件；强度高（可超过普通碳素钢）、重量轻（密度1.4～2.2g/cm^3，仅为钢的1/4～1/5，铝的1/3左右），是典型的轻质高强材料；其成型工艺简单灵活，可制成复杂的构件；具有良好的耐化学腐蚀性和电绝缘性；耐湿、防潮，可用于有耐湿要求的建筑物的某些部位。玻璃钢的缺点是易变形、老化、褪色。

七、建筑涂料

涂敷于物体表面能与基体材料很好粘结并形成完整而坚韧保护膜的材料称为涂料。建筑涂料是专指用于建筑物内、外表装饰的涂料，建筑涂料同时还可对建筑物起到一定的保护作用和某些特殊功能作用。

(一) 涂料的组成

1. 主要成膜物质

涂料所用主要成膜物质有树脂和油料两类。

树脂有天然树脂（虫胶、松香、大漆等）、人造树脂（甘油酯、硝化纤维等）和合成树脂（醇酸树脂、聚丙烯酸酯、环氧树脂、聚氨酯、聚磺化聚乙烯、聚乙烯醇缩聚物、聚醋酸乙烯及其共聚物等）。

油料有桐油、亚麻子油等植物油和鱼油等动物油。

为满足涂料的各种性能要求，可以在一种涂料中采用多种树脂配合，或与油料配合，共同作为主要成膜物质。

2. 次要成膜物质

次要成膜物质是各种颜料，是构成涂膜的材料之一。其主要作用是使涂膜着色并赋予涂膜遮盖力，增加涂膜质感，改善涂膜性能，增加涂料品种，降低涂料成本等。

3. 辅助成膜物质

辅助成膜物质主要指各种溶剂（稀释剂）。涂料所用溶剂有两大类：一类是有机溶剂，如松香水、酒精、汽油、苯、二甲苯、丙酮等；另一类是水。

4. 助剂

助剂是为改善涂料的性能，提高涂膜的质量而加入的辅助材料。如催干剂、增塑剂、固化剂、流变剂、分散剂、增稠剂、消泡剂、防冻剂、紫外线吸收剂、抗氧化剂、防老化剂、防霉剂、阻燃剂等。

(二) 建筑涂料的分类

(1) 按使用部位可分为木器涂料、内墙涂料、外墙涂料和地面涂料。

(2) 按溶剂特性可分为溶剂型涂料、水溶性涂料和乳液型涂料。

(3) 按涂膜形态可分为薄质涂料、厚质涂料、复层涂料和砂壁状涂料。

(三) 常用建筑涂料品种

1. 木器涂料

溶剂型涂料用于家具饰面或室内木装修又常称为油漆。传统的油漆品种有清油、清漆、调合漆、瓷漆等；新型木器涂料有聚酯树脂漆、聚氨酯漆等。

(1) 传统的油漆品种：

①清油又称熟油。由干性油、半干性油或将干性油与半干性油加熟，熬炼并加少量催干剂而成的浅黄至棕黄色黏稠液体。

②清漆为不含颜料的透明漆。主要成分是树脂和溶剂或树脂、油料和溶剂，为人造漆的一种。

③调合漆是以干性油和颜料为主要成分制成的油性不透明漆。稀稠适度时，可直接使用。油性调合漆中加入清漆，则得磁性调合漆。

④瓷漆以清漆为基础加入颜料等研磨而制得的黏稠状不透明漆。

(2) 聚酯树脂漆：是以不饱和聚酯和苯乙烯为主要成膜物质的无溶剂型漆。可高温固化，也可常温固化（施工温度不小于15℃），干燥速度快。漆膜丰满厚实，有较好的光泽度、保光性及透明度、漆膜硬度高、耐磨、耐热、耐寒、耐水、耐多种化学药品的作用。含固量高，涂饰一次漆膜厚可达200～300μm。固化时溶剂挥发少污染小。

缺点是漆膜附着力差、稳定性差、不耐冲击。为双组分固化型，施工配制较麻烦，涂膜破损不易修补。涂膜干性不易掌握，表面易受氧阻聚。

聚酯树脂漆主要用于高级地板涂饰和家具涂饰。施工应注意不能用虫胶漆或虫胶腻子打底，否则会降低粘附力。施工温度不小于15℃，否则固化困难。

(3) 聚氨酯漆：是以聚氨酯为主要成膜物质的木器涂料。可高温固化，也可常温或低温（0℃以下）固化，故可现场施工也可工厂化涂饰。装饰效果好、漆膜坚硬、韧性高、附着力高、涂膜强度高、高度耐磨、优良的耐溶性和耐腐蚀性。

缺点是含有游离异氰酸酯（TDI），污染环境。遇水或潮气时易胶凝起泡。保色性差，遇紫外线照射易分解，漆膜泛黄。广泛用于竹、木地板、船甲板的涂饰。

木器涂料必须执行《室内装饰装修材料溶剂型木器涂料中有害物质限量》GB 18581—2001国家标准的强制性条文。

2. 内墙涂料

乳液型内墙涂料，包括丙烯酸酯乳胶漆、苯-丙乳胶漆、乙烯-乙酸乙烯乳胶漆。水溶性内墙涂料，包括聚乙烯醇水玻璃内墙涂料、聚乙烯醇缩甲醛内墙涂料。其他类型内墙涂料，包括复层内墙涂料、纤维质内墙涂料、绒面内墙涂料等。

水溶性内墙涂料已被建设部2001年颁布的第27号公告《关于发布化学建材技术与产品公告》列为停止或逐步淘汰类产品，产量和使用已逐渐减少。

(1) 丙烯酸酯乳胶漆

涂膜光泽柔和、耐候性好、保光保色性优良、遮盖力强、附着力高、易于清洗、施工方便、价格较高，属于高档建筑装饰内墙涂料。

(2) 苯丙乳胶漆

良好的耐候性、耐水性、抗粉化性。色泽鲜艳、质感好、由于聚合物粒度细，可制成有光型乳胶漆，属于中高档建筑内墙涂料。与水泥基层附着力好，耐洗刷性好，可以用于潮气较大的部位。

(3) 乙烯-乙酸乙烯乳胶漆

在乙酸乙烯共聚物中引入乙烯基团形成的乙烯-乙酸乙烯（VAE）乳液中，加入填料、助剂、水等调配而成。特点：成膜性好、耐水性较高、耐候性较好。价格较低，属于中低档建筑装饰内墙涂料。

外墙涂料溶剂型外墙涂料，包括过氯乙烯、苯乙烯焦油、聚乙烯醇缩丁醛、丙烯酸酯、丙烯酸酯复合型、聚氨酯系外墙涂料。

3. 乳液型外墙涂料

包括薄质涂料纯丙乳胶漆、苯-丙乳胶漆、乙-丙乳胶漆和厚质涂料乙-丙乳液厚涂料、氯-偏共聚乳液厚涂料。水溶性外墙涂料，该类涂料以硅溶胶外墙涂料为代表。其他类型外墙涂料包括复层外墙涂料和砂壁状涂料。

(1) 过氯乙烯外墙涂料。特点：良好的耐大气稳定性、化学稳定性、耐水性、耐霉性。

(2) 丙烯酸酯外墙涂料。特点：良好的抗老化性、保光性、保色性、不粉化、附着力强，施工温度范围(0℃以下仍可干燥成膜)。但该种涂料耐玷污性较差，因此常利用其与其他树脂能良好相混溶的特点，将聚氨酯、聚酯或有机硅对其改性制得丙烯酸酯复合型耐玷污性外墙涂料，综合性能大大改善，得到广泛应用。施工时基体含水率不应超过8%，可以直接在水泥砂浆和混凝土基层上进行涂饰。

(3) 氟碳涂料：是在氟树脂基础上经改性、加工而成的涂料简称氟涂料又称氟碳漆，属于新型高档高科技全能涂料。按固化温度的不同可分为高温固化型（主要指PVDF，即聚偏氟乙烯涂料，180℃固化）、中温固化型、常温固化型。按组成和应用特点可分为溶剂型氟涂料、水性氟涂料、粉末氟涂料、仿金属氟涂料等。优异的耐候性、耐污性、自洁性、耐酸碱、耐腐蚀、耐高低温性能好、涂层硬度高、与各种材质的基体有良好的粘结性能、色彩丰富有光泽、装饰性好、施工方便、使用寿命长。广泛用于金属幕墙、柱面、墙面、铝合金门窗框、栏杆、天窗、金属家具、商业指示牌户外广告着色及各种装饰板的高档饰面。

(4) 复层涂料：由基层封闭涂料、主层涂料、罩面涂料三部分构成。按主层涂料的粘结料的不同可分为聚合物水泥系（CE）、硅酸盐系（SI）、合成树脂乳液系（E）和反应固化型合成树脂乳液系（RE）复层外墙涂料。粘结强度高、良好的耐褪色性、耐久性、耐污染性、耐高低温性。外观可成凹凸花纹状、环状等立体装饰效果，故亦称浮感涂料或凹凸花纹涂料，适用于水泥砂浆、混凝土、水泥石棉板等多种基层的中高档建筑装饰饰面。应用于无机板材、内外墙、顶棚饰面。

4．地面涂料（水泥砂浆基层地面涂料）

溶剂型地面涂料，包括过氯乙烯地面涂料、丙烯酸-硅树脂地面涂料、聚氨酯-丙烯酸酯地面涂料，为薄质涂料，涂覆在水泥砂浆地面的抹面层上，起装饰和保护作用。

乳液型地面涂料，有聚醋酸乙烯地面涂料等。

合成树脂厚质地面涂料，包括环氧树脂厚质地面涂料、聚氨酯弹性地面涂料、不饱和聚酯地面涂料等。该类涂料常采用刮、涂方法施工，涂层较厚，可与塑料地板媲美。

（1）过氯乙烯地面涂料特点：干燥快、与水泥地面结合好、耐水、耐磨、耐化学药品腐蚀。施工时有大量有机溶剂挥发、易燃，要注意防火、通风。

（2）聚氨酯-丙烯酸酯地面涂料特点：涂膜外观光亮平滑、有瓷质感、良好的装饰性、耐磨性、耐水性、耐酸碱、耐化学药品。适用于图书馆、健身房、舞厅、影剧院、办公室、会议室、厂房、车间、机房、地下室、卫生间等水泥地面的装饰。

（3）环氧树脂厚质地面涂料是以黏度较小、可在室温固化的环氧树脂（如E-44、E-42等牌号）为主要成膜物质，加入固化剂、增塑剂、稀释剂、填料、颜料等配制而成的双组分固化型地面涂料。特点：粘结力强、膜层坚硬、耐磨且有一定韧性、耐久、耐酸、耐碱、耐有机溶剂、耐火、防尘、可涂饰各种图案。施工操作比较复杂用于机场、车库、试验室、化工车间等室内外水泥地面的装饰。

八、建筑装饰装修金属材料的特性与应用

（一）普通热轧型钢

根据型钢截面形式的不同可分为角钢、扁钢、槽钢和工字钢。冷弯型钢是制作轻型钢结构的材料，其用途广泛，常用于装饰工程的舞池上方的灯具架等具有装饰性兼有承重功能的钢构架。冷弯型钢用普通碳素钢或普通低合金钢带、钢板，以冷弯、拼焊等方法制成。与普通热轧型钢相比，具有经济、受力合理和应用灵活的特点。

(二）不锈钢制品

装饰装修用不锈钢制品主要有板材和管材，其中板材应用最为广泛。按反光率分为镜面板，亚光板和浮雕板三种类型。不锈钢板表面经化学浸渍着色处理，可制得蓝、黄、红、绿等各种彩色不锈钢板。也可利用真空镀膜技术在其表面喷镀一层钛金属膜，形成金光闪亮的钛金板，既保证了不锈钢的原有优异性能，又进一步提高了其装饰效果。不锈钢装饰管材按截面可分为等径圆管和变径花形管。按壁厚可分为薄壁管（小于2mm）或厚壁管（大于4mm）。按其表面光泽度可分为抛光管、亚光管和浮雕管。装饰不锈钢以其特有的光泽、质感和现代化的气息，应用于室内外墙、柱饰面、幕墙及室内外楼梯扶手、护栏、电梯间护壁、门口包镶等工程部位。可取得与周围环境的色彩、景物交相辉映的效果，对空间环境起到强化、点缀和烘托的作用，构成光彩变幻，层次丰富的室内外空间。

（三）彩色涂层钢板

按涂层分为无机涂层、有机涂层和复合涂层三大类。有机涂料常采用聚氯乙烯、聚丙烯酸酯、醇酸树脂、聚酯、环氧树脂等。按基体钢板与涂层的结合方式分为涂料涂覆法和薄膜层压法两种。涂覆法主要采用静电喷涂或空气喷涂。层压法是用已成型印花、压花聚氯乙烯薄膜压贴在钢板上的一种方法，该种复合钢板也称为塑料复合钢板。发挥金属材料与有机材料各自的特性。有较高的强度、刚性、良好的可加工性（可剪、切、弯、卷、钻），多变的色泽和丰富的表面质感，且涂层耐腐蚀、耐湿热、耐低温。涂层附着力强，经二次机械加工，涂层也不破坏。用于各类建筑物的外墙板、屋面板、室内的护壁板、吊顶板。还可作为排气管道、通风管道和其他类似的有耐腐蚀要求的构件及设备，也常用作家用电器的外壳。

（四）彩色压型钢板

彩色压型钢板是以镀锌钢板为基材，经辊压、冷弯成异形断面，表面涂装彩色防腐涂层或烤漆而制成的轻型复合板材。也可采用彩色涂层钢板直接成型制作彩色压型钢板。该种板材的基材钢板厚度只有0.5~1.2mm，属薄型钢板。广泛用于外墙、屋面、吊顶及夹芯保温板材的面板等。彩色压型钢板除上述形成外，还可制成正方压型板（或称格子板）。正方压型钢板采用彩色涂层钢板一次冲压成型，板厚0.6mm，每块约重2.8kg，有效面积0.5m^2。该种压型钢板立体感强、色彩柔和、外形规整、美观，适合作大型公共建筑和高层建筑的外幕墙板，与其配合的有专用扣件，施工维修都很方便。

（五）轻钢龙骨

建筑用轻钢龙骨是以冷轧钢板（钢带）、镀锌钢板（钢带）或彩色喷塑钢板

(钢带）为原料，采用冷弯工艺生产的薄壁型钢。轻钢龙骨是木龙骨的换代产品，用作吊顶或墙体龙骨，与各种饰面板（纸面石膏板、矿棉板等）相配合，构成的轻型吊顶或隔墙，以其优异的热学、声学、力学、工艺性能及多变的装饰风格在装饰工程中得到广泛的应用。

（六）装饰装修用铝合金

1. 花纹板

花纹板是采用防锈铝、纯铝或硬铝，用表面具有特制花纹的轧辊轧制而成，花纹美观大方、纹高适中（厚度0.5~0.8mm）、不易磨损、防滑性能好、防腐能力强、易于清洗。通过表面着色，可获不同的美丽色彩。花纹板板面平整、裁剪尺寸准确、便于安装，广泛用于车辆、船舶、飞机等内墙装饰和楼梯、踏板等防滑部位。

铝质浅花纹板是我国特有的一种优良的金属装饰板材。其花纹精巧别致（花纹高度0.05~0.12mm）、色泽美观大方。板面呈立体花纹，所以比普通平面铝板刚度大，经轧制后，硬度有所提高，因此抗划伤、抗擦伤能力强，且抗污染、易清洗。浅花纹板对日光有高达75%~90%的较高反射率，热反射率也可达85%~95%，所以具有良好的金属光泽和热反射性能。浅花纹板耐氨、硫和各种酸的侵蚀，抗大气腐蚀的能力强。浅花纹板可用于室内和车厢、飞机、电梯等内饰面。

2. 铝质波纹板和压型板

波纹板和压型板都是采用纯铝或铝合金平板经机械加工而成异形断面板材。刚度大，重量轻、外形美观、色彩丰富、耐腐蚀、利于排水、安装容易、施工进度快。具有银白色表面的波纹板或压型板对于阳光有很强的反射能力，利于室内隔热保温。这两种板材十分耐用，在大气中可使用20年以上。广泛应用于厂房、车间等建筑物的屋面和墙体饰面。

3. 铝及铝合金穿孔吸声板

吸声、降噪、质量轻、强度高、防火、防潮、耐腐蚀、化学稳定性好、造型美观、色泽幽雅、立体感强，同时组装简便、维修容易。广泛应用于宾馆、饭店、观演建筑、播音室和中、高级民用建筑及各类厂房、机房、人防地下室的吊顶作为降噪、改善音质的措施。

4. 蜂窝芯铝合金复合板

蜂窝芯铝合金复合板的整体结构和涂层结构分三层：外表层为0.2~0.7mm的铝合金薄板，中心层用铝箔、玻璃布或纤维纸制成蜂窝结构，铝板表面喷涂以聚合物着色保护氟涂料—聚偏二氟乙烯，在复合板的外表面覆以可剥离的塑料保护膜，以保护板材表面在加工和安装过程中不致受损。

蜂窝芯铝合金复合板的尺寸精度高；外观平整度好，经久不变，可有效地消除凹陷和折皱；强度高、重量轻；隔声、防震、保温隔热；色泽鲜艳、持久不变；易于成型，用途广泛；可充分满足设计的要求制成各种弧形、圆弧拐角和棱边拐角，使建筑物更加精美；安装施工完全为装配式干作业。蜂窝芯铝合金复合板作为高级饰面材料，可用于各种建筑的幕墙系统，也可用于室内墙面、屋顶、顶棚、包柱等工程部位。

5. 铝合金龙骨

自重轻、防火、抗震、色调美观、加工和安装方便。适用于医院、会议室、办公室、走廊等吊顶工程，常与小面幅石膏装饰板或岩棉（矿棉）吸声板配用。

6. 塑铝门窗

塑铝门窗是铝合金门窗的升级产品，它采用高分子涂料喷涂和隔热条，封隔技术大大提高了传统铝合金门窗的装饰性和隔热保温等技术性能，将成为新型材料的门窗。

第五节　新型建筑材料的应用

建筑设计是建立在各种建筑材料应用基础之上的，它们决定了建筑本身的质量和空间环境的好坏。目前传统的建筑材料已无法适应可持续发展的目标。与传统的建材生产方式相比，现代建材业是科技含量较量的新兴产业。从总的发展方向来看，新世纪的建材将会实现以下五个统一：结构承重性能与装饰美观性能相统一；轻的质量与高的强度相统一；保温节能功能与防火耐高温性能相统一；重点专用型和广泛通用型相统一；一次生产与再生成型相统一。总之，高质量的建筑必须由高品质的建筑材料来确保。

一、高品质建材的参数定义

（1）具有复合性、可增强的纤维材料；

（2）高强度、高韧性、高延展性；

（3）抗磨损、耐腐蚀、耐久性强；

（4）产品生产成本与建筑使用周期成本比低，效益好；

（5）具有较强的抵御自然灾害和火灾的能力；

（6）便于生产、使用与安装；

（7）可再生循环、可自然降解；

（8）具有公认的美观效果；

(9) 对环境的变化可敏感调节性能；

(10) 可自适应、自补偿、自组装；

(11) 现场易成型和改型性。

二、相变储热

相变储热及相变材料是近年来国内外在能源利用和材料科学方面研究开发十分活跃的热点之一。由于相变温度范围和潜热值的不同，相变储能材料（PCM）具有广阔的应用领域。

1. 相变的概念

在常温常压下水是液态，氧是气态。这些固态、液态、气态统称为相态。我们平时所喝的水，当温度在0℃下结成了冰，100℃以上变成蒸汽。但是，有几个特性却是我们特别关注的。在一定压力下，物质的相变基本是一个等温过程。大多数物质，相变时要释放或吸收大量的热量，比物质本身的显热大得多。如果温度压力超过了一定限度，物质的形态会发生巨大的变化，物质不只是简单的热胀冷缩，而是物质的相态发生了变化——相变，即：随着物质的温度升高，固体能相变成液体，液体能相变成气体。而且这种相变是可逆的，即随着温度的降低，气体能相变成液体，液体能相变成固体。相变材料的基本原理为：相变材料具有在一定温度范围内改变其物理状态的能力（固态→液态，或液态→固态）。相变蓄能是利用相变材料在相变时的相变潜热来蓄热的。由于相变蓄能材料的蓄能密度大，当发生相变时，相变材料将会吸收或释放出大量热量，同时在蓄、放热过程中材料的相变温度几乎不变，近似恒温。相变在物质内是如何进行，原子之间是如何紧密地联系——形成固体；如何松散地联系——形成液体；如何又分道扬镳——形成气体？有的气体物质如水蒸气，在大气中仅占千分之几，它们如何在"茫茫人海"找到同类、相聚成液体？原子之间是如何牵手分手，分子之间如何相聚相散，仍是当代科技研究的前沿课题。

2. 相变储能材料

利用某些物质在相转变过程中的吸热和放热现象，可以进行热能贮存和温度调节控制。具有热能贮存和温度调控功能的这些物质称为相转变材料（phasechangematerials，简称 PCM）。

(1) 被动式系统：利用自然冷热资源，即利用白天的太阳能来加热、利用夜晚的低温来制冷。用于建筑物墙体内用于墙体以外的其他结构中。

(2) 主动式系统：利用人工冷热源，在任何情况下，蓄冷和蓄热要根据能源的获得随时间和电力的变化而定。用于独立供暖和供冷设备中。

3. 相变储能材料（PCM）的作用

（1）PCM 可直接吸收太阳能在建筑物的墙体、顶棚和地板表层中加入适宜的、经封装的相转变材料（PCMs）后可直接吸收太阳能，提高了蓄能能力；而且降低室内温度变化幅度、更长时间保持在一个适宜的温度，增加空气的舒适感。

（2）利用某些物质在相转变过程中的吸热和放热现象，可以进行热能贮存和温度调节控制。

（3）太阳光被玻璃墙吸收，转化为热量使PCM熔化，在完全熔化之前，墙体的温度保持在PCM的相变温度27℃附近。夜晚自然冷却，温度可维持在27℃附近。墙体在一个小的温度范围内释放储存的热量，保温良好时，可避免热量向外界散失。PCM 应用在纺织品中PCM高分子聚合物应用在纺织品中，可达到调节温度的功能。

（4）PCM作用在"自动调温服"的中空纤维腔内，或在纤维表面用高科技手段浸泡、涂上一层含有相变材料的微胶囊，便具有优异的调温性能。在温度变高时，PCM 变成液态吸收热量，当进入温度较低的环境时，它又会从液态变成固态放出热量，从而使人体保持舒适感。

Chapter4 Building Construction Technology

第四章 建筑构造技术

第四章 建筑构造技术

建筑构造是建筑学专业的一门综合性工程技术科学,也是建筑设计的一个组成部分。

第一节 建筑物的分类、等级和组成

一、建筑物的分类

(一) 建筑物按用途划分

(1) 民用建筑。居住用的房屋(如住宅、宿舍等)和公共用的房屋(如办公楼、医院、学校、体育馆、商场、车站等)。

(2) 工业建筑。各类工业及轻工业等生产用的厂房、动力用的发电站及贮存原材料和成品的仓库等。

(3) 农业建筑。作饲养牲畜、贮存农具和农业产品用的房屋和其他各种农业用的建筑物。

(二) 建筑物按主要承重结构材料划分

(1) 砖木结构建筑。建筑物的主要构件采用木料制作,在目前节约木材情况下已很少采用。

(2) 混合结构建筑。建筑物的墙、柱为砖砌,楼板、楼梯为钢筋混凝土,屋顶为钢木或钢筋混凝土制作。

(3) 钢筋混凝土结构建筑。建筑物的梁柱、楼板、屋面板均以钢筋混凝土制作,墙用砖或其他材料制成。

(4) 钢结构建筑。建筑物的梁柱、屋架等承重构件用钢材制作,墙用砖或其他材料,楼板用钢筋混凝土。

(三) 建筑物按结构形式划分

(1) 叠砌式。以砖石和砌块墙作为主要承重构件,楼板搁于墙上。常用于六层以下的居住办公类民用建筑及中小型工业建筑。

(2) 框架式。以梁、柱组成框架为建筑物的主要承重构件,楼板搁于梁上。

(3) 部分框架式。外部用墙承重,内部采用梁柱承重的建筑,或底层用框架,上部用墙承重的建筑。

（4）空间结构。由大跨度的空间构架来承受荷重，如网架、壳体、悬索等大型的公共建筑。

二、建筑物的等级

建筑物的质量等级是建筑设计最先考虑的重要因素之一。按建筑物的使用性质及耐久年限可分为五个等级，建筑物的耐火等级分为四级。

（一）建筑物的使用性质及耐久年限

（1）一级是耐久年限100年以上，具有历史性、纪念性、代表性的重要建筑，如纪念馆、博物馆、国家会堂等。

（2）二级是50年以上的重要公共建筑，如一级行政机关办公楼、城市火车站、宾馆、大型体育馆、大剧院等。

（3）三级是40～50年的公共建筑与居住建筑，如高校、医院、主要工业厂房等。

（4）四级是15～50年的普通的建筑物，如文教、交通、居住建筑及厂房等。

（5）五级是15年以下的简易建筑和使用年限在5年以下的临时建筑。

（二）建筑物的耐火程度

根据我国现行规定，耐火等级标准主要根据房屋的主要构件(如墙、柱、梁、楼板、屋顶等)的燃烧性能和它的耐火极限来确定。耐火极限是指按规定的火灾升温曲线，对建筑物件进行耐火试验。从受到火的作用起，到失掉支持能力或发生穿透、裂缝或背火一面温度升高到220℃时，这段时间称为耐火极限，用小时表示。

三、建筑物的组成

建筑物是由基础、墙和柱、楼地层、楼梯、屋顶、门窗等主要构件所组成。现将各部分构件的作用、要求等分述如下。

（一）基础

基础是建筑物最下面的部分，埋在地面以下、地基之上的承重构件。它承受建筑物的全部荷载(包括基础自重)，并将其传递到地基上，要求坚固、稳定，且能抵抗冰冻、地下水与化学侵蚀等。基础的大小、形式取决于荷载的大小、土质性能、材料性质和承重方式。构造形式有带形、柱形及箱形等（图4-1）。

（二）墙和柱

墙是建筑物的承重及围护构件。按其所在位置及作用，可分为外墙和内墙；

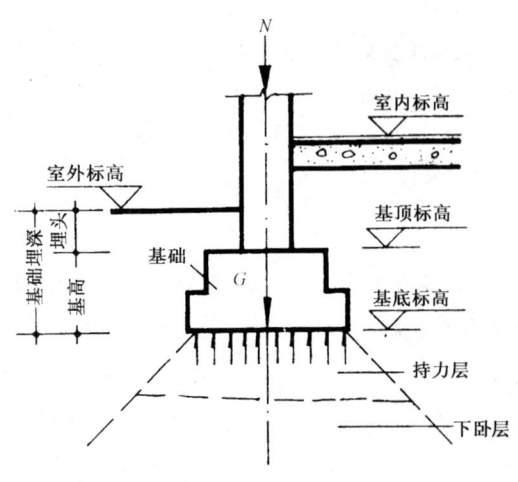

图4-1 建筑物的基础

按其本身结构,可分为承重墙和非承重墙。承重墙是垂直方向的承重构件,承受着屋顶、楼层等传来的荷载。有时为了扩大空间或结构要求,不采用墙承重,而用柱来承重。外墙应能起到抵抗风雪、寒暑及太阳辐射热的作用,分为勒脚、墙身和檐口三部分。勒脚是外墙与室外地面接触的部分;墙身设有门窗洞、过梁等构件;檐口为外墙与屋顶连接的部位。内墙用于分隔内部空间,除承重外,还能增加建筑物的坚固性、稳定性和刚性。非承重的内墙称为隔墙。

(三)楼地层

楼地层是建筑物水平方向的承重构件,分为楼层和地层。楼层将建筑物分隔为若干层,并将其荷载传递到墙或柱上。它对墙身还起水平支撑作用。楼层主要包括面层、结构层、顶棚三部分,应具有足够的坚固性、刚性、耐磨以及隔声等特性。地层贴近土层,要求它坚固、耐磨、防潮与保温。

(四)楼梯

楼梯是多层建筑中的上下交通通道。应有足够的通行宽度和疏散能力,并符合坚固、稳定、耐磨、安全等要求。

(五)屋顶

屋顶是建筑的顶部结构,形式有坡屋顶、平屋顶等。屋顶由屋面及屋架组成。屋面用以防御风沙雨雪的侵袭和太阳的辐射;屋架支于墙或柱上,并将自重及屋面的荷载传至墙和柱上。屋顶应坚固、耐久、防渗漏,并能保温、隔热。

(六)门窗

门的大小和数量以及开关方向是根据通行能力、使用方便和防火要求决定的。窗用作采光和通风透气,它是围护结构的一部分,亦须考虑保温、隔热、隔声、防风沙等要求。

四、建筑工业化和统一模数制

实现建筑工业化(即"三化一改"——房屋建筑标准化、结构配件生产工厂化、施工机械化和墙体改革),可以促使建筑事业提高劳动生产率,缩短工期,降低造价。为达到建筑工业化的要求,使不同类型的建筑物及其各组成部分间的尺寸统一与协调。我国1955年实行《建筑统一模数制》,1974年3月修订,规定以100mm作为基本尺度单位,称为基本模数。并在基本模数的基础上,规定了模数数列。模数数列是以选定的模数基数为基础而展开的数值系统。扩大模数就是基本模数的倍数，例如：300mm、600mm、1500mm、3000mm等；分模数是基本模数的分数，例如：10mm、20mm、50mm、120mm、450mm等。

第二节　地基与基础

建筑物最下面埋在土中的扩大构件称为基础。承受由基础传来的荷载而产生应力和应变的土层称地基。建筑物上部的总荷载(包括屋面、楼层、墙等的自重和各种活荷载)通过基础传递到地基上，基础起承上传下的传递荷载的作用。

地基、基础设计应满足这样的基本条件：一是基础本身应有足够的强度，地基应有良好的稳定性，以保证建筑物的均匀沉降；二是基础的耐久性；三是地基与基础工程的经济性，通常应尽可能选择良好的天然地基，争取做浅基础，采用当地产量丰富、价格低廉的材料和先进的施工技术，使设计符合经济合理的原则。另外，设计地基与基础时应掌握必要的设计资料，即地形图和工程地质勘探资料。

一、地　　基

（一）天然地基

凡天然土层具有足够的承载力，不需经人工改良或加固，直接在土层上面建造房屋的称为天然地基。天然地基不外乎是呈连续整体状的岩层，或由岩石风化破碎成松散颗粒的土层。这样的地基土一般分为岩石、碎石土、砂土、黏性土和人工填土等五大类。而地基土具有压缩与沉降及抗剪与滑坡等特性（图4-2-1）。

（二）人工地基

当土层的承载力较差，如淤泥、冲填土、杂填土或其他高压缩性土层，作为地基没有足够的坚固性和稳定性时，对土层则必须进行人工加固后才能在上面建造房屋，这种经过人工处理的土层，称人工地基。常用的人工加固地基的方法有压实法、换土法和桩基（图4-2-2）。

二、基　　础

基础的埋置深度不超过5m者称浅基础，大于5m者称深基础。选用浅基础的优点是施工时不需要复杂的技术和特殊设备。一般中小型建筑应当首先考虑选择天然地基浅基础。房屋的基础构造，除了保证基础本身具有足够的强度外，还应确定合理的埋置深度和宽度，据此选择基础的材料和断面形式。地基的容许承载力是基础设计的依据，是以地基不发生有害沉降而失去稳定性为前提的。

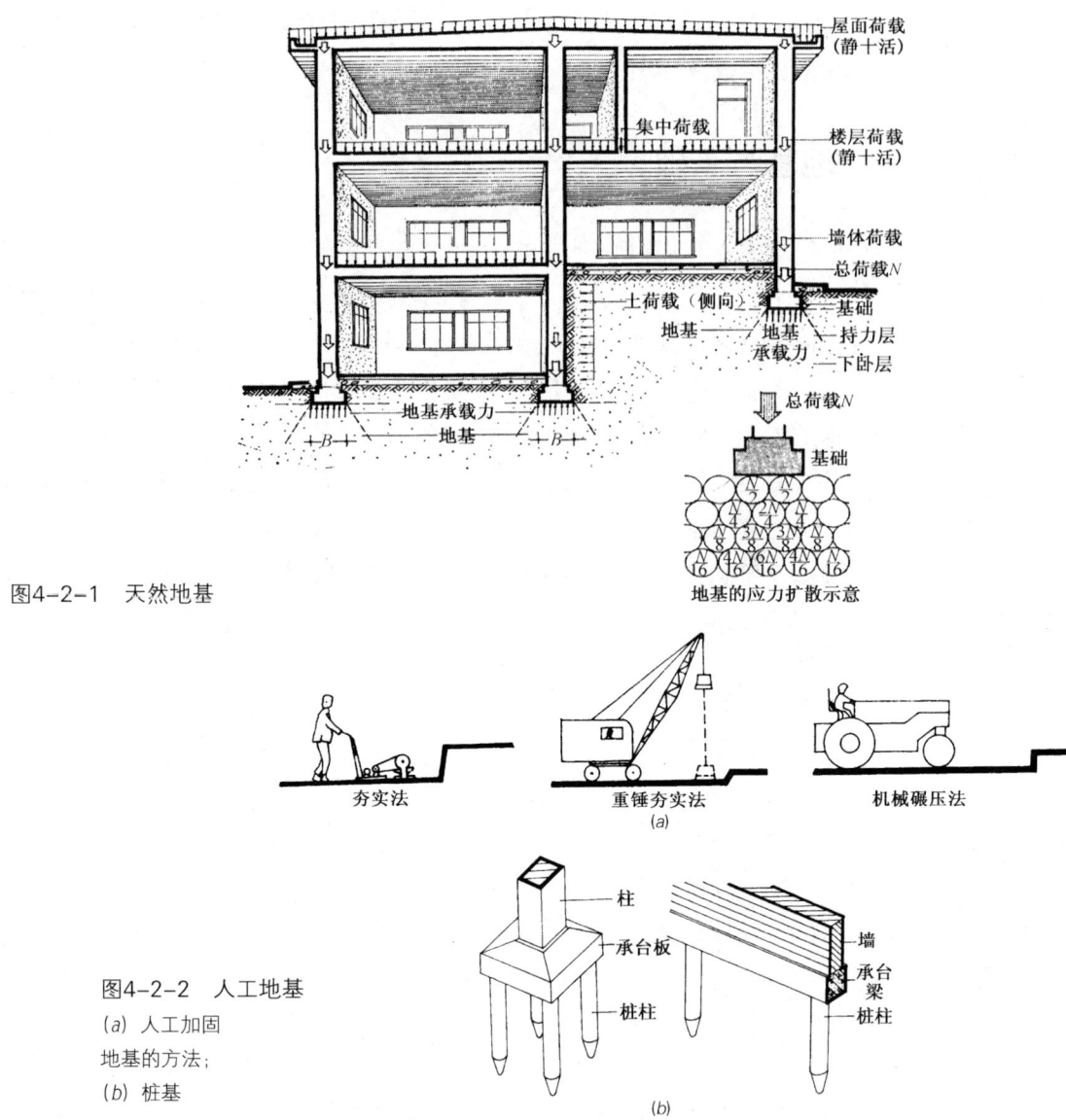

图4-2-1 天然地基

图4-2-2 人工地基
(a) 人工加固地基的方法；
(b) 桩基

（一）基础的埋置深度

由室外的设计地面到基础底面的距离，称基础的埋置深度。从经济效果看，基础的埋置深度愈小，工程造价愈低。但基础底面的土层在受到压力后，会把基础四周的土挤出，没有足够厚度的土层包围基础，基础本身将产生滑移而失去稳定。同时，埋得过浅或把基础暴露在地面，易受外界的影响而损坏。所以基础的埋置要有一个适当的深度。根据实践证明，在没有其他条件的影响下，基础的埋置深度不应小于500mm。决定建筑物基础埋深的因素很多，主要应考虑与地质构造的关系和地下水位的影响，以及冰冻线的因素等几个条件（图4-2-3、图4-2-4）。

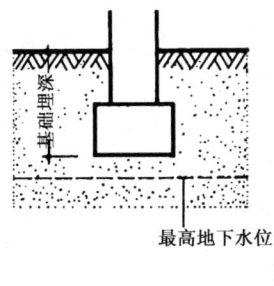 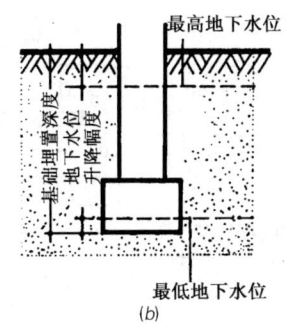 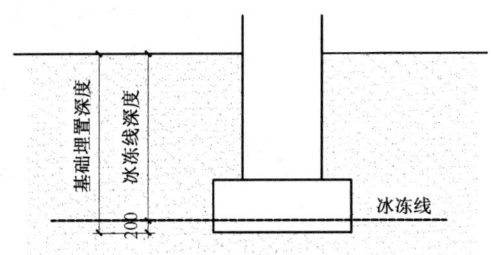

图4-2-3　基础的埋置深度　　　　　　　　　　图4-2-4　冰冻线与基础埋深
(a) 基础埋置在地下水位以上；(b) 基础埋置在地下水位以下

（二）基础的宽度和断面

基础底面积与建筑物总荷载、地基容许承载力的大小有关。计算长条形基础底面积时，取其长度1m，基础底面积即等于基础宽b×1m，基础底宽b也就同样取决于地基容许承载力和建筑物的总荷载。根据基础的宽度可以选择基础的断面形式，但基础的断面形式却往往与基础所用材料的力学性能(抗拉与抗压)有关。

1. 刚性基础

其宽度及截面形式受刚性角约束，常用于一般地基承载力较好、压缩性较小的五层及五层以下的中小型民用建筑和墙承重的轻型厂房。刚性基础按材料分类，一般有混凝土基础与地方材料基础，如毛石砌筑基础、砖和灰土基础及灰浆三合土基础等（图4-2-5）。

2. 钢筋混凝土基础

在混凝土基础中配置抗拉性能好的钢筋，利用钢筋束承受强大的弯矩，基础就可以不受刚性角的限制。为节约材料，常将钢筋混凝土基础的两翼向外逐渐减薄，但最薄处的厚度不应小于200mm。基础下面常用混凝土做厚约100mm的垫层（图4-2-6）。

（三）基础的形式与选择

基础的形式主要与上部结构形式直接有关，还随着土层的分布情况、地基容许承载力、荷载大小、受力方向等条件的变化而不同。主要基础形式（图4-2-7）有：

1. 条形基础

包括墙下条形基础、柱下条形基础、壳体条形基础。

2. 单独基础

包括柱下单独基础、柱墩或与井柱式基础、单独式壳体基础。

3. 满堂基础

包括不埋满堂基础、筏式基础、箱形基础、连续筒壳与连续折壳基础、大面积壳体基础。

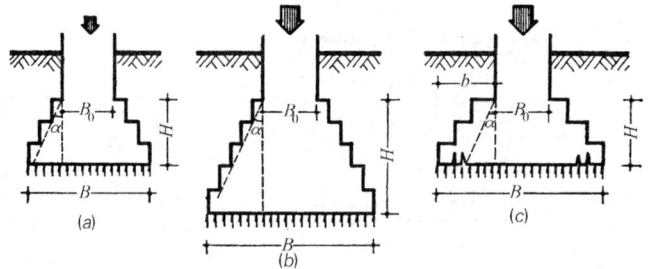

图4-2-5 刚性基础
(a) 基础的高宽比在刚性角范围内,受力良好;
(b) 上部荷载加大,应按刚性角的比例,在增加基础宽度时,相应增加基础高度;
(c) 当基础宽度加大,高度不增加,刚性角过大,基础受拉开裂而破坏

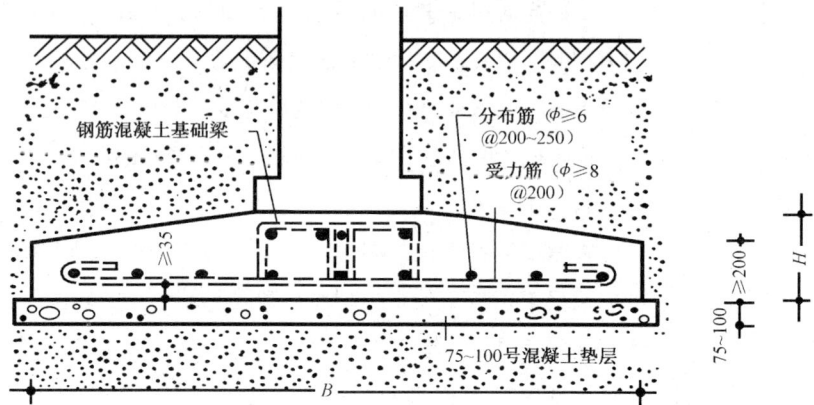

图4-2-6 梁板式混凝土垫层

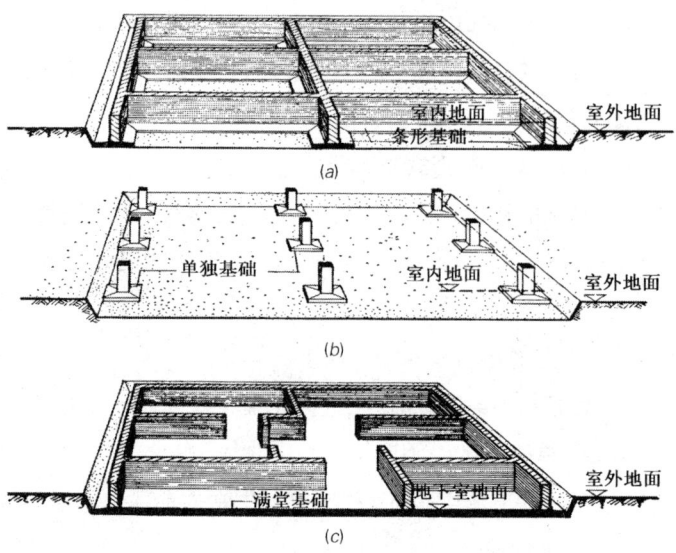

图4-2-7 基础的形式
(a) 条形基础; (b) 单独基础; (c) 满堂基础

第三节　墙　　体

墙是建筑物的重要组成部分，分为外墙和内墙。外墙可能是承重墙或仅作围护墙，不承重；内墙可能是承重墙或仅作分隔墙，不承重。从材料和构造的方法上来分，墙可分为实砌砖墙、空斗墙、空心砖墙、石墙、土墙以及砌块和大型板材墙等。外墙主要由勒脚、墙身、檐口三部分组成，而墙身部分还设有门窗洞及其过梁、壁柱等构件。

一、决定墙体构造的因素

（一）墙的结构布置

综合考虑建筑结构的要求，区分承重墙与非承重墙。为保证结构的合理性，要求上下承重墙必须对齐，各层承重墙上的门窗洞口也尽可能做到上下对齐，空间较大的房间往往布置在顶层。

（二）坚固方面的要求

墙体除承受自重外，要能支承整个房屋的荷载。须具有抵抗风压的能力，当墙身较高而长，并缺少横向隔墙联系的情况下，则需要考虑加厚墙身、提高砂浆强度等级，或加砖墩及墙内加筋等各项措施。

（三）保温、隔热与隔声等方面要求

墙体应具有足够的热阻，可通过增厚墙身(但不经济)、采用热阻大、导热系数小的材料和改善围护结构方式等方法来增加墙体热阻。墙体还应有一定的隔声性能，包括门窗、屋顶等。

（四）材料及施工方面的要求

合理选用墙体材料，除了强度、导热系数外，尚须注意其吸水率和抗冻性，这是砖石耐久性的主要特征之一。另外，还应设法采用轻质材料，如硅酸盐砌块，可节省烧砖用的黏土，少占用农田。还应注意墙体的防水、防潮处理，在较大的房屋中，还应设置防火墙。

二、砖墙与石墙

（一）实砌砖墙

砌墙用的砖块种类很多，最普通的是黏土砖，此外还有矿渣砖、粉煤灰砖、耐火砖等。我国标准黏土砖规格为240mm×115mm×53mm，砖长：宽：厚=4：2：1(包括灰缝)，而灰缝宽度定为10mm为准。砌墙用的砂浆是由胶结材料(水泥、石灰、黏土)和填充材料(砂、石屑、矿渣、粉煤灰或废模型砂)用水搅拌而成，可

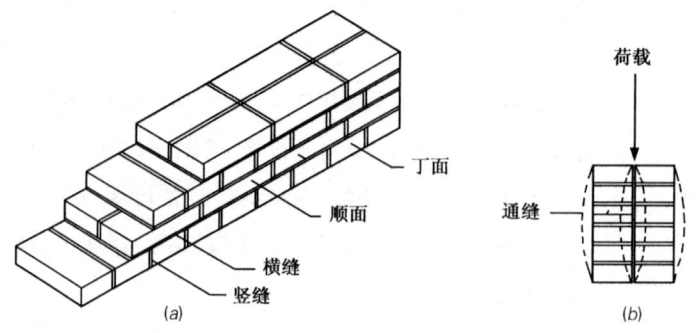

图 4-3-1 砖墙砌筑方式
(a) 错缝搭接；(b) 通缝搭接

分为水泥砂浆(水泥和砂)、混合砂浆(水泥、石灰、砂或其他填充材料)、石灰砂浆(石灰和砂)和黏土砂浆等，它们的配合比取决于结构要求的强度。

为保证砖墙坚固，砖块排列的方式应遵循内外搭接、上下错缝的原则。砌筑时不应使墙体出现连续的垂直通缝（图4-3-1）。砖墙叠砌方式有全顺式、上下皮一顺一丁式、每皮一顺一丁式及多顺一丁式等四种。砖墙的厚度一般用砖长来表示，如半砖墙(厚115mm，通称12墙)，3/4砖墙(厚178mm，通称18墙)，一砖墙(厚240mm，通称24墙)。若墙的长度及高度大于规定，稳定性不好，则需要加固。其加固措施有加墙墩、加扶壁及加圈梁(腰箍)三种。

外墙与室外地面接近部位称为勒脚。勒脚部位一定要采取防潮、防水措施。处理方法有三种：

(1) 在勒脚部位抹1:2.5水泥砂浆或水刷石(或斩假石，或贴天然石材等)。

(2) 在勒脚与室外地坪相连处设排水沟(明沟)或散水，使勒脚附近的墙间积水迅速排走。

(3) 设防潮层，具体做法有油毡防潮层、防水砂浆防潮层、内配钢筋的细石混凝土带防潮层及用防水砂浆砌三皮砖做的防潮层（图4-3-2）。

门窗过梁依其跨度不同而有所选择，比如跨度小于1.2m时，一般可采用砖砌平拱；跨度在1.2~2m时可采用钢筋砖过梁；当跨度在2m以上或承受较大的荷

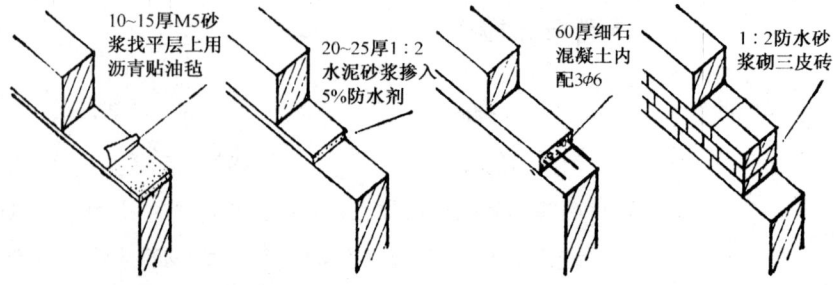

图4-3-2 防潮层的做法

 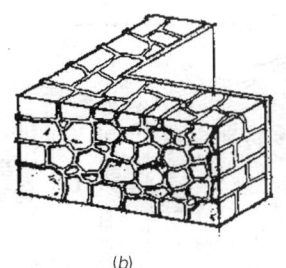 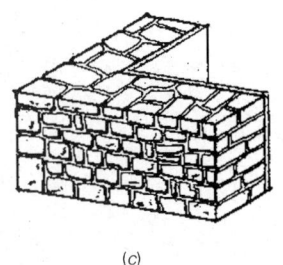

图 4-3-3　石墙
(a) 片石墙；(b) 虎皮石墙；(c) 块石墙

重时，则必须用钢筋混凝土过梁。外墙窗洞的下部设窗台，窗台外缘应挑出外墙面，并做成向外倾斜而不透水的表面，窗台下必须抹滴水槽。在民用建筑中，为厨房排烟和浴厕换气，需分别在墙壁中设置烟道(烟囱)和通风道(排气道)。

（二）空斗墙

空斗墙是我国民间建筑的先进技术成就，历史悠久，在长江流域、西南地区应用较广。砌空斗墙时，侧砌的砖被称为斗砖，平砌的被称为眠砖，砌法可分为有眠空斗墙和无眠空斗墙两种。空斗墙用料省，自重轻，但对砖的质量和施工技术要求较高，各条灰缝都应满浆。空斗墙可用于1~3层的民用建筑，如宿舍、办公楼、学校等。在地基较好的情况下，可用于4~5层的民用建筑，但底层一般用实砌砖墙，其上每隔两层用圈梁加固。

（三）多孔砖墙

在生产中推广的多孔砖有两种规格配合砌筑，可用于以100mm进位的各种厚度的承重墙、独立砖柱或壁柱，符合统一模数制，为设计施工带来很大方便。用多孔砖砌墙，可将砌砖次数减少一半。另外，由于多孔砖有竖孔，提高了保温能力。

（四）石墙

在多山的产石地区，常利用天然石料砌墙。所用石材必须是质地坚实，不易吸潮和风化，形状要较整齐。一般有石灰石、花岗石、砂石、玄武石等。石墙可分为片石墙、虎皮石墙和块石墙三种（图4-3-3）。

三、隔墙与隔断

隔墙与隔断的作用在于分隔，均不承受外来荷载，它可直接置于楼板或次梁上，所以不同于承重内墙。两者的区别则在于前者到顶，后者不到顶，往往用在隔声要求不高的场合，两者作用基本相似，故对它们有着共同的要求（图4-3-4）。

(1) 自重越轻越好，厚度越薄越好；

(2) 房间的隔墙应有一定的隔声性能，厨房的隔墙应具有耐火性能，用于

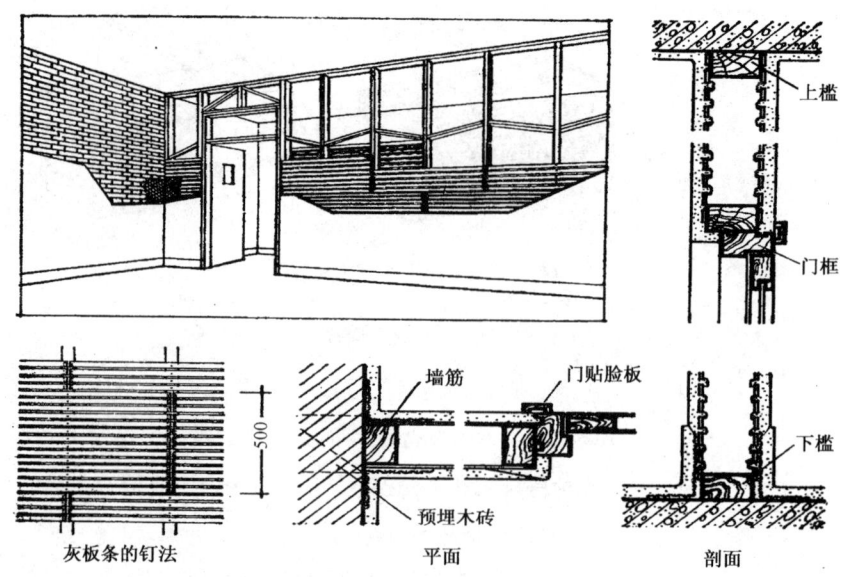

图 4-3-4 隔墙与隔断

浴厕的隔墙、隔断应考虑防潮要求；

（3）易于拆除，易于移位。常用的隔墙（包括隔断），按其材料和构造方法，有立筋式隔墙、块材隔墙和板材隔墙等。

四、墙面抹灰

（一）抹灰的作用与组成

抹灰的作用主要在于保护墙面，使墙面不受自然界的大气侵蚀，同时使内外墙面及顶棚平整光滑、清洁美观。对于一些有特殊要求的房屋，还能改善它的热工、声学、光学的物理性能。抹灰层的总厚度：外抹灰平均为15～25mm，内抹灰平均为15～20mm，顶棚平均为12～15mm。在标准较高的建筑中，抹灰分底层、中层、面层，在大量民用建筑中，一般做一道底层和一道面层。抹灰底层起着粘结基层和初步找平的作用，抹灰中层主要起找平作用，抹灰面层主要起装饰效果，要求平整均匀，无裂痕（图4-3-5）。

（二）常用抹灰的种类及做法

常用抹灰可分为外抹灰与内抹灰两大类。外抹灰有混合砂浆抹灰、水泥砂浆抹灰、水刷石及干粘石饰面、斩假石饰面等；内抹灰有纸筋石灰粉刷、水磨石饰面、瓷砖饰面等。

（三）高档装修范畴

除上述常用墙面抹灰外，还有石膏抹灰、挂贴天然石材、金属

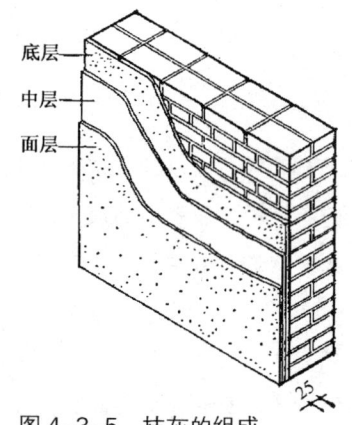

图 4-3-5 抹灰的组成

板材、面砖、琉璃制品以及塑料贴面等。

(四) 清水墙面

砖墙外墙面如不抹灰，则须勾缝，称为清水墙。勾缝亦称嵌灰缝，其作用是防止雨水浸入及整齐美观。勾缝形式有平缝、平凹缝、斜缝、弧形缝等。

第四节　楼板与地层

楼板与地层是房屋的主要水平承重构件，同时对墙身起着水平支撑作用，它把房屋按高度分隔若干层，同时也发挥了有关的物理性能，如隔声等。

楼板与地层应当坚固，应有足够的强度，能承受自重和不同使用要求下的使用荷载(也称活荷载、动载，如人群、家具、设备等)而不损坏。同时有足够的刚度，在一定荷载下不发生超过规定的形变，如挠度，以及在人走动和重力作用下不发生显著的振动。楼层是在整体结构中保证房屋总体强度、刚度和稳定性的构件之一，对房屋起稳定作用。

楼板与地层应有隔声要求，楼板的隔声包括隔绝空气传声和固体传声两方面。楼板与地层应采取就地取材的原则，并且采用轻质高强度材料以减轻楼层厚度和自重。结构形式要经济合理，尽可能降低造价。在特殊地区的楼板与地层构造须考虑热工要求。为防火和安全起见，一般楼层承重构件应尽量采用耐火与半耐火材料制造。特别潮湿的房间，如厨房、厕所等。还要求楼板与地层具有不透水性，除支承构件采用钢筋混凝土以外，尚可设有防水性能的各种铺面，如水磨石、锦砖等。

楼板与地层由承重构件与非承重构件两种主要构件组成。承重构件如梁、格栅、楼地板、拱等支承楼板与地层所传来的荷载，并将这些重量传递到支座墙、柱、砖墩及基础上去。非承重构件指楼板与地层的面层及顶棚，面层亦可称为铺地，如水泥抹灰、水磨石地面等，这些构件层可将荷载传递到承重构件上，同时具有必要的热工、隔声、防潮等性能。

总体说来，楼板与地层主要组成部分可分为面层、承重构件与顶棚三部分，必要时增加填充层。根据承重构件主要用料，楼板与地层构造可分为四大类型，即木楼地面、钢筋混凝土楼层或混凝土地层、钢楼板层及砖楼地层（图4-4-1）。

构件支承方式有单向支承和双向支承两种。在大量居住性建筑中，房间较小，楼板与地层支承方式有：利用纵向内墙与外墙支承(亦称纵墙支承)和利用横向内墙支承(亦称横墙支承)。

楼板与地层构件布置方式有简单与复杂两种。采用断面小、间距密的构件，在它的有效跨度范围内，搁置在两端墙内，上铺楼板。这种较简单的方式在木

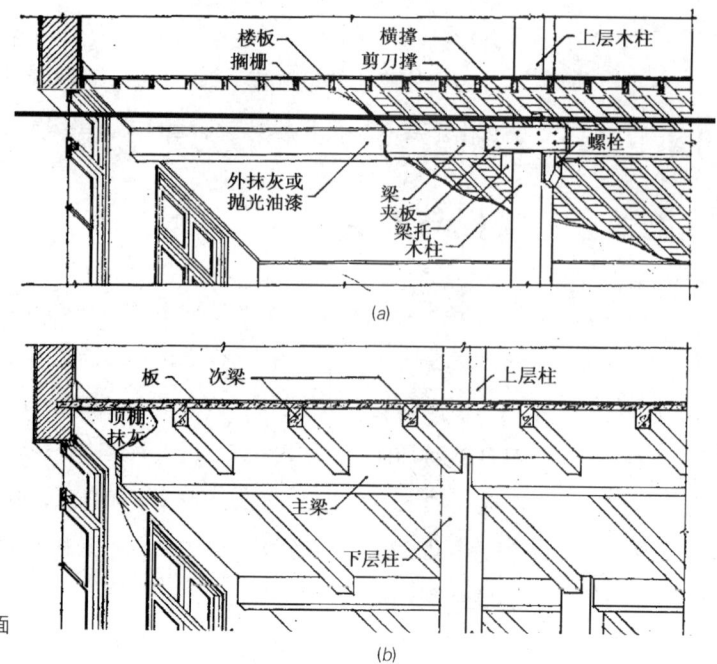

图 4-4-1 楼地面
(a) 木楼地面；
(b) 钢筋混凝土楼地面

结构中称格栅式，在钢筋混凝土中称小梁式或密肋式楼层。

若楼下空间较大，超过格栅小梁的有效跨度，必须用梁或大梁来支承，上下互成垂直相叠加，这种方法较复杂，称作梁板式楼层。

一、钢筋混凝土楼层与混凝土地层

（一）楼层的分类与组成

钢筋混凝土楼层的分类有单向板、双向板、梁板式以及双向井字梁等几种结构方式。其构造的组成分为面层、结构层和顶棚三个基本层。其中现浇式钢筋混凝土楼层可分为三类（图4-4-2）。

（1）钢筋混凝土板式楼层，有单向及双向支承两种。

（2）钢筋混凝土格栅(密肋、小梁、密肋空心板)楼板层。其形式有格栅和板

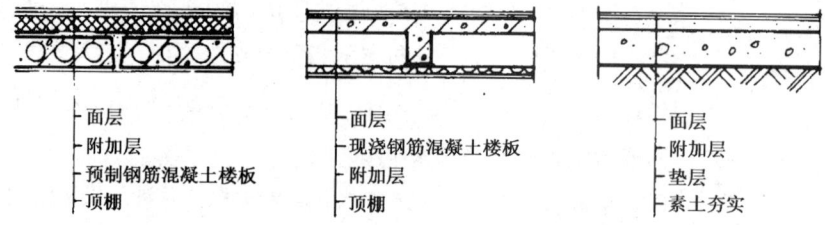

图 4-4-2 楼层的分类与组成

都现浇,格栅露明,不吊顶;格栅和板都现浇,格栅间填以陶土空心砖(或低强轻混凝土块);预制格栅现浇板;嵌燕尾形木条的预制格栅上铺钉木楼板等。

(3) 梁、板式楼层。梁的高度为跨度的1/12~1/8,梁宽为高的1/3~1/2,简支板厚为跨度的1/35,连续板为跨度的1/40左右。

小型预制装配式钢筋混凝土楼层亦可分为三类。即梁式、板式、梁板合一,又可分为槽形板与多孔板,空心板和大型板材。

(二)面层、填充层和顶棚的构造

(1) 面层构造做法是直接抹20mm厚、1∶3~1∶2的水泥砂浆,亦可改抹水磨石、美术水磨石或用水泥花砖、锦砖、缸砖贴面等。

(2) 填充层构造做法是1∶4的水泥煤渣(焦渣)混凝土、1∶5的石灰煤渣(干焦渣)或1∶1∶10的水泥∶石灰∶煤渣等。

(3) 顶棚构造做法有直接抹顶、直接钉顶棚、吊顶等三种。

(三) 地层的分类、要求和组成

地层构造总的分类为木地层和混凝土地层两种。地层构造应符合坚固、卫生、经济、隔潮、保温等要求,木地层还要注意防火、防腐、防蛀等问题。地层的组成分为面层、结构层和垫层。

(四) 常用的几种地层和面层构造

现浇式混凝土地层、混合土地层、水磨石地层及油漆楼地面、缸砖铺地、马赛克陶瓷(锦砖)铺地、花砖铺地、黏土砖铺地、木地板等。

三、阳台与雨篷

(一)阳台

阳台有凸阳台、凹阳台之分,建造时应注意其坚固和安全性、排水与渗水问题、栏杆透风和遮阳问题及艺术形式等。阳台现多用钢筋混凝土材料,不论现浇或预制装配,均属悬臂结构,可分为板悬臂或梁悬臂、梁上架板两种形式。板悬臂式出挑不宜过多,约在1m左右,否则,易致倾覆。梁悬臂式的后端可设法伸入室内,作为荷重构件以保持平衡(图4-4-3)。

阳台栏杆是防人下坠的设施,凭栏眺望应注意其侧压力,其形式有漏空、实体两种。材料可用金属和钢筋混凝土,钢铁栏杆分为铸铁(老式)、锻铁、镀锌钢管及钢丝网等。栏杆必须装置坚固,实体栏板以钢筋混凝土为主。阳台排水以有组织的内排水为宜,地漏最好用铸铁的,应与混凝土紧密吻合,以防渗漏。阳台板面应低于室内楼面至少20mm。

(二)雨篷

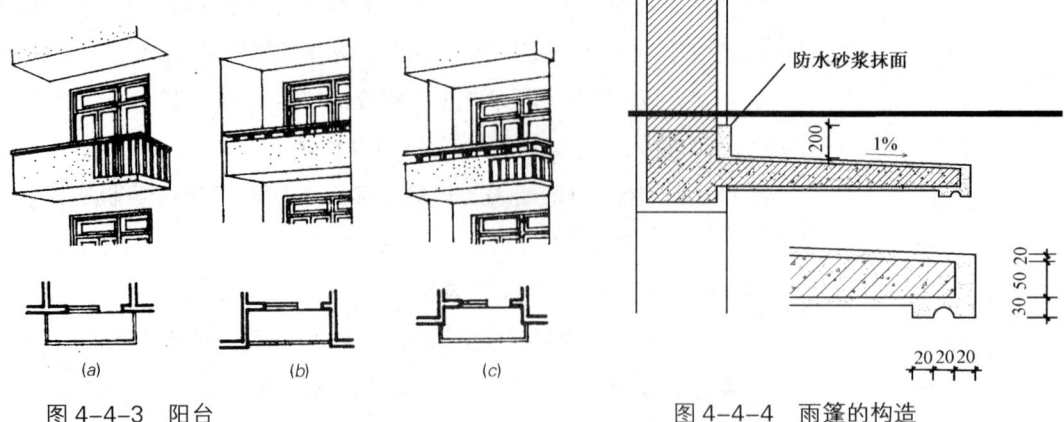

图 4-4-3 阳台　　　　　　　　　　图 4-4-4 雨篷的构造

雨篷受力作用与阳台相似,均为悬臂结构,不过荷载不同,仅负担雪荷载与自重,不可上人。它不宜向外排水,除非简陋次要的地方。不论向外或向内排水,梁面必须高出板面至少一砖,以防雨水渗入室内。

雨篷对外观形式要求较高,其造型可作多种设计。雨篷顶面一般抹水泥砂浆,底部设照明装置,如吸顶灯、灯槽等,应与整体设备一并考虑(图4-4-4)。

第五节　楼梯与台阶

一、楼　梯

楼层间的上下交通,除采用电梯和自动扶梯外,主要是由楼梯来解决的。楼梯包括栏杆、扶手,所以也称扶梯。在建筑上固定安装的铁梯称为爬梯。

(一) 楼梯的种类和基本要求

楼梯有室内与室外两种。按使用性质分,室内有主要楼梯、辅助楼梯;室外有安全楼梯、防火楼梯。按材料分有木质、钢筋混凝土、钢质、混合式及金属楼梯。按形式分有直上、2~4折、曲尺、平行、八角形、圆形、弧形及螺旋形等(图4-5-1、图4-5-2)。

楼梯的基本要求。首先在建筑设计上要满足功能要求,保证通行畅通和美观。第二在结构、构造方面,要求楼梯四周必须有坚固的墙、柱或框架来支承,有较高的刚度,楼梯间须有良好的采光、通风,楼梯须有适当坡度,中途须有休息平台。第三是防火与安全的要求,楼梯须有足够的通行和疏散能力,楼梯四周须有耐火墙体,至少为一砖墙。楼梯间内不准有凸出部分,以免阻碍人流。多层公共建筑和高层建筑还须设置封闭楼梯和防烟楼梯。最后要符合施工和经济要求。

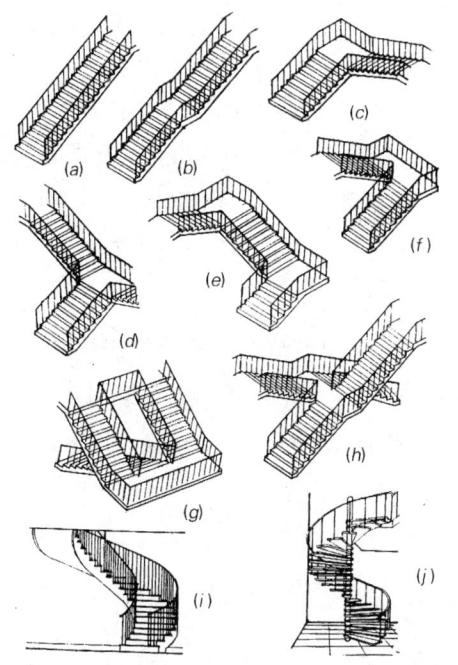

图 4-5-1 楼梯的形式示意
(a)直跑楼梯(单跑);(b)直跑楼梯(双跑);(c)转角楼梯;(d)双分转角楼梯;(e)三跑楼梯;(f)双跑楼梯;(g)双分平行楼梯;(h)交叉楼梯;(i)圆形楼梯;(j)螺旋楼梯

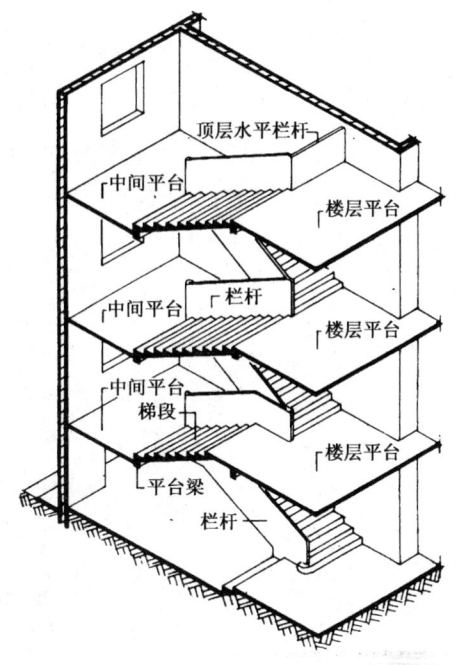

图 4-5-2 楼梯的构成

(二)楼梯的组成和坡度

楼梯一般由楼梯平台及楼梯段两个部分组成。楼梯平台由平台梁和平台板组成,在踏步过多或在楼梯转弯处常设平台以调剂疲劳,其宽度不少于楼梯段的宽度。按规定每段楼梯不得超过18级,亦不得少于3级。

楼梯段由斜梁、踏步及栏杆或栏板组成。居住建筑的楼梯宽度一般为1.1~1.4m,辅助楼梯至少宽0.9m,作疏散用则不小于1.1m;公共建筑的楼梯宽度一般为1.4~2m左右。至于踏板宽与踢板高的尺寸关系,一般为:踏板宽+踢板高=450mm,或踏板宽+2×踢板高=600~620mm。楼梯栏杆高度一般为0.9m(图4-5-2、图4-5-3)。

1. 楼梯的构造

(1) 现浇钢筋混凝土楼梯分为板式和梁式两种。板式宜用于跨度较小、受荷载较轻的建筑中,底面是平的,纵向配置钢筋置于楼面梁及平台梁上。梁式为常见形式,包括板与楼梯斜梁,亦有反梁式及利用栏板作反梁的。转弯三折式楼梯则可采用曲梁式的楼梯斜梁。

(2) 小型预制装配式钢筋混凝土楼梯按其构造方式可分为小型和大型构件两种。比如小型构件装配式由楼梯斜梁、踏步块、平台梁及预制板组成(图

4-5-4)。

(3) 其他类型楼梯有安全梯及消防梯等。

2. 栏杆、栏板与扶手

所用材料有木、钢铁、钢管、钢丝网、钢筋混凝土或是砖砌。室内亦有采用玻璃、有机玻璃和各种塑料板的。所有栏杆、栏板均须牢固地固定在楼梯、踏步或有关的平台梁、楼面梁或望柱上，并能承受一定的侧压力。漏空栏杆的各构件间须连接妥善。

栏杆与楼梯斜梁、踏步衔接的方法一般有四种：逐根将钢料下端开脚埋入；预埋母螺钉铁件套接；预埋铁件电焊；螺栓结合（图4-5-5）。

为舒适、便利清洁起见，栏杆、栏板用通长相连的扶手，扶手多用木制，

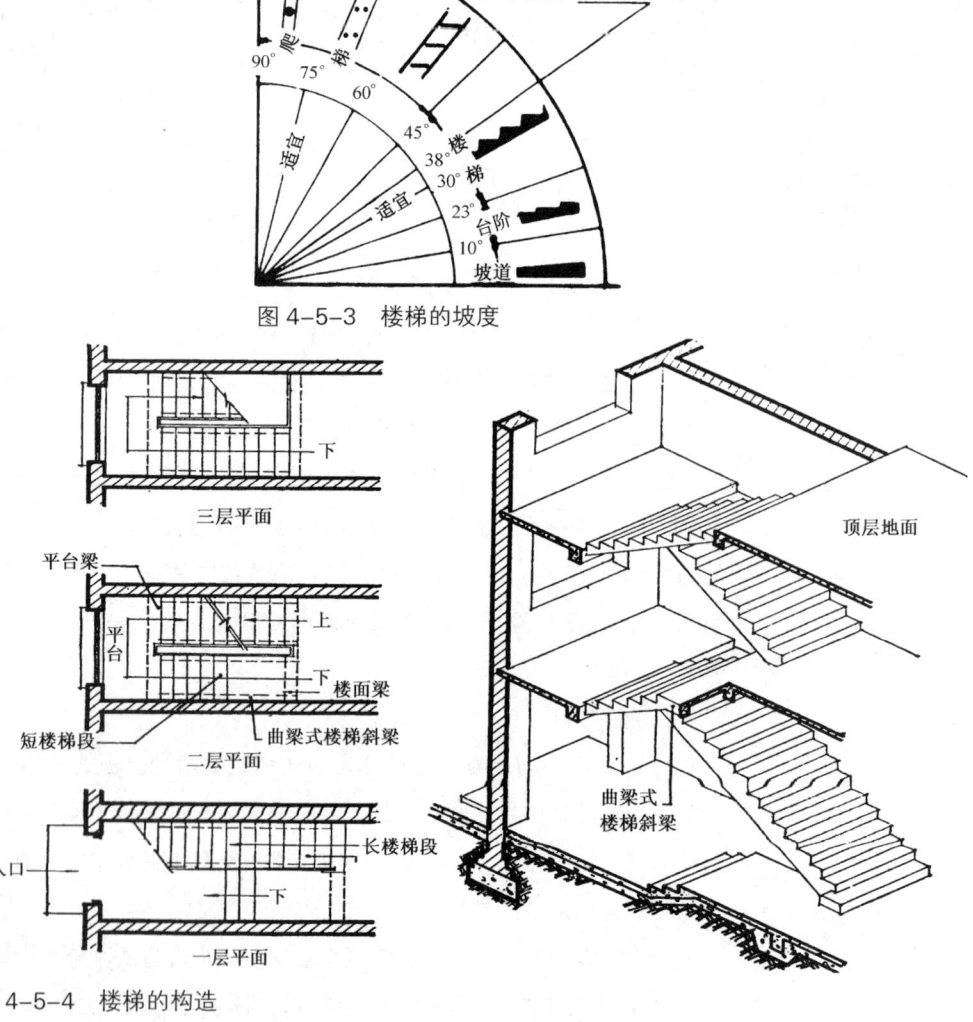

图 4-5-3 楼梯的坡度

图 4-5-4 楼梯的构造

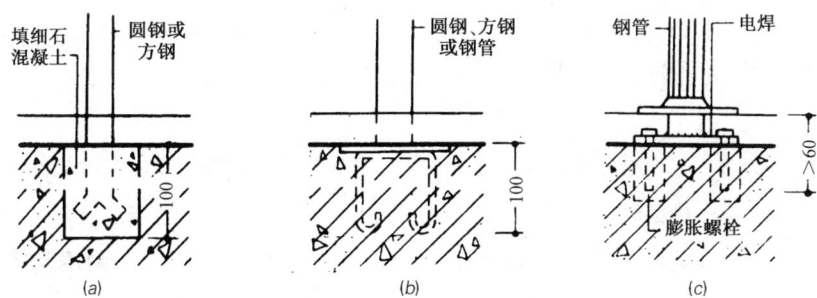

图4-5-5 栏杆与楼梯斜梁、踏步固定的方法
(a) 埋入预留孔洞；(b) 与预埋钢板焊接；
(c) 立杆焊在底板上用膨胀螺栓锚固底板

形式多样，但宽度以能手握为原则。扶手在平台处应采用弯头相连，有平弯头与斜弯头两种形式。

二、台　阶

台阶位于建筑物出口处，踏步宽度根据门口大小、踏步级数和室内外地坪的高低差决定。踏步高自100～150mm，踏面宽300～350mm。

1. 种类与形式

台阶一般无栏杆而带有平台，踏步有三出式、单出式，两旁有垂带面或方形边石等。用材有条石、混凝土、钢筋混凝土、砖砌抹水泥砂浆等。

2. 台阶构造与细部

台阶基础有就地砌造、勒脚挑出、桥式三种。台阶踏步有砖砌踏步、混凝土踏步、钢筋混凝土踏步、石踏步四种。高度在1m以上的台阶需考虑设栏杆或栏板。采用实铺坡道时，坡度一般为1/8～1/5，构造方法与混凝土地层相同（图4-5-6）。

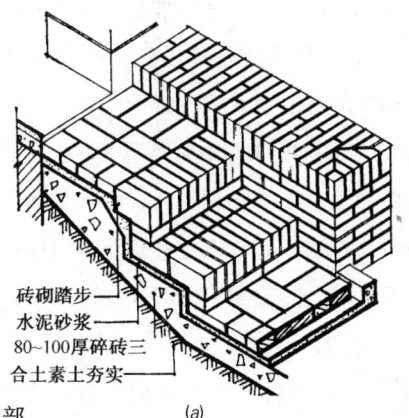
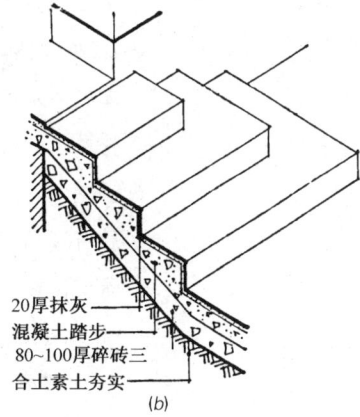

图4-5-6 台阶构造与细部
(a)砖台阶；(b)混凝土台阶

第六节 屋 顶

屋顶由屋面与支承结构等组成。支承结构可以是平面结构，也可以是空间结构，前者如屋架、刚架、梁板，后者如薄壳、网架、悬索等。常见的有平屋顶、坡屋顶及曲面屋顶等。在大量民用建筑中以平屋顶与斜屋顶为多。

屋顶的主要作用有两种，一是防御自然界的风沙、雨雪、日光等的侵袭；二是承受屋顶上部荷载，包括风荷载。屋面坡度与屋面防水关系很大，而坡度大小是根据所选用的屋面防水层材料的性能决定的。如果采用防水性能好、单块面积大、接缝少的材料，如油毡、钢筋混凝土板等，坡度可以小些；如采用黏土瓦、石棉瓦等小块面层则接缝多，坡度应大些。

一、坡 屋 顶

（一）坡屋顶的特点与组成

坡屋顶是由屋面和支承结构顶棚等主要部分组成。坡屋顶的屋面是由一些相同坡度的倾斜面相互交接而成的，交线为水平线时称正脊；当斜面相交为凹角时，所构成的倾斜交线称斜天沟；斜面交角成凸角时的交线称斜脊。

坡屋顶的坡度随着所采用的屋面铺材和铺盖方法不同而异，一般均大于1：10。坡屋顶的基层主要承受屋面荷载，一般包括檩条、椽子及屋面板等。在寒冷地区尚设有保温层，炎热地区则设通风隔热层等。

（二）坡屋顶的支承结构

在坡屋顶中常用的支承结构有横墙承重、屋架承重和梁架承重三类。横墙承重是指山墙作为屋顶承重结构，在山墙上放檩条，檩条上立椽子再铺屋面。或在山墙上直接放置钢筋混凝土挂瓦板，然后挂瓦。山墙的间距应尽可能一致，一般在4m以内，不超过4.5m。屋架承重是指由一组杆件在同一平面内互相结合成整体屋架来承受荷载，构成屋架的每个杆件都承受拉力或压力。屋架由上弦木、下弦木及腹杆组成。屋架可根据具体条件采用钢木混合屋架、钢筋混凝土屋架或轻钢屋架等。梁架承重是我国传统的结构形式，即用柱和梁形成梁架支承檩条，然后每隔两根或三根檩条立一柱，利用檩条和连系梁（枋）把房屋组成一个整体的骨架，在这里墙只起围护和分隔作用（图4-6-1）。

（三）坡屋顶的屋面构造

坡屋顶屋面由屋面支承构件及防水面层组成。支承构件包括檩条、椽子、屋面板或钢筋混凝土挂瓦板。屋面防水层包括各类瓦，常用的有黏土平瓦、小青

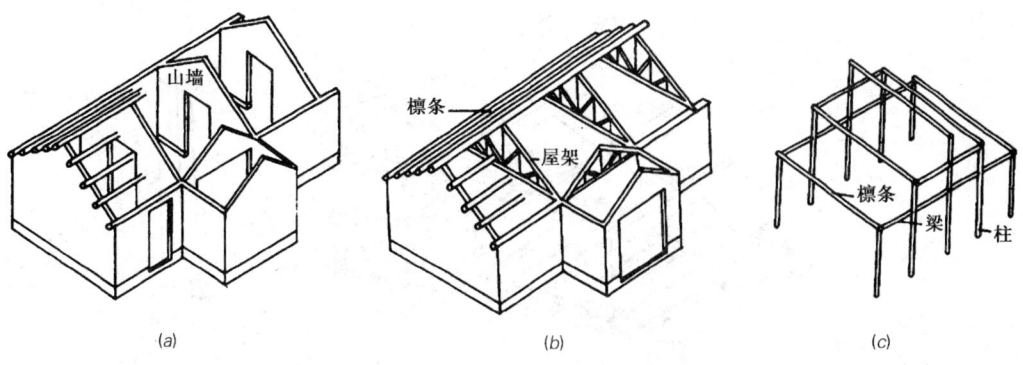

图 4-6-1　坡屋顶的支承结构
(a) 横墙承重结构；　(b) 屋架承重结构；
(c) 梁架承重结构

瓦、水泥瓦及石棉瓦等铺材。金属材料中的镀锌铁皮及铝合金大瓦等多用于大型公共建筑中耐久性及防水要求高、建筑物自重要求轻的房屋中。

在大量民用建筑中的坡屋顶以黏土平瓦采用较多，当屋顶坡度较平、对房屋自重要求较轻并对防火要求较高时常用石棉瓦等。

(四) 坡屋顶的细部构造

(1) 檐口构造。建筑物屋顶在檐墙的顶部称檐口，它对墙身起保护作用。坡屋顶的檐口常做成包檐与挑檐两种。包檐是指将檐口与墙齐平或用女儿墙将檐口封住，挑檐是将檐口挑出在墙外，做成露檐头或封檐头等形式。挑檐有砖砌挑檐、下弦木加托木挑檐或利用椽子出挑的檐口、利用钢筋混凝土挑檐梁挑檐、挂瓦板平瓦屋面的挑檐等几种。

(2) 山墙构造。两坡屋顶尽端山墙常做成悬山或硬山两种形式。悬山是指坡屋顶尽端屋面出挑在山墙外，一般常用檩条出挑，有挂瓦板屋面则用挂瓦板出挑。硬山是指山墙与屋面砌平或高出屋面的形式。

(3) 顶棚。顶棚的主要支承构件是主格栅，下钉吊顶格栅，再做面层处理。面层可用板条或钢丝网抹灰或钉纤维板与塑料板等（图4-6-2）。

(4) 坡屋顶的排水与泛水。排水分无组织排水和有组织排水两种。坡屋顶有组织排水设备有檐沟、天沟、水斗和落水管等。泛水是指突出屋面的烟囱、排气管、老虎窗等与屋面相交接之处及山墙、女儿墙与屋面连接的部分须采取的防漏构造措施。泛水材料常用24号或26号镀锌薄钢板或用1:3水泥砂浆抹灰，以镀锌薄钢板耐久性较好（图4-6-3）。

(5) 坡屋顶的保温隔热与通风平屋顶。坡屋顶的保温隔热构造分三种：保温隔热材料放在屋面基层之间；保温隔热材料铺在顶棚内；保温隔热材料放在屋面上。

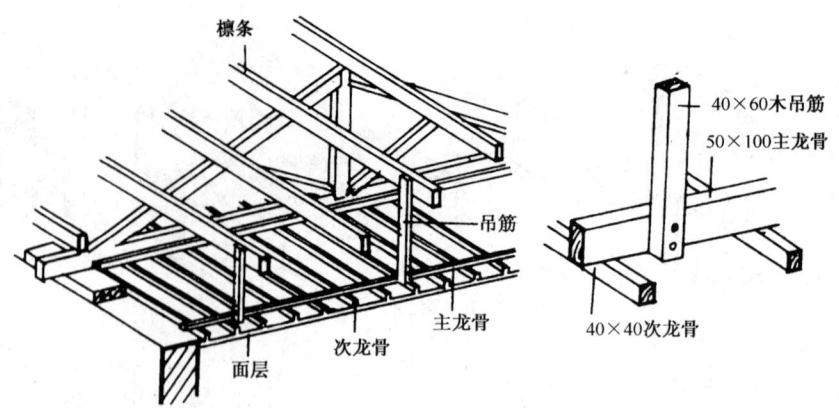

图 4-6-2 顶棚的构造与细部

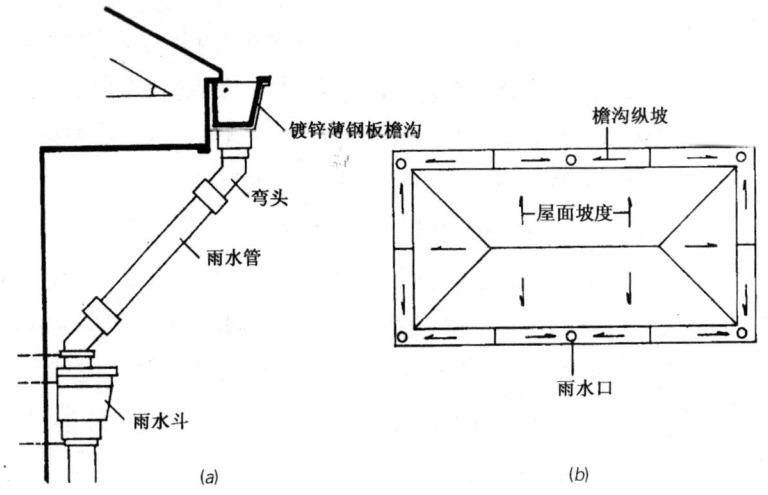

图 4-6-3 坡屋顶的排水与泛水
(a) 剖面图；(b) 平面图

坡屋顶的通风构造分五种：气窗；老虎窗通风、风兜；山墙上百页通风窗；檐口通风洞；双层瓦屋顶。

二、平 屋 顶

（一）平屋顶的特点

屋顶坡度小于1:10，支承结构常采用钢筋混凝土梁板，可利用作为各种活动场地。平屋顶坡度小、排水慢、易积水、易渗漏，故对屋面排水与防水问题的处理较坡屋顶更为重要。

（二）平屋顶的组成与构造

平屋顶的基本组成除结构层外，主要有找坡层、找平层、防水层、保护层等，结构层下可设顶棚。在采暖地区，应加铺保温层；在炎热地区，可在结构层上做隔热通风屋顶，或在结构层下做顶棚通风隔热层。平屋面在使用上可分为上人屋面与不上人屋面。平屋面防水层由于采用的材料和构造不同，分柔性防水屋面和刚性防水屋面两类。金属屋面则多用于大型公共建筑及特殊要求的建筑。

（三）平屋顶的排水与泛水

平屋面表面光滑时，其排水坡度可小些，常为2%~3%，一般不超过5%；表面粗糙则排水坡度应大些，常为5%~10%。排水坡度不大并设有保温层时，可由保温层找坡。当坡度较大时最好直接由支承结构倾斜成一定的坡度，比较经济。屋面排水亦分为无组织排水与有组织排水两种方式。前者是让屋面的雨水顺檐口自由下落；后者是将屋面划分为若干排水区，使雨水沿一定途径通至檐沟的雨水口，并经雨水口下水管导至地面排水沟内，排水方式分为外排水与内排水两类（图4-6-4）。

平屋顶泛水翻起高度不宜小于200mm，为保护泛水处油膏或防水层不直接暴露在大气中，可采用盖泛水。盖泛水可用镀锌薄钢板或其他金属制作，亦可用砖挑出或混凝土块等。总之，平屋顶要求防水层密实，排水要快，导水要畅，堵缝要严（图4-6-5）。

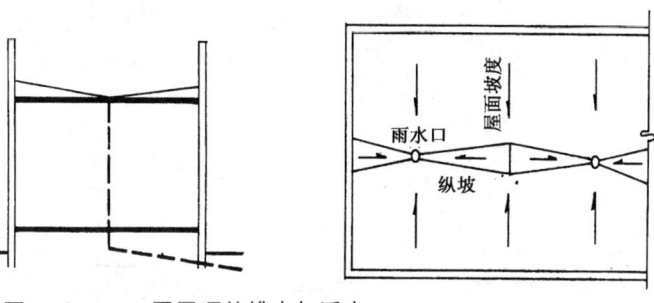

图 4-6-4 平屋顶的排水与泛水

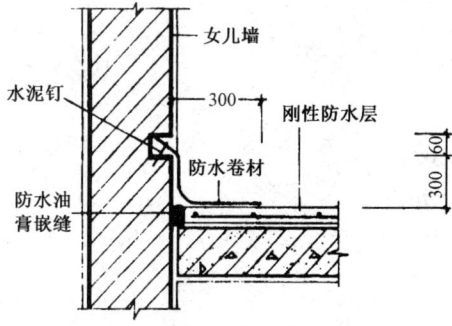

图 4-6-5 平屋顶的排水与泛水构造示意

第七节 门　　窗

门供出入及联系交通之用，窗供采光和通风之用。门和窗均属围护构件，起着对风沙、雨雪等自然侵蚀的抵御以及隔声方面的作用。

一、门

（一）门的分类

门的类型很多，按安装部位分有外门、内门之别；按材料分有木门、钢门、塑料及铝合金门等；按门的开关方式分有平开门、弹簧门、推拉门等。此外，尚有折门、吊折门、转门、卷门等，适用于大型公共建筑和工业建筑（图4-7-1）。

（二）门的一般尺寸

门的尺寸取决于使用要求、安全与建筑物的立面造型。门窗的规格力求统一，使能在工厂进行生产，以提高产量与质量，从而降低成本，缩短建筑施工日期。

（1）居住建筑中门的尺寸：单扇门约为0.9～1m，双扇门约为1.2～1.4m，高度为2～2.2m，有亮子（腰头窗）时高度应增加400～500mm。至于浴室、厕所等辅助用房，门的尺寸则为0.65m×2.1m。

（2）公共建筑中门的尺寸：门的宽度原则上应比居住建筑稍宽大，单扇门为0.95～1m，双扇门为1.4～1.8m，高度为2.1～2.3m，带亮子的应增加500～

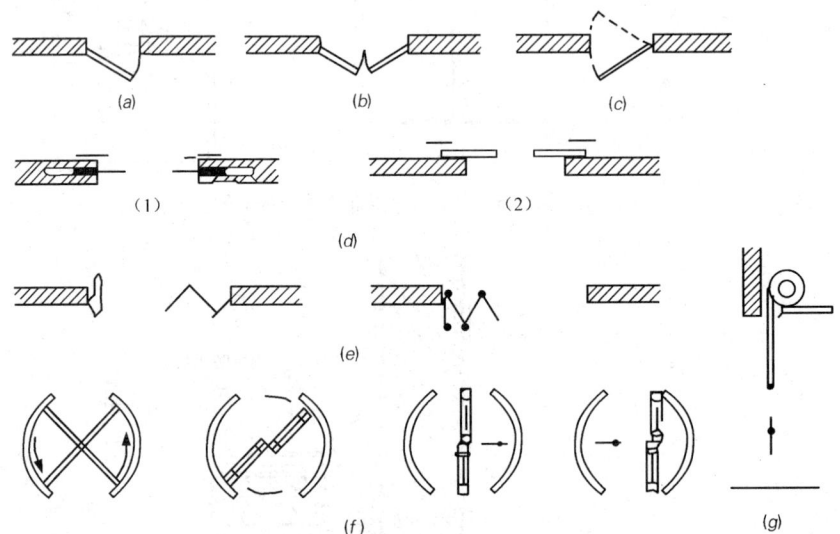

图4-7-1　门的分类
(a) 单扇门；(b) 双扇门；(c) 弹簧门；(d) 拉门；(e) 折门；
(f) 转门；(g) 卷门；(1) 门扇设在墙内；(2) 门扇设在墙外

700mm，四扇玻璃外门宽为2.5～3.2m，高（连亮子）可达3.2m，也可视立面造型与层高而定。

（三）木门的组成与构造

木门由门框、门扇、贴脸板（门头线）、筒子板（垛头板）等部分组成。门框由上槛、边框用合角全榫拼接成框，有中槛时其连接方法相同。门扇有框槛门（北方称镶板门）、胶合板门（亦称夹板门）以及实拼门等几种。贴脸板为在门框四周所钉之线脚。筒子板是指较高标准的建筑在沿门框外侧的墙面（即墙垛）处常包钉木板，在筒子板的外缘转角处，再压钉贴脸板（图4-7-2）。

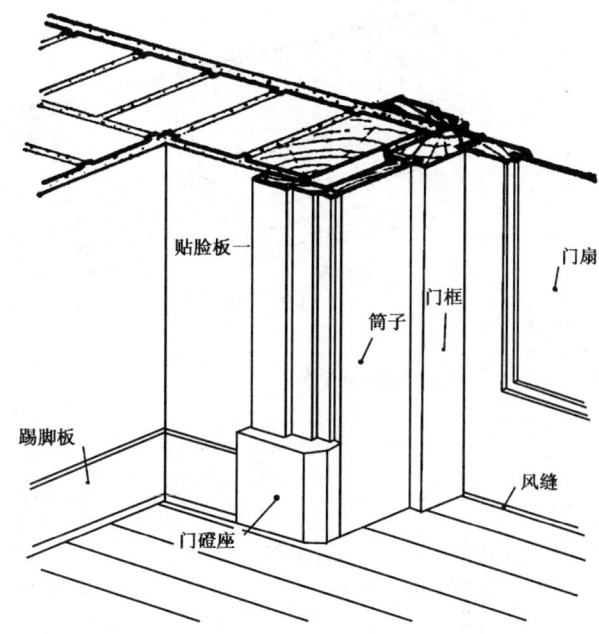

图 4-7-2 木门的组成与构造

二、窗

（一）窗的分类

窗因材料不同而有木窗、钢窗及铝合金窗等；若按开关方式分则有固定窗、平开窗(分撑窗与翻窗)、转窗(中悬式)及推拉窗等。

（二）窗的一般尺寸

通常平开窗每扇窗宽不大于0.6m，高度不宜超过1.5m，否则，需设亮子。窗台离地高度为0.9～1m。常用木窗宽度为0.6m、1m、 1.1m、1.5m、2m几种，高度为0.6m、0.8m、1.1m、1.3m(无亮子)和1.5m、1.6m、1.8m几种。

（三）常用木窗的组成与构造

窗户常由窗框、窗扇、贴脸板及窗台板等部分组成。窗框由上槛、中槛、下槛、边框或梃用合角全榫拼接成框。玻璃窗窗扇由上冒头、下冒头、边框或梃用全榫拼接成框，并用窗棂分格，窗棂与窗框镶合采用半榫。贴脸板的作用与门贴脸相同，在下槛内侧设窗台板。窗帘盒是悬挂窗帘时为掩蔽窗帘棍和窗帘上部而设的（图4-7-3）。

（四）钢门窗的特点和构造

钢门窗具有透光系数大，质地坚固、耐久、防火、风雨不易浸入、外观整

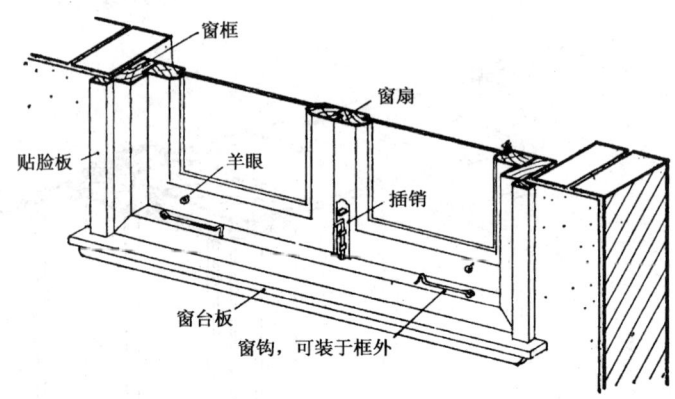

图 4-7-3　木窗的构造

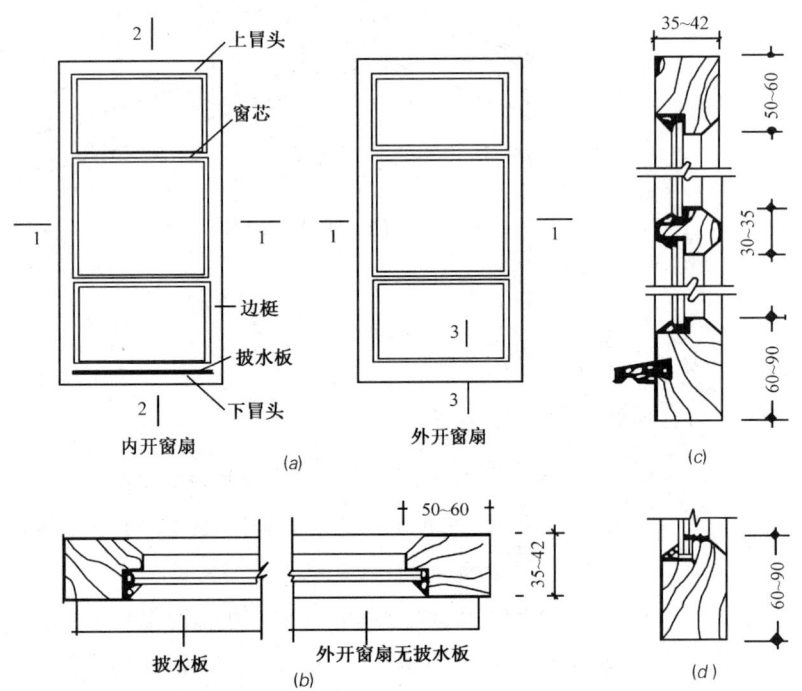

图 4-7-4　门窗玻璃的安装

(a) 窗扇开启的方式； (b) 1-1剖面图； (c) 2-2剖面图； (d) 3-3剖面图

洁、美观等特点。钢窗按其开关方式，有固定窗、平开窗、撑窗、翻窗、转窗等形式。钢门常用形式实际属平开式落地长窗，习惯上称为钢门。

(五) 门窗辅助材料

1. 门窗五金

木门窗五金有铰链、插销、门锁、拉手(推棍)、门碰头、窗钩等，材料一般多用铁制，亦有用塑料、铝合金的，高标准则为铜制。钢门窗五金有铰链、撑头、执手等，材料亦多以铁制居多。

2. 门窗玻璃的安装

玻璃的安装须防止发生透风、漏雨及振动等现象，安装后须平整无缝。门窗嵌玻璃一般安在外侧，先抹底灰，再钉小钉，然后嵌油灰，门另镶钉木条（图4-7-4）。

3. 门窗等常用的油漆

油漆(涂料)有天然漆、清油、原漆、调和漆、清漆、磁漆、防锈漆和乳胶漆等，常用于大量民用建筑。

第八节 建筑构造设计原理

建筑构造设计技术就是遵循合理、有效、满足人居住舒适的原则，通过建筑楼地层、屋顶、墙身、门窗和楼电梯围合的空间，为人创造一个舒适的生存环境。

一、建筑构造设计技术的经济条件、功能条件与规范法规

(一) 建筑构造的条件

1. 经济条件

建筑物装修的标准有较大差别，装修工程费用约占土建造价的20%~50%左右。还要考虑建成后的使用寿命、维修与折旧费用。任何一个装饰装修构造设计，都必须考虑经济性的问题。

2. 技术条件

当技术考虑作为衡量美学价值的尺度的一部分时，经济问题提升到了重要的地位，"经济"一词不应单纯理解为省钱，而应看作为一个理智的原则，一种全面的道义法则，要求以最少的代价而取得最大的收获（包括精神的、美学的和物质的收获）。

3. 功能条件

自从现代建筑与现代技术兴起以来，对符合功能的建筑构造设计是否是美的这个问题引起争论，很多人在建筑构造设计中，一再强调建筑室内装修装饰的美，沉溺于建筑细部的精雕细琢上，认为这是艺术。而其实功能就是一种艺术，就是真正的美。

（二）建筑的用途

根据建筑的用途，在满足功能的前提下，其原则是：合理的选用装修材料、以最简洁合理的构造方式确定构造方案、科学的施工管理、选用高素质、高水平的施工队伍进行综合的、系统的量化分析，确定出最佳、最经济的方案。为人创造一个最适宜人居住的室内外环境。

（三）规范和法规

规范和法规是建筑工程的行为约束和要求，是装修工程的基本评判标准，是地区民族、传统、信仰的要求。在构造设计中涉及众多的规范和法规，要求设计者和管理者必须遵守各项法规和规范。

二、建筑构造设计的原则

建筑构造设计即建筑细部设计。不同的构造将在一定程度上改变建筑外观。构造必须解决以下问题：

（1）与建筑主体的附着与剥落；

（2）装修层的厚度与分层，均匀与平整等问题；

（3）与建筑主体结构的受力一致；

（4）满足建筑物理指标，创造良好的热工环境、光环境和声环境；

（5）构造的防火、防水、防潮、防空气渗透和防腐处理。

1. 建筑构造常用方法

如何防止饰面的开裂，处理两个面的接缝构造方法；材料表面的色差处理方法；依据材料性能、规格、装修部位不同，常采用粘结、钉合、榫接、焊接、包卷、吊挂等连接方法。

2. 材料的合理选用

根据环境，遵照法规，合理的选择材料，为人创造一个舒适的环境，是构造设计的基本原则。不允许破坏生态环境，不允许增加人为的、新的污染源，创造一个可持续发展的建筑环境。

3. 空间造型比例尺度的把握

在建筑构造设计中，任何空间造型的比例尺度，必须以其所在的空间，进行整体考虑。要考虑人的视觉体验，要考虑人的行为体验，对接近人活动空间的造型，更应考虑对人的安全影响。

4. 物理环境的考虑

人活动、居住环境的量化指标之一，反映在物理环境指标的控制。它包括：热工环境、光环境、声环境。在建筑构造设计中，必须给人提供一个符合物理环境指标的活动、居住环境。

5. 与结构受力相一致的构造设计

建筑构造设计的合理性之一，表现在：不因建筑构造设计改变结构设计的受力状态；与结构受力、变形相一致的构造设计；在建筑的变形缝和大面积整体装修的部位，构造设计的合理性，尤为重要。

建筑是由各部分构件按其使用功能，根据合理的构造原理组成的。包括基础、墙身、楼地层、屋顶、楼梯、电梯、门窗等几大部分。在建筑构造设计中，要求设计者根据房屋的使用功能，合理地进行平面设计，正确地选择材料，确定与结构受力特点相一致的最简洁的构造设计，掌握比例尺度合适的空间造型，为人提供一个舒适的热工环境、光环境、声环境和绿色环境。

三、垂直面装修

1. 内外墙做各种连续整体装修

如抹灰类、贴面砖等，主要解决与主体结构的附着，防止脱落和表面的开裂；根据结构的受力特点和变形缝的位置，正确处理装修层的分缝和接缝设计。

2. 结构梁板与外墙连接处和圈梁处

由于结构的变形会引起外墙装修层的开裂，设计时应考虑分缝措施。

3. 外墙为内保温

在窗过梁、结构梁板与外墙连接处和圈梁处产生冷桥现象，引起室内墙面结露，在此处装修时，应采取相应措施。如外墙为外保温，不存在此类问题。

4. 裂缝

温度的变化引起大面积整体装修的裂缝，大体积混凝土收缩应力引起的装修层裂缝，设计时应考虑分缝措施。不同材料结合处引起的装修层裂缝，一般采用抗和放的方法：基层加网布和加筋；适当分缝处理。

5. 防火墙

防火墙上不应开门窗洞口，如必须开设时，应采用甲级防火门窗，并应能自行关闭。可燃气体和甲、乙、丙类液体管道不应穿过防火墙。

6. 幼儿经常接触的墙

幼儿经常接触的1.30m以下的室外墙面不应粗糙，室内墙角、窗台、散热器罩、窗口竖边等棱角部位必须做成小圆角。

7. 内外墙装修

（1）建筑主体受温度的影响而产生的膨胀收缩必然会影响墙面的装修层，凡是墙面的整体装修层必须考虑温度的影响作分缝处理。

（2）凡是使用胶粘剂的材料如细木工板、胶合板、密度板和油漆制品等将对室内造成甲醛和苯的污染；选材时应按国家规范要求执行。

（3）在保温、隔热方面应和建筑节能设计结合，减少能源的消耗。

（4）有特殊要求的室内声环境（音乐厅、电影院等演出性建筑）设计，应正确选择材料，进行正确的构造设计。

（5）墙面的色彩应遵照色彩对大多数人产生的有益影响进行设计。

8. 门、窗

（1）门窗的功能主要解决：采光、通风、防风雨、保温、隔热、遮阳、隔声、疏散、防火、防盗等问题。依功能要求分，有保温门窗、隔声门窗、防火门窗、自动门窗、防盗门窗。

（2）门窗应注意门窗框与墙体结构的连接，接缝处应避免刚性接触，应采用弹性密封材料。

（3）金属保温窗的主要问题是结露，应将与室外接触的金属框和玻璃结合处，作断桥处理，以提高金属框内表面的温度，达到防结露的目的。

（4）隔声窗，一般采取双层或三层玻璃，为防止共振降低隔声效果，各层玻璃的空气层厚度应不同，并不能平行放置；所有接缝处注意应做成隔振的弹性阻尼构造。

（5）防火门窗应按防火规范要求制作，玻璃应是防火安全玻璃；有防爆特殊要求的房间，其窗应考虑自动泄压防爆功能。

9. 壁橱、散热器罩

壁橱、散热器罩的构造除满足功能要求外，应考虑不得封闭需要明露的管道；散热器罩的设置将影响采暖设备的散热，装修时，应做好通风散热的构造措施，窗台面应考虑温度的影响，防止面板的开裂。

10. 隔断、花格

隔断、花格的设计应满足功能要求，应稳固；采用玻璃制品时，应使用安全玻璃；当室内是地板采暖时，隔断与地面固定时，应防止破坏地下采暖管道。公共活动场所、学校、幼儿园的隔断、花格还应考虑避免出现凸出、尖角的形状，造成对人的伤害。

四、水平面装修

(一)室外地面装修

室外广场、道路、庭院地面常采用石材（石板、块石、卵石、碎石）、地面砖的铺设（青砖、水泥砖、缸砖、陶地砖、其他新式地砖铺设）。并应根据环境考虑以下三种因素：

(1) 气候的因素：控制面砖的含水率，解决防冻的问题；

(2) 土质情况：室外广场、道路、庭院地面的装修基层土，大部分是回填土，随时间的变化，雨水的侵蚀，产生较大的沉降，此类地面装修应采取措施，防止地面沉降；

(3) 主要活动的室外地面应考虑用防滑材料，不宜选择光面的石材或地砖，并相应考虑无障碍环境的设计。

(二) 室内楼、地面装修

整体类（如水磨石、菱苦土等）；铺贴类（如陶瓷锦砖面层、大理石面层、木地板、塑料面层等）。

(1) 在这类地面的设计时，应注意在结构产生负弯矩的地方和变形缝后浇带的地方，为防止楼面层的开裂，应分缝处理。

(2) 人体接触的楼地面的面层材料的热工指标，对人的身体健康有很大的影响，在幼儿园、学校、住宅和人们经常停留的地面，应选择吸热指数小的材料。吸热指数与面层材料的导热系数，容重和比热有关，一般容重较大的材料（石材，人造板材等），其吸热指数较大，不适合用于住宅、学校、幼儿园等建筑。

(3) 在一层地面靠近外墙1m左右的区域经常出现返潮的现象，这是因为此处的地面温度比室内中间地面的温度低，且低于室内的露点温度而造成的。设计时，应对外墙作保温处理或将此处的地下土换成保温性能好的材料，做架空通风层，以解决地面返潮问题。内保温的建筑，靠近外墙处的楼板也会因此处的温度较低而出现结露的现象，做楼面装修前，应先在此处楼板上下作保温处理。

(4) 为减少振动传声，应在楼面面层与楼板之间和与墙结合处加弹性阻尼材料，隔绝振动噪声。

(5) 采用有胶粘剂的地板和花岗石材料时，应注意甲醛和放射性污染。

(三) 顶棚

顶棚分直接式、吊式，常见的有轻钢龙骨石膏板、矿棉板、岩棉板、金属板以及各种复合材料的吊顶，在顶棚的设计中，应考虑：

(1) 大面积吊顶，因温度的影响而引起顶棚的开裂，需设置分缝；

(2) 对隔振动传声，应在吊杆与结构连接之间，四周墙之间设置弹性阻尼材料，减少或隔绝振动传声；

(3) 对演出性厅堂和会议室等有音质要求的室内，顶棚应采用吸声扩散处理；

(4) 大量管道和电气线路均安装在吊顶内部，吊顶材料和构造设计根据规范要求，应考虑防火、防潮、防水的处理；

(5) 吊杆的设置：在装配式楼板结构中，应预埋在板缝处。

(四) 玻璃顶（天窗）

(1) 在寒冷和炎热地区，玻璃顶和平天窗会产生结露，在此类的装修中，应在金属框部位作保温处理或设置导水槽，将凝结水有组织地引走。

(2) 在网架和桁架结构上设置玻璃顶，应将玻璃顶的所有荷载通过支撑构件传递给网架和桁架的节点上，不允许直接作用在网架和桁架的杆件上。

(3) 玻璃顶应考虑防雹、防碎的构造措施。当屋顶玻璃高度大于5m或公共活动区域玻璃高度大于3 m时，应在内侧使用夹层安全玻璃。

(4) 玻璃的分格尺寸应按规范要求设计分格。两边支撑时，应支撑在玻璃的长边。

五、楼梯与台阶、自动扶梯与电梯

(一) 楼梯防火

发生火灾时，由于停电，使楼梯成为垂直疏散的唯一途径。建筑物越高，疏散时间越长。火灾中，烟气流动速度往往超过人流疏散速度，加之楼梯间的"烟囱"效应，楼梯间迅速充满烟气，造成人流拥挤堵塞。

由于烟气造成窒息伤亡是火灾事故中人员伤亡的重要原因。为限制烟火蔓延、防烟和排烟，楼梯间必须设避难前室、防火门（防火门沿疏散方向开启）。可以利用凹廊或阳台做成敞开式避难前室以利自然排烟，也可做成封闭式，用自然通风道或设备排烟。不得采用可燃、易燃材料进行装饰。

玻璃必须采用防火夹层玻璃或夹丝玻璃。可采用挑梁结构的疏散楼梯，整个楼梯敞开在外。螺旋楼梯不宜作为主要的疏散楼梯使用。

(二) 楼梯的尺度

(1) 供日常主要交通用的楼梯的梯段净宽应根据建筑物使用特征，一般按每股人流宽为 0.55m+(0~0.15)m的人流股数确定，并不应少于两股人流。楼梯应至少于一侧设扶手，梯段净宽达三股人流时应两侧设扶手，达四股人流时应加设中间扶手。

(2) 有儿童经常使用的楼梯,梯井净宽大于0.20m时,必须采取安全措施;栏杆应采用不易攀登的构造。除设成人扶手外,并应在靠墙一侧设幼儿扶手,其高度不应大于0.60m。楼梯井净宽大于 0.11m时,必须采取防止儿童攀滑的措施。

(3) 阳台栏杆设计应防止儿童攀登,栏杆的垂直杆件间净距不应大于0.11m;放置花盆处必须采取防坠落措施。

(4) 外窗窗台距楼面、地面的净高低于0.90m时,应有防护设施。

(5) 室内坡道坡度不宜大于1:8,室外坡道不宜大于1:10,供轮椅使用的坡道不应大于1:12。坡道应用防滑地面。室内坡道水平投影长度超过15m时,宜设休息平台,平台宽度应根据轮椅或病床等尺寸及所需缓冲空间而定。

电梯还应考虑隔声、通风和为残疾人服务的各项措施,如:声音提示,开关的高度。

六、无障碍环境的设计

(一) 建筑无障碍设计的范围

建筑入口、坡道、通路、走道和地面、门、楼梯与台阶、扶手、电梯与升降平台、公共厕所、专用厕所和公共浴室、轮椅席位、 无障碍客房、无障碍住房、建筑无障碍标志与盲道。

(二) 建筑无障碍设计的要求

(1) 肢残人坐轮椅的空间的活动半径为0.75m,宽度为轮椅行走的最小宽度——不小于900mm。

(2) 人侧身通过距离要求不小于300mm,人正面通过的距离要求不小于600mm;大型公共建筑走道净宽不小于1.8m;中型公共建筑走道净宽不小于1.5m;居住建筑走道净宽不小于1.2m(图4-8-1)。

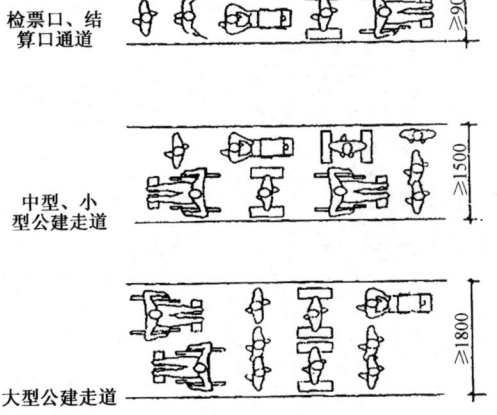

图4-8-1 走道、通路的最小宽度

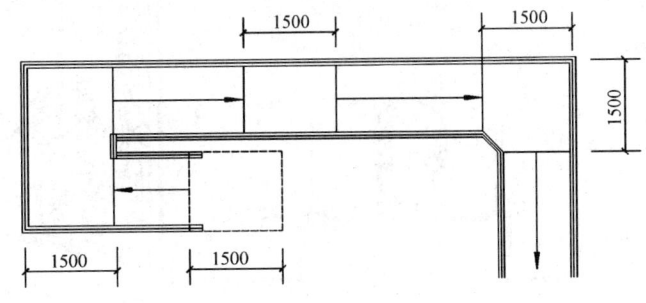

图4-8-2 坡道起点、终点和休息平台水平长度

(3) 坡道的宽度短、人流少时，室内不小于1.0m，室外不小于1.2m，坡道长和人流多时，室内不小于1.2m，室外不小于1.5m；坡道坡度——国际规定1∶12，最舒适的1∶10（图4-8-2）。

(4) 扶手高度：650~850mm，扶手下方设高50mm的安全挡台（图4-8-3）。

(5) 门的宽度（开启后的最小宽度）：自动门为1.00m，其他门不小于0.80m，门拉手高900mm，靠门内侧，门下设高0.35m的护门板。

(6) 楼电梯：

①楼梯段和休息平台宽度不小于1.50m；起步前和终点设提示盲道；

②电梯进深不小于1.80m，按钮高度在0.9~1.10m之间，要有盲文数字和声音提示（图4-8-4）。

(7) 公厕浴室：

①公共建筑(医院、机场候机室、体育场馆、公园娱乐场所)必须单独设置无障碍中性厕所；

②公厕的入口平台和门的净宽小于1.5m和0.9m，室内活动半径不应小于0.75m，厕位门向外开时，厕位面积不宜小于2.00m×1.50m；门开启后的净宽不应小于0.8m（图4-8-5）；

③外开门的盆浴间面积为4.00m²，里侧设高低两层安全抓杆，高度分别为0.9m和0.6m，水平长度为1.20m；淋浴间面积为3.5m²，淋浴坐椅高度与轮椅坐高相同，为0.45m，淋浴坐椅两侧的墙面设高0.9m，水平长度0.60~0.80m的安全抓杆，同时在淋浴坐椅一侧设与水平抓杆垂直、高1.4~1.6m的安全抓杆。

(8) 无障碍客房：

①室内活动半径不应小于0.75m，室内通道不宜小于1.50m；

②客房床面的高度、坐便器的高度、浴盆或淋浴坐椅的高度，应与轮椅坐高相同，为0.45m，并设紧急按钮（图4-8-6）。

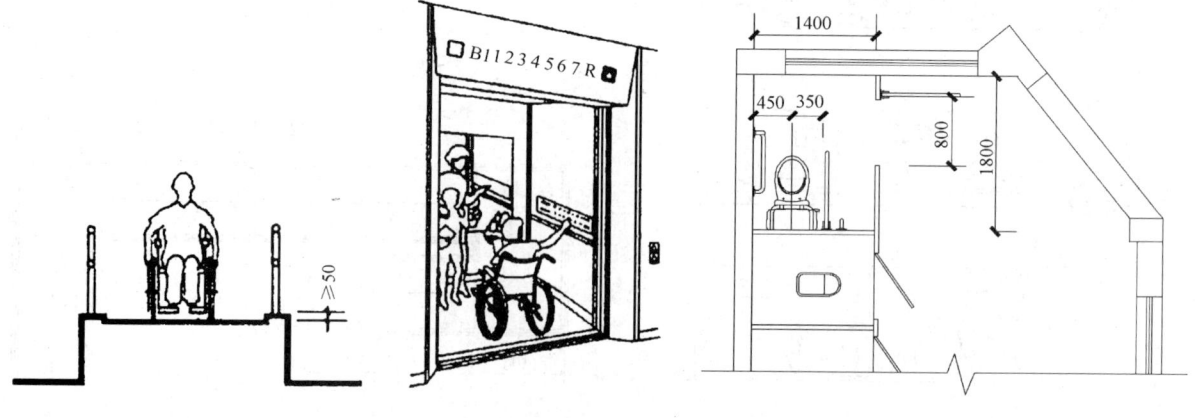

图4-8-3 坡道安全挡台　　图4-8-4 电梯轿厢选层按钮　图4-8-5 残疾人卫生间的入口宽度

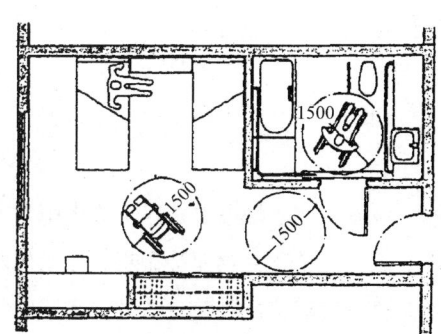

图4-8-6 无障碍客房设计

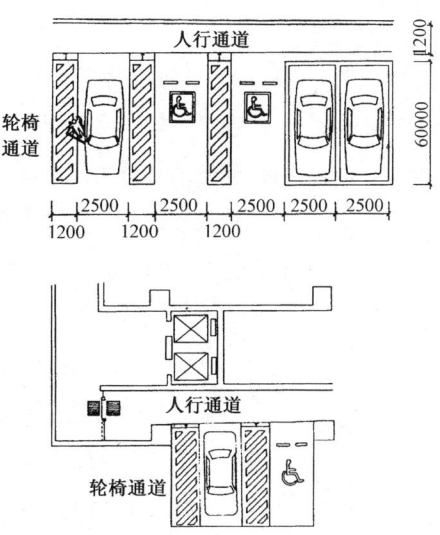

图4-8-7 残疾人的停车位

(9) 停车车位：

残疾人停车车位的数量不应少于总停车数的2%，至少应有一个停车车位，在停车车位的一侧与相邻的车位之间，应留有宽1.20m以上的轮椅通道。轮椅通道不应与车行道交叉，要通过宽1.50m的安全步道直接到达建筑入口处（图4-8-7）。

(10) 盲道：

①行进盲道为凸出的长条形状，长条应与行走方向平行；行进盲道的位置：主要的公共建筑、人行道路，宽度为0.4~0.6m。

②提示盲道为凸出的圆点形状。提示盲道的位置：行进盲道的转弯位置、行进盲道的交叉位置、地面有高差的位置、无障碍设施位置。

③声音和触摸提示的位置：公共活动区都要设置声音和触摸提示，如建筑、房间入口处，楼梯扶手拐弯处，电梯间、公交车站等。

第九节 建筑防水工程的设计原理

一、地下室防水、防潮的基本原理

（一）防潮

当最高地下水位低于地下室地坪且无滞水可能时，地下水不会直接侵入地下室。地下室外墙和底板只受到土层中潮气的影响，这时，一般只作防潮处理。

(二) 防水

当最高地下水位高于地下室地坪时,这是一种最不利的情况。因为,在此情况下,地下水不仅可以侵入地下室,而且地下室外墙和底板还分别受到地下水的侧压力和浮力。水压力大小与地下水高出地下室地坪高度有关,高差愈大,压力愈大。这时,对地下室必须采取防水处理。

(三) 地下室防水、防潮基本方案

挡、降、排及防排结合。

(四) 地下室水的主要来源

地下水、上层土滞水、室内凝结水、设备积水。地下水位以下的土中含的地下水具有压力,且越深其静水压力越大。上层土滞水主要是降雨雪、生活用水等的滞留,它与土的性质——透水性有关。当较高温度的空气进入地下室或空气含湿量较大时,遇到较低温度的地下室构件内表面,当较低温度达到露点温度时,将产生凝结水。

1. 地下室防潮

当地下水位较深且距离地下室地板较远或上层土滞水不存在时,只需考虑毛细水的渗透影响,地下室采用防潮措施。例如,当常年最高地下水位低于地下室地面大于1m时,地下室可采用防潮措施。常用做法有:防水涂料涂刷、防水水泥砂浆砌筑和抹灰、弹性材料嵌缝。同时,再在地下室顶板和底板中间位置设置水平防潮层,使整个地下室防潮层连成整体,以达到防潮目的。

2. 地下室防水

当地下水位较浅、地下室地板位于常年最低地下水位以下或地下室周围土层属于弱透水性的土并有滞水存在的可能时,地下室必须按有压水考虑防水。常用措施有:地下室自身防水、柔性材料防水(外包防水、内包防水)、综合防水。

(1) 地下室自身防水:当地下室结构层厚度较大时,利用混凝土本身的密实性防水的做法。或利用防水混凝土自身的憎水性和密实性防水的做法。防水混凝土由集料级配法或掺外加剂法制成。地下室采用防水混凝土既是承重构件,又起防水作用。是地下室工程中承重、围护、防水三合一的一种较为有效的措施。防水混凝土主要有以下三种:

①集料级配法防水混凝土:通过改善混凝土集料级配的方法,满足混凝土最大密实度的要求,提高抗渗透能力,达到防水目的。

②外加剂法防水混凝土:在混凝土中掺入一部分外加剂,可以改善混凝土的组织,提高抗渗透性能。通常适用的外加剂有两种,即加气剂和密实剂。

③采用新品种水泥:如无收缩性不透水水泥、加气水泥和膨胀水泥等,以提

高抗渗性能。

(2) 地下室柔性材料外包防水：柔性材料防水层设在地下室结构层外侧（底侧）的防水做法。常用柔性防水材料有：三元乙丙橡胶、改性沥青涂布、聚氨酯涂膜等。防水层的层数应根据地下室最高水位到地下室地坪的距离来确定。当高差小于3m时用三层，3~6m时用四层，6~12m时用五层，大于12m时用六层。防水层应高出最高水位300mm。防水层外面应设保护墙，并于保护墙与防水层之间用水泥砂浆填实。保护墙长度每隔5～8m设一通高断缝，以便使保护墙在土的侧压力作用下，能紧紧压住防水层。最后，在保护墙外0.5m范围内回填2：8灰土。

(3) 特殊部位的防水处理：特殊部位一般系指金属管穿越地下室墙体，地下室变形缝等处。这些部位是引起渗漏的薄弱环节，一定要认真处理好。

当有金属管穿越地下室外墙时，一般应尽量避免穿越防水层，其位置尽可能高于地下室最高水位处，以确保防水层的防水效果。管线穿越地下室墙体的防水处理有两种方式：一是固定式，就是将管道和墙体固结在一起，适用于结构不变形，管道无伸缩的情况；一是活动式，就是当结构有一定变形或有热力管穿越地下室墙体时常采用的方式。因为这种方式管道和墙体是脱开的，能适应一定的变形需要。

变形缝对地下室防水不太有利，应尽量避免设置。如必须设置变形缝时，应对变形缝处的沉降量加以适当控制，同时做好墙身、地坪变形缝的防水处理。

二、地下室降排水

用人工的方法降低或排除地下水，直接减小或消除地下水对地下室的影响。

（一）外排水

在地下室外围，用透水性好的材料，做成汇水区，使地下水汇集到低洼处或集水坑，用水泵抽出。有盲沟排水、渗排水层排水等方法。

（二）内排水

将地下水引入或渗入地下室内，通过排水系统排入集水坑，用水泵抽出。有内部沟槽排水法、防水套内排水法等。

三、墙身防水与污染

（一）墙身

勒脚、散水、水平防潮层，三者的防潮做法应形成闭合的防潮系统。内墙两侧地面有高差时，在墙内两道水平防潮层之间加设垂直防潮层。

（二）窗

窗洞与窗框连接处必须用弹性材料嵌缝，以防风、防水渗透。窗洞过梁要做好滴水，外窗台用不吸水材料做出向外坡面，或突出足够宽度，以在其下端作有效的滴水处理，防止窗下墙污染。

（三）女儿墙

与屋顶交接处必须做泛水，且为防止女儿墙外表面的污染，压檐板上表面应向屋顶方向倾斜10%，并出挑60mm以上。

四、屋顶防、排水

（一）屋面

屋面防水构造系统依据"导"、"堵"的原则，防水、排水同时进行。既要用足够的坡度及相应的排水设施将屋面积水迅速、顺利地排出，又要选用合适的防水材料、采取合理的构造方法，防止渗漏。以导为主的屋顶坡度常用坡度值$i=10\%\sim50\%$的坡屋顶，以堵为主的屋顶坡度常用坡度值$i=2\%\sim5\%$的平屋顶。

（二）平屋顶

平屋顶防水构造方案可分为：柔性材料防水、刚性材料防水、涂料防水、粉状材料防水等基本方案和混合方案。

柔性防水具有一定的延伸性，能适应温度、振动、不均匀沉陷等因素产生的变形，能承受一定的水压，整体性好；但施工技术要求较高。

刚性防水的构造简单、施工方便、造价较低，对温度变化、屋顶基层的变形适应性均较差，易开裂。

改进后的涂膜防水抗渗、耐腐蚀、弹性好、粘结力强、无毒、施工方便。

（1）柔性防水：材料本身要求不透水、有延展性和弹性、可铺设、耐久、抗变形。合成高分子防水卷材、高聚物改性沥青防水卷材等都是这类防水方案常用材料。

（2）刚性防水：用不小于40mm厚的C20混凝土、内配接近混凝土上表面的钢筋网片，间隔1.5~6.0m设分格缝并用丙烯酸等防水弹性材料嵌缝。也可在混凝土中掺入直径0.3mm、长30mm的钢纤维。

（3）涂料防水：依靠生成不溶性物质来封闭基层表面的孔隙或生成不透水的薄膜附着在基层表面。要求防水涂料生成的涂膜坚固、耐久、有弹性，与基层有良好的粘合性。常用沥青基防水涂料、高聚物改性沥青防水涂料、合成高分子防水涂料。

（4）粉状材料防水：是填充板缝、防渗漏较理想的材料。尤其与屋顶的保护层配合使用或用于修补，效果理想。

五、饰面防水

(一) 墙面防水

选用不透水材料装饰，或防水涂料涂层。

(二) 楼、地层防水

满做防水层以后再做面层。防水层在踢脚处翻起120~150mm。地层可加做保温层以减少或避免冷凝水。

(三) 厨、厕防水

厨、厕等多水房间的地表面标高降低30mm，并坡向地漏，满铺防水层、沿墙脚上翻150~1000mm附着于墙面（浴室应做至顶棚处）。穿管处做泛水，或沿孔洞以C20干硬性细石混凝土铺注捣实，用二布二油橡胶酸性沥青防水涂料作密封、平整处理。热力管穿板时应先做套管。

第十节 建筑幕墙设计

建筑幕墙是由支承结构体系与面板组成的，可相对主体结构有一定位移能力，不分担主体结构所受作用的建筑外围护结构或装饰性结构。它属于外墙装修的一种做法，是一个对技术要求很高的工程；其中涉及玻璃、钢材、铝型材、金属板材、石材、建筑胶粘剂等众多的材料；同时，建筑幕墙与主体结构的连接和构造处理又是一个非常重要的技术环节。

一、建筑幕墙的构造设计

建筑幕墙的构造设计就是接缝的设计。它包括：幕墙与建筑结构之间的连接，幕墙金属竖框与横框的连接，玻璃与金属框的连接，各种埋件与连接件的连接。幕墙的接缝连接处理涉及：结构的变形对幕墙的影响，幕墙的自重及其承受的各种荷载如何分层传递给建筑主体结构，温度引起的幕墙变形，各连接件之间的防腐、防电化学反应、防雷击措施、防结露措施等一系列问题。

在幕墙的构造中，楼面和吊顶与幕墙的连接是一个非常重要的问题，此处经常留有缝隙，造成室内上下空间保温和隔声出现问题，因此幕墙的分格将影响楼面和吊顶与幕墙的连接和装修。设计时，应在此处设置横框，使楼面和吊顶的装修与其连接并作保温隔热处理。

幕墙的结露问题，在幕墙的金属框与玻璃结合处存在很严重的冷桥现象，无论是冬季还是夏季都会出现结露现象，故应采用断桥和保温处理。

幕墙产生的光污染的问题，按规范要求在主要交通路口和居住区附近应采取措施控制幕墙在该方向上的反射率。

成功的幕墙设计就是接缝的设计。

二、建筑幕墙的常用分类

建筑幕墙按面板使用的材料和连接方式可分为：玻璃幕墙、金属幕墙、石材幕墙、人造板幕墙、组合幕墙。

（一）玻璃幕墙

1. 按幕墙形式分

明框玻璃幕墙、隐框玻璃幕墙、半隐框玻璃幕墙（竖显横隐幕墙，竖隐横显幕墙）。

（1）明框幕墙．明框幕墙的板块镶嵌在金属框内，成为四边有金属框的幕墙构件。明框玻璃幕墙是最传统的形式，性能可靠，相对于隐框幕墙，容易满足施工技术水平要求。明框玻璃幕墙构件的板块与金属框之间必须留有空隙，以满足温度变化和主体结构位移所必须的活动空间。

（2）隐框幕墙：隐框幕墙是将金属框全部隐蔽在板块后面，形成大面积隐框幕墙。板块与金属框之间完全靠结构胶粘结。结构胶主要承受风荷载和地震力作用，还有温度变化的影响，因此，结构胶是隐框幕墙安全性的关键环节。

（3）半隐框幕墙：半隐框幕墙是将板块两对边嵌在金属框内，两对边用结构胶粘结在金属框上，形成半隐框玻璃幕墙。立柱外露、横梁隐蔽的为竖显横隐幕墙；横梁外露，立柱隐蔽的称为竖隐横显幕墙。

2. 按幕墙安装施工方法分

（1）单元式玻璃幕墙：单元式玻璃幕墙是将面板和金属框架（横梁、立柱）在工厂组装为幕墙单元，以幕墙单元形式在现场完成安装施工的框支承玻璃幕墙。

（2）构件式玻璃幕墙：构件式玻璃幕墙是在现场依次安装立柱、横梁和玻璃面板的框支承玻璃幕墙。

（3）全玻璃幕墙：全玻璃幕墙是不采用金属框架，而采用玻璃肋或点式钢爪作为支承体系的一种全透明、全视野的玻璃幕墙。它包括玻璃肋胶接全玻璃幕墙、点式连接全玻璃幕墙和拉索式全玻璃幕墙。由玻璃面板、点支承装置和支承结构构成的建筑幕墙。

该玻璃幕有以下一些特点：

①安全性高：由于点支式幕墙的玻璃与支承结构是由金属连接件通过机械

连接实现的，有可靠的整体稳定性，所以安全性能好。

②支撑结构具有装饰性：点支式驳接玻璃幕墙背后的支承结构无论从材料选择、制作工艺，还是表面处理均需按内装工程要求进行。各种类型的支撑结构和通透的面玻璃形成现代感很强的建筑风格。

③支撑结构变化多：点支式驳接玻璃幕墙的支撑结构可有多种变化。这就使建筑师有多种表达建筑风格的手段，使每个作品均具有独特之处，不会形成千篇一律，从而增强点支式玻璃幕墙的活力。

④维修更换方便：因点支式玻璃幕墙的面玻璃相互独立且用机械连接，所以更换、维修方便。这也是该类幕墙使用量逐步增多的很重要的原因之一。

⑤技术先进性：由于点支式幕墙发展较快，且应用的技术涉及各个专业，特别是钢索桁架支撑结构应用了很多新理论和新工艺，诸如空间有限的计算理论、无摩擦张拉技术等。

(4) 点支式玻璃幕墙：点支式玻璃幕墙按支承结构分类可分为六种。

①主体支撑点支式驳接玻璃幕墙：由建筑主体结构支承。其主要特点为构造简洁，占地面积小，适用于有层间结构的部位。

②单柱式支承点支式驳接玻璃幕墙：该类幕墙是用单根钢管、工字梁或方柱作为受力支撑结构。其主要特点为构造简洁，占地面积小，有建筑韵律感，适用于有层间结构的部位。

③桁架式点支式驳接玻璃幕墙：该类幕墙是用各种桁架结构，如鱼腹桁架、平行弦桁架、三角形桁架等作为受力支承结构。其特点是将钢结构的雄浑构造美和玻璃的"透"完美地结合起来，使该类幕墙充满现代艺术感。

④肋板支撑：点支式驳接玻璃幕墙该类幕墙是用玻璃作为受力支撑结构，其主要特点是通透性好，构造简单且结构无锈蚀问题，适用于大堂、大厅及共享空间等部位。用作支撑结构的肋玻璃，首选钢化夹胶玻璃，肋玻璃之间用钢板和螺栓进行连接。

⑤索桁架点支式驳接玻璃幕墙：该类幕墙是用钢绞线或拉杆（可选用碳钢或不锈钢）和悬空连接杆，通过合理布置索形，经过预应力张拉形成空间索桁架系统，作为受力支承结构。其特点是整个结构体系为一柔性体，受载能力强，轻盈美观，通透性好，技术难度高，是高科技和现代建筑艺术的完美结晶。但施工难度大，张拉工艺要求复杂，对施工精度要求高。

⑥预应力自平衡索桁架：是一种由中间主压杆(钢管)、辅助横杆和呈抛物线形布置的索组成；索的预拉力通过两端连接由主压杆承担，预拉力不会传给主体结构，在桁架内部形成力的平衡，在承受正负水平风压时，它相当于一个两端简支桁架的结构功能。单索网玻璃幕墙高13m，总长540m，采用矩形夹板式支承装

置，钢索采用φ22mm不锈钢绞线，索内预应力为70kN，最大拉力为140kN。

在点支式玻璃幕墙使用的玻璃面板由于其支承形式的特点，应进行严格地计算。点支式玻璃幕墙采用的钻孔玻璃，必须经过钢化处理和均质热处理。玻璃板块的周边，必须用磨边机加工中空玻璃开孔后才可使用，开孔处应采取多道密封措施，夹层玻璃的钻孔可采用大、小孔相对的方式。

(二) 石板幕墙

其连接形式分为：直接式、骨架式、背挂式、粘贴式、单元体法。

(1) 直接式：是指将被安装的石材通过金属挂件直接安装固定在主体结构上的方法。这种方法比较简单经济，但要求主体结构墙体强度高，最好是钢筋混凝土墙，主体结构墙面的垂直度和平整度都要比一般结构精度高。

(2) 骨架式：主要用于主体结构是框架结构时，因为轻质填充墙不能作为承重结构。由于骨架在建成后不便于维护，骨架的防腐蚀是很重要的。

(3) 背挂式：是采用幕墙专用柱锥式锚栓的干挂技术。它是在石材的背面上钻孔，并用柱锥式钻头和专用钻机使底部扩孔。锚栓被无膨胀力地装入圆锥形钻孔内，再按规定的扭矩扩压，使扩压环张开并填满孔底，形成凸形结合。锚固为背部固定，从正面看不见。利用背部锚栓可将板块固定在金属挂件上，安装方便。

(4) 粘贴式：是一种可以完全不用金属挂件，而使用干挂工程胶来固定石材的技术。采用粘贴法工艺首先要确定好粘贴点，一般每块石板布置五个粘贴点，四角用慢干胶，中央用快干胶。用胶量应根据石板的重量和间隙的大小决定。石板可以直接粘贴在主体承重结构墙上或固定在主体结构的金属骨架上。胶的厚度不宜过大，以免造成浪费。为增强胶与石板和结构层的粘结强度，可以在石板、结构墙、金属骨架上粘贴位处钻孔（$\phi10 \sim \phi12$）。

(5) 单元体法：是利用特殊强化的组合框架，将饰面块材、铝合金窗、保温层等全部在工厂中组装在框架上，然后将整片墙面运至工地安装。由于是在工厂内工作平台上拼装组合，劳动条件和环境得到良好的改善，可以不受自然条件的影响，所以，工作效率和构件精度都能有很大提高。

(三) 金属幕墙

由立柱、横梁、金属面板组成，其技术要求同玻璃幕墙。

三、建筑幕墙的技术术语

(1) 硅酮结构密封胶：幕墙中用于板材与金属构架、板材与板材、板材与玻璃肋之间的结构用硅酮粘结材料。

(2) 硅酮建筑密封胶：幕墙嵌缝用的硅酮密封材料，又称耐候胶。耐候硅酮密封胶在缝内应形成相对两面粘结，而不能三面粘结，否则，当温度下降，胶体需要收缩，而三面粘结无法适应，此时极容易将胶体拉裂。较深的密封槽口底部应采用聚乙烯发泡材料填塞。

(3) 双面胶带：幕墙中用于控制结构胶位置和截面尺寸的双面涂胶的聚胺基甲酸乙酯或聚乙烯低泡料。

(4) 双金属腐蚀：由不同的金属或其他电子导体作为电极而形成的电偶腐蚀，也称电化学反应。

(5) 相容性：粘结密封材料之间或粘结密封材料与其他材料相互接触时，不产生有害物理、化学反应的性能。

四、建筑幕墙的构造设计要点

(1) 幕墙立柱与主体结构的连接，上部为铰接，下部为滑动连接，连接的芯柱不小于250mm，铰接的螺栓不少于两个，为圆孔，下部滑动连接的螺栓孔为长圆孔。

(2) 同一块玻璃板不宜跨越两个防火分区。玻璃幕墙的单元板块不应跨越主体建筑的变形缝，其与主体建筑变形缝相对应的构造缝的设计，应能够适应主体建筑变形的要求。

(3) 幕墙的连接部位，应采取措施防止产生摩擦噪声。构件式幕墙的立柱与横梁连接处应避免刚性接触，可设置柔性垫片或预留12mm的间隙，间隙内填胶。隐框幕墙采用挂钩式连接固定玻璃组件时，挂钩接触面宜设置柔性垫片。

(4) 除不锈钢外，玻璃幕墙中不同金属材料接触处，应合理设置绝缘垫片或采取其他防腐蚀措施。角码和立柱采用不同金属材料时，应采用绝缘垫片分隔或采取其他有效措施防止双金属腐蚀。

(5) 幕墙玻璃之间的拼缝宽度应能满足玻璃和胶的变形要求，并不宜小于10mm。幕墙玻璃表面周边与建筑内外装饰物之间的缝隙不宜小于5mm，可采用柔性材料嵌缝。全玻幕墙的板面不得与其他刚性材料直接接触。板面与装修面或结构面之间的空隙不应小于8mm，应采用密封胶密封。采用胶缝传力的全玻幕墙，其胶缝必须采用硅酮结构密封胶。明框幕墙玻璃下边缘与下边框槽底之间应采用硬橡胶垫块衬托，垫块数量应为两个，厚度不应小于5mm，每块长度不应小于100mm。

(6) 点支承玻璃幕墙采用浮头式连接件的幕墙玻璃厚度不应小于6mm，采用沉头式连接件的幕墙玻璃厚度不应小于8mm。安装连接件的夹层玻璃和中空玻璃，其单片厚度也应符合上述要求。玻璃之间的空隙宽度不应小于10mm，且应采用硅酮建筑密封胶嵌缝。玻璃面板支承孔边与板边的距离不宜小于70mm。

（7）隐框或横向半隐框玻璃幕墙，每块玻璃的下端宜设置两个铝合金或不锈钢托条，托条应能承受该分格玻璃的重力荷载作用，且其长度不应小于100mm，厚度不应小于2mm，高度不应超过玻璃外表面。托条上应设置衬垫。

（8）采用镀膜中空玻璃时，镀膜面应朝向中空气体层。

（9）玻璃高度大于4m，玻璃厚度10～12mm；玻璃高度大于5m，玻璃厚度15mm；玻璃高度大于6m，玻璃厚度19mm时，全玻幕墙应悬挂在主体结构上。

（10）吊挂全玻幕墙的主体结构或结构构件应有足够的刚度，采用钢桁架或钢梁作为受力构件时，其挠度限值宜取其跨度的1/250。吊挂全玻幕墙的吊夹与主体结构间应设置刚性水平传力结构。

（11）玻璃自重不宜由结构胶缝单独承受。面板玻璃的厚度不宜小于10mm，夹层玻璃单片厚度不宜小于8mm。全玻幕墙的玻璃肋截面厚度不应小于12mm，截面高度不应小于100mm。

（12）全玻幕墙的周边收口槽壁与玻璃面板或玻璃肋的空隙均不宜小于8mm，吊挂玻璃下端与下槽底的空隙尚应满足玻璃伸长变形的要求。

（13）玻璃与下槽底应采用弹性垫块支承或填塞，垫块长度不宜小于100mm，厚度不宜小于10mm，槽壁与玻璃间应采用硅酮建筑密封胶密封。

（14）采用金属件连接的玻璃肋，其连接金属件的厚度不宜小于6mm。连接螺栓宜采用不绣钢螺栓，其直径不应小于8mm。夹层玻璃肋的等效截面厚度可取两片玻璃厚度之和。

（15）高度大于8m的玻璃肋宜考虑平面外的稳定验算，高度大于12m的玻璃肋，应进行平面外的稳定验算，必要时应采取防止侧向失稳的构造措施。

（16）采用胶缝传力的全玻幕墙，其胶缝必须采用硅酮结构密封胶。胶缝厚度不应小于6mm。

（17）全玻璃幕墙对土建结构相关的尺寸要求较高。所以在施工前必须到现场量测，取得第一手资料数据。对于有大门出入口的部位，还必须与制作自动旋转门、全玻门的单位配合，使玻璃幕墙在门上和门边都有可靠的收口。同时也需满足自动旋转门的安装和维修。

五、幕墙防火、保温施工的要求

为达到防火的要求，玻璃幕墙的窗间墙及窗槛墙的填充材料应采用不燃材料。玻璃幕墙与每层楼板，隔墙处的缝隙应采用不燃烧材料填充，防火材料要用镀锌钢板固定，镀锌钢板的厚度不低于1.5mm，不得用铝板。施工时要注意，防火材料要放严实，防火材料之间不应留有间隙，防火材料与其他构件之间也不应留有间隙，否则，万一起火，下层的浓烟便沿着这些缝隙往上窜，从而丧失防火的效果。

六、幕墙防雷节点的安装及要求

设计师在设计时已经为玻璃幕墙考虑了一套自身的防雷体系，这套体系最终一定要与主体结构的防雷体系可靠地连接。不锈钢连接片将某一列的立柱连为一体，水平避雷圆钢又将若干列立柱连为一体。这样，某一区域或某一立面的幕墙在防雷电上已经成为一个整体，然后，这个体系与主体结构的防雷体系相连接。

（1）安装不锈钢连接片时一定要记住把该处立柱的保护胶纸撕去，不锈钢连接片一定要与立柱直接接触；

（2）水平避雷圆钢与钢支座相焊接时，由于此时立柱已经安装完毕，位置狭小，千万不可在这里形成虚焊而降低了导电性能；

（3）水平避雷圆钢在拼接时一定要严格按图纸要求，保证拼接长度和焊缝的高度。

七、幕墙物理性能试验

（一）幕墙物理性能试验内容
（1）幕墙风压变形性能；
（2）幕墙雨水渗透性能；
（3）幕墙空气渗透性能；
（4）幕墙平面内变形性能；
（5）幕墙保温性能；
（6）幕墙隔声性能；
（7）幕墙耐撞击性能。
（二）幕墙三性试验的内容
（1）幕墙风压变形性能；
（2）幕墙雨水渗透性能；
（3）幕墙空气渗透性能。

在幕墙大批量加工安装施工前，必须进行各类幕墙三性试验，把幕墙工程设计中可能存在的问题在试验阶段就暴露出来。如果一次试验结果未满足设计要求，须通过对试验结果进行分析，找出原因，采取相应措施，直到试验结果达到设计要求。从而保证工程质量。

Chapter5 Building Structure Technology

第五章 建筑结构技术

第五章 建筑结构技术

第一节 建筑结构技术的概念

一、建筑的骨骼

结构是房屋的骨架,是建筑物赖以生存的基础。建筑技术中最重要的就是建筑结构技术,建筑如果没有结构就如同人体没有骨架(再漂亮的人体如果没有骨架的支撑,其形象是难以想像的)。当任何一幢房屋还没有任何设施的时候,就先有了支承房屋的"骨骼"——采用一定材料,按照一定力学原理而营造的结构。

建筑结构技术的发展缓慢而坚实,人类从利用天然的洞穴、树枝开始搭建建筑(避护体),到学会石块的砌筑、砖块的烧制,就经过了上万年的漫长历史。至今仍存在的著名遗迹如古埃及的金字塔、古希腊的神庙、古罗马的斗兽场、中国的长城到一系列的现代建筑,都充分表明了人类建筑结构技术的辉煌成就以及结构在建筑设计中的"骨骼"作用。

作为建筑"骨骼"的房屋结构,既处于自然空间之中,又处于建筑空间之中。发展至今,建筑空间又可分解为受功能要求制约的合用空间和受审美要求制约的视觉空间。房屋在自然空间具有抵抗外力的作用而得以"生存",首先要依赖于结构,而使用空间与视觉空间的创造,也要通过结构的应用才能实现。

结构处于两个空间之中,它所涉及的面很广,因而较之于其他专业,它同建筑的关系更为密切。因此,结构设计在建筑设计中十分重要。如果说,人物画家或外科医生必须熟练地掌握人体骨骼的话,那么,建筑师就必须很好地懂得"建筑骨骼"。

二、建筑结构的作用

建筑结构在建筑设计中具有十分重要的作用。用H.W.罗森迟尔的话来说,"结构就是建筑物中尚未修饰的物质材料,而建筑师正是建筑物的营造家。不懂得结构的内在含义,盲目地去应用结构,这是浅薄无知的,必然会导致毫无道理的形式主义,从而造成本来是可以避免的那些浪费。"而美国著名现代建筑师赖特则认为,建筑是用结构来表达思想的科学性的艺术。具体来说,建筑结构的作用主要有以下几点：

(一) 结构问题是建筑设计的重要因素

建筑结构是根据一定的建筑材料，按照一定的力学原理和传力规律而构成的建筑骨架。它是实现建筑功能要求和艺术要求的物质技术条件。没有这个条件，建筑就建造不起来，就不能把建筑设计变成建筑。

图 5-1-1　帕提农神庙

建筑结构既是建筑的骨架又是建筑的轮廓。例如，中国古典建筑中的斗栱、额枋、雀替等，从不同角度反映出建筑的结构美。随着现代科学技术的进步，现代建筑结构的形式越来越丰富。当建筑的结构、功能与建筑造型完全统一时，建筑结构也能体现出一种独特的美。

在房屋建筑中，结构虽然对舒适、方便并不起直接的作用，但它恰是构成建筑空间、创造建筑环境、形成建筑形象的重要手段。因此，在建筑设计中，它始终是一个非常重要的设计因素。

从历史上看，各个时期优秀的建筑师，总是在精通建筑材料的结构技术并从中获得"灵感"的基础上来进行建筑创作的。例如，帕提农神庙(图5-1-1)、哥特教堂以及我国古代的宫殿等，可以说都是一种特殊的建筑技术的升华。

在现代建筑中，特别是在超高层、大跨度建筑中，结构对建筑设计的意义更显得尤为关键。过去人们往往是以审美的标准评论建筑的，而现在（主要指结构）这个概念，作为决定建筑空间和建筑形象的一个因素已经越来越被人们所认识，正如现在有人说："现代建筑是把技术观念引进了建筑学。"其实，这种说法并不是现在才提出来的，早在20世纪20年代，"现代建筑"的先驱，像勒·柯布西耶以及"包豪斯"的一些建筑师们，就已看到了技术形式的新天地。他们认为，"立足于自然规律中的技术特征，必将给现代建筑带来强大的动力。"因此，从这一意义上来讲，现代建筑是科学技术时代的建筑，它的特点可以说是建筑与结构的综合，艺术与技术的统一。

由于现代建筑这一特点，在现代建筑设计中，建筑的构思与结构的构思应该是同时进行的。有人认为先有建筑方案，后再配结构，这是不对的。建筑构思与结构构思应该是统一的，因为其目的都是为了创造一个适用、经济和美观的空间环境。在这方面，像沙里宁设计的纽约肯尼迪机场的美国环球航空公司候机楼，建筑外形象展翅的大鸟，动势很强，屋顶由四块现浇钢筋混凝土壳体组合而成，几片壳体只在几个点相连，空隙处布置天窗，楼内的空间富于变化。这是一个凭借现代技术把建筑同雕塑结合起来的作品（图5-1-2）。以及使沙里宁名闻世界的圣路易市杰斐逊国家纪念碑，这座高宽各为190m的外贴不锈钢的抛物线形拱门，造型雄伟、线条流畅，象征该市为美国开发西部的大门（图5-1-3）。

图 5-1-2　纽约肯尼迪机场的美国环球航空公司候机楼　　图 5-1-3　杰斐逊国家纪念碑

沙里宁是一个将建筑的功能与艺术效果真正完美结合的建筑家，他独特的艺术想像力和建筑思想以及其所创造出的作品，对后来的建筑影响深远。

圣地亚哥·卡拉特拉瓦（西班牙建筑大师Santiago Calatrava）是世界上最著名的创新建筑师之一，也是备受争议的建筑师。以桥梁结构设计与艺术建筑闻名于世，最近的作品就是著名的2004年雅典奥运会主场馆（图5-1-4）。雅典奥运主场馆由已有20年历史的场馆加建而成。由于奥运会在酷热的盛夏举行，为了使大部分观众能舒适地欣赏比赛，把有盖座位尽量增加成为改建的主要目标。这个项目主要是在原场馆上加上两条长304m、高80m的大型拱梁，再用钢缆拉起总面积超过10000m²、总重量16000t的纤维板屋顶。这座能容纳超过7万人的场馆改建之后，两只钢穹顶将横跨球场上方，半透明玻璃悬于座位区之上，可以让阳光进入又可以阻隔热气。卡拉特拉瓦希望这个有钢、混凝土、看得见风景且带着雅典之光的建筑能给人留下难忘的印象，并能激发出奥林匹克精神。卡拉特拉瓦说："这个设计的灵感来自拜占庭建筑，穹顶、蓝白基调源于爱琴海及其诸岛。"

由于卡拉特拉瓦拥有建筑师和工程师的双重身份，他对结构和建筑美学之间的互动有着准确的把握。他认为美态能够由力学的工程设计表达出来，而大自然之中，林木虫鸟的形态美观，同时亦有着惊人的力学效用。所以，他常常以大自然作为他设计时启发灵感的源泉，还有就是人体的动态结构分析。他设计的桥梁以纯粹结构形成的优雅动态而举世闻名，展现出技术理性所能呈现的逻辑的美，而又仿佛超越了地心引力和结构法则的束缚。有的时候，他的设计难免会让人想起外星来客，极其突兀的技术美似乎全然出乎地球人的常规预料。这当然是得益于他在结构工程专业上的特长。

2001年，卡拉特拉瓦在美国的第一个作品建成，就是威斯康星州密尔沃基的美术博物馆扩建工程（图5-1-5）。卡拉特拉瓦的密尔沃基美术馆位于密

图 5-1-4 2004年雅典奥运会主场馆　　图 5-1-5 密尔沃基美术馆

密安湖畔，粼粼波光似乎是全球各地很多博物馆建筑不约而同偏爱的环境条件。在美术馆旁边还有另外一个著名建筑——沙里宁1957年设计的战争纪念馆。为了尽情发掘地段环境与生俱来的优美潜力，卡拉特拉瓦把建筑设置在湖岸边。正对着地段西面，是当地的重要干道——林肯纪念大道。

卡拉特拉瓦沿着大道的方向新建起了一条拉索引桥，跨度长达73m，把人们的视线直接引导到了新建的建筑上来，笔直地正对着新美术馆的主要入口。他在1992年为塞维利亚世界博览会设计的竖琴般直冲着引桥的主入口其实有一对引桥，分别位于桥面层和地面层的标高位置上，上下摞着，都被设在了桥的端头处。用拉索支撑的桥在桥头构成了传统的垂直塔门，给入口画出了一个醒目的画框。由于卡拉特拉瓦对混凝土承重结构的熟练把握，这个白色混凝土材质的塔门淋漓尽致地凸显了雄浑健壮的气质，一下子就把整个建筑的性格鲜明地和盘托出了。

耗资22亿美元的世贸中心中转站。这座酷似鸟类的建筑也是由西班牙建筑师圣地亚哥·卡拉特拉瓦设计的（图5-1-6）。建成后这座中转站每天的客流量是8万人，他们通过这个中转站往来于曼哈顿和新泽西之间。卡拉特拉瓦的设计灵感来自于一副绘有儿童放飞鸟类的画作。他认为这意味着新的生命、新的飞翔和新的希望。

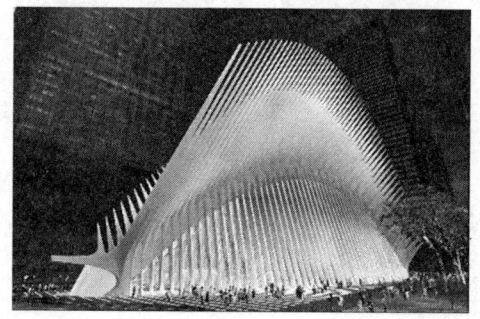

图 5-1-6 世贸中心中转站

可以看到，现代建筑与以往建筑相比，它的重点更倾向于技术方面。因此，要促进建筑的发展，就必须深入到材料和结构等技术领域中去，以便掌握这方面的科学技术知识，为建筑的功能要求和艺术要求服务。

（二）结构对建筑的影响

建筑和结构在发展过程中是相互影响、相互促进的，社会生产和生活的需要以及建筑的功能和艺术要求，促进了结构技术的发展;而结构技术的不断发展又为人们的生产和生活提供了建造多种多样建筑空间和新的建筑艺术形象的可能性。从这里我们可以看到:一方面,虽然结构有它自己的规律,但是它的发展总是根据一定的需要和一定的可能而发展的,离开需要和可能,任何东西都不会有发展,从这点出发,结构的设计与研究,不能离开人们的生产和生活的需要,不能不考虑建筑在功能方面和艺术方面的要求;另一方面,结构对建筑又有直接的、多方面的影响。

例如:国家奥运会主体育场(鸟巢)(图5-1-7),由瑞士赫尔佐格和德梅隆(Herzog & DeMeuron)建筑设计公司和中国建筑设计研究院合作设计。它宏伟的双层网状钢结构——外层网格之间填充保温隔热的半透明双层充气膜,内层再填充单层膜和由24片钢框架支撑着整个主体结构,采用12个双层曲面悬挂体来支撑整个结构(图5-1-8)——充分展现了东方美学的建筑形式。鸟巢主结构实际上是两向不规则斜交的平面桁架体系组成的约为340m×292m椭圆形平面网架结构,网架外形呈微弯形双曲抛物面,周边支撑在不等高的24根立体桁架柱上,每榀桁架与长椭圆内环接近相切,主体结构的地下部分采用型钢混凝土柱。主体结构平面图为椭圆形鸟巢,为了简化计算改为圆形鸟巢。可以发现鸟巢形网架结构是由20榀同长度、同规格的桁架系组成,整个网架结构可以周边简支、固支,也可以弹性支座,只要网架周边相交的两榀桁架延长,从而形成立体桁架柱的两个侧面,这样整个网架就可以支承在立体钢桁架柱上。

作为2008年北京奥运会的主体育场,"鸟巢"总建筑面积达25.8万m²,占地20.42hm²,地上高度69.21m。整个建筑造型呈椭圆形马鞍形,混凝土结构主体分地下1层、地上7层,组成3层碗状斜看台,可容纳观众9.1万人,总投资31.5亿元。那是一个用树枝般的钢网编织成的温馨鸟巢!用来孕育与呵护生命的"巢",寄托着人类对未来的希望。整个体育场结构的组件相互支撑,形成网格状的构架,外观看上去就仿若树枝织成的鸟巢,其灰色矿质般的钢网以透明的膜材料覆盖,其中包含着一个土红色的碗状体育场看台。在这里,中国传统文化中镂空的手法、

图5-1-7 鸟巢

图5-1-8 鸟巢使用的钢材

陶瓷的纹路、红色的灿烂与热烈和现代最先进的钢结构设计完美地相融在一起。跨度达到343m，整个建筑通过巨型网状结构联系，内部没有一根立柱，看台是一个完整的没有任何遮挡的碗状造型，如同一个巨大的容器，赋予体育场以不可思议的戏剧性和无与伦比的震撼力。这种均匀而连续的环形也将使观众获得最佳的视野，带动他们的兴奋情绪，并激励运动员向更快、更高、更强冲刺。在这里，人，真正被赋予中心的地位。更为匠心独具的是，"鸟巢"把整个体育场室外地形微微隆起，将很多附属设施置于地形下面。这样既避免了下挖土方所耗的巨大投资，同时隆起的坡地在室外广场的边缘缓缓降落，依势筑成热身场地的2000个露天坐席，与周围环境有机融合，并再次节省了投资。

设计并搭建"鸟巢"不易，要让"鸟巢"在未来的日子里充满生机与活力更为不易。"鸟巢"设计之初和深化设计的过程中，一直贯穿着节俭办奥运和可持续发展的理念，在满足奥运使用功能的前提下，充分考虑永久设施和临时设施的平衡。按照要求，"鸟巢"共设10万个坐席，其中8万个是永久性的，另外2万个是奥运会期间临时增加的。在此基础上，设计中将"鸟巢"的功能与周围地区日后定位乃至整个城市的中、长期发展规划结合起来考虑。根据已确定的规划方案，"鸟巢"所在的奥林匹克公园中心区赛后将成为一个集体育竞赛、会议展览、文化娱乐、商务和休闲购物于一体的市民公共活动中心。作为北京奥运会主体育场，"鸟巢"将成为北京的标志性建筑之一，在相当长时期内，也将成为参观旅游的热点地区。同时，"鸟巢"在设计建设中，还在场地和空间的多功能上下了很大功夫，极大地提高了场馆利用效率，除能够承担开幕、闭幕和体育比赛等活动外，还将满足健身、商务、展览、演出等多种需求，为成功实施"后奥运开发"奠定坚实基础。正如鸟儿不会刻意去粉饰自己的巢穴一样，"鸟巢"的建筑形式和网格状的结构完美地统一在一起，很清晰、自然，也很纯净。设计者们并没有忘记中国古老的文化和哲学理念。

"鸟巢"的钢结构如果使用普通钢材，厚度至少要达到220mm。总重量将超过8万t，不仅不便于加工和运输，而且钢板越厚，焊接越困难。"鸟巢"钢结构焊缝总长达30多万米，其中现场焊接焊缝长达6万多米。按工期要求，近一半现场钢材焊接要在冬季进行，室外气温常在零摄氏度以下，而焊接一般要求在零摄氏度以上的"正温"条件下进行。经过反复试验论证，选择了厚度为110mm的Q460高强度钢材。成功地解决了低温焊接的问题。

评审委员会主席、中国工程院院士关肇邺评价说，这个建筑没有任何多余的处理，一切因其功能而产生，建筑形式与结构细部自然统一。

1. 结构对建筑功能的影响

我们知道，不具备一定的材料和结构条件，很多建筑功能是无法实现或者不能很好实现的。例如在古希腊,虽然当时已经有了群众性集会和演习等功能要求,但由于结构技术还处于石梁柱结构体系的水平,不可能建造大跨度的屋顶,因此只能采取露天剧场的形式来解决。后来罗马人使用了天然混凝土和拱券结构,才第一次解决了建造大厅堂的问题。现代的摩天大楼以及各种复杂的建筑物,如果不具备材料和结构等技术条件,也是不可能实现的。所以,结构是实现建筑功能要求的重要手段,它既为建筑功能提供了实现的可能性,又对建筑功能起到了某种制约的作用。

2. 结构对建筑形式的影响

不同的材料和结构形式,在很大程度上决定着建筑物的形式。例如,古埃及的神庙与哥特式教堂,由于所用的材料和结构形式不同,建筑空间和外部的艺术形象也就完全不同。此外,从建筑的发展过程中,我们还可以看到,结构的形式,在某种情况下甚至比艺术风格还要经久。例如,设置在两个支点上的梁,不仅在古代建筑中经常出现,例如帕提农神庙等,而且在以后各个时期直至现代还一再出现在各种建筑中。所以,材料和结构形式对建筑形式和艺术形象具有直接、明显、持久的影响,它不仅为建筑形式和艺术形象在物质技术条件上提供了各种可能性,同时也从物质技术条件上对建筑形式和艺术形象提出了各种限制。

如弗兰克·盖里设计的古根海姆博物馆,这座建筑物建筑面积达2.4万m^2,位于勒维翁河滨,下部有石质墙面的较方正的管理用房等,而主要的建筑体量异常弯扭复杂,那些难以名状的流动弯曲的体量,内部是钢架,外表覆盖钛板,钛板的总面积达2.787万m^2。结构设计由SOM事务所承担,结构方式同造船相近。这座建筑几乎不用人工绘图,全部依靠电脑。如果没有电脑,这样造型复杂的建筑物是难以完成的。由于造型极度不规则,工程人员说内部钢构件没有两件的长度是完全相同的。建筑物的造价达到1.357亿美元。由于工程复杂,建筑师时常要到工地上去。盖里说,建筑师可能再度成为建造大匠(master builder)。1996年7月盖里到工地察看,他说建造中的建筑物与原来的构想吻合,他惊叹道:"我看到那30m高的空中曲线准确得与草图相同,我惊住了。用电脑画的建筑图是有生命的设计作品,纯净利落,表达出我的建筑构思的力度。"当地有人认为这座建筑外形像"一艘怪船",有人说它像"一朵金属花"(图5-1-9)。

(1) 结构形式对建筑形式的影响。

结构是房屋的骨架,是建筑物赖以生存的基础。建筑材料和建筑技术的发展决定着结构形式的发展,而结构形式对建筑的影响最直接、最明显。

例如,古埃及的神庙(图5-1-10),印度的月亮神庙,当时的建筑技术决定它只能采用简单加工的石梁和石柱建造,这就自然形成了粗壮坚实的形象。石梁不能建造大跨度结构,也就创作不出大空间的建筑,所以,神庙内部只能石

图 5-1-9　西班牙毕尔巴鄂古根海姆博物馆

图 5-1-10　阿布辛波神庙

柱林立。

后来，罗马人使用了混凝土，同时又出现了拱券结构，于是便建造了具有大跨度室内空间的建筑，形成了与以前大不相同的建筑风格。

我国古代建筑有着独特的风格，在世界上独树一帜。古建筑优美的曲线形屋面，形如鸟翼伸展的檐角，作为结构构件且形成韵律感的斗拱，这些建筑艺术形象是我国古代木构架结构形式的自然产物。由于它的承重体系是木构架，因此室内分割灵活，使用方便。

自19世纪后半期到现在，在建筑上广泛地采用钢结构和钢筋混凝土结构，于是引起了建筑的革命性变化。由于社会的需要，以及技术条件的发展，大跨度建筑和高层建筑有了空前发展。由勒·柯布西耶设计的昌迪加尔高等法院位于印度旁遮普邦省会昌迪加尔，建成于1956年。它的外形轮廓简洁，建筑物的主要部分用一个长100多米，由11个连续拱壳组成的巨大顶棚罩了起来，顶棚断面为V字形，前后檐翘起，既可遮阳，又不阻断穿堂风。顶棚以下有4层，底层为门厅和并列的8个小法庭以及一个大法庭。法院入口没门，只有3个直通到顶的高大柱墩，形成一个开敞的门廊，柱墩分别涂以红、黄、绿三种颜色，鲜明地突出了入口。主要立面上满布尺寸很大的遮阳板，法院外表是裸露着的混凝土，上面保留着模板的印痕和水迹。大门廊之内有坡道，墙壁上点缀着大大小小不同形状的孔洞，并涂以红、黄、蓝、白等鲜艳的色彩。怪异的体形，超乎寻常的尺度，粗糙的混凝土表面和色彩鲜明的色块，给建筑带来了怪诞、粗野的情调。它是现代建筑流派中粗野主义的代表作之一（图5-1-11）。

图 5-1-11　昌迪加尔高等法院

如中国的国家大剧院，此工程位于北京人民大会堂西侧，西长安街以南，总占地面积11.893hm²，总建筑面积149520m²，总投资额26.88亿元人民币（图5-1-12）。主体建筑由外部围护钢结构壳体和内部2416个坐席的歌剧院、2017个坐席的音乐厅、1040个坐席的戏剧院、

第五章　建筑结构技术　167

公共大厅及配套用房组成。可以容纳近5500名观众。外部围护钢结构壳体呈半椭球形，其平面投影东西方向长轴长度为212.20m，南北方向短轴长度为143.64m，周长达6000多米，其面积之大，可以将整个北京工人体育场罩住，总重达6750t，是国内建筑之最。整个结构将没有一根柱子支撑，全靠弧形钢梁承受巨大重力。建筑物高度为46.285m，基础埋深的最深部分达到-32.5m。3.6万 m^2 的椭球形屋面主要采用钛金属板饰面，中部对长安街部分为渐开式玻璃幕墙。形状就像一个逐渐垂下来的水滴形状。椭球形屋面由2万多块钛金属板和1200多块大小不等的有色玻璃组成。由于安装角度总在变化，每一块钛板都是一个双曲面，面积、尺寸、曲率都不同。钛金属板的厚度只有0.44mm，既轻且薄，如同一张薄薄的纸，下面还必须有一个由复合材料制成的衬层，每一块衬层也将切割成与上面的钛金属板同样大小，工作量和工作难度都极大（图5-1-13）。椭球壳体外环绕人工湖，湖面面积达35500 m^2，使整个建筑仿佛漂浮于水面之上，地下附属设施约5万 m^2。各种通道和入口都设在水面下，行人需从一条80m长的水下通道进入演出大厅。通道两侧被规划为艺术博物馆、艺术品商场等。

在安全方面，国家大剧院3个剧场总共能容纳5500人左右，加上演职人员，最多时可达7000人。由于国家大剧院四周被一个巨型露天水池所围，因此一旦发生火灾等突发事件，如何迅速将7000人从这个四周被水包围的"蛋壳"里安全撤离，是需要解决的棘手难题。为此，国家大剧院的消防疏散通道最终按1.5万人能迅速撤离的标准设计。其中，在地下3m和7m处，各有观众疏散通道8～9处，他们从巨型水池底下穿过，直通外部广场。观众通过这些通道，能够在4分钟之内全部安全疏散。在环境方面，建成后的国家大剧院，四周是碧波荡漾的水池，柔和的具有金属光泽的壳体在夜晚将被灯光映衬，与波光粼粼的水面交相辉映，景色壮观而富有想像力。为了确保水池里的水"冬天不结冰，夏天不长藻"，国家大剧院将采用中央液态冷热源环境系统来解决控制水景相对温度这一难题。这套系统巧妙利用了"地热"资源，通过抽取温暖的地下水，与水池里的水进行热交换，始终将露天巨形水池的水温控制在零摄氏度以上。

图5-1-12 国家大剧院

图5-1-13 国家大剧院施工现场

图5-1-14 鸟巢金属屋面板施工之一

图5-1-15 鸟巢金属屋面板施工之二

国家大剧院的内部环境还充满了许多细致入微的人性化设计。从内部装饰到舞台机械、灯光音响等方面都将采用世界一流水准的专业设备，如可进行平面360°旋转和升降的舞台等，这将使观众从中得到前所未有的、与世界同步的、真正一流的艺术享受（图5-1-14、图5-1-15）。

近代新的建筑材料的结构形式和新的建筑技术对建筑风格和建筑艺术的影响极为明显。使用功能相同的建筑，由于结构形式的不同，便会产生完全不同的建筑风格和完全不同的立面效果。如德国慕尼黑安联体育场，这是一个具有魔幻般气质的现代建筑，一座专门为世界杯而生的现代球场。安联体育场外墙体由2874个可以自我清洁、防火、防水、隔热的菱形膜结构构成，其中1056个在比赛中可以发光。球场外部，红、蓝、白三色交替闪耀；球场内部，飞利浦arenavision投光灯具以其专利技术的椭圆形反射器和7种精确配光保证了球员、裁判和现场球迷获得极其舒适的视觉享受，同时又向电视观众提供了最佳的高保真画面（图5-1-16）。

建筑结构是随着社会和科学技术的发展而发展的，它们相互影响又相互促进。建筑材料和结构形式对建筑风格和建筑艺术的影响又是那么直接和明显。因此，认识这一客观规律有助于发挥设计者的主观能动性。

（2）结构形式对建筑艺术形象的影响。

结构是构成建筑艺术形象的重要因素，结构本身富有美学表现力。为了达到安全的目的，各种结构体系都是由构件按一定的规律组成的，这种规律性的东西本身就具有装饰效果。建筑师必须注意发挥这种表现力和利用这种装饰效果，自然地显示结构，把结构形式与建筑的空间艺术性相融合起来，使两者成为统一体。在建筑设计中，不求建筑自身形体的美，专靠附贴式装饰，浓妆艳抹，采用贵重的装修材料，这只能给人以虚假、庸俗的感觉，达不到真正的美的效果，既浪费了人力和物力，又不坚固和耐久。

1950年由勒·柯布西耶设计的朗香教堂又译为洪尚教堂（图5-1-17），位于

图 5-1-16　安联体育场

图 5-1-17　朗香教堂

法国东部浮日山区的一个小山顶上。它是勒·柯布西耶在第二次世界大战后的重要作品，代表了勒·柯布西耶创作风格的转变，对现代建筑的发展产生了重要影响。朗香教堂规模不大，仅能容纳200余人，教堂前有一可容万人的场地，供宗教节日时来此朝拜的教徒使用。在这个教堂的设计中，勒·柯布西耶把重点放在建筑造型上和建筑形体给人的感受上。他摒弃了传统教堂的模式和现代建筑的一般手法，把它当作一件混凝土雕塑作品加以塑造。教堂造型奇异，平面不规则；墙体几乎全是弯曲的，有的还倾斜；塔楼式的祈祷室的外形像座粮仓；沉重的屋顶向上翻卷着，它与墙体之间留有一条40cm高的带形空隙；粗糙的白色墙面上开着大大小小的方形或矩形的窗洞，上面嵌着彩色玻璃；入口在卷曲墙面与塔楼的交接的夹缝处；室内主要空间也不规则，墙面呈弧线形，光线透过屋顶与墙面之间的缝隙和镶着彩色玻璃的大大小小的窗洞投射下来，使室内产生了一种特殊的气氛。在朗香教堂的设计中，勒·柯布西耶的创作风格脱离了理性主义，转到了浪漫主义和神秘主义。

所谓自然的显示结构，不是说结构就是美，而是说具有美学价值的因素，经过建筑师的艺术加工，从而达到表现建筑美的目的，而不是简单的表现结构本身。

不同的使用功能要求不同的建筑空间，处理好建筑功能和建筑空间的关系，并选择合理的结构体系，会自然形成建筑的外形。应该在这个基础上，根据建筑构图原理，进行艺术加工，发现建筑结构具有美学价值的因素，并利用它来构成艺术形象。这样就可以使建筑最终达到实用、经济和美观的目的。

世界上有许多被公认成功的建筑，是通过对结构体系的裸露和艺术加工而表现建筑美的。例如，意大利建筑师皮埃尔·奈尔维，他具有把工程结构转化为美丽的建筑形式的卓越本领。他的主要贡献是，认识了钢筋混凝土在创造新形状和空间量度方面的潜力。他的作品大胆而富有想像力，常以探索新的结构方案而形成他的构思。他擅长用现浇或现场预制钢筋混凝土建造大跨度结构，这种建筑具有高效合理、造价低廉、施工简便、形式新颖美观等特点。他是运用钢筋混凝土的大师，他的作品形式优美，具有诗一般的非凡表现力。其设计的罗马小体育宫，是结构设计的代表作之一，在现代建筑史上占有重要地位（图5-1-18、图5-1-19）。

罗马小体育宫是为1960年在罗马举行的奥林匹克运动会修建的练习馆，兼作篮球、网球、拳击等比赛用，建于1956~1957年。可容6000名观众，加活动看台能容8000名观众。小体育宫平面为圆形，直径60m，屋顶是一球形穹顶，在结构上与看台脱开。穹顶的上部开一小圆洞，底下悬挂天桥，布置照明灯具，洞上再覆盖一小圆盖。就视觉而言，略嫌低矮。穹顶宛如一张反扣的荷叶，由沿圆周均匀分布的36个"Y"形斜撑承托，把荷载传到埋在地下的一圈地梁上。斜撑中部有一圈白色的钢筋混凝土"腰带"，是附属用房的屋顶，兼作连系梁。球顶下缘由各支点间均分，向上拱起，避免了不利的弯矩。从建筑效果上看，既使轮廓丰富，又可防止因视觉上的错觉而产生的下陷感。小体育宫的外形比例匀称，小圆盖、球顶、Y形支撑、"腰带"等各部分划分得宜。小圆盖下的玻璃窗与球顶下的带形窗遥相呼应，又与屋顶、附属用房形成虚实对比。"腰带"在深深的背景上浮现出来，既丰富了层次，又产生尺度感。Y形斜撑完全暴露在外，混凝土表面不加装饰，显得强劲有力，表现出体育运动所特有的技巧和力量，使建筑获得强烈的个性。小体育宫以优美的球顶天花著称于世。它是一个建筑设计、结构设计和施工技术巧妙结合的优秀艺术品。球顶由1620块用钢丝网水泥预制的菱形槽板拼装而成，板间布置钢筋现浇成"肋"，上面再浇一层混凝土，形成整体，兼作防水层。预制槽板的大小是根据建筑尺度、结构要求和施工机具的起吊能力决定的。条条拱肋交错形成精美的图案，如盛开的秋菊，素雅高洁。球顶边缘的支点很小，"Y"形斜撑上部又逐渐收细，颜色浅淡，再

图5-1-18 罗马小体育宫

图5-1-19 罗马小体育宫内部

加上对应各支点间悬挂在球顶上的深色吊灯的对比作用，使球顶好像悬浮在空中。如此独特的意境令人赞叹，难怪奈尔维被称作"钢筋混凝土诗人"。小体育宫整个大厅的尺度处理也很好。穹顶中心的尺度最小，越往边缘，尺度逐渐加大，与支架相接处的构件尺度最大。最外边的三个一组的构件，顺着拱肋走向，把力集中到支点上。而它们的轮廓与"Y"形斜撑上部形成的菱形，又与预制槽板的菱形相似，不过它们是通透的，不显沉重。这种相似形状的有韵律的重复和虚实对比手法，使整个穹顶分外轻盈和谐。

从外观上看，在结构接近地面处，由于高度不够，无法使用，于是把这部分结构划在隔墙之外，这样不仅在外形上清楚地显示了建筑物的结构特点，而且十分形象地表现了独具风格的艺术效果。穹隆的檐边构件，作为屋面向"Y"形支撑构件的过渡，承上启下，波浪起伏，使建筑外形显得丰富、优美而自然。屋面中央的天窗，在功能上是非常需要的，恰如其分的凸起，在外观上起着提神的作用。整个建筑的外观比例协调、形象优美、质朴而又洗练。

从室内看，建筑师把结构与建筑统一地组织起来，加以艺术化，构成一幅绚丽的图案，使整个屋顶蔚然成景。这幅图案由于又与看台相呼应，使整个室内空间的艺术形象与结构的构建高度融合在一起，协调而有韵律，充分发挥了结构的美学表现力，使结构形体与建筑艺术达到高度完美的统一。

同时，这个建筑还对施工问题作了很周密的考虑。采用装配整体式结构，既省了大量模板，又保证了结构的整体性。施工时，起重机放在中央天窗处，这是最理想的位置。而且由于整个建筑物没有任何多余的装饰，因此经济效果亦较好。

以上例子说明，一个好的建筑设计，建筑和结构必然是有机结合的统一体。当然，要达到这一效果不是轻而易举或者一蹴而就的，它必然是建筑师和结构工程师相互了解、默契配合的产物。这就要求建筑师掌握各种结构体系的概貌和基本特点及其经济效果。这样，建筑师才能在草拟方案的同时，选择合适的结构体系。

3. 结构对建筑经济的影响

在一般房屋建筑投资中，结构所占的比重通常是很大的。例如，一般混合结构的民用建筑，结构部分的造价约占40%～50%以上。所以，正确地选择结构形式和合理地布置结构构件，对建筑的经济性是有直接关系的。由于结构对建筑具有多方面直接的影响，因此在建筑设计中，必须充分考虑材料和结构的特点，根据材料的性能来选用建筑构件；根据力学的特点来布置建筑结构；根据结构形式的要求来考虑建筑平面、空间布局，并创造建筑形象。

如中央电视台大楼，新台址地处东三环路以东，光华路以北，朝阳路以南，CBD规划范围内。中央电视台新台址用地面积总计为18.7万㎡，总建筑面积约55

图 5-1-20 中央电视台大楼

万m², 建筑最高处约230m, 工程建设总投资约50亿元人民币。采用荷兰雷姆·库哈斯的设计方案(图5-1-20)。

国家体育场"鸟巢"的原设计,结构和技术难度主要集中在活动盖上。其不利因素有: 一是影响了体育赛事的开放性和户外特点; 二是封闭场馆会限制庆祝焰火的燃放和开幕式上的空中表演; 三是带来安全设计上的不可预测因素; 四是容易发生故障, 使得体育场本身和场内草坪的维护费用加大; 五是活动盖机械力臂的大量用钢, 会对建筑周围结构带来不稳定因素。现在实施的方案取消顶盖, 减少5万m²地下室面积,没有影响设计风格和建好后的功能。修改"鸟巢"结构方案节省了5亿元人民币, 使将总成本控制在30亿元内成为现实。

三、建筑结构的强度和刚度

建筑结构的强度要求是指结构或它的每一个部分在任一或全部预计的荷载作用下保持完好。为了验算强度, 首先要选定结构体系和确定作用在结构上的预计荷载; 然后计算出各结构各关键截面的应力状态, 并与材料能够安全地承受应力特性和数值相比较。根据荷载条件和材料性能的不可靠性来采用不同大小的安全系数。

不要把"刚度"和"强度"加以混同, 即令在同样的荷载作用下, 一个结构的变形比另一个大 (即一个结构的刚度比另一个小), 但两个结构可能是同等安全的 (即强度是相等的)。虽然总是以荷载来衡量强度, 但刚度则可能是衡量结构承受温度变化不均匀沉陷和动力荷载时的柔弱性的一个标志。

四、建筑结构的变形缝

变形缝可分为伸缩缝、沉降缝和防震缝三种。伸缩缝和防震缝仅将基础以上的房屋分开, 而沉降缝一般则将房屋连同基础一起分开。在布置变形缝时, 可将伸缩缝、防震缝和沉降缝结合起来处理。房屋由变形缝划分为独立的结构单元, 在缝的两侧各自设置框架和剪力墙, 以加强房屋的刚度。在设计建筑平面时, 尽可能采用不设缝的方案。

(一) 伸缩缝

伸缩缝是为了避免温度和混凝土收缩应力使房屋构件产生裂缝而设置的。

(二) 沉降缝

沉降缝是为了避免地基不均匀沉降时在房屋构件中产生裂缝而设置的。沉降缝一般发生在土质松软、土层变化较大处，基础处理方法不同处。如部分为地下室、部分为非地下室，或部分为桩基、部分为天然地基处，房屋的高度、重量、刚度有较大变化处，房屋平面形状变化的凹面处等。

（三）防震缝

当房屋外形复杂或者房屋各部分刚度、高度和重量相差悬殊时，在地震力作用下，由于各部分的自振频率不同，在各部分连接时，必然会引起相互推拉挤压，产生附加拉力、剪力和弯矩，引起震害，防震缝就是为了避免由这种附加应力和变形引起震害而设置的。一般在房屋的下列部位若无足够的保证强度和刚度的结构措施时应设防震缝：房屋平面突出部分较长处（如：L形、I形、T形、H形、凹形平面等）；房屋有错层，且楼面高差较大处；房屋各部分的刚度、高度及重量相差过于悬殊处。

（四）后浇带技术

为解决高层建筑主楼与裙房的沉降差而设置的后浇施工带称为沉降后浇带。为防止混凝土凝结收缩开裂而设置的后浇施工带称为收缩后浇带。为防止混凝土因温度变化拉裂而设置的后浇施工带称为温度后浇带。

设计采用何种类型的后浇带必须根据工程类型、工程部位、现场施工情况和结构受力情况而具体确定。

(1) 后浇带的缝宽与墙、板厚度有关。对底板厚度超过100cm以上的，可根据后浇带处的接槎形式、钢筋搭接、施工难易程度等灵活掌握，当施工较困难时，后浇带缝宽可适当增加。

(2) 后浇带接缝处的断面形式，当墙、板厚度小于30cm时，可做成平直缝；当厚度大于30cm、小于60cm时，可做成阶梯形或上下对称坡口形；当墙板厚度大于60cm时，可做成企口缝。

(3) 后浇带的钢筋断开或贯通，在于后浇带缝的类型。对沉降后浇带而言，钢筋贯通为好；对收缩后浇带而言，钢筋断开为好。梁板结构的板筋断开，梁筋贯通。如果钢筋不断开，钢筋附近的混凝土收缩将受到约束，产生拉力，导致开裂；从而降低结构抵抗温度变化的能力。

(4) 对于后浇带内的后浇混凝土，应使用无收缩混凝土，防止新老混凝土接缝收缩开裂。无收缩混凝土可在混凝土中掺加微膨胀剂，也可直接采用膨胀水泥配制，如矿渣水泥。配制的混凝土强度等级应比先浇混凝土高一个强度等级。

(5) 后浇带后浇部分混凝土的浇灌时间，不同类型后浇带的浇灌时间是不同的。伸缩后浇带应根据先浇混凝土的收缩完成情况而定，不同水泥、水灰比、养护条件的混凝土，一般应控制在施工后60d进行；如工期非常紧迫，也应在两周以上。沉降后浇带宜在建筑物基本完成沉降后，再浇注后浇带。

在建筑变形缝处的装修构造，必须满足各自所在的建筑主体自由变形。

第二节　建筑物的屋盖体系

屋盖结构中梁板的跨度只能限制在一定的范围以内，一般只能在15m左右。由于社会生产和生活的需要，新型建筑材料的出现，以及从技术经济效果考虑，需要更大跨度的屋顶（即大于18m时），如桁架、拱券、钢架以及其他各种空间结构。

一、平面结构的屋顶形式

（一）桁架

桁架是由杆件组成的格构体系，其节点一般假定为铰接节点，当荷载作用在节点上时，桁架的杆件内力与桁架的外形有着密切的关系(图5-2-1～图5-2-3)。

（1）平行弦桁架的杆件内力是不均匀的，弦杆内力是两端小而向中间逐渐增大，腹杆内力是两端大而向中间逐渐减小。

（2）三角形桁架的杆件内力也是不均匀的，弦杆的内力是两端大而向中间逐渐减小，腹杆内力是两端小而向中间逐渐增大。

（3）弧形桁架的杆件内力大致均匀，从力学角度看，它的形状与简支梁的弯矩图形相似，其形状符合承受荷载后的内力变化规律，所以它是结构上的较好形式。

（4）组成桁架的材料有：钢材、预应力钢筋混凝土、木材。建筑跨度在36m以上时，宜选用钢屋架；36m以下时，宜适用钢筋混凝土屋架。

（5）桁架的杆件分上、下弦杆和腹杆。一般上弦杆受压，下弦杆受拉，腹杆也受压和受拉的。桁架的受力是通过节点传递给杆件的，不允许将较大的荷载作用在杆件上。在吊顶装修或悬挂重物时，注意主龙骨和重物的吊点应与桁架的节点采用常温情况的连接，尽可能避免焊接，以防止高温影响桁架杆件的受力。

采用桁架结构的屋顶是由在屋架上搁置檩条再铺屋面瓦或挂瓦条构成，因此，桁架的间距受到檩条跨度的影响，一般为4~6m。

采用桁架结构的屋顶，有利于开设天窗，屋架下弦有利于吊顶，屋顶空间还可以利用。例如，电影院、会堂等跨度较大的建筑物，采用桁架做屋顶结构时，在屋架下弦可按室内剖面要求设置吊顶和悬吊室内设备，在屋架之间可安装一些附属设备。而且三角形桁架所形成的坡屋顶，在多雨地区，还有利于屋面排水。

（二）拱结构

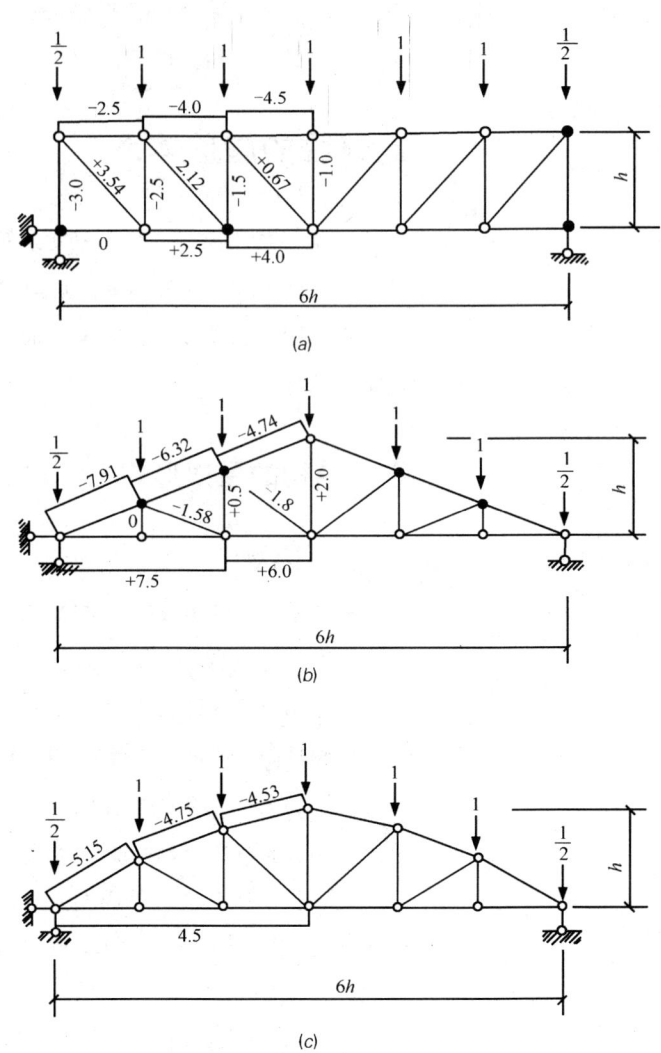

图5-2-1 常见的屋架形式

(a) 平行弦屋架；(b) 三角形屋架；(c) 拱形屋架

（压力为负，拉力为正）

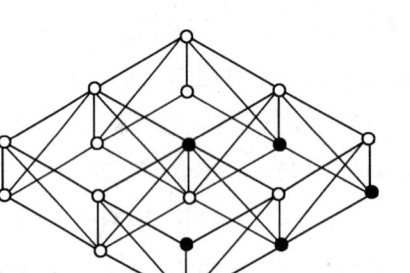

图5-2-2 网架结构示意图

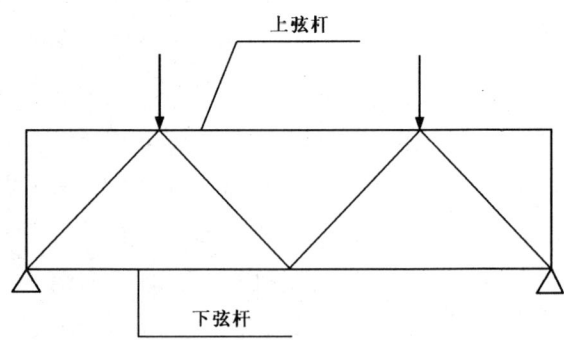

图5-2-3 桁架

拱结构最早是用最小的石块、砖块砌筑的，它可以在缺少大块材料的情况下建造较大跨度的建筑物（例如古罗马的庙宇、中世纪的教堂以及我国古代的石拱桥和城门等）。19世纪以后，钢和钢筋混凝土代替了砖石材料，使结构的跨度可以更大，而且自重轻，施工方便。

拱券的形式很多，有平拱、尖拱、十字拱、连续拱以及拱券穹隆等。钢或钢筋混凝土的拱券结构通常做成拱架的形式，其中有无铰拱、两铰拱、三铰拱等（图5-2-4）。由于三铰拱是静定结构，两铰拱和无铰拱为超静定结构，工程中多采用后两种形式。拱结构，其在外荷载作用下，拱主要产生压力，支座处产生水平推力。拱的合理轴线为二次抛物线，当拱为半圆形时，支座的推力为0。解决拱的水平推力，可以采取下面的几种结构处理方法：利用地基基础直接承受水平推力；利用侧面框架结构承受水平推力，应该注意的是，若框架的顶部因推力发生过大的位移或倾斜，就不能保证拱的正常受力状态，要求拱结构两侧的框架必须具有足够的刚度；利用拉杆承受水平推力，在拱脚处设置钢拉杆，利用钢拉杆受拉从而抵抗拱的推力。

拱结构受力性能好，能够较充分地利用材料强度，而且能取得较好的经济和建筑效果，一般用于大跨度的体育馆、展览馆等建筑物中。例如，法国巴黎国家工业

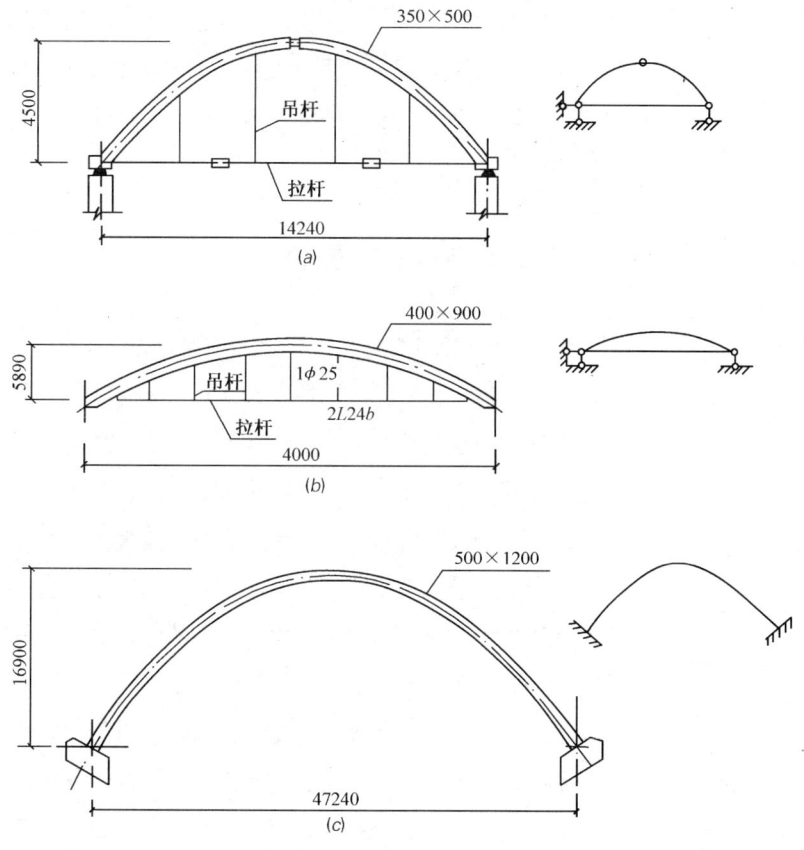

图5-2-4 常见拱的形式
(a) 三铰拱；(b) 两铰拱；
(c) 无铰拱

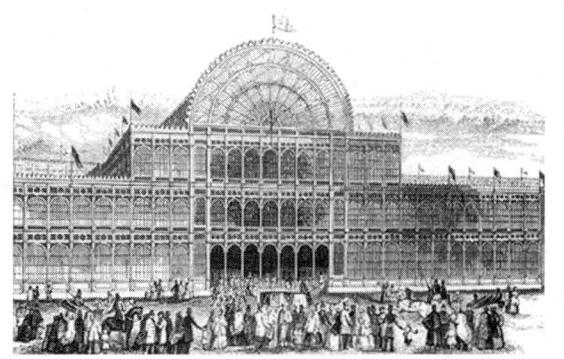
图5-2-5　英国水晶宫

图5-2-6　某拱形建筑屋顶内部

与技术展览中心，跨度为206m，采用拱壳结构，是世界有名的大跨度建筑。拱结构的形式有利于丰富建筑形象，因此，也是在建筑上比较受欢迎的一种结构类型（图5-2-5、图5-2-6）。

（三）刚架

刚架相当于两组连在一起的刚性整体。因为梁柱刚架可以达到较大的跨度，又可以保持梁柱系统所具有的空间和外貌，而且刚架一般由直杆组成，制作方便，因此在一般情况下，当跨度与荷载相同时，刚架比屋架或排架轻巧经济。

刚架也有无铰、两铰、三铰刚架之分，也可连成多跨刚架形式。在实际工程中，大多采用三铰和两铰刚架以及由它们组成的多跨结构，无铰刚架则很少采用。钢或钢筋混凝土刚架结构常用于空间较大的食堂、健身房、体育馆等建筑物中。

二、空间结构体系的屋顶形式

（一）钢筋混凝土及钢丝网水泥薄壳结构

壳体结构是充分发挥钢筋混凝土受力性能的一种高效能的空间结构。壳体结构薄、自重轻、跨度大、种类多、形式丰富多彩，适用于各种平面。薄壳结构必须具备两个条件：一是"曲面的"，二是刚性的。所以薄壳可以简单理解为四边支承的曲板。它的组成一般包括曲面的壳板和周边的边缘构件两部分。可以将壳体做成适应于力学要求的各种曲线形状，因此，薄壳结构比平面结构（如梁柱结构）具有更大的承受弯曲的能力。由于薄壳上的荷载是靠直接的拉应力或压应力来承受的，并由壳体本身来传递，因此结构受力比较均匀，并可以充分发挥材料的性能。薄壳结构的刚度，不像一般结构取决于它的断面的大小，而主要取决于它的形状，因而提高结构刚度，不需增加材料的消耗；它的厚度，即结构的静载，不随着跨度的增加而加厚，而主要取决于构造和施工的要求；薄壳结构是一种薄得不致于产生明显弯曲的应力,但厚度足以承受压力、拉力和剪力的形抵抗结构,而且壳体本身,既是结构构件,又是覆盖构件,一身而兼两用。因此,这种构件可以大大降低结构的重量和材料的消耗,从而达到大跨度的要求。如展览大厅、俱乐部、飞机库、食堂、工业厂房、仓库等。但薄壳结构也有其缺点,如:体型复杂、计算困难、施工不便、物理指标差、板厚太小、隔热效果不够好,长期日晒雨淋易开裂;曲面的顶棚,容易引起声聚焦,音响效果要求高的场所不宜采用。在建造速度、施工机械化程度、模板消耗等方面也还存在一些问题,而且由于壳的厚度很小,因此不能承受冲击和扭曲。薄壳结构一般只适用于大跨度建筑,对大量性、小跨度工业和民用建筑不太适用。其优点是:材料省,很经济,自重小,为大跨度提供有利条件。

薄壳结构主要可分为单向曲面壳和双向曲面壳等类型。

单向曲面壳的筒壳往往采用连续并用的形式,这样既能覆盖巨大的面积,又可共用边梁和重复使用模板,是筒壳最适宜的形式。

筒壳也可以纵横向组合起来使用,适用于大面积车间或大厅,也可以做成锯齿形式,很适合纺织厂车间。如筒壳断面是变化的,则成为锥形壳,适用于圆形和扇形平面的建筑。

双向曲面壳的双曲扁壳可单独或组合作屋顶用。劈锥壳适用于单层轻工业厂房,利用壳体本身的过渡即可获得采光面积,所以可不另设天窗。抛物面壳可切割成不同的单体,组成各种形状的屋顶,以适应不同平面的要求。扭壳是直线组成的双曲面,模板简单,施工较方便,受力性能好,组合种类多,常用于矩形平面建筑物等(图5-2-7～图5-2-9)。

悉尼歌剧院(Opera House, Sydney)是澳大利亚悉尼市一个大型综合性文艺演出中心,以建筑形象独特而著称于世(图5-2-10、图5-2-11)。它建在悉尼港内一块伸入海面的地段上,东、西、北三面临水,南面对着植物园。悉尼为兴建这座歌剧院于1955年举行国际建筑设计竞赛,从233个方案中选定丹麦建筑师J.伍

图5-2-7 壳屋顶

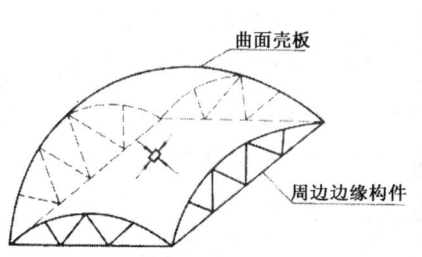

图5-2-8 曲面壳板示意

图5-2-9 卡拉特拉瓦的密尔沃基美术馆的曲面屋顶

图5-2-10 悉尼歌剧院

图5-2-11 悉尼歌剧院正面

重的设计。1966年伍重辞去剧院总建筑师职务，剩下的室内设计由澳大利亚建筑师完成。歌剧院从1959年破土动工，1973年全部竣工。悉尼歌剧院建筑总面积 88258m²，包括一个有2690座的大音乐厅，一个有1547座的歌剧厅，一个可容500多人的剧场和一个小音乐厅。此外，还设有排演厅、接待厅、展览厅、录音厅以及戏剧图书馆和各种附属用房（如餐厅、售品部等），共900多个房间，同时可容6000多人在其中活动。悉尼歌剧院的外观为三组巨大的壳片，耸立在南北长186m、东西最宽处为 97 m的现浇钢筋混凝土结构的基座上。第一组壳片在地段西侧，4对壳片成串排列，2对朝北，1对朝南，内部是大音乐厅。第二组在地段东侧，与第一组大致平行，形式相同而规模略小，内部是歌剧厅。第三组在它们的西南方，规模最小，由2对壳片组成，里面是餐厅。其他房间都巧妙地布置在基座内。整个建筑群的入口在南端，有宽97m的大台阶。车辆入口和停车场设在大台阶下面。伍重参加设计的竞赛方案过于简略，后来在工程进行中遇到了一系列复杂而困难的技术课题。例如，起初设想那些巨大的壳片是钢筋混凝土壳体结构，经过深入研究后发现，只能将每一个壳片划分为一条条钢筋混凝土的肋券，再分段预制，然后才能组合成整体。为了减少施工的困难，又将全部壳片改为同样的曲率，使每一个壳片都相当于假想半径为76m 的圆球表面的一部分。为研究和设计这些壳片的结构，用去8年时间，施工也费时3年多。工程预算700万美元，实际费用达1.2亿美元。悉尼歌剧院设备完善，使用效果优良，是一座成功的音乐、戏剧演出建筑。那些濒临水面的巨大的白色壳片群，像是海上的船帆，又如一簇簇盛开的花朵，在蓝天、碧海、绿树的衬映下，婀娜多姿，轻盈皎洁。这座建筑已被视为悉尼市的标志。

（二）悬索结构

悬索结构是利用高强度钢束张拉在几个固定构件之间形成的。其组成包括：索网、侧边构件及下部支撑结构。主要承重构件是受拉的钢索（由于钢索是柔性的，不能抗弯，因而只受着轴心拉力的作用）。悬索结构的自重轻，用钢量省，跨度大且不需要中间支撑，是目前解决大跨度屋盖最好的结构之一。

古代的帐篷是悬索结构的雏形，以后由于跨越急流的交通需要，出现了竹索桥和藤索桥，使悬索结构开始应用于桥梁结构中（例如，著名的四川沪定大渡河铁链桥）。一百多年前，开始出现了近代悬索吊桥，建筑师们接着就将悬索桥的结构形式采用到屋盖结构中。例如，1837年建造的法国洛里恩军械库就采用了这种悬吊屋盖。

用这种索网来代替帐篷结构，可以构成各种形式和任意覆盖平面，这就是近代获得迅速发展的悬索屋盖结构。主要用于体育馆、会议厅、展览馆等公共建筑。它的优点是：

(1) 节约钢材用量，同框架结构相比，一般能节省50%左右；

(2) 受力合理，充分发挥材料性能，能跨越较大跨度；

(3) 屋面结构轻，一般约在100kg/m²以内，而一般梁结构的自重则在200 kg/m²左右；

(4) 成型容易，施工简便，建筑形式丰富多彩；

(5) 可以创造具有良好物理性能的建筑物，例如双曲下凹蝶形悬索屋盖具有很好的音响效果，因而可以用于对声学要求较高的公共建筑；

(6) 经济。由于上述优点，自然就达到了降低成本的效果。

世界上最早的现代悬索屋盖是美国于1953年建成的Releigh体育馆，采用以两个斜放的抛物线拱为边缘构件的鞍形正交索网。中国现代悬索结构之发展始于20世纪50年代后期和20世纪60年代。北京的工人体育馆和杭州的浙江人民体育馆是当时的两个代表作。北京工人体育馆建成于1961年，其屋盖为圆形平面，直径为94m，采用车辐式双层悬索体系，由截面为2m×2m的钢筋混凝土圈梁、中央钢环，以及辐射布置的两端分别锚定于圈梁和中央钢环的上索和下索组成。中央钢环直径为16m，高11m，由钢板和型钢焊成，承受由于索力作用而产生的环向拉力，并在上、下索之间起撑杆的作用。浙江人民体育馆建成于1967年，其屋盖为椭圆平面，长径80m，短径60m。采用双曲抛物面正交索网结构；长径方向主索垂度4.4m，短径方向副索拱度2.6m。我国建造的上述两个悬索结构无论从规模大小还是技术水平来看，在当时都可以说是达到国际上较先进的水平，近年来发展更快。

悬索结构的基本形式有：单向索网、双向索网、混合悬挂式。

单向索结构比较简单，但屋盖稳定性差，抗风能力小。为了保证屋盖的稳定，悬索需预加应力或增加屋盖自重，预加应力要加大索的截面，因而钢材用

 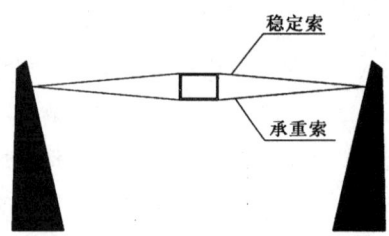

图5-2-12 武汉天兴洲长江大桥　　　图5-2-13 空间双层索系示意图

量就要增加，造价就要提高，这种结构一般用于平面为圆形、方形和长方形的大跨度建筑。如武汉天兴洲长江大桥——武汉第六座长江大桥，正桥全长4657m。公路桥为双向6车道，设计时速80km/h，主跨504m，主塔高189m，是世界上跨度最大的公铁两用斜拉桥，其中铁路桥可并排跑4列火车(2条客运线和2条货运线)。该桥因其独特的设计和特有的施工难度，被桥梁界誉为跨江桥的里程碑。总投资30多亿元(图5-2-12)。

由一系列承重索和反向的稳定索组成的预应力双层索系，是解决悬索结构形状稳定性的另一种较有效的结构形式。瑞典工程师Jawerth首先在斯德哥尔摩滑冰馆采用由一对承重索和稳定索组成被称为"索桁架"的专利体系，其后这种平面双层索系在各国获得相当广泛的应用。我国无锡体育馆也采用了这种体系。作为对这种体系的改进，吉林滑冰馆结合具体工程条件，创造了一种新型的空间双层索系(图5-2-13)。它的承重索与稳定索不在同一竖平面内，而是错开半个柱距。在跨度中央部分，稳定索高出承重索，形成筒形屋面；上、下索之间设置纵向的桁架式檩条，将两层索撑开。在跨度的两个边缘部分，稳定索低于承重索，二者之间用波形模条拉紧，形成波形屋面。采用这种结构形式，不仅提供了新颖的建筑造型，而且很好地解决了矩形平面悬索屋盖通常遇到的屋面排水问题。这一新颖结构参加了1987年在美国举行的"国际先进结构展览"。双向索网与单向索网相比，其优点是有较好的抵风、抗弯能力，而且外形上可以做成多种多样的曲线形状，十分美观。缺点是在某些情况下施工和排水比较麻烦。根据国内外已建成的建筑来看，双向索网的悬索结构常用的主要有两种：圆形双向索网，如1961年建成的北京工人体育馆（图5-2-14）；马鞍形悬索，如杭州体育馆（图5-2-15）。在国外利用双向索网建成的悬索结构建筑有很多，例如美国耶鲁大学的溜冰场，以及布鲁塞尔世界博览会中的法国馆等，都是比较有名的悬索结构建筑。

悬索结构发展的另一个特点是在许多工程中运用了各种组合手段。主要的方

图5-2-14　北京工人体育馆

图5-2-15　杭州体育馆

图5-2-16　东京代代木国立综合体育馆

式是将两个以上的索网或其他悬索体系组合起来，并设置强大的拱或刚架等结构作为中间支撑，形成各种形式的组合屋盖结构。例如，四川省体育馆和青岛市体育馆的屋盖是由两片索网和作为中间支撑的一对钢筋混凝土拱组合起来的，丹东体育馆则是由强大的钢筋混凝土中央刚架和两片单层平行索系组合而成。北京朝阳体育馆由两片索网和被称为"索拱体系"的中央支撑结构组成。东京代代木国立综合体育馆(图5-2-16)索拱体系本身也是一种组合结构。朝阳体育馆采用的中央索拱体系由两条悬索和两个钢拱组成。索和拱的轴线均为平面抛物线，分别布置在相互对称的4个斜平面内，通过水平和竖向连杆两两相连，构成桥梁形式的立体预应力体系。索拱体系的工作性能显示了索和拱两种构件相互配合、相互补充的特点。与单纯的悬索比较，索拱体系具有较大的形状稳定性和刚度。尤其是在抵抗集中或局部荷载时变形较小；与单纯的拱比较，索拱体系中的拱由于同张紧的索相连，其整体稳定性较好，因而不需强大的截面。这种索拱体系的概念是一种有意义的创新。

采用各种组合式屋盖不仅进一步增加了建筑造型的多样性，而且往往能更好地满足某些建筑功能上的要求。例如，通过设置中央支承结构，适当抬高了体育馆比赛场地上方的净空，而两侧下垂的悬索屋面又恰好与看台的斜度配合一致，所以这种元宝形的屋盖形状给体育馆建筑提供了最优的内部空间。

采用组合式屋盖结构往往并非由于技术经济方面的理由。从技术经济的角度，单片索网或其他悬索体系可以经济地跨越很大的跨度，并非必须采用中间支承结构。事实上，对于一般中等跨度的建筑物，采用单片的悬索体系常可获得简单、经济的设计。所以，采用组合式屋盖结构在许多场合毋宁说主要是出于丰富建筑造型和更好地满足建筑物使用功能方面的考虑。

混合悬挂式是由悬索和其他结构共同组成的。其中，悬挂索将屋盖吊住，是主要承受屋面荷载的拉力索。这种结构构造简单、构架类型少、施工方便、经

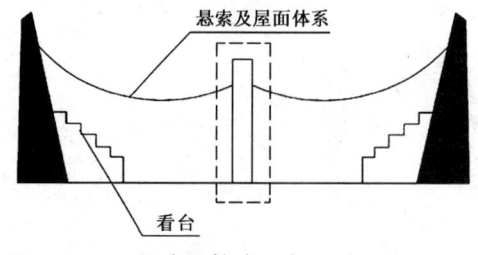
图5-2-17 混合悬挂式示意图

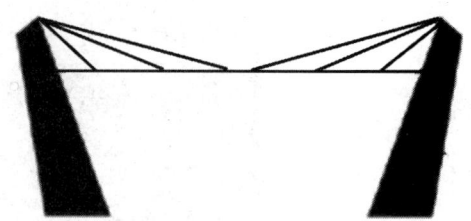
图5-2-18 斜拉体系屋盖示意图

济效果较好。在一般单层工业厂房和商场等建筑中采用这种结构具有一定的优越性。有名的例子是：布鲁塞尔世界博览会中的苏联馆、美国1960年世界旱冰比赛场、前联邦德国法兰克福飞机库（图5-2-17）。

将斜拉体系利用到屋盖结构中来，是近几年出现的另一种组合结构形式。斜拉体系利用由塔柱顶端伸出的斜拉索为屋盖的横跨结构（主梁、桁架、平板网架等）提供了一系列中间弹性支承。使这些横跨结构不需靠增大结构高度和构件截面即能跨越很大的跨度，从而达到节省材料的目的。但与此同时，建造塔柱本身以及可能需要的边缘锚杆和受拉基础等又要增加造价。所以，设计时要设法减小各拉索施于塔顶的总水平力，从这个角度来考虑，斜拉屋盖体系最适用于大跨度的多跨建筑，或虽为单跨但没有适当附跨的建筑（图5-2-18）。这时塔柱两侧均可敷设斜拉索，使塔顶左右受力趋于平衡，塔柱可设计得比较纤柔。反之，如果仅在一侧敷设斜拉索，而靠建造强大的塔柱来抵抗拉索的水平分力，从纯粹技术经济的角度，这样的体系一般是不合算的。鉴于混合式悬挂体系在受力性能方面的潜在优势和在应用形式方面的多样性，可以预期今后将会获得更多的发展。

悬索结构是悬挂式的柔性索网体系，屋盖的刚度却是所有屋盖结构中之最软者。风力作用下对屋面的吸力使屋盖结构有被掀起的危险，而且还会产生共振破坏的可能。为了保证悬索屋盖结构的刚度，可以对悬索施加预应力。若屋盖自重能具有1.1～1.3倍的重量安全度（n=屋盖自重：风吹力-1.1··1.3），就基本能够保证屋面不被风吹力掀起，所以，悬索结构的屋面材料一般可以使用预制轻质板材，如铝合金板、塑料板、轻质混凝土板、压型钢板等作为屋面板。

（三）网架结构

网架结构是一种大面积的刚性覆盖结构。是由平面桁架互相交叉组成的空间结构，或是由许多杆件按照一定规律组成的网状结构。这种结构具有各向受力的性能，它改变了一般平面桁架的受力状态，它的整体性强、稳定性好、空间刚度大，是一种高次超静定空间结构；也是一种良好的抗震结构形式，尤其是大跨度建筑，其优越性更为显著。

网架承受的荷载也是通过节点传递给杆件的，杆架主要承受轴力，一般采用高强度钢，节点采用空心球焊接或螺栓连接。

网架结构适用于多种建筑平面形状，且结构高度较小，可放心有效地利用建筑空间，而且能够利用较小规格的杆件建造大跨度的结构，因此应用非常广泛。

网架结构具有如下优点：

（1）网架是多向受力的空间结构，比单向受力的平面桁架适用跨度更大，跨度一般可达到30~60m，甚至60m以上。

（2）由于网架的整体空间作用，杆件互相支持，刚度大、稳定性好，网架具有各向受力性能，压力分布均匀，用料方面可比桁架结构节省30%。

（3）网架是高次超静定结构，结构安全度特别大。倘若某一构件受压屈曲，也不致破坏。

（4）网架屋盖的网格形式，具有一种结构空间造型的美，为室内装饰、灯具布置提供了方便，丰富了大厅的空间。

（5）网架结构的房屋也给室内设计带来一些问题。如大型剧场、体育馆暴露网架的造型，会给大厅里声环境带来不利的影响。

（6）网架结构也是节点受力，要求在做室内吊顶或管道安装时，吊点必须与网架结构的节点进行常温连接。

网架结构由杆件、节点和边缘构件组成，其中杆件是组成网架的基本单位，在节点荷载作用下，网架的杆件主要承受轴向力，因此能充分发挥材料的强度，并能利用较小材料建造大跨度空间（跨度可达30~60m）。杆件的材料可以是木材的、钢筋混凝土的或型钢、钢管的。主要类型有：平板网架、曲面网架等，平板网架应用较广。

网架结构的各杆件之间互相起支撑作用，因此，它具有整体性强，空间刚度大，变形小，稳定性和承受动力荷载性能好，抗震性能好的特点。网架结构的结构高度较小，不仅可以有效地利用建筑空间，而且能够利用较小规格的杆件建造大跨度的结构。同时，它还具有杆件类型划一，适合于工厂化生产、地面拼装和整体吊装等优点。

网架结构能较大地减轻结构自重，节省材料，外形方案较灵活，能适用于多种建筑平面形状，便于建筑处理。因此，国内外建筑中采用较多，如工业厂房、展览馆、体育馆、飞机库等。

如首都机场3号航站楼是曾经设计香港机场的建筑大师诺曼·福斯特先生的作品，3号航站楼T3B屋面为双曲面外形，呈飞行体状，南北方向长约958m，东西方向宽约775m，其投影面积约为11万m^2，屋顶标高为42m（由±0.00起算）。

图5-2-19 首都机场3号航站楼

在航站楼的指廊和主体连接处,设置一道温度缝,将整个航站楼屋顶钢结构分为了三部分。本工程为大面积、大跨度抽空三角锥钢网壳结构,建筑造型新颖、独特,平面布置呈"人"字形。总投资167亿元(图5-2-19)。

(四)薄膜结构

膜结构是一种建筑与结构完美结合的结构体系。它是用高强度柔性薄膜材料与支撑体系相结合形成具有一定刚度的稳定曲面,能承受一定外部荷载的空间结构形式。具有造型自由轻巧、阻燃、制作简易、安装快捷、节能、易于使用、安全等优点,因而它在世界各地受到广泛应用。这种结构形式特别适用于大型体育场馆、小品、公众休闲娱乐广场、展览会场、购物中心等领域。

薄膜是一块薄到实际上只能产生拉力的材料。一块布或一块橡胶膜就是很好的例子。肥皂泡是我们所能造成的最薄的薄膜之一。虽然薄膜是一种双向抵抗结构,但由于它的厚度相对于跨度来说是极小的,因此,薄膜的承载能力只能是来源于它的拉应力。

膜结构具有以下特点:

(1)艺术性:膜结构以造型学、色彩学为依托,结合自然条件及民族风情,根据建筑师的创意建造出传统建筑难以实现的曲线及造型。膜结构——建筑师的浪漫设想,享受大自然般浪漫的空间。

(2)经济性:对于同等大小的建筑,如果采用膜结构,其成本只相当于传统建筑的1/2或更少,特别是在建造短期应用的大跨度建筑时,就更为经济。而且膜结构能够拆卸,易于搬迁。

(3)节能性:由于膜材本身具有良好的透光率(10%~20%),建筑空间白天可以得到自然的漫散射日光,可以节约大量用于照明的能源。

(4)自洁性:自洁性膜材表面加涂的防护涂层(如聚四氟乙烯、丙烯酸等)具有耐高温的特点,而且本身不发黏,这样落到膜材表面的灰尘可以靠雨水的自然冲洗而达到自洁的效果。

(5)大跨度无遮挡的可视空间:膜结构摒弃传统建筑材料而使用膜材,其重量只是传统建筑的1/30。而且膜结构可以从根本上克服传统结构在大跨度(无支撑)建筑的实现上所遇到的困难,可创造巨大的、无遮挡的可视空间。

国家游泳中心(水立方)建筑面积:6.5万~8万m²;坐席数:永久坐席6000个,临时性坐席11000个;赛时功能:游泳、跳水、花样游泳、水球;赛后功能:为一个多功能的大型水上运动中心,既可举办大型国际赛事,又能为公众提供水上娱乐、运动、休闲、健身等服务。水立方是2008年北京奥运会惟一一座由港

图5-2-20 水立方膜结构近景

澳台同胞和侨胞捐资建设的奥运场馆。"水立方"具有两个"世界第一",一个是ETFE立面装配系统在国家游泳中心的运用、尝试是迄今世界上规模最大、构造最复杂、技术综合最全面的一次;另一个是"水立方"建成后,将会是世界范围内最大规模的一座游泳馆(图5-2-20~图5-2-22)。

"水立方"的创意来自细胞组织单元的基本排列形式以及水泡、肥皂泡的天然构造。这种在自然界常见的形态从来没有在建筑结构中出现过,为了让观众在观看比赛时置身于"水立方"的清凉幽静之中,设计方案建筑围护结构采用了一种新型的ETFE气枕,由约3000块大小不一、形状各异的气枕组成的膜结构,表面覆盖面积达到10万 m^2,比德国世界杯安联球场还要大4万 m^2。它可以吸收70%的太阳光能,把多余的光线过滤掉,隔热散光,还具备抗压功能。

"水立方"的墙体和屋盖钢结构工程采用国内外首创的新型多面体空间钢架结构,总构件数为30513个,共用钢6700t。据介绍,在第一个约1 m^2的蓝色三角形"气泡"(膜结构气枕)安装时,为了施工的方便,安装上去的"气泡"全是未充气的。据悉,"水立方气泡"充气后,看上去"干瘪"的"气泡"将逐渐丰满起来。另外,"水立方"晶莹剔透的外衣上还将点缀着无数白色的亮点,它们被称为"镀点"。这些大小不一的"镀点"可以改变光线的方向,起到隔热散光的效果。它们的任务就是不让酷暑天气把"水立方"变成一个汇聚阳光的"温室浴场",在保持游泳馆的透明、美观的同时,避免透明场馆温度偏高、出现炫光。

膜结构的完美体现——水立方膜结构建筑是21世纪最具代表性的一种全新的建筑形式,至今已成为大跨度空间建筑的主要形式之一。它集建筑学、结构力学、精细化工、材料科学与计算机技术等为一体,建造出具有标志性的空间结构形式,它不仅体现出结构的力量美,还充分表现出建筑师的设想,享受大

图5-2-21 水立方外观之一

图5-2-22 水立方外观之二

第五章 建筑结构技术

自然浪漫空间。在2008年的奥运会场馆建筑设计上，膜结构应用就得到完美的体现。"水立方"是世界上最大的膜结构工程，除了地面之外，外表都采用了膜结构——ETFE材料，蓝色的表面出乎意料的柔软但又很充实。这种材料的寿命为20多年，目前世界上只有三家企业能够完成这个膜结构。"考虑到场馆的节能标准，膜结构具有较强的隔热功能；另外，修补这种结构非常方便，比如，射枪或者是尖锐的东西戳进去后，监控的电脑会自动显现出来。如果破了一个洞，只需用不干胶一贴就行了；膜结构还非常轻巧，并具有良好的自洁性，尘土不容易粘在上面，尘土也能随着雨水被排出。膜结构自身就具有排水和排污的功能以及去湿和防雾功能，尤其是防结露功能,对游泳运动尤其重要。作为一个描写水的建筑，水立方纷繁自由的结构形式，源自对规划体系巧妙而简单的变异，简洁、纯净的体形谦虚地与宏伟的主场对话，不同气质的对比使各自的灵性得到趣味盎然的共生。

20世纪末，人们为了迎接千禧年的到来，在伦敦的格林威治半岛北端建造了千年穹顶以供举行千年庆典使用。穹顶周长1km，直径365m，覆盖面积100000m²，中心高度50m，有12根100m高的钢桅杆将圆球形膜屋顶吊起，这座穹顶集中体现了20世纪建筑技术的精华。遗憾的是被评为20世纪最差的建筑(图5-2-23)。

20世纪50年代，膜结构建筑作为别开生面的建筑形式在国际上开始出现，至今已有四十多年的历史，特别是到了70年代以后，膜结构的应用得到了迅速发展。膜结构的出现为建筑师们提供了超出传统建筑模式以外的新选择。时至今日，膜结构已广泛用于体育场馆、展厅、商贸市场、娱乐场馆、旅游设施等。膜结构按其结构形式可分为钢结构、张拉结构及充气结构；按膜材特性又可分为永久性膜结构（膜材使用年限可超过25年）、半永久性膜结构（膜材使用年限为10～15年），及临时性膜结构（膜材使用年限为3～5年）。

薄膜结构从结构方式上大致可分为骨架式、张拉式、充气式薄膜结构三种形式。

(1) 骨架式薄膜结构。以钢结构或是集成材构成屋顶骨架后，在其上方张拉膜材的构造形式。下部支撑结构稳定性高；因屋顶造型比较单纯，开口部不易受限制；且有经济效益高等特点，广泛适用于各种大、小规模的空间。

(2) 张拉式薄膜结构。张拉膜结构(tensioned membrane structure)是依靠膜自身的张拉应力与支撑杆和拉索共同构成结构体系。在阳光的照射下，由膜覆盖的建筑物内部充满自然漫射光，无强烈反差的光面与阴影的区分，室内的空间视觉环境开阔

图5-2-23　千年穹顶

和谐。夜晚，建筑物内的灯光透过屋盖的膜照亮夜空，建筑物的体型显现出梦幻般的效果。张拉膜结构特别适合用来建造城市标志性建筑的屋顶，如体育与娱乐性场馆，需有广告效应的商场、餐厅等。城市的交通枢纽是城市命脉的关键性建筑，使用功能要求建筑物各组成单元的标志明确。因而近年来，这类建筑越来越多地采用了膜结构。建筑膜材料的使用寿命为25年以上。在使用期间，在雪或风荷载作用下均能保持材料的力学形态稳定不变。建成于1973年的美国加利福尼亚州La Verne大学的学生活动中心是已有35年历史的张拉膜结构建筑，跟踪测试与材料的加载与加速气候变化的试验证明，它的膜材料的力学性能与化学稳定性指标下降了20%～30%，但仍可正常使用。膜的表层光滑，具有弹性，大气中的灰尘、化学物质的微粒极难附着与渗透，经雨水的冲刷建筑膜可恢复其原有的清洁面层与透光性。

张拉整体结构（tensegrity）是由一组连续的拉杆和连续的或不连续的压杆组合而成的自应力、自支撑的网状杆系结构，其中"不连续的压杆"的含义是压杆的端部互不接触，即一个节点上只连接一个压杆。tensegrity是美国建筑师富勒（R.B.Fuller）首先提出的一种结构思想，他认为宇宙的运行就是按照张拉整体的原理进行的，即万有引力是一个平衡的张力网，各个星球是这个网中的一个个孤立点。这种结构体系中的索网就相当于宇宙中的万有引力，独立的受压杆件相当于宇宙中的星球。

以膜材、钢索及支柱构成，利用钢索与支柱在膜材中导入张力以达安定的形式，除了可以实现具有创意且美观的造型外，也最能展现膜结构的精神。近年来，大跨距空间也多采用以钢索与压缩材料构成钢索网来支撑上部膜材的形式。因施工精度要求高，结构性能强，且具丰富的表现力，所以造价略高于骨架式薄膜结构。1981年建成的沙特阿拉伯Hajj国际航空港，是当今最具影响力的张拉膜结构工程之一，它由2组各5排共210个锥形膜棚单元组成，单元平面尺寸为45m×45m，覆盖总面积达47万m²（图5-2-24）。

（3）充气式薄膜结构：充气式薄膜结构是将膜材固定于屋顶结构周边，利用送风系统让室内气压上升到一定压力后，使屋顶内外产生压力差，以抵抗外力。因利用气压来支撑，及钢索作为辅助材，无需任何梁、柱支承，即可获得更大的空间，且施工快捷，经济效益高；但需维持进行24h送风机运转，在持续运行及机器维护费用的成本上较高。1851年伦敦博览会日本的富士馆即采用气肋式膜结构。该馆平面为圆形，直径50m，有16根直径4m、长78m的拱形气肋围成，建筑每隔4m用宽500mm的水平系带把它们环箍在一起；中间气肋呈半圆拱形，端部气肋向圆形平面外突出，最高点向外突出7m。它也许是迄今为止建成的最大的气肋式充气膜结构。

图5-2-24 沙特阿拉伯Hajj国际航空港

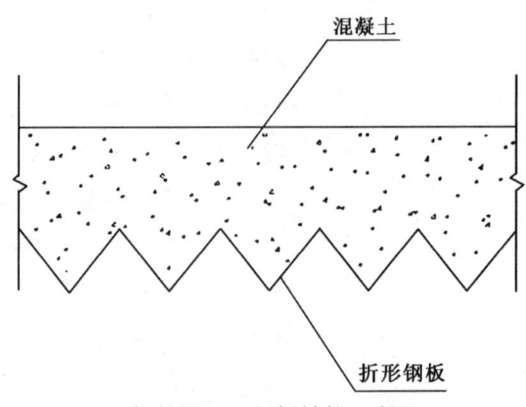
图5-2-25 钢筋混凝土折板结构示意图

薄膜结构的发展离不开新型膜材的不断出现。一般用于薄膜结构建筑中的膜材具有强度高、柔韧性好的特性，是由纤维编织成织物基材，在其基材两面以树脂为涂层材所加工固定而成的材料。中心的织物基材分为聚酯纤维及玻璃纤维，而作为涂层材使用的树脂有聚氯乙烯树脂（PVC）、硅酮(silicon)及聚四氟乙烯树脂（PTFE）。在力学上织物基材及涂层材分别具有以下的功能性质：

织物基材——抗拉强度，抗撕裂强度，耐热性，耐久性，防火性。

涂层材——耐候性，防污性，加工性，耐水性，耐火性，透光性。

（五）钢筋混凝土折板结构

折板结构是由许多狭长的薄板，以一定的角度互相整体联系而成的一种空间薄壁结构体系，它的受力性能良好、构造简单、模板消耗量少。目前采用比较多的是三角形截面和梯形截面的平行折板。复式折板由于折角多，折线互不平行，施工比较困难，而且屋面排水不好，因此使用不多（图5-2-25）。

上述各种空间结构体系，虽然都有各自的特点和适用范围，但是也有共性，这就是能够覆盖巨大的空间。因此，对面积和体积都很大的厅堂，对单层大厅式平面组合形式的建筑物，例如影剧院的观众厅、体育馆的比赛厅以及展览馆、大型商场和各类大跨度工业厂房等都很适用。

第三节 建筑结构体系特点

在建筑设计中考虑结构问题，主要是选择合理的结构形式和考虑结构布置。为了正确地选择结构形式和考虑结构布置，必须对各种结构体系的基本特点有一个概括的了解，其中特别要注意以下两个方面：

一是这个体系在结构上有什么特点，包括基本形式、性能优劣、大致造价、常用材料、施工条件以及构件的经济跨度、合理的高跨比和断面形式等。

二是这个体系对建筑设计有什么影响和要求,例如结构的形式对建筑内外空间组合有什么影响;结构的稳定和刚度问题对建筑设计有什么要求等。

一、房屋建筑结构

通常按支承屋顶和楼板自上而下传递重量的方式分为:承重墙结构体系、框架结构体系和空间结构体系三大类。其中承重墙结构体系和框架结构体系应用最为普遍,空间结构体系是近代新发展起来的、适用于大跨度建筑的一种结构形式。因为屋顶和楼板要跨越一定的空间,因此它本身又要采取一定的结构形式,其中最常见的屋顶结构形式是梁板结构,此外还有桁架、拱券、钢架等,在多层建筑中,楼板结构通常是梁板结构。

根据建筑的造型分为两大类,多层与高层建筑,单层大跨度建筑、10层及10层以上的居住建筑和建筑高度超过24m的公共建筑为高层建筑。

在现代建筑中,多层与高层建筑常用的结构体系大体划分为混合结构、框架结构、剪力墙结构(框架—剪力墙、全剪力墙和筒式结构)三种。

单层大跨度建筑的结构包括屋盖结构和主要承重结构。其结构形式:门式刚架结构、桁架结构、拱结构、壳体结构、网架结构和悬索结构等。前四种属于平面结构体系,后三种属于空间结构体系。

二、计算简图的概念

计算简图是进行结构计算时,代表实际结构的经过简化的模型。实际结构是很复杂的,完全按照结构的实际情况进行力学分析是不可能的。略去不重要的细节、表现其基本特点,用一个简化的图形代替实际结构,这种图形叫做结构的计算简图。

(1) 铰支座:铰支座通常用图5-3-1所示的方法表示。结构可以绕A点转动,但A点的水平移动和竖向移动则被限制。因此,结构受荷载作用时,A点有水平反力X_A和竖向反力Y_A。

(2) 滑动支座:滚轴支座既容许结构绕A转动,又容许结构沿支承面在水平方向滑动,但A点的竖向移动则被限制,因此结构受荷载作用时,A点有竖向反

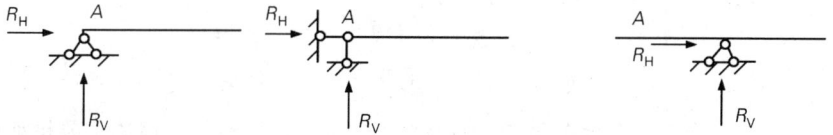

图5-3-1 铰支座示意图

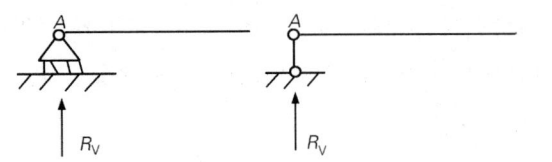

图5-3-2 滑动支座示意图

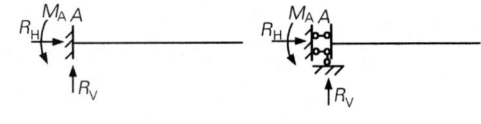

图5-3-3 固定支座示意图

力Y_A。图5-3-2是用支杆表示的滚轴支座的简图。

(3) 固定支座：固定支座常用图5-3-3所示方式表示。结构A端的水平移动、竖向移动和转动全被限制。在荷载作用下，A端有水平反力X_A，竖向反力Y_A及反力矩M_A。

(4) 铰接节点：结构中两个以上的杆件共同连接处称为节点，其特征是各杆件都可以绕铰接节点自由转动。

(5) 刚接节点：钢筋混凝土框架结构的柱与梁的交接处，常视为刚接节点。其特征是在节点处各杆之间的夹角保持不变。

三、建筑的支撑体系

以下将对常见的水平方向的支撑体系——屋顶和楼板结构的形式，垂直方向的支撑体系——承重墙结构和框架结构的基本特点作一简单介绍。

(一) 水平方向支撑体系的结构特点

房屋建筑水平方向支承体系主要是指屋顶和楼板结构。屋顶和楼板的结构形式很多，有梁板系统、桁架系统、拱券系统，以及钢架和悬挑结构等；但在大量建造的工业和民用建筑中，目前我国使用最广的是各种钢筋混凝土梁板和屋架系统。

梁板结构由于简便，所以应用最早、最广。古代梁板结构采用石料和木料，由于石材重量大，而木材强度小，房屋的开间和门窗洞大小均受到影响，因此在建筑造型上往往比较封闭和沉重。19世纪以后，出现了钢筋混凝土的梁板结构，房屋的开间和门窗洞口尺寸都大大的扩大了，因此建筑造型也就比较开敞和轻巧了。

钢筋混凝土梁板结构是以板或梁，板支承在墙或柱等承重构件上的一种屋顶、楼板结构系统。其基本形式有：板直接由承重墙支承；板由梁支承；板由柱支撑，即无梁楼盖。

(二) 垂直方向支承体系的结构特点

垂直方向的支承体系主要是指自上而下承受荷载的支承体系，它对建筑的合理布局和立面造型影响很大。目前，采用的主要是承重墙结构体系和框架结构体系。

承重墙结构体系的基本特点，是由分隔空间的外墙和内墙来支撑屋顶和楼板的重量，并通过墙传到基础和地基上。

1. 混合结构体系

混合结构体系是指同一房屋结构体系中采用两种或两种以上不同材料组成的承重结构，根据承重墙所在的位置划分为：

(1) 横墙承重方案。其受力特点是：主要靠横墙支撑楼板，横墙是主要承重墙。纵墙主要起围护、隔断和维持横墙的整体作用，故纵墙是自承重墙。该方案的优点是：横墙较密，房屋横向刚度大，整体刚度好；其缺点是：平面布置不灵活。

(2) 纵墙承重方案。其特点是：把荷载传给梁，由梁传给纵墙，纵墙是主要承重墙，横墙只承受小部分荷载，横墙的设置主要是为了满足房屋刚度和整体性的需要，它的间距比较大。优点是：房屋的空间可以比较大，平面布置比较灵活，墙面积较小；缺点是：房屋整体刚度较差。

(3) 纵横墙承重方案。根据房屋的开间和进深要求，有时需要纵横墙同时承重，即为纵横墙承重方案。这种方案的横墙布置随房间的开间需要而定，横墙间距比纵墙的小，所以房屋的横向刚度比纵墙承重方案有所提高。

(4) 内框架承重方案。房屋有时由于使用上的要求，往往要用钢筋混凝土柱代替内承重墙，以取得较大的空间。其特点是：由于横墙较小，房屋的空间刚度较差。

2. 框架结构体系

框架结构是由梁和柱刚性连接的骨架结构，根据使用的材料不同分为钢框架和钢筋混凝土框架结构。框架结构的优点是：强度高，自重轻，整体性和抗震性好，建筑平面布置灵活，可以获得较大的使用空间。

框架结构也有自身的缺点：由于所有的梁、柱的布置都是互相平行的，因此框架结构在水平荷载作用下，表现出"抗侧力刚度小，水平位移大"的弱点。是一种柔性结构体系。房屋层数越多，这个弱点越明显，对框架越不利，故高层建筑必须立足于提高抗侧力刚度上。

(1) 框架结构适用的层数。在水平荷载作用下，框架的水平位移较大，是一种柔性结构，其结构的合理层数是6~15层，最经济的是10层左右。

(2) 框架结构的高宽比。为控制水平位移，框架结构的高度与结构的平面短边之比称为高宽比，一般应控制在5~7。

(3) 框架结构中的墙体一般都是轻型材料组成的。如加气混凝土砌块，陶粒混凝土砌块。这些材料与钢筋混凝土柱的连接处，在抹灰后，经常出现裂缝，这需要引起注意，其原因是：墙体的材料压缩比与钢筋混凝土差别较大，膨胀系数也不相同。因此，造成了两种材料的结合部出现上述的问题。

(4) 框架结构最大的特点是，承重构件与围护构件有明确分工，结构与非结构之间有明确分界。因为墙不承重，只起围护分隔作用，因此外墙和内墙均可根据需要，采用保暖隔声好的轻质材料或轻结构墙，以提高使用效果和减轻结构重量。因为墙不承重，因此建筑平面设计比较灵活、门窗开洞不受限制，门窗常常可以占满整个柱间，甚至可以把墙挂于柱外，即现在流行的玻璃幕墙。

(5) 钢筋混凝土框架结构由于梁和其他水平结构构件的规格化要求，柱子一般总是等间距的垂直排列。在多层建筑中，各层柱子的布置都是上下对齐的，因而形成了相同的长方形或正方形立体网格。

(6) 钢筋混凝土框架是由钢节点的梁和柱组成的，具有刚性好、强度大、自重轻的特点；但节点多、施工复杂、造价比承重墙贵。

(7) 框架结构的结构构件与填充构件之间的比例关系的调整，常常是制造框架结构建筑物的艺术效果的主要来源。

(8) 框架结构中的楼板一般采用现浇的梁板结构形式，梁的位置对板上面会产生负弯矩。在对楼面进行大面积整体装修时，如现制水磨石地面，应注意在有梁的地方进行分缝处理，以防止负弯矩造成装修层的开裂。

在实际使用中，框架结构还往往与承重墙、承重板材结合起来应用。与承重墙混合布置的叫半框架结构，它兼有承重墙和框架结构的优点，一般是外部做承重墙，与保温隔热结合，内部用柱、梁承重，减少结构面积，可以取得较大的空间并且使平面布置有一定程度的灵活性。例如，纽约帝国大厦的结构体系为钢框架结构（图5-3-4～图5-3-6）。

3. 剪力墙结构体系

剪力墙作为抗侧力构件用于高层建筑上，其主要效能在于提高房屋的抗侧力刚度，剪力墙结构体系主要有：框架—剪力墙结构，剪力墙结构，框支剪力墙结构，筒式结构四大类。

(1) 框架—剪力墙结构：就是在框架体系的房屋中设置一些剪力墙来替代部分框架。在整个体系中，框—剪同时存在，剪力墙负担绝大部分水平荷载，而框架则以负担竖向荷载为主，这种结构体系属半刚性结构体系，适用于25层以下的房屋。地震区七度设防时高度可达100m，八度设防时高度可达90m，九度设防时则不宜超过40m，建筑物的高宽比不宜大于4～5。

(2) 剪力墙结构：全部由剪力墙承重而不设框架的结构体系为剪力墙体系。剪力墙体系的墙体布置，实际上等于将混合结构的混凝土墙换成现浇的钢筋混凝土墙，其房屋的刚度比框架—剪力墙体系好，建筑层数在40层以下比较合适。

图5-3-4 帝国大厦

图5-3-5 帝国大厦近景

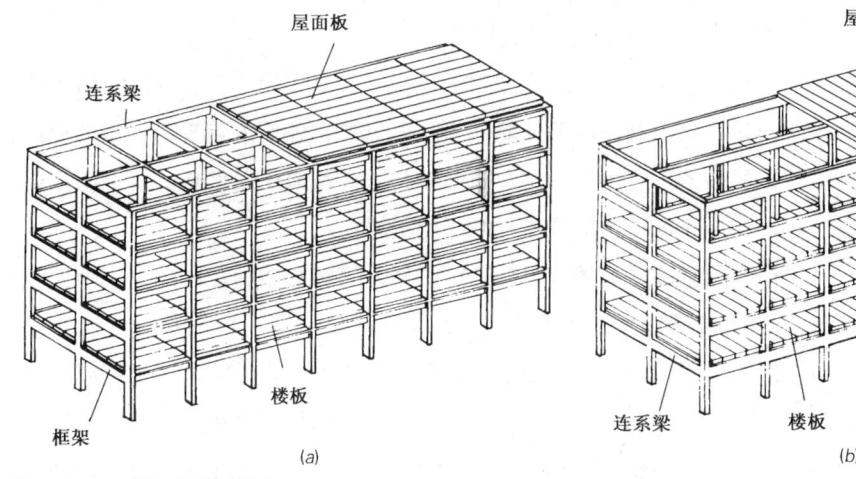

图5-3-6 框架结构体系

地震区在七度设防时可到130m，八度设防时到120m，九度设防时可到70m，建筑物高宽比不宜大于6。

剪力墙上开设洞口是不可避免的，建筑上的门、窗或走廊都要在剪力墙上形成洞口，对剪力墙的抗剪能力会有所降低，一般剪力墙开洞的原则是：洞口面积/墙面积不大于0.4。内纵墙与内横墙相交处不要四边同时开洞，以免出现"四侧无拉结"的现象。

(3) 框支剪力墙结构：高层建筑中，底层需要大空间时，须采用底层框架的剪力墙结构，即所谓框支剪力墙结构体系。这种结构体系由于在底层以框架结构代替了若干剪力墙，房屋抗侧力刚度有所削弱，其刚度比全剪力墙体系差，比框架—剪力墙体系要好，对抗震要求较高的房屋使用框支剪力墙结构时，宜经过专门的试验研究后采用（图5-3-7）。

对于框支剪力墙这样的"大开洞"，尤其需要注意采取措施以避免房屋刚度突变。采取的措施是：

①把框架层扩展为2~3层，层高逐渐变化，使刚度逐渐减弱而避免突变。

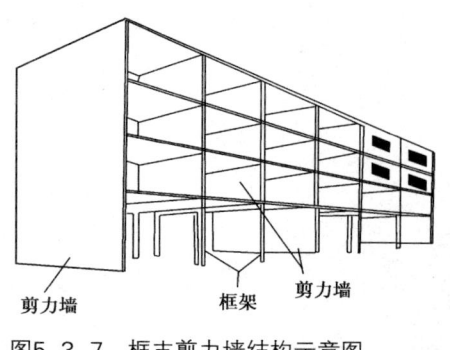

图5-3-7　框支剪力墙结构示意图

②在框架的最上面一层设置设备层，作为刚度的过渡层。

③尽可能把一部分剪力墙延伸到底层以加强整个房屋的刚度。

（4）筒式结构体系：筒式结构是框—剪结构与全剪结构的改变发展出来的。它将剪力墙集中到房屋的内部或外部形成封闭的筒体。筒体在水平荷载作用下好像一个竖向悬臂封闭箱。它的空间结构体系刚度极大，抗扭性能也好。又因为剪力墙的集中而不妨碍房屋的使用空间，使建筑平面设计有良好的灵活性，所以它最适宜于各种高层公共建筑和商业建筑。

筒式结构体系中常常利用房屋中的电梯井、楼梯间、管道井以及服务间等作为核心筒体，也有利用四周外墙作为外筒体的，外筒的墙是由密排的窗框柱与窗间墙梁组成的一个多孔墙体，核心筒与外筒都属于单筒体。单筒与框架结合在一起，称"框筒"。它适于30层以下的房屋。

对于很高的超高层房屋，另一种结构体系已经形成，这种体系由外筒和内筒组成，即所谓的筒中筒结构体系。

筒中筒的出现，是对高度要求高、刚度要求大、内筒与外筒之间要求有广阔的自由空间的房屋的一个合理解决办法，筒中筒结构体系适用于30层以上的超高层建筑，经济高度以不超过80层为限。框剪体系应用于50层以下的高层建筑是合适的，但层数再高，有限的剪力墙（或内核）已不能承受更大的侧向力，因而发展了空间筒悬臂结构的新形式——筒式体系。

筒式体系是指由一个或几个筒体，既作竖向承重结构，又承受水平荷载，它具有很好的空间刚度和抗震能力（图5-3-8）。

美国芝加哥的西尔斯大厦是由SOM建筑设计事务所设计，1974年建成,高443m，是当今世界最高建筑物之一（图5-3-9）。总建筑面积41.8万m^2，地上110层，地下3层。底部平面68.7m×68.7m，由9个22.9m见方的正方形组成。在这些正方形的范围内都不另设支柱，租用者可按需要分隔。整个大厦平面随层数增加而分段收缩。在51层以上切去两个对角正方形，67层以上切去另外两个对角正方形，91层以上又切去三个正方形，只剩下两个正方形到顶。大厦结构工程

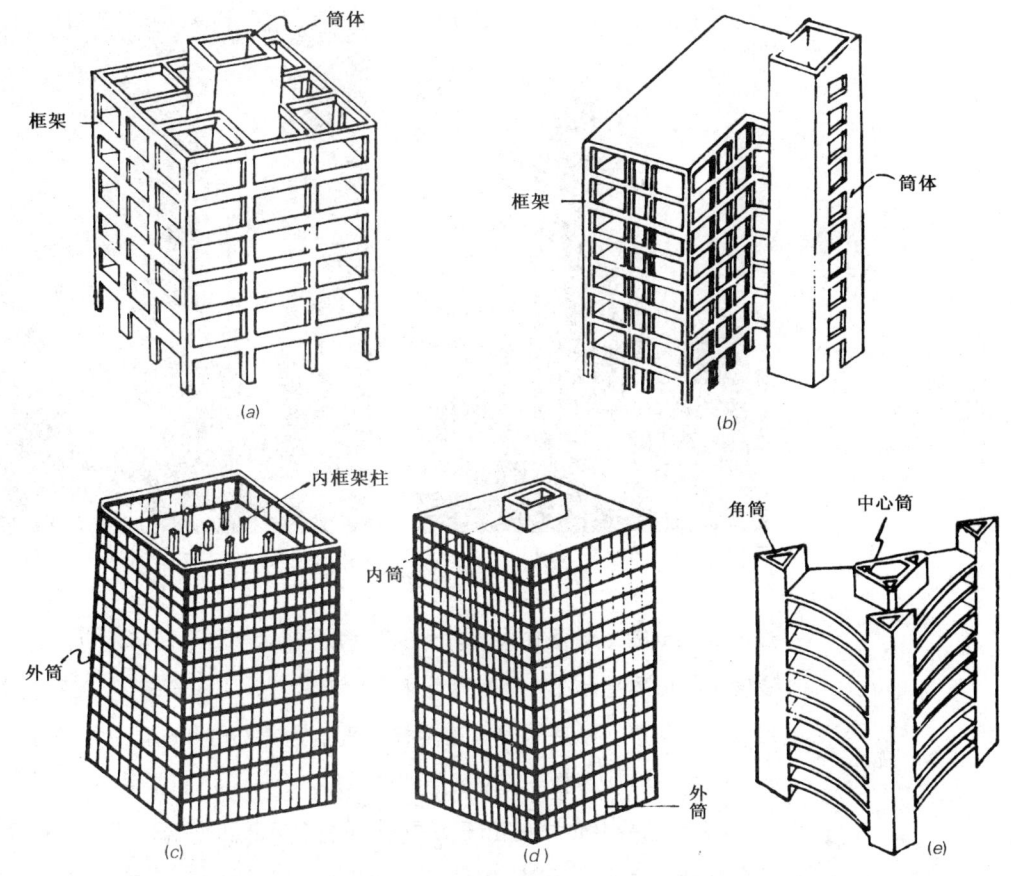

图5-3-8 筒式结构示意图
(a) 框架内单筒结构；(b)单筒外移式框架单筒结构；(c)框架外单筒结构；(d)筒中筒；(e)组合筒

师是1929年出生于达卡的美籍建筑师F.卡恩。他为解决像西尔斯大厦这样的高层建筑的关键性抗风结构问题，提出了束筒结构体系的概念并付诸实践。整幢大厦被当作一个悬挑的束筒空间结构，离地面越远剪力越小，大厦顶部由风压引起的振动也明显减轻。顶部设计风压为3.05N／mm²，设计允许位移（振动时允许产生的振幅）为建筑总高度的1/500，即900mm，建成后最大风速时实测位移为460mm。大厦的造型尤如 9个高低不一的方形空心筒子集束在一起，挺拔利索、简洁稳定。不同方向的立面、形态各不相同，突破了一般高层建筑呆板对称的造型手法。这种束筒结构体系是建筑设计与结构创新相结合的成果。西尔斯大厦用钢材7.6万t，每平方米用钢量比采用框架剪力墙结构体系的帝国大厦降低20％，仅相当于采用 5跨框架结构的50％。这种束筒结构体系概念的提出和应用是高层建筑抗风结构设计的明显进展。大厦采用了当时最先进的在房间内和各种管井、管道内普遍装设烟感器、报警器和电子控制的消防中心的消防系统。

图5-3-9 西尔斯大厦　　图5-3-10 世界贸易中心

楼内的自动喷水装置在火警发生时可将水自动喷洒于任何地点。位于大厦不同高度上的屋顶平台在火警时可用于安全疏散。大厦中安装了102部电梯。一组电梯分区段停靠，从底层有高速电梯分别直达第33层和66层，再换乘区段电梯至各层；另一组从底层至顶层每层都可停靠。

　　世界贸易中心原址位于美国纽约曼哈顿岛西南端，西临哈德逊河，由美籍日裔建筑师雅玛萨基（山崎实）设计（图5-3-10），建于1962~1976年。占地6.5hm²，由两座110层（另有6层地下室）高411.5m的塔式摩天楼和4幢办公楼及一座旅馆组成。摩天楼平面为正方形，边长63m，每幢摩天楼面积46.6万m²。在2001年9月11日的恐怖袭击中坍塌。摩天楼采用钢框架套筒体系，第9层以下承重外柱间距为3m，9层以上外柱间距为1m，标准层窗宽约0.55m，核心部位为电梯井，每座楼内设电梯108部。在第44层和78层设有银行、邮局和公共食堂等服务设施。第107层是瞭望层，可通过两部自动扶梯到110层屋顶。地下一层为综合商场，地下二层为地铁车站，地下其他4层为地下车库，可停放汽车2000辆。世界贸易中心开放的时候，有5万人在其中工作，客人每天达8万人次。它曾是世界上最大的贸易机构，也曾是世界上最高的建筑物之一。

第四节　建筑结构与建筑材料

　　建筑结构与建筑材料有十分密切的关系，建筑结构的发展很大程度上离不开材料的发展。从目前国内外建筑结构的发展情况中，可以看出：其基本趋向是改进结构材料的性能、采用新材料和创造与之相适应的结构形式两个方面。其基本目标是最大限度地发挥材料的性能，减少结构重量与强度之比——自重轻、强度大。

结构材料性能的改善，特别是材料不断强化的发展，为创造新结构提供了有利条件。由于结构材料不断发展，使建筑结构的跨度越来越大，形式越来越多样，而且越来越轻巧。

同时，结构的发展又影响着建筑材料的发展。结构形式很多，如梁板、拱、刚架、桁架、悬索、薄壳等。组成结构的材料有钢、木、砖、石、混凝土及钢筋混凝土等。各种新的结构形式以及结构技术的发展，促使材料性能不断改善，功能不断增强。

以大家熟悉的材料——玻璃为例。由于多年来玻璃只作为采光围护材料而用于窗户，因此人们仅视它为一种透光围护材料。而近年来随着建筑技术及结构技术的发展，如今的玻璃已突破采光的单一功能，还具有节能、安全、装饰、隔声等功能，甚至在一些建筑场合用作结构材料，给建筑设计师发挥想像力提供了更多的选择，如轻盈、透明的玻璃网壳结构的发展使建筑形式有了新的突破。建筑结构技术的发展要求玻璃材料打破过去的单一功能，而玻璃材料技术的发展则会不断促进结构技术的发展。

此外，结构的合理性首先表现在组成这个结构的材料的强度能不能充分发挥作用。随着力学和材料的发展，结构形式也不断发展。人们总是想用最少的材料，获得最大的效果。以下两点是我们在确定结构形式时应当遵循的原则：

1. 选择能充分发挥材料性能的结构形式；
2. 合理地选用结构材料。

选用材料的原则是充分利用它的长处，克服和避免它的短处。对于建筑结构的材料要求是轻质、高强、具有一定的可塑性和便于加工。特别在大跨度和高层建筑中，采用轻质高强材料具有极大的意义。世界最高的摩天大楼"台北101"（图5-4-1）。楼高508m，超过了位于吉隆坡的马来西亚石油公司双子塔楼452m高度的记录（图5-4-2）。这座名为"台北101"的摩天大楼造型独特，犹如一支巨大的竹子直插蓝天，每个竹节历历在目。大楼之所以称为"台北101"，是因为共有101层。楼中配备了世界上最快速的电梯，从底层到第89层，电梯运行只要39s。这座大楼的建成表明人们战胜了许多几乎不可战胜的挑战。2007年上海的环球金融中心大楼建成后，高度超过了"台北101"。世界"巨人"俱乐部的成员中除了台北和吉隆坡以外，还有芝加哥的西尔斯大厦(443m)，上海的金茂大厦（382m）（图5-4-3)和纽约的帝国大厦（381m），"9·11"事件中被摧毁的世贸中心双子楼高411 m。欧洲最高的楼是法兰克福商业银行大楼

图5-4-1 台北101大楼

图5-4-2 马来西亚石油公司双子塔楼

图5-4-3 上海的金茂大厦

(259m)和法兰克福博览会塔楼(257m)。这些高层建筑之所以高,就是选用了当时新型的结构材料。

第五节 变动结构

各种结构构件组成的结构形式对建筑起到支撑的重要作用,是保证建筑物安全的最重要的措施,当我们对建筑进行室内外装修时,必须了解建筑的结构类型、受力特点,以保证任何形式的室内设计和装修不破坏原有的结构,增加的装修荷载不影响结构的安全。这是从事建筑室内设计和装修的基本原则。

建筑室内设计与装修对建筑的影响,主要表现在以下八个方面:

1. 变动墙

建筑物的墙体根据其受力特点分为:承重墙、非承重墙和连系墙。不得拆除承重墙、连系墙;可以拆除非承重墙,但要经过结构验算校核。

2. 墙体开洞

在承重墙和连系墙上开设洞口,将削弱墙体承载面,减少墙体刚度,降低墙体的承载能力。未经结构验算且并未采取加强措施是不允许随便在承重墙体上开洞的。首先需要说明的是,并不是所有的非承重墙都可以拆掉,这是因为在墙体承重的结构体系中,有些非承重墙虽然不承重,但它是起连接承重墙、保证结构整体性的重要措施。拆掉它会造成承重墙之间失去连接,极大地破坏房屋的整体性,对抗震极为不利,因此在确定拆墙的时候,一定要考虑这个因素。

墙体开洞应尽量在墙壁的中心位置开设,避免在墙的交接处开洞口。

3. 楼板或屋面板上开洞开槽

无论发生哪种情况都将削弱楼板截面，切断或者损伤楼板钢筋，因敲击楼板使混凝土松动，降低楼板的承载能力。

4. 变动梁

在梁上开洞将削弱梁的截面，降低梁的承载能力（特别是抗震能力）。当在原有梁上设置梁、柱、支架等构件时，往往将后加的构件的钢筋或连接件与原有梁的钢筋焊接。如梁施工不当，将损伤梁的钢筋，降低梁的承载能力和变形能力。凿掉混凝土保护层而未能及时采取有效的补救措施时，梁的截面就会受到削弱；钢筋暴露在大气环境中，会逐渐锈蚀。

5. 梁下加柱

梁下加柱相当于在梁下增加了支撑点，将改变梁的受力状态。在新增柱的两侧，梁由承受正弯矩变为负弯矩，这种变动是危险的。

6. 梁上增设柱子或梁

此种做法除了连接可能带来的结构问题以外，主要问题是增设的梁或柱将把它们所承受的荷载传递给原有的梁。如果原有梁在设计时未考虑这种荷载，将导致原有梁的破坏。

7. 柱子中部加梁

在柱子中部加梁（包括悬臂梁）将改变柱子的受力状态，增加柱子的荷载以及由此荷载引起的内力（包括轴力、弯矩等）。如果在未进行必要的结构验算且未采用相应的结构措施的情况下，盲目地在柱子中部加梁将会引起严重的后果。

经常遇到在原有的高大空间里增加一层的做法。增加的一层结构，与周围原有的柱、梁进行连接，这种做法给原有结构增加了相当大的荷载；特别是增加的梁与原有的柱连接时，会造成原结构的受力状态发生改变，与最初计算时考虑的受力状态不相符，这是要特别注意的。处理这一类的问题的原则是：任何室内装修的做法，以不改变原结构最初的受力状态为前提条件，否则，就要重新计算、校核，以确保结构的安全。

8. 房屋增层

房屋增层是对原有结构的根本性的变动。房屋增层后即形成一种新的结构体系，要保证结构体系的安全，必须进行如下几个主要方面的结构计算工作：

（1）验算增层后的地基承载力。

（2）将原结构与增层结构看作一个统一的结构体系，并对此结构体系进行各种荷载作用的内力计算和内力组合。

（3）根据计算结果，验算原结构的承载能力和变形能力。

（4）验算原结构与新结构之间连接的可靠性。

第六节　建筑师与建筑结构

在建筑设计中，选择结构形式不仅仅是结构工程师的任务，也是建筑师的工作。一个好的建筑设计应该是建筑师和结构工程师密切合作的结果。而且，这种合作应当达到配合默契的程度。

建筑师对各种结构形式的基本力学特点及其适用范围，应当很了解，并尽可能熟练的掌握。这样，建筑师不仅与结构工程师有了共同语言，而且在创作建筑空间的时候，也就能主动考虑并建议最适宜的结构体系，并使之与建筑形象融合起来。也只有这样，建筑师在设计领域里才能比较自由地进行创作。

作为把握建筑的整体形象，对建筑的整体效果负有主要责任的建筑师，应该具有全局观念和辩证的思维，树立起科学、整体的技术价值观，这对于创作的成功是十分重要的。当代一些卓越的建筑师正是基于对技术深刻、全面的理解，秉承了正确的技术价值观，才使其作品在多视角、多层面的评判下都堪称精品。这些优秀的建筑师可分为两种：

一是有着深厚的工程技术知识背景，或是本身就兼有工程师执业身份的建筑师。他们在建筑创作中，形式的思路和技术的思路是交织在一起的。例如，意大利著名的结构工程师和建筑师奈维尔，他出身土木工程专业，却成功地将严谨的结构逻辑的正确性从复杂、繁琐的技术语境中抽取出来，使之成为构成建筑语言的一种语法。这种语法不仅涉及材料学、力学，还涉及文化、艺术、美学、经济等众多因素，它丰富了建筑的语言，为建筑的创作提供了一种无穷无尽的灵感和源泉。在奈维尔的建筑生涯中，他创作了罗马小体育宫、佛罗伦萨体育场、巴黎联合国教科文组织总部等一批精品建筑，体现了技术与艺术的完美结合，他本人也被誉为"钢筋混凝土诗人"。西班牙当代建筑师圣地亚哥·卡拉特拉瓦有着与奈维尔相似的特点。他在瑞士苏黎世大学建筑系学习的时候对建筑技术非常着迷，特别是钢筋混凝土和钢铁构架的支撑能力和形式，因此选修了全部的结构工程课程，这为他以后成为一个非常娴熟的建筑工程师打下了坚实的基础。卡拉特拉瓦从工程技术的角度来设计建筑，能够把具有高度理性的结构和具有强烈表现特征的形式结合得非常密切，其作品常具有有机形态，并体现出设计者对于城市文脉、自然生态和历史传统等多方面因素的关注和考虑。

二是对技术创新有乐观的精神和高度的敏感性，擅长技术的构思和创作，尤其是结构的构思和创作的建筑师。他们在建筑创作中的形式思路和技术思路往往是平行展开、同步进行的，他们理解专业技术工作人员的工作特点和性质，善于和工程师们精诚合作，共同创作。

贝聿铭便是这样的一位建筑师。他在构思香港中国银行塔楼的结构方案时，敢于大胆创新，独创性的将约翰·汉考克中心对角支撑的理念和西尔斯大厦分段截割筒体的思路聚合在一起，创作出集适用、经济与优雅为一体的非常有效的结构体系（图5-6）。贝聿铭的灵感得到了合作者莱斯·罗伯逊工程师从结构技术角度的认同，而且其构思的艺术性也激励了罗伯逊与福勒事务所工程师们的创造性，更加优化了整个结构方案。最终的合作成果则是有目共睹的。

图5-6 香港中国银行塔楼

Chapter6 Architecture Physics Environment

第六章 建筑物理环境

第六章　建筑物理环境

建筑物理环境包括建筑光环境、建筑声环境和建筑热工环境。以人的视、听、触觉为基础，利用建筑的墙体、顶棚和地面，进行建筑保温、隔热、防潮、建筑节能、厅堂音质、噪声控制、天然采光和人工照明的设计，为人们提供一个良好、舒适的室内物理环境。

第一节　建筑光环境概述

我们所生活的时代是一个信息时代，每天都有成千上万的信息需要我们去了解，人们依靠不同的感觉器官从外界获得这些信息，其中绝大多数，据统计约80%来自光的视觉作用。人们只有在良好的光环境下，才能进行正常的工作、学习和生活。建筑师的任务之一，就是要为人们创造良好的光环境，它不但对劳动者的生产效率和视力健康都有直接影响，也影响人们的生活质量，故在建筑设计中应对采光和照明问题给予足够重视。

一、天然光环境

太阳是生命之源，它以无尽的光和热哺育大地。早在古人学会建造房屋时起，他们就掌握了在屋顶或墙壁上开洞收集天然光照明的方法。古罗马万神庙巨大穹顶上直径近9m的圆洞和我国民居常用的面积不到一尺见方的亮瓦，都显示了前人采光的智慧。近代著名的建筑大师，如赖特、勒·柯布西耶、路易斯·康等人的许多作品，更是运用昼光照明渲染气氛的杰作。从某种意义上讲，设计空间就是设计光亮。20世纪70年代以来，节能的紧迫性和重视环境设计的新观念，对采光科学技术有很大的推动，现在人们几乎已经能够任意地控制天然光。我们可以用巨大的玻璃顶棚将一个中庭或大厅覆盖起来，模拟晴日当空、四季如春的大自然；也可以借助随太阳运行轨迹自动控制的遮阳装置完全遮蔽阳光，造成光线柔和、宜人，照度稳定的工作环境。前几年曾经有人设想，用集日镜将日光收集起来，通过光导纤维输送到地下或建筑物深处的采光装置。目前，这种设想已经成为现实，它预示着建筑采光技术在不久的将来会有更快的发展。

将适当的昼光引进室内照明，并且让人能透过窗子看见室外的景物，是提高人的工作效率、身心舒适满意度的重要条件。近年来的许多研究表明，太阳的全光谱辐射，是人们在生理上和心理上长期感到舒适满意的关键因素。建筑物充分利用昼光照明的意义，不仅在于获得较高的视觉功效，节约能源和费用，而且很可能还是一项长远的保护人体健康的措施。另外，多变的天然光又是表现建筑艺术造型、材料质感、渲染室内环境气氛的重要手段。所以，无论从环境的实用性还是美观的角度，都要求建筑师对昼光的利用认真的规划，掌握设计天然光环境的知识和技巧。

二、人工光环境

自从1879年爱迪生发明了电灯以来，人类结束了借火光照明的漫长岁月，步入了人工照明的新时代。一个世纪以来，照明技术的飞跃发展和辉煌成就，对人类社会的物质生产、生活方式和精神文明的进步产生了深远的影响。

灯，是照明之源。电灯的发展经历了两个时期：从1879年到20世纪30年代末的前50年是第一个时期，这是白炽灯发明、改进和成熟的时代。30年代末开始的第二个时期是开发气体放电灯的时代，这一时期又可分为两个阶段：第一阶段以荧光灯的普及应用为标志，是低压气体放电灯的时代；第二阶段自60年代中期发明金属卤化物和高压钠灯为开端，由此进入了高压气体放电灯的照明时代。

回顾历史，我们可以看到，电灯在光效、寿命、颜色和性能上不断改进，为照明方式的变革和照明应用的发展提供了机会和条件。现代人工光环境的设计理论和应用技术是在电灯发展的第二个时期——高光效、多品种的气体放电灯问世以后才逐渐形成和完善的。

优良的人工光环境设计要靠建筑师、室内设计师、电气工程师和设备工程师的密切合作，但是建筑师应当发挥主导作用。

第二节 建筑光环境的基本知识

室内设计中的光环境分为自然采光和人工照明两种。

一、自然采光

（一）天然采光标准

1. 视觉分级

采光标准将视觉工作分为Ⅰ~Ⅴ级，提出了各等级视觉工作要求的天然光照度最低值E_n为250lx、150lx、100lx、50lx、25lx。

2. 临界照度

室内完全利用天然光进行工作时的室外天然光最低照度称为"临界照度"。我国的采光标准规定临界照度值E_w为5000lx。

3. 采光系数

顶部采光时，室内照度分布均匀，采光系数采用平均值；侧面采光时，室内光线变化大，采用采光系数最低值。

采光系数是室内给定水平面上某一点的由全阴天天空漫射光所产生的照度和同一时间、同一地点，在室外无遮挡水平面上由全阴天天空漫射光所产生的照度的比值。即

$$C = \frac{E_n}{E_w} \times 100\% \tag{6-2-1}$$

式中　　C——采光系数；

　　　　E_n——在全阴天天空扩散光照射下，室内给定平面上某一点由天空扩散光所产生的照度（lx）；

　　　　E_w——在全阴天天空扩散光照射下，与室内某一点照度E_n同一时间、同一地点，在室外无遮挡水平面上由天空扩散光所产生的室外照度（lx）。

4. 采光质量

包括采光均匀度、防止眩光、合适的光反射比、防止紫外线的进入等方面。

(1) 采光均匀度，视野内照度分布不均匀，易使人眼疲乏，视功能下降，影响工作效率。因此，要求房间内的照度分布有一定的均匀度。

(2) 防止眩光，在侧窗采光房间里，窗口位置较低，对于视线处于水平的工作场所极易形成不舒适眩光。

(3) 防止紫外线的进入，在博物馆、美术馆内，应尽可能消除紫外线辐射、限制天然光照度和减少照射时间，以防止对展品的危害。

(二) 侧面采光的特点

根据光的来源方向以及采光口所处的位置，分为侧面采光(采光口置于1m左右的高度，为了提高房间深处的照度将采光口提高到2m以上，称为高侧窗)和顶部采光两种形式。

(1) 可选择良好的朝向和室外景观，光线具有明显的方向性；

(2) 受窗高和窗间墙宽度的影响，在室内形成照度不均匀的现象，只能保证有限进深的采光要求（一般不超过窗高两倍）；

(3) 离地面高度低于0.50m的窗洞口面积不计入采光面积内；

(4) 窗洞口上沿距地面高度不宜低于2m，采光口上部有宽度超过1m以上的外廊、阳台等遮挡物时，其有效采光面积可按采光口面积的70%计算。

(三) 顶部采光的特点

(1) 光线没有方向性，照度分布均匀，光色较自然，亮度高，效果好；

(2) 上部有障碍物时，照度会急剧下降，由于垂直光源是直射光，容易产生眩光，不具有侧向采光的优点；

(3) 用水平天窗采光，其有效采光面积可按采光口面积的3倍计算。

二、人工照明

(一) 光源的主要类别

1. 热辐射光源

主要包括白炽灯和卤钨灯。优点是：体积小、构造简单、使用方便、价格便宜；主要用在居住建筑和开关频繁、不允许有频闪现象的场所。缺点是：发出的可见光以长波辐射为主，散热量大、发光效率低、仅12～20lm/W，寿命短。

2. 气体放电光源

是利用某些元素的原子被电子激发而发出可见光的光源，主要包括荧光灯、荧光高压汞灯、金属卤化物灯、钠灯、氙灯等。优点是：发光效率高45～70lm/W，寿命长2000～10000h，灯的表面亮度低，光色好、接近天然光光色。缺点是：有频闪现象，开关次数频繁影响灯的寿命。

(二) 光照质量影响因素

高质量的照明效果是获得良好、舒适光环境的根本，而照明环境中的照度、亮度、眩光、阴影、显色性等因素则是左右高质量照明效果的关键。

1. 照度

照度，是指被照物体单位面积上的光通量值，单位是lx（勒克斯），它是决定被照物体明亮程度的间接指标。在一定范围照度增加，可使视觉功能提高。合适的照度，有利于保护视力和提高工作与学习效率。在确定被照环境所需照度大小时，必须考虑到被观察物体的大小尺寸，以及它与背景亮度的对比程度的大小，以均匀、合理的照度保证视觉的基本要求。

2. 亮度

亮度，是指发光体在视线方向单位投影面积上的发光强度，单位cd/m²。它表示人的视觉对物体明亮程度的直观感受。在室内环境中，若彼此亮度变化太大，人的视觉从一处转向另一处时，眼睛就被迫经过一个适应过程，如果这种适应过程重复次数过多，则会造成视觉疲劳。背景环境的亮度应尽可能低于被观察物体的亮度，当被观察物体的亮度比背景环境亮度高3倍时，通常可获得较好的视觉清晰度，即背景环境与被观察物体的反射比宜控制在0.3～0.5的范围内。

3. 眩光

眩光分直射眩光和反射眩光。由高亮度的光源直接进入人眼所引起的眩光，称为"直接眩光"；光源通过光泽表面的反射进入人眼所引起的眩光，称为"反射眩光"；产生直射眩光的原因，主要是光源的亮度、背景亮度、灯的悬挂高度以及灯具的保护角。可采取以下办法来控制眩光现象的发生：

（1）限制光源亮度或降低灯具表面亮度。对光源可采用磨砂玻璃或乳白玻璃的灯具，亦可采用透光的漫射材料将灯泡遮蔽。

（2）可采用保护角较大的灯具。

（3）合理布置灯具位置和选择适当的悬挂高度。灯具的悬挂高度增加后，眩光的作用就减少；若灯与人的视线间形成的角度大于45°时，可避免眩光。

（4）适当提高环境亮度，减少亮度对比，特别是减少工作对象和与它直接相邻的背景间的亮度对比。

（5）采用无光泽的材料。

4. 光源的显色指数

显色指数在被测光源和标准光源照明下，在适当考虑色适应状态下，物体的心理物理色符合程度的度量。同一物体在不同光源的照射下，将会显现出不同的颜色，这就是光源的显色性，也叫显色指数。人们习惯于在日光下分辨色彩，所以在比较显色性时通常以日光或接近日光光谱的人工光源作为标准光源，将显色指数定为100，离标准光谱越近的光源，其显色指数越高。

5. 色温（度）

当某一种光源的色品与某一温度下的完全辐射体（黑体）的色品完全相同时，完全辐射体（黑体）的温度。其符号为T_c，单位为K。

（1）冷色，光源色的色温大于5300 K时的颜色。

（2）暖色，光源色的色温小于3300 K时的颜色。

（3）中间色，介于冷色和暖色之间的颜色，光源色的色温介于3300～5300 K时为中间色。

（三）照明设计应符合下列要求

（1）照度均匀度：办公室、阅览室等工作房间一般照明照度的均匀度，按最低照度与平均照度之比确定，其数值不宜小于0.7。

(2) 采用分区一般照明时,房间内的通道和其他非工作区域,一般照明的照度值不宜低于工作面照度值的1/5。

(3) 局部照明与一般照明共用时,工作面上一般照明的照度值宜为总照度值的1/5～1/3,且不宜低于50lx。

(4) 在体育运动场地内的主要摄像方向上,垂直照度最小值与最大值之比不宜小于0.4,平均垂直照度与平均水平照度之比不宜小于0.25;场地水平照度最小值与最大值之比不宜小于0.5;体育场所观众席的垂直照度不宜小于场地垂直照度的0.25。

(5) 开关频繁,要求瞬时启动和连续调光等场所,宜采用白炽灯和卤钨灯光源。

(6) 高大空间场所的照明,应选用高光强气体放电灯。

(7) 应急照明必须选用能瞬时启动的光源,当应急照明作为正常照明的一部分,并且应急照明和正常照明不出现同时断电时,应急照明可选用其他光源。

(8) 潮湿场所,应采用防潮、防水的密闭型灯具。在可能受水滴浸蚀的场所,宜选用带防水灯头的开启式灯具。

(9) 室内照明光源的色表可根据相关色温按表6-2-1分为三组。

光源的色表分组　　　　　　表6-2-1

色表分组	色表特征	相关色温(K)	适用场所举例
Ⅰ	暖	<3300	客房、卧室等
Ⅱ	中间	3300～5300	办公室、图书馆等
Ⅲ	冷	>5300	高照度水平或白天需补充自然光的房间

注:运动场地彩电转播用光源色温可根据该场所其他光源色温的特点,在2800～7000K范围内适当选取。

(10) 室内照明光源的一般显色指数宜按表6-2-2分为四组。

光源显色指数　　　　　　表6-2-2

显色指数分组	一般显色指数(Ra)	适用场所举例
Ⅰ	$Ra \geq 80$	客房、卧室、绘图室等辨色要求很高的场所
Ⅱ	$60 \leq Ra < 80$	办公室、休息室等辨色要求较高的场所
Ⅲ	$40 \leq Ra < 60$	行李房等辨色要求一般的场所
Ⅳ	$Ra < 40$	库房等辨色要求不高的场所

注:运动场地彩电转播用光源一般显色指数Ra不应小于65。

三、绿色照明的定义

《建筑照明设计标准》GB 50034—2004对绿色照明的定义为：绿色照明是节约能源，保护环境，有益于提高人们生产、工作、学习效率和生活质量，保护身心健康的照明。绿色照明工程还包括生产高效、节能不污染环境的光源，便于回收和综合利用，能成为二次资源的照明器材；采用新技术使照明器材的废弃物不污染环境等。节约照明用电的具体措施有：尽可能采用高光效、长寿命光源，优先使用荧光灯；照明设计应选用效率高、利用系数高、配光合理、保持率高的灯具；根据视觉作业要求，确定合理的照度标准值，并选择合适的照明方式；室内表面尽可能采用浅色装饰。

第三节 建筑声环境概述

声环境的基本知识包括人对声音的识别、声波的物理特性及其传播过程中产生的物理现象，以及人在听觉上的一些主观特性。

人是生活在声的海洋中，每天的生活、工作都离不开声音。这些声音有些是人们需要的、想听的，如语言上的相互交谈或是音乐欣赏。而有些声音则是工作、生活中不想听的，这些声音就称作"噪声"。其中也包括有人想听却干扰你休息的音乐声。因此，噪声与好听的声音是没有绝对界限的。

在声音的海洋中，人们是如何识别声音的呢？从我们日常生活中可以体会到声音总是有三个表征量，即音量的大小、音调的高低与音色的不同。除此之外，噪声出现的时间是连续的还是间歇的，人的感觉也是不一样的。声音的大小、音调的高低与音色的不同，都是与声音的物理特性密切相关的。

人对声音的主观要求是十分复杂的，不同的人有不同的要求，它与人们的文化水平、生活条件以及当时的心理状态等因素都有着密切的关系，甚至还涉及人们的爱好等。但最低的要求则是比较一致的，即对要听的声音希望能听清、足够响与声音优美，而不好的声音起码是不使其干扰自己的学习、工作与休息。

一、建筑室内声环境

在建筑声学中，很多情况要涉及声波在一个封闭空间(即室内空间)中的传播，如剧院的观众厅、播音室等。这时，声波在传播时将受到封闭空间各个界面

(墙壁、顶棚、地面等)的反射与吸收,形成的声场比露天情况复杂得多,这种声场将产生一系列的声学特性。

房间对声音的主要影响是:引起一系列的反射声,与露天不同的音质,由于房间的共振,而引起室内声音在某一频率的加强或减弱,使声音在空间的分布发生变化。分析声波在室内的传播情况,可以用波动声学(物理声学)的理论进行分析,但这将涉及一些复杂的数学推导。在工程实践中,主要采用"几何声学"与"统计声学"的分析方法与计算公式。

在大型厅堂中,各方面的尺度都比声波的波长大几倍或几十倍。在此范围内,厅堂中的共振频率密度很大,任何声音都可以激发大量的"简正波"。在厅堂中所碰到的声源,包括语言、音乐以及噪声,都基本是无规过程,没有连续的纯音,这就是几何声学和统计声学只考虑能量关系的基础。几何声学还进一步要求声波所遇到的反射面、障碍物的尺寸都应大于波长。

二、材料与结构的声学特性

建筑声环境的形成及其特性,一方面取决于声源的情况,另一方面取决于建筑环境的情况。而建筑环境,一方面是指建筑空间,另一方面是指形成建筑空间的物质实体——按照各种构造和结构方式"结合"起来的材料以及在建筑空间中的人和物。所以,在建筑环境中,无论是创造良好的音质还是控制噪声,都需要了解和把握材料和结构的声学特性,正确合理、有效灵活地加以使用和处理。对建筑师来说,把材料和结构的声学特性与其他建筑特性如力学性能、耐火性、吸湿性、外观等因素结合起来综合考虑,是尤为重要的。

三、建筑声环境评价与设计

建筑声环境应当为使用者提供良好的听音效果,特别对以听为主要功能的建筑,如剧场、音乐厅、电影院、礼堂、教室以及录音室、电视演播室、电影摄影棚等,室内音质设计是建筑声环境设计的一项重要内容,音质设计往往成为建筑设计的决定因素之一。听众在室内是否听得好,或者能否取得良好的录音效果,不仅取决于声源条件,如演讲者、演唱演奏者的技巧好坏,或者电声系统的质量如何,而且还取决于室内的声学条件。创造适于听闻或录音的声学条件,就是室内音质设计的任务。

室内音质不仅与房间的物理条件有关,与人听觉的生理特性有关,还与民族特点、文化传统、艺术风格等有密切关系,因素极其复杂。目前的研究水平距完全解决这一问题还有相当远的距离。一个音质极其优秀的大厅的出现,还多少带有一点偶然性。但是，要设计一个音质能够满足使用要求的大厅，已经有规律可循了。

室内音质设计的一个前提条件就是防止室外的噪声和振动传入室内，使室内保持足够低的背景噪声级，这一点必须充分注意。

室内音质设计应当在建筑物的计划阶段就开始，并贯穿整个设计过程。在施工过程中还要作必要的测试、修改、调整，直到达到预期的目标。

四、声环境噪声控制

城市建设的飞速发展和城市活动的日趋丰富，使得城市环境噪声对人们的工作、生活和健康的影响也越来越严重。噪声已成为四大公害之一，因噪声干扰提出控告的约占公害案件的1/3~1/2。因此，环境噪声的控制也越来越受到人们的重视。环境保护是国家重大科研课题之一，每年政府要拿出大量的经费用于环境治理与噪声控制。同时，国家制定了环境保护法和有关噪声的控制标准，建立了噪声控制的科研单位和设备工厂，有效地控制了环境噪声。

控制噪声的目的是创造一个使人能接受的室内外声学环境，因此，建筑物内部或周围环境所有声音的强度与特性，应与使用空间的要求相一致。没有噪声干扰的环境是最理想的，我们应当向这一目标努力。

第四节 建筑声环境的基本知识

一、建筑声环境的基本知识

（一）音频范围

人耳能听到的声音其频率一般在20~20000Hz，称为音频范围，在音频范围内，将频率低于300Hz的声音称作低频声；300~1000Hz的声音称作中频声，1000Hz以上的声音称作高频声。

（二）声压级

人耳刚能感觉到其存在的声音的声压称为听阈，人耳对1000Hz的声音感觉最灵敏，其听阈声压P_0为2×10^{-5}Pa（称为基准声压）。使人产生疼痛感的上限声压为痛阈，为20Pa，从听阈到痛阈，声压相差100万倍，因此用声压的绝对值表示声音的强弱很不方便。加之人耳对声音大小的感觉，近似地与声压呈对数关系，所以通常用对数值来度量声音，分别称为声压级。

$$L_p = 20\lg(P/P_0) \qquad (6-4-1)$$

式中 P_0——基准声压（2×10^{-5}Pa）；

P——声压（Pa）；

L_p——声压级（dB）。

声压级的单位都是分贝。分贝是"级"的单位，是无量纲的。人耳的听阈声压和痛阈声压用声压级表示对应为0dB和120dB。

（三）噪声计权网络

目前工程中常采用声级计进行某些简单的声音测量。声级计的读数称为"声级"，单位是dB；在音频范围内进行测量时，多使用A网络，A网络是模拟人耳对40phon纯音的响应，用A网络测得的声级通常称为"A声级"。它使接收声通过时，500Hz以下的低频段有较大的衰减，所以A网络测得的声级更适合描述人耳对声音强弱的感觉。

在声级计[1]中参考等响曲线设计有A、B、C三个计权网络。

（1）C网络是模拟人耳对85phon以上纯音的响应，在整个可听频率范围内，它让所有的声音近乎一样通过，因此，可代表总声级。

（2）B网络是模拟人耳对70phon纯音的响应，它使接收声通过时，低频段有一定的衰减。

（3）A网络是模拟人耳对40phon纯音的响应，它使接收声通过时，500Hz以下的低频段有较大的衰减，所以A网络测得的声级更适合描述人耳对声音强弱的感觉。

用声级计的A、B、C网络测得的声级，分别记作dB(A)、dB(B)和dB(C)。在音频范围内进行测量时，多使用A网络，用A网络测得的声级通常称为"A声级"。

二、建筑材料的吸声特性

（一）多孔吸声材料

（1）类型：有机纤维材料、麻棉毛毡、无机纤维材料、玻璃棉、岩棉、矿棉、脲醛泡沫塑料、氨基甲酸酯泡沫塑料等。聚氯乙烯和聚苯乙烯泡沫塑料不属于多孔材料，用于防震、隔热材料较适宜。

（2）吸声特性：主要是高频。影响吸声性能的因素主要是材料的流阻、孔隙、结构因素、厚度、密度，以及背后条件的影响。

（3）当材料离墙面安装的距离（即空气层的厚度）等于1/4波长的奇数倍时，

---

[1] 目前在测量声音响度级与声压级时所使用的仪器称为"声级计"。

可获得最大的吸声系数；当空气层的厚度等于1/2波长的整数倍时，吸声系数最小。

（二）穿孔板共振吸声结构

采用穿孔的石棉水泥、石膏板、硬质纤维板、胶合板以及钢板、铝板，都可作为穿孔板共振吸声结构，在其结构共振频率附近，有较大的吸收，适于中频薄膜吸声结构。

（三）薄膜吸声结构

包括皮革、人造革、塑料薄膜等材料，具有不透气、柔软、受张拉时有弹性等特性，吸收共振频率附近的入射声能，共振频率通常在200～1000Hz范围，最大吸声系数约为0.3～0.4，一般把它作为中频范围的吸声材料。

（四）薄板吸声结构

把胶合板、硬质纤维板、石膏板、石棉水泥板等板材周边固定在框架上，连同板后的封闭空气层，构成振动系统，其共振频率多在80～300Hz，其吸声系数约为0.2～0.5，可以作为低频吸声结构。

（五）帘幕

帘幕是具有通气性能的纺织品，具有多孔材料的吸声特性。离开墙面或窗洞一定距离安装，在中高频就能够具有一定的吸声效果。当它离墙面1/4波长的奇数倍距离悬挂时，就可获得相应频率的高吸声量。

（六）空间吸声体

将吸声材料做成空间的立方体，如：平板形、球形、圆锥形、棱锥形或柱形，使其多面吸收声波。在投影面积相同的情况下，相当于增加了有效的吸声面积和边缘效应，再加上声波的衍射作用，大大提高了实际的吸声效果，其高频吸声系数可达1.40。

三、吸声材料的布置

（1）装置吸声材料时（如穿孔板），应结合灯具及室内装修统一考虑，进行分块组合，尽可能使吸声材料均匀分布，有利声场的均匀。

（2）应将吸声材料布置在最容易接触声波和反射次数最多的表面上（如顶棚），顶棚与墙、墙与墙交接处1/4波长以内的空间等处。

（3）吸声材料分散布置比集中式布置有利于声场扩散和改善音质条件。

（4）一般房间内两相对墙面的总吸声量应尽量接近，有利于声场扩散。

（5）一般在顶棚较低的房间、狭长的走道采用吸声处理方法，选用吸声系数大的材料或悬挂空间吸声体，对降低噪声的干扰效果很好。对安静要求高的住宅，其封闭楼梯间或封闭的公共走廊内宜采取吸声处理措施。

四、室内音质设计

（一）混响时间计算公式

室内音质设计的客观声学技术指标就是混响时间。混响时间与室内的容积大小有关，与室内各表面布置的材料吸声量有关。混响时间计算公式：

$$A = S \times \bar{a} \tag{6-4-2}$$

$$T = 0.161 V/A \tag{6-4-3}$$

式中　T——混响时间（s）；

　　　V——房间容积（m³）；

　　　A——房间表面材料吸声量（m²）；

　　　S——室内总表面积（m²）；

　　　$\bar{a}$——室内平均吸声系数。

（二）各类房间最佳混响时间的确定

功能不同的厅堂要求室内的混响时间不同，由于在厅堂设计中所采用的各种材料是随频率而变化的，所以各个频率的混响时间也有所不同。因此，在室内音质设计中以125Hz、250Hz、500Hz、1000Hz、2000Hz、4000Hz六个频率的混响时间来表示某一房间的"频率特性曲线"。

一般选择500Hz的混响时间代表各类房间的音质特征，而其他频率的混响时间参照500Hz的混响时间确定。以语言、电声为主的厅堂，低频和高频的混响时间应和500Hz的混响时间相当。以音乐为主的厅堂，低频的混响时间应高于500Hz的混响时间，约1.2～1.5倍，高频的混响时间应与500Hz的混响时间相等。下面是不同厅堂对500Hz混响时间的要求：

（1）以语言为主的厅堂。话剧院、报告厅、大教室、会议室、审判厅等都是以语言为主的厅堂，并辅以电声设备。为保证语言的清晰度，使听众能听清讲话者的语言，讲台到观众的距离应尽可能短，室内容积不宜过大。500Hz的混响时间应在1.0s左右。

（2）以电声为主的厅堂。电影院、多功能厅、歌舞厅等建筑都是以电声为主的厅堂。立体声影院要求的混响时间应在0.5～0.8s，环境噪声控制在35～40dB(A)，声场分布均匀度不大于±3dB。

（3）多功能厅。多功能厅要求的混响时间一般控制在0.8～1.0s左右。歌舞厅的情况较为特殊，应视房间的容积、吸声状况和电声设备而定，一般应在0.8s左右。

(4) 以音乐为主的厅堂。音乐厅是以自然声为主的厅堂，它要求音乐在此演奏时应具有：亲切感、温暖感、活跃感和丰满度，以演奏音乐为主和兼顾其他用途的厅堂，最合适的混响时间约为1.7s；音乐厅的混响时间一般在1.7~2.1s。

(5) 多功能厅堂。此类厅堂兼有各种演出功能，其混响时间较难确定，一般控制在1.0~1.4s。从实际情况来看，此类厅堂大都采用电声设备，故其混响时间应取下限值1.0s左右。

(6) 大型公共建筑的声环境设计。凡是较大容积的厅堂、购物中心、餐厅、多功能厅，应控制其室内的声环境。其混响时间应和以电声为主的厅堂相当。500Hz的混响时间应在1.0s左右。在材料的选择上，应考虑吸声的处理，以减少混响声产生的背景噪声。

(7) 扩散反射。房间内表面如做凹凸不平的处理，可将声波均匀地分布于室内，使声能比较均匀地增长和衰减，从而使音乐和语言的固有音品有很大的提高，混响时间的计算值与实际测试值更为接近。特别是以电声为主的多功能厅，可以有效地保证各种演出的需要。

五、噪声控制

(一) 噪声控制原则

噪声自声源发出，经传播，最后到达人耳被接收。控制噪声就要从上述三个方面分别采取措施。

(1) 在声源处降低噪声。

(2) 在噪声传播途径中采取措施。

(3) 采取个人防护措施，如：用耳塞、防声棉、佩戴耳罩、头盔等。

(二) 建筑吸声减噪

由于混响声与直达声的共同作用，使得离开同一噪声源一定距离的接受点的声压级，在室内比室外要高出10~15dB，如果在室内的顶棚和墙面上布置吸声材料，使反射声减弱，噪声降低，这种方法称为"吸声减噪"。

吸声减噪只适合于远离声源的室内环境，当混响噪声较大时，采用吸声减噪的措施是有效的。靠近声源的环境，直达声是主要噪声时，应采用隔绝措施，吸声减噪不起作用。另外吸声减噪最多降低环境噪声10dB，一般为6~7dB。

(三) 空气传声的隔绝措施

(1) 墙的单位面积质量越大，隔声效果越好，这一定律即称为"质量定律"，质量或频率每增加一倍，墙的隔声量增加6dB。

(2) 薄而轻的墙比厚而重的墙在声波作用下容易产生振动，而且振幅大，所以薄而轻的墙隔声能力差。低频声比高频声容易引起结构的振动，所以构件的高频隔声能力比低频好。

(3) 对于有吊顶的房间，分户墙必须将吊顶内的空间完全分隔开；安静要求较高的房间内设置吊顶时，应将隔墙砌至楼板底面；采用轻质隔墙时，应提高其隔声性能。

（四）撞击声的隔绝措施

(1) 弹性面层处理。在楼板表面铺设柔软材料（地毯、软木板、橡胶板、塑料地面等）减弱撞击楼板的能量，从而减弱楼板本身的振动，这种处理面层的措施，一般对降低高频声的效果最显著。

(2) 弹性垫层处理。在楼板结构层与面层之间做弹性垫层，以降低结构层的振动，应注意这种楼板在面层和墙的交接处，也要采用隔离措施，以免引起墙体的振动。

(3) 楼板做吊顶处理。吊顶的作用主要是解决空气声的隔绝，如采用弹性连接，则隔声能力可以提高。

(4) 大板、大模板等整体性较强的建筑物，在经常产生撞击、振动的部位，如厨房操作台、外门、阳台门、设备管道等处，应采取防止结构声传播的措施。

(5) 有噪声和振动的设备应对设备和管道采取减振、消声处理。对于管道等固定于墙上可能引起传声的物件，应采取隔振措施。

(6) 锅炉房、水泵房如设在住宅楼内或与住宅楼毗连时，必须采取可靠的隔声减噪措施。相邻两户间的排烟、排气通道及上下水管，应采取防止传声的措施。

第五节 建筑热工环境概述

在我国大约有占全国总面积60%的地区冬季室内需要供暖。这些地区的建筑在设计上既要考虑保证良好的室内热环境，还要注意节省采暖的能耗和建造费用，即需注意建筑保温问题。建筑保温主要包括围护结构保温和建筑方案设计中的保温综合处理。

室外热环境是通过建筑的围护结构，特别是外围护结构来影响室内热环境的。为保证人的热舒适要求，我们应当采取相应的构造措施，在此之前，掌握围护结构中热量是如何传递的、围护结构有关的材料性质和热工指标以及传热基本特征等，是非常必要的。

一、建筑保温的综合措施

影响建筑耗热量的因素，除了围护结构的保温性能外，建筑物的体形、朝向、窗墙比等都对耗热有很大影响。一般来说：低层、体形复杂的建筑的耗热指标大；东西向比南北向建筑耗热指标大；另外，适当减小窗墙比及提高窗缝的密封性，减少空气渗透量，也可明显地减少采暖耗热，以达到节能的目的。

二、围护结构的防潮

舒适的热环境要求空气中必须有适量的水蒸气，但当水蒸气在围护结构中凝结时，会对建筑产生不利影响。在建筑中需尽量避免在围护结构的内表面产生结露，同时更应防止在围护结构内部因蒸汽渗透而产生凝结受潮。

三、建筑防热

建筑防热就是设法减弱室外热环境的不利影响，同时积极利用有利的作用，使室外热量尽可能不传入室内，并使室内热量和水蒸气能很快散发出去，从而提高室内的热舒适程度，以免室内过热。

四、建筑自然通风

我国南方沿海地区大部分属于湿热气候，为了创造良好的室内热环境，在建筑群和个体设计中还应注意三个方面，即：

（1）有利于通风，使室内空气能顺畅地流动。良好的通风不仅可以供给新鲜空气和带走室内热量和湿气，在夏季还可以依靠空气流动促进人体汗液蒸发降温，给人以舒适感。

（2）尽量减少日辐射对周围环境的影响，降低环境温度。如建筑外部空间的绿化，以及设置花架、连廊等，都可以改善小气候。

（3）结合建筑设计，在窗口以至外墙、屋顶上设置遮阳，减少进入室内的辐射热。

第六节 建筑热工环境的基本知识

一、建筑围护结构的保温设计

（一）建筑物耗热量指标

在采暖期室外平均温度条件下，为保持室内计算温度，$1m^2$建筑面积在$1h$内，需由采暖设备供给的热量，是用来评价建筑物能耗水平的一个重要指标。

影响建筑物耗热量指标的因素，除了围护结构的保温性能外，建筑物的体形、朝向、窗墙比等都对耗热有很大影响。一般来说：低层、体形复杂的建筑的耗热指标大；东西向比南北向建筑耗热指标大；另外，适当减小窗墙比及提高窗缝的密封性，减少空气渗透量，也可明显地减少采暖耗热，以达到节能的目的。围护结构传热系数和窗墙面积比不变的条件下，耗热量指标随体形系数成正比。体形系数S即一栋建筑的外表面积F_0与其所包的体积V_0之比。

（二）围护结构的总热阻

$$R = d/\lambda \tag{6-6-1}$$

式中 R——围护结构的热阻（$m^2 \cdot K/W$）；

d——围护结构的厚度(m)；

λ——围护结构材料的导热系数 [$W/(m \cdot K)$]。

在建筑热工环境设计中，用总热阻R_0作为衡量围护结构在稳定传热条件下的一个重要的热工性能指标。在采暖空调工程中习惯采用总传热系数，两者之间成互为倒数的关系，即：

$$K_0 = 1/R_0 \tag{6-6-2}$$

$$R_0 = R_i + \sum R + R_e \tag{6-6-3}$$

式中 R_0——围护结构总热阻($m^2 \cdot K/W$)；

R_i——平整内表面热转移阻。$R_i = 1/\alpha_i$，($m^2 \cdot K/W$)；

$\sum R$——平整本身各材料层的热阻之和；

R_e——平整外表面热转移阻。$R_e = 1/\alpha_e$，($m^2 \cdot K/W$)。

（三）围护结构的最小总热阻

要使建筑围护结构内表面温度不低于室内露点温度，以保证内表面不结露，就要求围护结构的总热阻有一个最低的限值，这个最低限度的总热阻称为最小传热阻，用$R_{0,min}$表示。

（四）围护结构保温层的设置

保温层在承重墙的室内侧，叫内保温；在外侧，叫外保温。

外保温的主要特点：

(1) 使墙或屋顶的主要部分受到保护，大大降低温度应力的起伏，提高结构的耐久性。

(2) 保温材料的线膨胀系数比钢筋混凝土小，外保温对减少防水层的破坏是有利的。

(3) 承重层材料的蓄热系数大，热容量大；外保温对结构及房屋的热稳定性有利。间歇供暖的房间，如电影院、体育馆，要求室温迅速上升到需要的标准，内保温更为合理。

(4) 外保温对防止或减少保温层内部产生水蒸气凝结，是十分有利的。内保温做法则保温材料有可能在冬季受潮。

(5) 外保温层使热桥处的热损失减少。并能防止热桥内表面局部结露。内保温做法常会在内外墙连接以及外墙与楼板连接等处产生热桥，中间保温的外墙也由于内外两层结构需要连接而增加热桥耗热。

(6) 旧房改造，特别是为了节约能源而提高旧房的保温性能时，外保温的效果最好。

(五) 围护结构薄弱部位的保温设计

1. 控制窗墙面积比

窗墙面积比是指窗户洞口面积与房间立面单元面积(即房间层高与开间定位轴线围成的面积)的比值。

(1) 在满足采光的基础上，应尽可能减少窗口面积，以提高其保温性能，尤其是北向窗。对窗墙面积比的要求为：北向不大于0.20；东西向不大于0.25(单层窗)或0.30(双层窗)；南向不大于0.35。

(2) 提高窗户的密闭性，减少冷风渗透。从保温考虑，必须对窗户采取适当的密封措施，如在缝隙处设置密封条，或在接缝外侧加压缝条等，这对防尘也非常有利。

2. 特殊部位的保温设计

(1) 转角处保温处理：对结构转角或交角、钢筋混凝土骨架、圈梁等热工性能薄弱的结构和部件，必须采取相应的保温措施，才能满足保温要求。

在外墙的转角处，可在室内一侧距墙角内表面约60～90cm处，加贴一层保温材料(如聚乙烯泡沫等)。屋顶与外墙的交角处，可将屋顶保温层延伸到外墙顶部。

(2) 热桥保温处理：当围护结构嵌入的构件与周围的墙体，传热的能力差别很大时，传热能力强的构件就是热桥。如外墙壁体中钢筋混凝土柱、圈梁、楼板等。

在冬季，热桥部分的热阻值较低，造成其室内的表面温度值比其他部分墙面的温度值低。如果这个温度值低于室内的露点温度，就会造成热桥部分的表面结露。

处理的方法是：如果整个围护结构采用外保温的热工设计，热桥的问题不存在，如果不是外保温，那就必须在热桥部位用保温材料如聚苯乙烯泡沫塑料附贴在热桥处。

(3) 沿墙周边局部的保温处理：在沿外墙内侧周边宽约1m的范围内地板表面温度低，地面温度之差可达5℃左右，需要沿外墙壁内侧周边做局部保温处理。

二、建筑外围护结构的隔热设计

（一）墙体隔热的主要措施

重点考虑屋面、西墙、东墙的隔热。墙体隔热通常采用设置外、中、内三道防线的处理办法。

（1）外：外表面采用浅色处理，增设墙面遮阳以及墙面垂直绿化等。

（2）中：设置竖向通风间层，在空心砌块中填塞多孔保温材料。

（3）内：在承重层内设置带铝箔的空气间层或其他隔热层。

（二）屋顶隔热的主要措施

（1）设置封闭空气间层或由绝热材料组成的隔热层，屋顶表面使用浅色。

（2）设计成通风屋顶，中间的通风层同时起到隔热和防湿的双重功效。

（3）设置通风阁楼。屋顶设置成阁楼形式，在阁楼的四周开通风口。

三、室内地面的保温设计

材料的吸热指数：

地面对人体舒适及健康影响最大的是厚度约为3～4mm的面层材料，材料的吸热指数 B 的公式为：

$$B = f(b_1) \tag{6-6-4}$$

$$b_1 = \sqrt{\lambda_1 c_1 r_1} \tag{6-6-5}$$

式中　b_1——第一层（面层）材料的热渗透系数 [$W/(m^2 \cdot h^{-1/2} \cdot K)$]；

　　　λ_1——第一层材料的导热系数 [$W/(m \cdot K)$]；

　　　c_1——第一层材料的比热系数 [$W \cdot h/(kg \cdot K)$]；

　　　r_1——第一层材料的密度 (kg/m^3)。

在大多数情况下，可以近似地取 $B=b_1$，因此，在进行地板保温设计时，应该选用 b_1 小的面层材料。

根据B值，我国将地面划分为三类(见表6-6)。木地面、塑料地面等属于Ⅰ类；水泥砂浆地面属于Ⅱ类；水磨石、石材地面则属Ⅲ类。

地面热工性能分类　　　　　　　　表6-6

类　别	吸热指数B数 $[W/(m^2 \cdot h^{-1/2} \cdot K)]$
Ⅰ	<17
Ⅱ	17~23
Ⅲ	>23

高级居住建筑、托儿所、幼儿园、医疗建筑，宜采用Ⅰ类地面；一般居住建筑和公共建筑（包括中小学教室）宜采用不低于Ⅱ类地面；仅供人们短时间逗留的房间以及室温高于23℃的采暖房间，则允许使用Ⅲ类地面。

四、建筑防潮

（一）建筑产生表面冷凝的原因是由于室内空气湿度过高或壁面的温度过低。控制的措施有：

（1）应尽可能使外围护结构内表面附近的气流畅通，家具、壁橱等不宜紧靠外墙布置。为防止供热不均匀而引起围护结构内表面温度的波动，围护结构内表面层宜采用蓄热系数大的材料，利用它蓄存的热量起调节作用，减少出现周期性冷凝的可能性。

（2）降低室内湿度，有良好的通风换气设施。

（二）发生室内夏季结露的充分必要条件

（1）室外空气温度高、湿度大，空气饱和或者接近饱和。

（2）室内某些表面热惰性大，使其温度低于室外空气的露点温度。

（3）室外高温高湿空气与室内物体低温表面发生接触。

（三）防止夏季结露的方法

（1）利用架空层或空气层，将地板架空对防止首层地面、墙面的夏季结露有一定作用。

（2）用热容量小的材料装饰房屋内表面和地面，如铺设地板、地毯，以提高表面温度，减少夏季结露的可能性。

（3）利用有控制的通风防止夏季结露。

五、建筑遮阳的设计

建筑遮阳一般有水平式、垂直式、综合式和挡板式四种形式。其特点是：

（1）水平遮阳方式能有效地遮挡太阳高度角较大的从窗口上方照射下来的太阳光。适用于南向及偏斜角度不大的南偏东、南偏西窗口。

（2）垂直遮阳方式能遮挡高度角较小的从窗口侧边射过来的阳光，主要适用于偏东、偏西的南向或北向及其附近的窗口。

（3）综合遮阳方式是水平遮阳和垂直遮阳的综合，它能遮挡从窗左右侧及前上方斜射来的阳光，遮阳效果比较均匀，主要适用南、东南、西南方向及其附近的窗口。

（4）挡板式遮阳方式能够有效地遮挡高度角较小的、正射窗口的阳光，主要适用于东、西向及其附近的窗口。挡板式遮阳效果好，但影响通风和采光。

Chapter 7 Green Building & Organisms Environment

第七章 绿色建筑与生态环境

第七章　绿色建筑与生态环境

绿色建筑是近年来兴起的一种居住概念，也已被作为当前建筑发展的主流趋势。人类文明与科学技术发展至今，人类在扩大自己生存、活动范围的同时犯下不少错误，造成了生态危机，经过历史的积淀、教训、思考之后，人类做出的一种新的反应和探索。

城市人口恶性膨胀、能源短缺、环境污染三大问题(即3P问题：人口——population、污染——pollution、动力——power)表明，现代科学技术的发展在为人们提供种种便利之余，对整个生态环境产生了强大的负面效应。

绿色建筑与环境、生态、节能之间的属性可用5R来诠释，即resource——资源的保护和合理利用，包括自然资源的节制开发与自然能源的开发利用；reduce——节省能源、减少能耗对环境的有害影响；reuse——建筑的再利用，不要轻易拆除旧有建筑，更不要拆除有历史保留价值的古建筑；reunite——建筑材料的再结合，充分利用地方材料与现代高科技，加工新的，对环境、生态、节能有利的建筑材料；recycle——再循环，即建筑材料—建筑—建筑废料的良性循环不断，废水—废渣—废气的综合利用开发，变废为宝。

绿色建筑就是在规划设计上，充分考虑到人与自然的和谐统一；在项目建设过程中，采用节水设施，节能环保建材；提高绿化率，最大限度地保留自然水面；合理处理生活污水、垃圾并循环利用；将环保、生态、节能理念融于居住建筑的规划设计中去。绿色建筑是指为人们提供健康、舒适、安全的居住、工作和活动的空间，同时在建筑全生命周期(物料生产、建筑规划、设计、施工、运营维护及拆除过程)中实现高效率地利用资源(能源、土地、水资源、材料)，最低限度地影响环境的建筑物。绿色建筑也有人称之为生态建筑，可持续建筑。

第一节　绿色建筑的特点

(1) 普通建筑在结构上趋向于封闭，在设计上力求与自然环境完全隔离，室内环境往往是不利于健康的；而绿色建筑的内部与外部采取有效连通的办法，会对气候变化自动进行自适应调节，就像鸟儿一样，它可以根据季节的变化换羽毛。建筑有自己的神经(智能)，变化羽毛等于交换节能维护装置和性能。

(2) 普通建筑随着建筑设计、生产和用材的一律化、单调化，使大江南北建筑"千城一面"；而绿色建筑推行本地材料，尊重几千年的地方文化传统，真正造就凝固的音乐。建筑将随着气候、自然资源和地区文化的差异而重新呈现不同的风貌。

(3) 普通建筑是一种商品，建筑的形式往往不顾环境资源的限制，片面追求批量化生产，低成本建设和自我形象的创造；而绿色建筑则将被看做一种资源，建筑及其城市发展都将以最小的生态和资源代价，在广泛的领域获得最大利益。

(4) 普通建筑追求"新、奇、特"、"大、洋、贵"，追求标志效应，欧陆风或××风盛行；而绿色建筑的建筑形式将从与大自然和谐相处中获得灵感，"美存在于以最小的资源获得最大限度的丰富性和多样性"。人类对建筑美的感知将建立在生态影响的基础上，而不是建立在精美的艺术细节、夸张的形式主义上。重返2000多年前古罗马杰出建筑师维特鲁威提出的"紧固，适用，美观"六字真经上。

(5) 普通建筑能耗非常大，建筑业是所有产业中的耗能(50%)大户和污染大户(二氧化碳排放50%)；绿色建筑极大地减少了能耗，甚至自身产生和利用可再生能源"零能耗"（广泛利用太阳能、风能、地热能）和"零排放"建筑。发电节能提高5%，汽车节能提高10%极为困难，而建筑节能轻易可达50%~60%。

(6) 普通建筑仅在建造过程或者是使用过程中对环境负责，以追求自身享受为主，是狭义的"以人为本"；而绿色建筑是在建筑的全寿命周期内，即向前溯及原材料的开采、运输和加工过程，向后延伸到建筑废弃、拆毁后的处理回用、垃圾降解的全过程，最大限度地保护环境、减少污染，为人类提供健康、适用和高效的使用空间。最终实现与自然共生，从被动的减少对自然的干扰，到主动地创造环境的丰富性；减少资源需求，从狭义的"以人为本"转向子孙后代和全人类的"以人与环境和谐为本"。

第二节 绿色建筑评估指标

绿色建筑评估指标包括：基地绿化指标、基地保水指标、水资源指标、生物多样性指标、日常节能指标、二氧化碳减量指标、废弃物减量指标、污水垃圾改善指标、室内环境指标。

一、基地绿化指标

基地绿化就是利用建筑基地内自然土层以及屋顶、阳台、外墙、人工地面上的覆土层来栽种各类植物的方式。

二、生物多样性指标

生物多样性系在于顾全生态金字塔最基层的生物生存环境，亦即在于保全蚯蚓、蚁类、细菌、菌类之分解者、花草树木之绿色植物生产者以及甲虫、蝴蝶、蜻蜓、螳螂、青蛙之较初级生物消费者的生存空间。过去许多人谈到生态，就以为是要去保护熊猫、金丝猴或梅花鹿等动物，殊不知生活于我们屋角石缝下的蟾蜍、蜈蚣，或长于枯树上的苔藓、菇菌均是贡献于生态的一环。然而，惟有确保这些基层生态环境的健全，才能使高级的生物有丰富的食物基础，才能促进生物多样化环境。

三、日常节能指标

建筑物的生命周期长达五六十年之久，从建材生产、营建运输、日常使用、维修直至拆除等各阶段，皆消耗不少的能源，其中尤以长期使用的空调、照明、电梯等日常耗能量占最大部分。由于空调与照明耗能占建筑物总耗能量中绝大部分，绿色建筑的日常节能指标即以空调及照明耗电为主要评估对象，同时，将日常节能指标定义为夏季高峰时期空调系统与照明系统的综合耗电效率。建筑的日常耗能中以空调及照明用电占了最大比例，在夏日建筑物的空调用电比约占四至五成，而照明用电比高达三至四成，因此从空调与照明上来谈论建筑节能最有效果。

另一方面由于建筑物的使用寿命长，其节能的累积效果远胜于其他工业产品。建筑节能设计是国家节约能源政策最有潜力的一环。日常节约能源指标与基准由于空调与照明耗能占建筑物总耗能量中绝大部分，此项指标同时也加强对空调设备及照明系统的节能要求，对于建筑的节能设计设定更高的目标。主要评估项目为建筑物外墙热负荷比、空调效率比、照明节能比值等，另外对于采用再生能源的比例，评估时提供一定的奖励系数，以鼓励再生能源的推广应用。如何达到合格标准绿色建筑的日常节能指标是以最大耗电部分的空调与照明用电的节能设计为重点，并将节能评估重点设定在建筑外墙节能设计、空调效率设计及照明效率设计三大方向。

建筑外围护结构节能设计重点包括：建筑围护结构窗墙比、开口部的外遮阳设计、建筑的朝向方位、避免玻璃幕墙的设计，以及屋顶的隔热处理等。

空调节能效率设计重点（以中央空调为对象）：建筑空间应采用能源分区，依空调使用时间实施空调分区控制、依据实际热负荷预测值选用适当适量的空调系统、选用高效率热源机器。照明节能重点：建筑室内墙面及顶棚采用浅色设计、采用高效率灯具、尽量采用自然采光设计及利用自动昼光节约照明控制系统。

四、水资源指标

水资源指标，系指建筑物实际使用自来水的用水量与一般平均用水量的比率，又名节水率。其用水量评估，包括厨房、浴室、水龙头的用水效率评估以及雨水、中水再利用的评估。

1. 水资源指标的目的

过去由于建筑物用水设计不当，水费偏低、居民用水习惯不良，使得居民用水量偏高。今后在地球环保要求下，建筑物的节水设计势必成为全民共同的课题。本指标希望能积极利用雨水与生活杂用水之循环再利用的方法(开源)，并在建筑设计上积极采用省水器具(节流)，来达到节约水资源的目的。

2. 水资源有效利用的具体方法

在建筑给排水设计上，若注意下列事项，应可达到上述基准要求。

(1) 采用节水器具。 由住宅自来水使用调查显示：卫浴厕所的用水比例约为总用水量的1/2。许多建筑设计采用不当的用水器具，造成很大的浪费，如全面采用省水器具，必能节省不少水量。目前国内常用的节水设备包括：新式水龙头与节水型水栓、省水马桶、两段式马桶、省水淋浴器具、自动化冲洗感知系统等。

(2) 设置雨水贮留供水系统。 雨水贮留供水系统，系将雨水以天然地形或人工方法予以截取贮存，经过简单净化处理后再利用为生活杂用水的做法。雨水经净化处理后可以替代自来水与浇灌系统和冲厕系统相连接（利用其作为马桶用水或洗手水，甚至可以作为居家盆栽用水与补充空调用水等），同时，还可以起到都市防洪的目的。

(3) 设置中水系统。 中水系指将生活污水汇集，经过处理后，达到规定的水质标准，可在一定范围内重复使用于非饮用水及非身体接触用水。在总水量中，仅厕所冲洗就占35%，如能全面改用中水作为冲洗厕所的用水，其效果甚为可观。

五、二氧化碳减量指标

1. 温室气体

所谓温室气体，就是会造成气候温暖化的大气气体，地球气候高温化是现在最严重的地球环保课题，而气候高温化最主要的因素在于大气的温室气体增加。大气中最主要的温室气体为二氧化碳(CO_2)、甲烷(CH_4)、氧化亚氮(N_2O)三种，以二氧化碳气体对全球气候温暖化影响最大。在建筑产业的温室气体排放主要是起因于能源使用，建筑产业的耗能则包括空调、照明、电机等日常使用能源，以及使用于建筑物上的钢筋、水泥、红砖、瓷砖、玻璃等建材的生产能源。

2.二氧化碳减量指标

所谓二氧化碳减量指标，乃是指所有建筑物躯体构造的建材(暂不包括水电、机电设备、室内装潢以及室外工程的资材)，在生产过程中所使用的能源而换算出来的二氧化碳排放量。

3.二氧化碳减量的目的

地球气候高温化的问题是当前地球环保最迫切的课题。从1992年地球高峰会议制定的"全球气候变化公约"到1998年"京都议定书"，各国无不积极进行二氧化碳排放减量的工作。过去国内建筑产业实行高耗能、高污染的构造设计，对地球环境破坏甚大，目前新建建筑物中，有95%为钢筋混凝土构造，除了每年80%来自河川砂石及高耗能水泥生产的能源消耗之外。未来混凝土建筑拆除解体时，其废弃的水泥、土石、砖块又难以回收再利用，造成对环境极大的负荷，因此必须从建筑物的规划设计及构造设计的环节进行改善，以减少二氧化碳的排放量。

4.二氧化碳减量指标与基准

建筑物主体的二氧化碳排放量指标为E_{CO_2}，必须由其建材的实际使用量及建材的单位二氧化碳排放量累算求得。E_{CO_2}指标计算值越小，象征此建筑物使用越经济的建材，而其二氧化碳排放量越少，对地球环境的伤害越小。

为了达到二氧化碳减量指标的基准要求，建筑物的建材使用计划应与如下的规划原则相配合：

(1) 结构轻量化。建筑物的轻量化直接降低了建材使用量，进而减少建材之生产耗能与二氧化碳排放。最具体的做法即为推行"钢结构建筑"以及"金属幕墙设计"。

(2) 合理的结构设计。为了降低建材的使用量，首重合理而经济的结构系统设计，即尽量使建筑物的跨距设计合理化，使建筑有均匀对称的平面、立面、剖面等设计，减少不必要的造形结构荷重。

(3) 使用热带林木为材料的建材。采寒带林木为材料的原木结构、集成材构造、预制木构板、木地板等材料，可储存大量大气中的二氧化碳，但是使用热带林木则不然。

六、废弃物减量指标

1. 何为废弃物

废弃物系指在建筑施工及日后拆除过程所产生的工程不平衡土方、弃土、废弃建材、逸散扬尘等足以破坏周遭环境卫生及人体健康者。

2. 废弃物减量的目的

钢筋混凝土建筑,每平方米楼地板在施工阶段约产生1.8kg粉尘,对人体危害不浅。中层住宅大楼在施工阶段约产生0.14m^3的固体废弃物,在日后拆除阶段约产生1.23m^3的固体废弃物,造成大量的废弃物处理负担。有鉴于此,本废弃物减量指标,以废弃物、空气污染减量及资源再生利用量为指标,以倡导更干净、更环保的建造施工为目的,以减缓建筑开发对环境的影响,进而增进生活环境质量。

3. 废弃物减量指标与基准

废弃物减量指着眼于工程平衡土方、施工废弃物、拆除废弃物之固体废弃物以及施工空气污染四大营建污染源,采用实际污染排放比率来评估其污染程度,四大营建污染源排放比例采用相同比重来评估,所计算的数值必须小于废弃物减量基准值,才能符合绿色建筑的要求。

目前,我国建筑垃圾的数量已占到城市垃圾总量的30%~40%。绝大部分建筑垃圾未经任何处理,便被施工单位运往郊外或乡村,采用露天堆放或填埋的方式进行处理,耗用大量的征用土地费、垃圾清运等建设经费;同时,清运和堆放过程中的遗撒和粉尘、灰砂飞扬等问题又造成了严重的环境污染。随着我国对于保护耕地和环境保护的各项法律法规的颁布和实施,如何处理和排放建筑垃圾已经成为建筑施工企业和环境保护部门面临的一个重要课题。

建筑垃圾大多为固体废弃物,一般是在建设过程中或旧建筑物维修、拆除过程中产生的。不同结构类型的建筑所产生的垃圾各种成分的含量虽有所不同,但其基本组成是一致的,主要由土、渣土、散落的砂浆和混凝土、剔凿产生的砖石和混凝土碎块、打桩截下的钢筋混凝土桩头、金属、竹木材、装饰装修产生的废料、各种包装材料和其他废弃物等组成。据有关资料介绍,经对砖混结构、全现浇结构和框架结构等建筑的施工材料损耗的粗略统计,在每万平方米建筑的施工过程中,仅建筑废渣就会产生500~600t。若按此测算,我国每年仅施工建设所产生和排出的建筑废渣就有4000万t。

建筑垃圾中的许多废弃物经分拣、剔除或粉碎后,大多是可以作为再生资源重新利用的,如废钢筋、废钢丝、废电线和各种废钢配件等金属,经分拣、集中、重新回炉后，可以再加工制造成各种规格的钢材。废竹木材则可以用于制造人造木材；砖、石、混凝土等废料经破碎后，可以代砂，用于砌筑砂浆、抹灰砂浆、打混凝土垫层等，还可以用于制作砌块、铺道砖、花格砖等建材制品。可见，综合利用建筑垃圾是节约资源、保护生态的有效途径。在这些方面，日本、美国、德国等工业发达国家的许多先进经验和处理方法很值得我们借鉴。

日本由于国土面积小，资源相对匮乏，因此，将建筑垃圾视为"建筑副产品"，十分重视将其作为可再生资源而重新开发利用。1977年日本政府制定了《再生骨料和再生混凝土使用规范》，并相继在各地建立了以处理混凝土废弃物为主的再生加工厂，生产再生水泥和再生骨料，其生产规模最大的每小时可加工生产100t。1991年日本政府又制定了《资源重新利用促进法》，规定建筑施工过程中产生的渣土、混凝土块、沥青混凝土块、木材、金属等建筑垃圾，必须送往"再资源化设施"进行处理。日本对于建筑垃圾的主导方针是：①尽可能不从施工现场排出建筑垃圾；②建筑垃圾要尽可能的重新利用；③对于重新利用有困难的则应适当予以处理。东京在1988年对建筑垃圾的重新利用率就已达到了56%。

美国政府制定的《超级基金法》规定："任何生产有工业废弃物的企业，必须自行妥善处理，不得擅自随意倾卸"。

总体来讲，这些国家大多施行的是"建筑垃圾源头削减策略"，即在建筑垃圾形成之前，就通过科学管理和有效的控制措施将其减量化。对于产生的建筑垃圾则采用科学手段，使其具有再生资源的功能，如美国的CYCLEAN公司采用微波技术，可以100%的回收利用再生旧沥青路面料，其质量与新拌沥青路面料相同，而成本可降低1/3，同时节约了垃圾清运和处理等费用，大大减轻了城市的环境污染。对于已经过预处理的建筑垃圾，则运往"再资源化处理中心"，采用焚烧法进行集中处理，如德国西门子公司开发的干馏燃烧垃圾处理工艺，可使垃圾中的各种可再生材料十分干净地分离出来，再回收利用，对于处理过程中产生的燃气则用于发电，每吨垃圾经干馏燃烧处理后仅剩下2~3kg的有害重金属物质，有效地解决了垃圾占用大片耕地的问题。

七、污水垃圾改善指标

本指标着重于建筑空间设施及使用管理相关的具体评估项目，是一种可让业主与使用者在环境卫生上具体控制及改善的评估指标。污水垃圾改善指标的目的为辅佐污水处理设施功能，本指标针对生活杂排水配管系统介入检验评估，以确认生活杂排水导入污水系统。此外，本指标也希望要求建筑设计正式重视垃圾处理空间的景观美化设计，用以提升生活环境质量。

污水垃圾改善指标大多为兴建设备空间与营建管理有关的规定，业者要从规划设计阶段开始注意改善。但既有建筑物较难符合本指标的要求。建筑业者要在设计施工阶段，即预留专用洗衣空间及排水孔，并确实督导水电设计及施工者将排水管接续至污水系统，即达指标，合格要求。住宅以外的其他建筑物，在建筑设计施工中，要确认专用厨房、洗衣、更衣浴室空间的杂排水配管系统是否确实导入污水系统。

在垃圾处理指标上，最有利的条件在于预先留设充足的垃圾处理运出空间，并以景观绿化美化的方法来设计专用垃圾集中场。其次是执行资源垃圾分类回收管理系统，或设置冷藏、冷冻或压缩等垃圾前置处理设施。

八、室内环境指标

室内环境指标主要在评估室内环境中，隔声、采光、通风换气、室内装修、室内空气质量等，影响居住健康与舒适之环境因素，希望藉此唤起人们对室内环境质量的重视，并减少室内污染伤害，以增进生活健康。

室内环境指标的目的以声环境、光环境、通风换气与室内建材装修等四部分为主要评估对象。尤其在室内装修方面，鼓励尽量减少室内装修量，并尽量采用具有绿色建材标章的健康建材，以减低有害空气污染物的逸散，同时也要求低污染、低逸散性、可循环利用的建材设计。

第三节　节能与绿色建筑

建筑作为人工环境，是满足人类物质和精神生活需要的重要组成部分。然而，人类对感官享受的过度追求，以及不加节制的开发与建设，使现代建筑不仅疏离了人与自然的天然联系和交流，也给环境和资源带来了沉重的负担。据统计，人类从自然界所获得的50%以上的物质原料用来建造各类建筑及其附属设施，这些建筑在建造与使用过程中又消耗了全球能源的50%左右。在环境总体污染中，与建筑有关的空气污染、光污染、电磁污染等就占了34%；建筑垃圾则占人类活动产生垃圾总量的40%；在发展中国家，数量剧增。布局分散的大量建筑还造成侵占土地，破坏生态环境的现象日益严重。中国正处于工业化和城镇化快速发展阶段，要在未来15年保持GDP年均增长7%以上，将面临巨大的资源瓶颈和环境压力。严峻的事实告诉我们，中国要走可持续发展道路，发展节能与绿色建筑刻不容缓。

一、绿色建筑整体设计的科学性及目的

绿色建筑通过科学的整体设计，集成绿色配置，自然通风，自然采光，低能耗围护结构，新能源利用，中水回用，绿色建材和智能控制等高新技术，同时具有选址规划合理，资源利用高效循环，节能措施综合有效，建筑环境健康舒适，废物排放减量无害，建筑功能灵活适宜等六大特点。它不仅可以满足人们的生理和心理需求，而且能源和资源的消耗最为经济合理，对环境的影响最小。

发展节能与绿色建筑是建设领域认真落实以人为本，全面、协调、可持续的科学发展观，统筹经济与社会、人与自然和谐发展的重要举措；是调整房地产的产业结构和转变建筑业增长方式，转变经济增长方式，促进经济结构调整的迫切需要；是按照减量化、再利用、资源化的原则，促进资源综合利用，建设节约型社会，发展循环经济的必然要求；是坚持走生产发展、生活富裕、生态良好的文明发展道路的重要体现；是节约能源、保障国家能源安全的关键环节；是探索解决建设行业高投入、高消耗、高污染、低效益的根本途径；是改造和提升传统的建筑业、建材业，实现建设事业健康、协调、可持续发展的重大战略性工作。

二、节能和绿色建筑的设计目标

发展节能与绿色建筑的指导思想是贯彻落实科学发展观，大力开展节能、节地、节水、节材等资源节约和环境保护工作，努力推进节能与绿色建筑的发展，实现建设事业可持续发展。

具体目标分两个阶段。第一个阶段，到2010年，全国新建建筑争取1/3以上达到绿色建筑和节能建筑的标准。同时，最主要的是全国城镇建筑的总耗能要实现节能50%。第二个阶段，到2020年，要通过进一步推广绿色建筑和节能建筑，使全社会建筑的总能耗达到节能65%的总目标。东部地区要争取实现更高的节能水平；基本实现新增建筑占地与整体节约用地的动态平衡；实现建筑建造和使用过程中节水率在现有基础上提高30%以上；新建建筑对不可再生资源的总消耗比现在下降30%以上；到2020年，我国建筑的资源节约水平接近或达到现阶段中等发达国家的水平，节能、节地、节水、节材和环境保护的经济和社会效益显著，转变经济的增长方式成效突出。

主要措施为：

（1）建立健全发展节能与绿色建筑的政策与法规体系；

(2) 完善节能与绿色建筑的技术标准支撑体系；

(3) 建立有效的发展节能与绿色建筑的行政监管体系；

(4) 加强节能与绿色建筑领域的国际交流与合作和培训宣传工作。

三、生态节能技术

生态节能技术目前最重要的八项技术分别为：

(1) 建筑规划整体布局设计考虑生态节能；

(2) 建筑室内外环境采用智能呼吸式系统，保证建筑与环境自然相融；

(3) 采用高效保温隔热玻璃及遮阳调光装置；

(4) 混凝土楼板辐射供暖技术；

(5) 活性能量建筑基础技术；

(6) 置换式新风系统与分散式外墙新风装置；

(7) 双层架空地面技术系统；

(8) 太阳能光辐射发电以及电能高效存储利用系统。

在建筑装饰装修节能设计中应考虑：

(1) 室内墙面、地面和顶棚材料热工性能的选择；

(2) 室内墙面、地面和顶棚如何构成会呼吸的环境；

(3) 如何利用建筑结构墙身、楼板的蓄热性能提供保温、隔热的生态环境；

(4) 门窗的保温、隔热、遮阳的构造设计；

(5) 如何采用绿色照明，解决节能、照明质量和视觉环境的问题。

四、低能耗建筑的设计原则

低能耗建筑是一种类似于窑洞的建筑，其冬暖夏凉、能耗低、舒适、适宜居住。

(1) 建筑物采暖和制冷上尽量不使用一次性能源；

(2) 依据建筑能耗的分配比例，在技术上抓主要矛盾，以外墙、外窗、屋面为重点；

(3) 充分考虑我国的经济条件、气候条件、生活方式和习惯等方面的因素，利用现有建设材料、资源和建设资金等；

(4) 低造价、高效率，使低能耗建筑技术具有在社会中普及应用的价值。

(一) 低能耗技术主要包括的内容

低能耗技术主要包括以下六种：

(1) 围护结构的节能技术。外墙保温隔热技术是低能耗建筑中的主体技术，以聚氨酯外墙外保温技术、挤塑聚苯板复合胶粉聚苯颗粒外墙外保温隔热技术、膨胀聚苯板复合胶粉聚苯颗粒外墙外保温隔热技术为主。应用自身具有调温性能的相变储能蓄热材料对室温进行调节。

(2) 外窗系统。具有高效保温和吸收太阳能的性能。以双层、三层、中空、充气、低辐射玻璃为主，窗框具有良好气密性、水密性、保温隔热性、抗风压性能，配合以优质的外遮阳系统。

(3) 屋面保温子系统。保温、隔热、防水一体化设计，以聚氨酯、挤塑聚苯板、膨胀聚苯板为主要保温隔热材料。采用植被屋面降低夏季高温下对室内的影响，同时净化环境。

(4) 低能耗采暖制冷子系统。顶棚或地面式采暖和制冷系统，冬季以28℃的温水向室内送暖，或采用太阳能地板采暖，将太阳能集热技术应用于采暖系统；夏季则以19℃的凉水进行低温辐射水蒸发制冷，冷热辐射温度接近或等于室内的舒适温度上下限。

(5) 健康新风子系统。采用低交换率、小温差的地面送风式空调技术和设备代替大功率、大温差的上给上排式空调设备。采用热量回收系统，通过通风管将各房间空气收集起来，与新风交换湿、热，预热新鲜空气后的污浊空气由设在顶棚的风机抽出排放，实现健康的通风换气。

(6) 遮阳系统。密闭、通风、隔热、防盗的遮阳系统，冬天能够补充窗户的保温作用。应达到的目标：遮阳和窗户的传热系数不大于$1.0W/(m^2·K)$；围护结构（墙体和屋面）传热系数不大于$0.2W/(m^2·K)$。

(二) 低能耗技术的主要措施

①隔热外墙(图7-3-1)隔热涂料(图7-3-2)；

②组合屋顶系统原理(图7-3-3、图7-3-4)；

③植物单元系统(图7-3-5)；

④太阳光电板(图7-3-6、图7-3-7)；

⑤太阳能热水系统原理(图7-3-8、图7-3-9)；

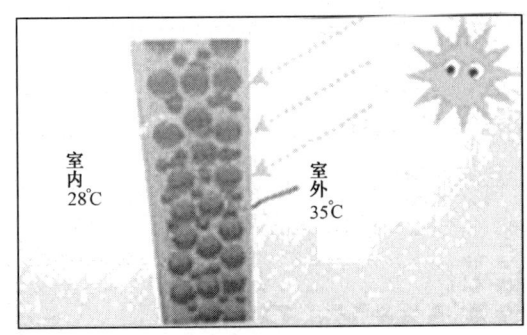

图7-3-1 隔热外墙

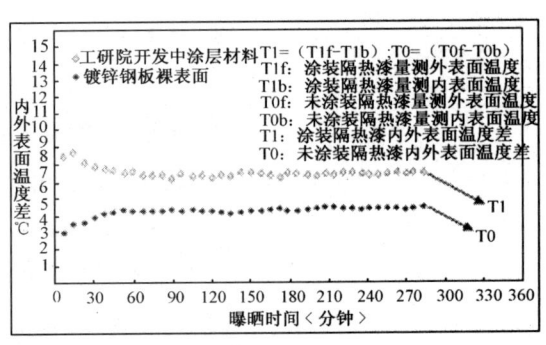

图7-3-2 隔热涂料

图 7-3-3　组合屋顶系统原理（一）

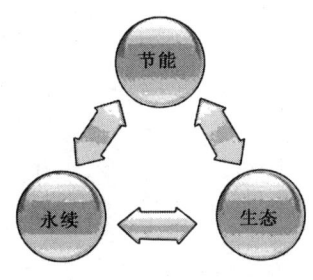
图 7-3-4　组合屋顶系统原理（二）

图 7-3-5　植物单元系统

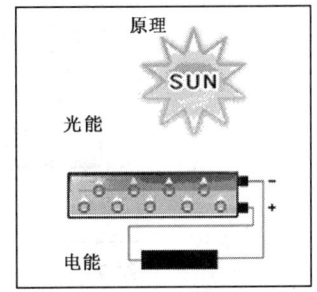
图 7-3-6　太阳光电板原理

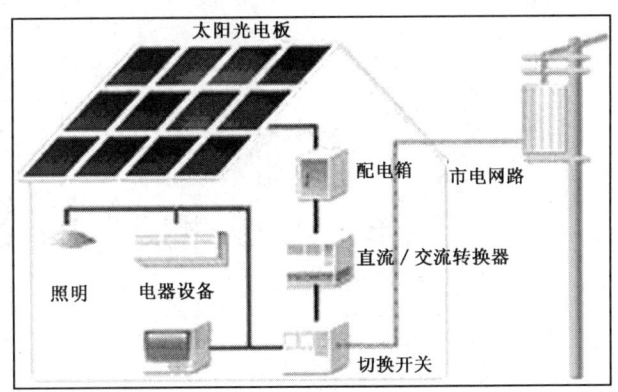
图 7-3-7　太阳光电板

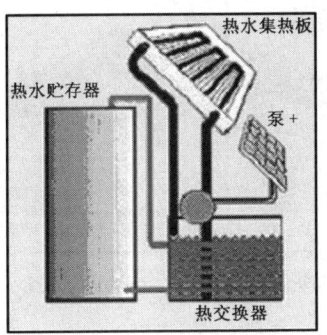
图 7-3-8　热水系统原理

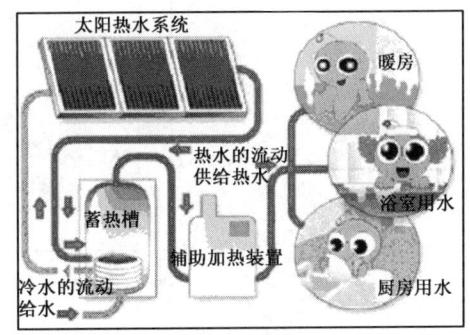
图 7-3-9　太阳能热水系统原理

⑥雨水贮留滴灌系统(图7-3-10);

⑦隔热纳米涂层原理(图7-3-11、图7-3-12、图7-3-13、图7-3-14);

⑧可控式遮阳导光板原理(图7-3-15、图7-3-16);

⑨LED节能灯(图7-3-17);

⑩全热换气(图7-3-18、图7-3-19);

⑪太阳能光线照明系统(图7-3-20)。

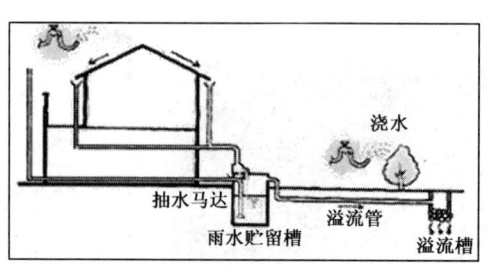

图7-3-10 雨水贮留滴灌系统

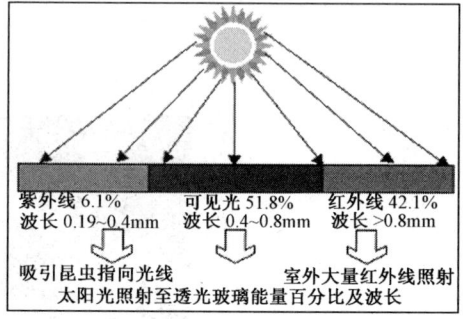

图7-3-11 隔热纳米涂层原理

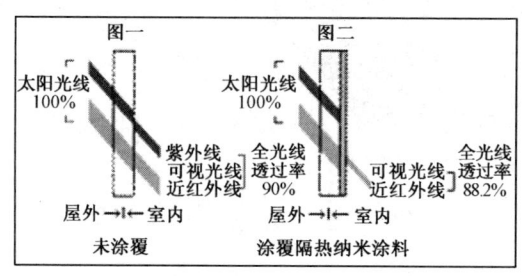

图7-3-12 隔热纳米涂层原理

图7-3-13 隔热纳米涂层原理

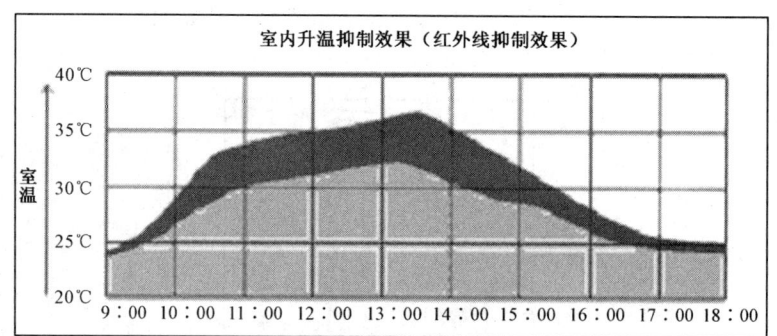

图7-3-14 隔热纳米涂层原理

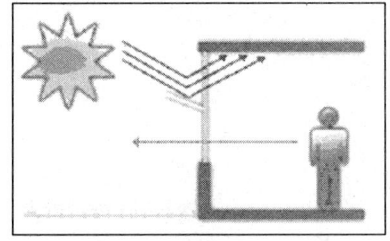
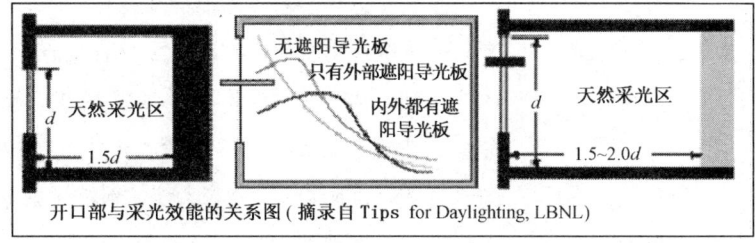

图 7-3-15　可控式遮阳导光板原理　　图 7-3-16　可控式遮阳导光板原理

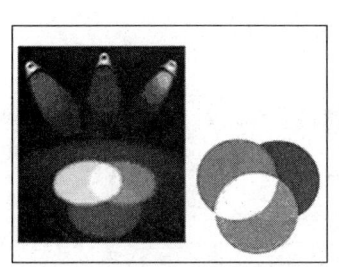
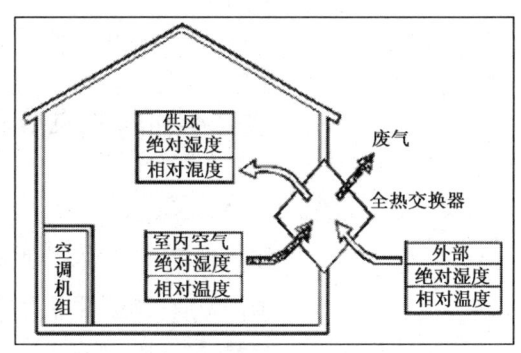

图 7-3-17　LED 节能灯　　　　　　图 7-3-18　全热换气

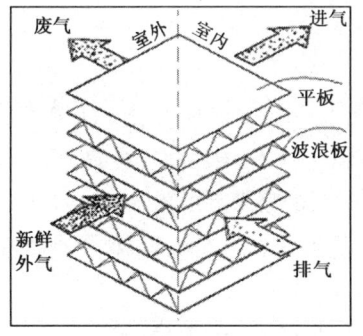
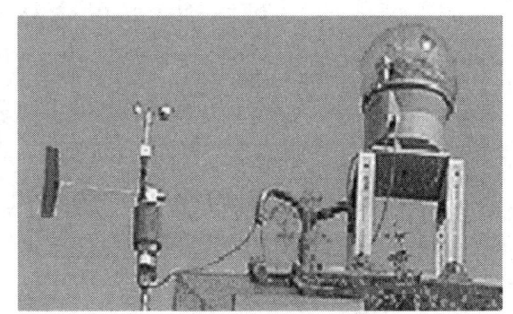

图 7-3-19　全热换气　　　　　　　图 7-3-20　太阳能光线照明系统

第四节　建筑的可持续性

联合国教科文组织与国际建协的一份文件中有一段较公认的提法："就其最高广义而言，可持续性所涉及的是一个社会、一个生态系统或任何一个不断发展的系统在永久的将来都能继续有效地发挥其正确功能作用，而不会受到那些关键性资源的耗尽或过荷的强迫而衰退。"

其中"资源"的含义是："就一个社会来说，其资源可以是物质的，如化石燃料、土层，可以是天然的废物吸收系统，如湿地或大气，可以是社会性的，如教育水平和公平竞争、光明磊落的意识"。

可持续发展必然含物质和精神两方面，相辅相成，缺一不可。保证可持续发展的资源也必然含物质和精神两方面，缺一不可。"可持续性"并不是新概念，古今中外万事万物一开始就存在持续发展的问题。1973年，以埃战争后，二次石油危机，造成了国际能源的恐慌。全球各国对策皆由"开源导向"转为"节流导向"。1992年地球环境高峰会议，敲响了地球环境危机的钟声，同时激起了国际上追求永续发展的浪潮。1998年，京都会议，各国无不积极进行二氧化碳排放减量工作，在世界范围内提出：永续发展Sustainable Development和绿色建筑Green Building。

一、生态与可持续发展的危机

人口、能源、土地、建筑、环境等五方面的严峻形势是20世纪积累下来的、阻碍并破坏建筑及其他领域生态与可持续发展的五大危机，在21世纪仍将存在，有的方面（如人口）若控制不好，形势可能会变得更糟。产生上述危机的根源主要是：人口急剧膨胀、自然灾害、人类负效行为。

二、可持续建筑的含义

建筑及其环境若能做到有利于综合用能，多能转换，三向发展，自然空调，立体绿化，生态平衡，智能运行，弘扬文脉，素质培养，持续发展，美感、卫生、安全（11条46字），在不久的将来就可能做到有效地发挥其正确的物质功能和精神功能的作用。这种建筑称为可持续建筑。可持续建筑的含义是发展的。

三、控制室内外环境污染，强调生态平衡

大量利用可持续能源（太阳能、氢能、水动能、风能、沼气、核聚变能、潮汐能、海浪、地热、绿色植物能等）；保护非持续能源（煤、石油、天然气、液化石油气、煤气、木材等），减少对生态环境的污染，给后人留下宝贵的生存环境和有限的资源。

（一）生物圈

地球上存在生命的部分，由大气圈的下层、水圈和岩石圈的上层组成。适于生物生存的地球环境是生物与地球协同进化的结果，这种环境依靠生物来维持与调控，生物与环境是相互依存的。

（二）生态系统

在一定空间中共同栖居着的所有生物与其环境之间由于不断地进行物质循环

和能量流动过程而形成的统一整体。地球上的森林、草原、荒漠、海洋、湖泊、河流等，不仅它们的外貌有区别，生物组成也各有其特点，并且其中生物与非生物构成了一个相互作用、物质不断地循环、能量不停地流动的生态系统。

（三）人类的生态环境

包括地圈、生物圈、水圈和大气圈。

四、生态技术和生态建筑

（一）生态技术和生态建筑简介

人、建筑、环境是建筑发展的永恒主题，随着全球环境的恶化，生态问题日趋严重，人们越来越关注人类自身的生存方式。特别是1992年178个联合国成员国通过了《里约宣言》，为促进地球生态系统的恢复，实现地球的可持续发展起到了导向作用。

生态技术在这一背景下，发挥出越来越重要的作用，成为各国实现可持续发展的绿色快车和现实保证。生态技术是利用生态学的原理，从整体出发考虑问题，注意整个系统的优化，综合利用资源和能源，减少浪费和无谓损耗，以较小的消耗获得丰厚的目标，从而获得资源和能源的合理利用，促进生态环境的可持续发展。

在建筑领域内，生态建筑有时又被称为"节能建筑"、"绿色建筑"，严格地讲都是不全面的。现代意义上的生态建筑，是指根据当地自然生态环境，运用生态学、建筑技术科学的原理，采用现代科学手段，合理地安排并组织建筑与其他领域相关因素之间的关系，使其与环境之间成为一个有机组合体的构筑物。

（二）建筑生态化

生态建筑从早期仅停留于对气候、生物反应的关注到今天运用替代能源，注重建筑生态高技术的研究，人们对建筑有了更新的认识，在此基础上，提出了建筑生态化问题。它是将建筑融入大的生态循环圈，从整体的角度考虑能源和资源流动，将建筑建造、建筑设计、建筑使用过程中的消耗、产生纳入整个生态系统来考虑，从而改变资源与能源单向流动的方式，趋向良性循环的模式。

清华大学吴良镛先生提出的"建立人居环境循环体系"，将人居环境纳入动态的生生不息的循环体系即是对这一思想的提倡。它对建筑的要求不仅仅是建筑的使用过程，而是建筑的整个生命周期。建筑的生态化，一般应具备如下的基本特征：第一，能为人类提供"宜人"的室内空间环境。它包括健康宜人的温度、湿度、清洁的空气，好的光环境、声环境以及灵活开敞的空间。第二，在对自然资源的利用上，对环境的索取要小。主要指节约土地，在能源与材料的选择上贯彻减少使用、重复使用、循环使用以及用可再生资源替代不可再生资源的原则。第三，对环境的影响要最小，主要指减少排放和妥善处理有害废弃物以及减少光污染、声污染。

（三）发展生态建筑的社会条件

虽然生态建筑才刚刚起步，但它的发展有着深厚的社会认识，它的转变奠定了当今发展生态建筑的社会思想基础。

1. 从"以人为本"到"以环境为中心"

从"以人为本"到"以环境为中心"的社会思想认识的转变奠定了当今发展生态建筑的社会思想基础。

人本主义是西方实现现代化的主导思想之一，始于文艺复兴时期。自18世纪以来的整个现代化过程中，以人为本的思想构成了社会进步和经济增长的哲学基础。人本主义观念明确确立了人的意志自由及其在自然界的优越地位，地球有限的自然资源被视为"取之不尽，用之不竭"，从而遭到滥用和破坏，对环境的污染也大大超过了自然界所能容纳的限度，特别是二次世界大战以来的几十年，世界各国无一例外的遵循西方模式，才使得20世纪70年代的石油危机将资源与环境问题突出地暴露出来，成为世界性的问题。

1972年联合国召开了"人类环境大会"，世界各国认识到人类必须在自然环境所提供的时空框架内发展社会与经济，同时按照自然资源所赋予的条件安排自己的生活方式，从而重新界定了人与自然的关系，确立了"以环境为中心"的发展思想。20世纪末，西欧等发达国家提出"生态现代化"的目标，我国各地也在尝试建设花园城市、生态城市，这标志着延续了200年的"以人为本"的现代化模式正在向"以环境为中心"的可持续发展模式过渡，从而使发展生态建筑具有了广泛的社会思想基础。

2. 共同的社会生活理想是世界各国发展生态建筑的社会道德基础

将即时利益和整个人类的长远利益结合起来，公正合理地与他人分享我们这个地球的有限资源。《里约宣言》指出，为今后世代的发展和环境方面的需要，为保存、保护和恢复地球生态的健康和完整进行合作，各国应本着全球伙伴精神，在追求可持续发展的国际努力中担负应有的责任。

生态环境问题不是某一小区、一个城市或一个国家的问题，有些生态小环境通过一些努力是可以改善和提高的，但大的生态环境的改善与资源的利用不是靠某一地域的改善而能达到目的的，必须是人类的共同意志。《里约宣言》为世界各国发展生态建筑奠定了初步的社会道德基础。

（四）生态建筑的发展动向

目前，生态建筑在各地方发展都处于起步阶段。西欧和北欧是发展得较好的地区，主要建筑有：建于苏格兰偏远地区的斯特林村屋工程；建于柏林的戴母勒奔驰办公室；托马斯设计的建于慕尼黑的住宅联合体以及法国的法兰克福商业大楼；在美国，1948～1959年麻省理工学院所建"3号"、"4号"太阳房均为实用住宅；近年来在日本和新加坡均有具有现代意义的生态建筑建成。

总的来说，各国建筑师都在潜心研究生态建筑的技术和设计方法，从建筑设计上看，主要有两种倾向。

(1) 将建筑融入自然。把建筑纳入与环境相通的循环体系，从而更经济有效地使用资源，使建筑成为生态系统的一部分，尽量减少对自然景观中山石、水体的破坏，使自然成为建筑的一部分。如日本1995年落成的"Acros福冈"，它是一个集文化、商业、办公为一体的综合设施，该建筑向公园层层退台，在退出的平台上做屋顶绿化，这样建筑与公园绿化融入一体，通过高技术实现能量循环利用。

(2) 将自然引入建筑。运用高科技知识，促进生态建筑化，人工环境自然化。如马来西亚杨经文设计的绿色摩天大楼。它在现代都市中引入自然，再现自然，运用生态技术，将植物、水体等自然景观引入建筑内部。

(五) 生态建筑与建筑设计

从全球可持续发展的观点来看，生态建筑代表了21世纪的发展方向，实现建筑的生态化在21世纪的今天变得尤为重要和迫切，尤其对于发展中国家而言更为迫切。客观来讲，生态建筑在发展中国家推行和发展仍有很多需要解决的问题。

(1) 对生态环境的认识不够，"以环境为中心"的设计观念尚未形成或未成为社会的共识。

(2) 生态建筑本身的经济合理性问题。目前由于建筑生态技术和材料严重落后于发达国家，导致建筑单方造价过高，从而使建筑业主望而却步，开发商也因生态建筑需要更多的前期投入而回收速度缓慢而不愿冒险开发。

(3) 各国政府的相关政策尚不到位。对于广大的发展中国家，发展生态建筑首要解决的是认识问题，要加大生态环境的教育，在可持续发展原则上建立一套新的价值体系和行为规范。其次是国家用制度推进生态建筑及其技术的发展，如推行市场准入制度，补贴建立示范性的生态住宅小区，无偿推广实用生态技术等。

(4) 在建筑设计中先从中、低技术开始，如节能技术、通风技术等。

总之，在建筑领域里，我们呼吁与环境共呼吸的建筑设计观，提倡各种建筑生态技术的应用，发展生态建筑。这不仅有助于推动全球环境品质的改善，而且有助于个人生活品质的提高。对于发展中国家，加大生态建筑的研究，推进建筑的生态化，无论从环境的角度、能源的角度或是建筑设计的角度都将有深远的现实意义。

第五节　人与环境

一、环境与人的关系

环境是人和自然界与其所处空间之间的关系，或围绕着生物(主要指人)的一切外在条件。

环境是指影响人类生存和发展的，各种天然的和经过人工改造的自然因素的总体，包括大气、水、土地、生物、居住地等生命保护系统，同时也蓄积了对人们产生刺激甚至袭击的物理、化学和生物的力量。

环境条件的组合处于连续不断的变化之中，有些变化对人类健康有益，有些变化则对人类健康有害，甚至是灾难性的。

环境有未经人工改造的自然环境和人工创造的人为环境。如果再把人为环境分为物质与社会文化(即人文)环境两部分，人类就是生活在三重环境结构之中。这三重环境结构不是简单的重合，也不是相互对立的，而是相互共存、共依的。

人类是环境的创造者，也是环境的改造者。环境不但给人类提供物质需要，而且还给人类提供智慧、道德以及精神上成长的机会。人类必须与大自然协调一致，运用知识和智慧来建立一个更好的环境。环境可大可小，小至一个电话亭，大至一个城市或自然保护区。无论大环境还是小环境，与人类生存和发展关系重大的生态环境都与城市、建筑的人居环境密切相关。

二、人居环境

人居环境就建筑领域而言，可具体理解为人的居住、生活、娱乐、工作环境，包含自然环境与人为环境两者的和谐结合与协调发展。它要求居住建筑必须将其使用功能与社会、文化、艺术等精神功能的复杂要求在空间和时间上相互结合，使聚居地的所有社会功能在满足目前的需要与将来的发展之间取得平衡，与环境保护、生态平衡和节约能源相协调，并有益于人们的身心健康。

早在19世纪20年代建筑理性主义思潮兴起时，建筑工作者就开始从科学的角度关注物理环境因素对建筑的影响，强调阳光、空气和绿地对现代城市的作用，并对住宅的日照、层高、间距及声、光、热等物理环境作了系统的科学研究。

建筑师的毕生工作就是要为人们创造一个舒适、健康、文明的居住环境，更深一层讲，就是要创造一个有利于环境保护、生态平衡和节约能源的可持续发展的人居环境。

二、人居环境存在的问题

（1）在新的居住区规划设计中，必须综合研究与考虑气候、环境、生态和节能设计。

（2）在居住环境中，要从人与人之间的关系、人与建筑和自然环境之间的关系以及环境物理功能的要求全面评价。

不少居住小区为了创造一个较大的公众活动庭院，而全然不顾建筑之间最小日照间距的要求。周边式布局的西向居室全无遮阳措施，更谈不上适宜的风环境设计。绿地率虽然达到30%以上，但不是每户每人均享，而是过分的集中。不少住宅建筑套型的起居室面积达40m^2以上，还要贯通两层。主要居室外墙的窗墙比达80%以上，完全成了玻璃幕墙，远远超过采光需要的窗墙比要求。有的高层住宅的外墙全是200mm厚的钢筋混凝土，而不作任何保温隔热处理。平屋顶固然有它不足之处，但它能"弃瓦还绿"、利用空间、减少城市的热岛效应，这是坡屋顶不具有的长处，提倡采用坡屋顶很不利于居住区的环境、生态和节能。

随着人们的居住要求从"谋生"转向"乐生"，买房、换房、装修已成必然，家装中的设计求新、材料求新、设备求新和陈设求新固然重要，但却忽视了应有一个良好的周围环境与之协调、配合，重内不重外，过分依靠建筑设备，丝毫不考虑人为环境与建筑材料中的微生物对居室环境的影响。

从建筑设计方面讲，建筑师们并没完全忽略气候、环境的设计，也考虑了朝向、间距、自然通风与噪声的防御等，但往往是点到即止。至于进一步从环境、生态、节能意识的高度去分析建筑所处地段的气候特征，研究水面、绿化的布置与生态平衡的关系；研究应用自然能源的潜力和建筑的平面布局与空间构成是否有利于节能；研究建筑材料的热特性以及与建筑细部构造处理之间的关系；预测室内气候改善的程度；估算节能效益等，则往往被认为是建筑热工与暖通空调工程师们的工作范围而不予重视和参与。在住宅建筑的外围护结构设计中，能按《民用建筑热工设计规范》GB 50176—93的要求进行保温隔热设计计算和选择构造形式的不多，更没有将其作为居住环境设计的一个必要条件列入评审要求范围。

四、健康建筑与环境的理念

健康建筑是目前国际上因环境污染和建筑要节能而使房间对外完全封闭造成的室内污染源增加，空气质量恶化，使人产生建筑病(或称封闭房间综合症)，导致人的健康、工作效率和寿命受到危害而对建筑界提出的要求。

健康建筑必须消除各类污染源，不用产生污染源的材料，保护房间的良好通风，充分利用自然能源，采用被动式采暖和冷却而不主要靠建筑设备，利用水面和绿化的合理布局以改善居住区的微气候和自然环境，提高人居环境质量。

五、环境、生态与节能关系紧密

居住建筑设计中的环境保护、生态平衡与节省能源不是孤立的，更不是相互矛盾的，而是相互影响、联系的。居住区规划设计中的气候设计，不仅仅是一个充分利用自然能源、减少再生能源消耗的问题，也是一个直接与地域的生态环境有关的问题。

如果不注意建设地段的地形、地物、地貌，不注意防止水、土和空气的污染，不注意城市人口的密集程度和交通的合理组织与设计，必然导致城市化的过分集中、交通频繁、绿化与水面严重不足、城市热岛效应增强、空气污浊、气温升高、能耗剧增。物理环境的日趋恶化，结果是建筑系统内和建筑系统外的物质良性循环与能量的良性转换受到严重破坏，也就是生态环境受到严重破坏。

建筑立体绿化，如屋顶平面绿化与墙面和阳台的垂直绿化，不仅能够缓解建筑占地与绿化用地之间的矛盾，美化环境，减轻空气污染；同时也达到自然降温的作用，节省能耗而又促进了自然能、质的良性反应与循环，改善了人居环境的质量。

沼气、地热与太阳能等自然能源在村镇住宅建筑中的开发利用，不仅有利于再生能源的节省，更有利于环境、生态的保护与平衡。

城市中大量使用空调设备降温，虽然改善了室内微小气候的温湿度状况，但排除的废气和热量却使室外大环境的空气温湿度变高了。加之使用不当，反而导致空调病(或建筑病)的发生。这不仅使人们对自然气候的适应能力显著降低，也由于空调能耗增大，使生态平衡受到破坏。北京、上海、成都和南宁等地区近25年的气温统计数据表明，年平均温度都升高了2℃以上，冬天变暖的趋势非常明显，这都是城市热岛效应带来的结果。如果温度继续升高下去，对人类生态环境的可持续发展是极为不利的。

六、人居环境的建筑设计原则与环境、生态和建筑节能

人居环境的建筑设计原则：

（1）人居环境的建筑设计应该与其所在的生态环境保持应有的平衡；

（2）人居环境的建筑设计必须考虑生态环境的可持续发展；

（3）人居环境的建筑设计必须考虑，将人—建筑—环境—生态—能源作有机"链"接，不能仅仅为了"人"，为了"发展"，而破坏它们之间的平衡与协调、共依与共存关系。

在人居环境的建筑设计原则指导下，建筑设计必须具有环境、生态、节能意识，或称3E意识，即environment、ecology和energy。必须注重有较好的3E效益。

（4）建筑节能是系统工程，也可以说是一个"节能链"，它包含建筑材料和制品的选择与生产，建筑规划与设计，建筑施工技术与管理，建筑设备的设计与选型，建筑使用过程中自然能源的开发与利用，以及采暖、空调等设备起动后的能耗节省，各个环节紧密联系与协调。

从建筑用能的范围界定建筑使用能耗，则主要包括采暖、空调、热水供应、炊事、照明、家用电器等方面的能耗。它是与工业、农业、交通运输业并列，属于再生能耗，一般占全国总能耗的30%～40%。

就建筑设计而言，建筑节能主要包括从规划设计到建筑与设备设计三个方面。规划设计主要是气候设计，是充分利用自然能源的问题；建筑设计主要是选择合理的平面布局与空间构成形式，选择合理的外围护结构以保持居室在满足热舒适条件下的能耗损失尽可能小；建筑设备设计主要是选择能效高的设备以节省能源。总的是以积极的手段提高建筑中的能源利用效率，即 energy efficiency in building。

不注重房屋建成前的节能，建筑节能是不完善的；不注重房屋建成后的节能，建筑节能也是不完善的。建筑节能并不是降低人们的居住舒适标准，也不是不需要技术经济和思想意识上的投资。这些投资对环境保护，对生态平衡，对人们的健康生活都是有益的，而且，这些节能投资也是一定能够收回的。

第六节 太阳能在建筑中的应用

一、可持续能源与非可持续能源

(1) 可持续能源的基本特征：洁净、安全、永久。如：太阳能、氢能、水动力能、风能、沼气、核聚变能、潮汐能、洋流、海浪、地热、绿色植物能等。

(2) 非可持续能源的基本特征：有限、污染、不安全。如：煤、石油、天然气、液化石油气、煤气等。

二、应用太阳能的"十大"优点

我国就全国范围来说，最值得广泛发展、利用的能源是太阳能、沼气，它们分布最广，个人、集体、国家都可在不同规模上应用。

太阳能的十大优点：适应性最强，技术高低都可使用，覆盖面最广，蕴藏能量最大，洁净性最高，污染性最小（为零），卫生性最好，多能性最优，光合作用最宜，安全性最佳，可用期最长。

利用建筑物本身或其现场直接收集并利用太阳能，应该成为建筑设计者、建造者、使用者必须掌握的技能之一。当代世界太阳能科技发展有两大基本趋势：一是光电与光热结合；二是太阳能与建筑结合。太阳能源建筑系统是绿色能源和新建筑理念两大革命的交汇点，当今世界上发达国家都予以充分重视。

三、我国太阳能分布特点的总趋势

我国获得的太阳能约为每年1016kWh，相当于1.2万亿t标准煤的发热量。按太阳能的热能等级，我国一般分为五个等级。由于纬度及气候（云量、日照时数等）的影响，除局部地区外，我国太阳能分布特点的总趋势是：北高南低、西高东低。

四、太阳能在建筑中的应用

(1) 太阳能热水与炊事；
(2) 太阳能构件与建筑构件结合的多功能构件；

(3) 太阳能采光与日照（如地下空间采光、太阳能电池）；

(4) 太阳能建筑：

①太阳能建筑是经过良好设计，达到优化利用太阳能的建筑。

②以供暖为主的太阳能建筑分为主动式系统和被动式系统两大类。太阳能真空管集热热水器即是利用主动系统的例子。被动式太阳能采暖系统的特点是：将建筑物的全部或部分既作为集热器，又作为储热器和散热器，不需要连接管道、水泵或风机。被动系统又分为间接得热和直接得热。间接的热系统有：特朗伯集热墙、水墙、载水墙、毗连日光间等类型。

五、提高建筑节能节地环保效能

我们仍在大量采用有污染的煤、气、油、柴等常规能源，短时间内还不能脱离对其的依赖，故凡能节约这些能源的地方必然会减少污染，从而有利于环保；凡能节约土地的地方必然有利于绿化，也有利于环保；凡不直接占用土地的面积能进行绿化的也就是多争的绿化面积，间接节约了土地，并有利于环保。

（一）冬季

体形系数越小越有利于节能；散热面积越小越有利于节能。故，圆形平面最有利于节能；正方形也是良好的节能型平面；长宽比接近的矩形平面也是较有利节能的平面形式。以相等的外围面积得到最大的容积，还能使冬季失热最少、夏季得热最少。市政设施的占地、耗材、用工、投资也最小。

太阳能建筑的体形系数应该考虑方向性。白天使用的建筑，东向体形系数大一些较好；而西向体形系数大一些，则对晚间使用的建筑更有利。向阳面积较大的同时，还要加强绝热、绿色种植以及其他遮阳等设施，解决冬季晚间散热、夏季白天得热过多等问题。

建筑群的规划布置，集中布置较分散布置更有利于节能节地、提高环保效能。

围护结构热阻采用节能热阻并注意选材和构造方法。采用充分发挥材料各自功能的复合墙体。

控制供热时间、延长日照时间。

改善和提高透明构件的效能。

（二）夏季

减少夏季热量入室的途径可归纳为：反射、阻存、通风、遮阳、绿化、多功能构件、自然空调和优化组合。

Chapter8 Building Equipment Technology

第八章 建筑设备技术

第八章　建筑设备技术

一、建筑设备课程的内容和学习方法

（一）建筑设备的内容

为建筑物的使用者提供生活和工作服务的各种设施和系统，统称为建筑设备。建筑设备涉及的范围很广，而且随着科学技术的发展与日俱增。由于各国的经济状况相差悬殊，地理区域、生活习惯各有不同，故中外建筑设备的内容也不尽相同，甚至差异很大。

我们所涉及的建筑设备内容包括建筑给水排水、暖通空调、建筑电气三大部分，它们在建筑中起着非常重要的作用。如果把结构比做建筑中的骨架的话，那么建筑设备就是这个建筑的神经、血管和内脏。它不断地向这个建筑提供能量和信息，使之具有生命力，同时又在接受着各种信息并不断发出指令，实时监测、控制、调节建筑内设备和系统，使之处于最佳健康状态，延长建筑物的寿命。

建筑设备的采用应符合以下四个要求：

1. 目的性

充分体现建筑物普遍追求的舒适性和方便性。

（1）舒适性：包括采光、照明、温湿度等条件。

（2）方便性：选择对象为建筑的交通传输机能，信息传送机能，电插座、厕所、热水供应的数量及配置，废品处理系统等。

2. 安全性

建筑物的安全性包括两个方面：

（1）建筑物自身的安全性：当发生火灾、地震等灾害时，具有避难、消防并能维持必要工作的防灾机械。

（2）建筑物系统的安全性：机械设备、装置系统的安全性是提高建筑设备可靠性的关键。

3. 自控性

建筑设备自动控制系统，简称BAS(Building Automation System)，它是衡量高层建筑现代化管理水平的重要标志之一，也是建筑设备系统处于最佳运行状态的保障系统。

4. 经济性

不重视经济性，就等于没有建筑设计。同样，当选用运行费用较大的设备系统时，提高效率和选定合适的能源是需要重点考虑的问题。

（二）学习建筑设备课程的方法

1. 了解建筑设备的基本组成与特点

（1）占空性设备：指在建筑物内需要占据一定空间的各种设备的统称。如：卫生器具、散热设备、电气设备等。

特点：具有占空性、功能性强、外露性、动作频繁等。

（2）广延性设备：指可以在整个建筑物内穿越各个房间，随意延伸的设备。如：各种管道、绝缘导线、电缆线等。

特点：广延性、隐蔽性、故障几率高、易于更换等。

2. 掌握建筑设备的相关性

建筑设备涉及许多工程学科，各工程学科都有其各自的基础理论和独立系统，专业之间内容差异很大，它可以不依赖其他专业而独立存在，表现出每个专业相对独立的一面；而在建筑工程中，包含了多个工程学科，每个独立系统与其相关系统都有密切联系。例如：建筑给水是城镇供水的"用户"，室内消防给水是建筑防灾的重要手段之一，建筑排水是城镇排水的"起点"，建筑供暖、热水供应是集中供热工程的组成部分，室内燃气供应是室外燃气供应的延续，通风及空气调节是现代建筑物内人工气候的重要技术措施，而建筑电气则是城市供电的"用户"等，这些都是建筑设备相关性的一面。

为了基本掌握上述众多工程技术知识的内容，首先应当对各工程技术系统的分类、组成、布置与敷设有一个基本的了解。又因这些工程技术系统共同设置于同一幢建筑物内，其设备系统在设计、施工或管理阶段都不可避免地会相互联系、产生矛盾、发生冲突，所以必须协调好各工程技术之间及各工种与建筑设计、施工和管理方面的关系，才能保证各设备系统保持良好的运行工况，提高建筑物的使用质量。

3. 掌握建筑设备的共通性

（1）图纸的组成。在水、暖、电设计中都包括平面图和系统图两大部分内容。平面图表现了管道及设备在各层中的位置，而系统图则表现的是该系统的来龙去脉。

（2）系统的组成。每个系统工程（如给水系统、供暖系统、电气系统等）都是由源、中间环节、用户三部分组成。

① 源：源是供给各系统的能源。

源的类型：如工程中城市给水系统的水厂、供暖系统的热电厂、电力系统的发电厂等；或建筑物中的水泵房、锅炉房、空调机房、变配电室等。

位置：系统的源头，一般建在一次能源蕴涵丰富的地方；建筑设备用房在满足基本要求的情况下，靠近负荷中心。

对建筑的要求：设备用房对建筑的防火、面积、层高、朝向、采光、通风等均有要求。

② 中间环节：中间环节起输送、分配能量作用，含两部分内容，包括升、降压设施和各种不同级别的管线。由于系统中源头的位置距负荷中心较远，需要高压输送，以减少能量损失；用户则需要低压使用，以保证安全和降低成本。如城市给水系统中的加压站和输配管网，电力系统中的变配电所和不同等级的电压线路等，或建筑给水中的水泵、水箱和水管线路，建筑配电中的变配电设备和线路等。

管线的布置形式：如给水管有枝状、环状布置；电气线路有放射式、树干式、混合式等。不同的布置形式，系统运行的可靠程度不同，经济投入也不同。

管线的敷设方式：包括明敷、暗敷两种。前者经济，便于安装、维修；后者比较美观。不同的建筑标准，应该有不同的敷设方式。

管径估算：管径大小对建筑设计有影响，特别是大截面的通风、空调管道。

③ 用户：用户指消耗能量的设备。如水泵、电梯、散热器、风机、电光源等。设备选用与布置首先要考虑使用功能，同时还要考虑对建筑设计产生的影响。

综上所述，虽然建筑设备内容繁杂，但只要了解其构成规律，了解各系统的共性和特性，就能够较好地理解、掌握建筑设备的内容，以便在建筑设计中更好地发挥建筑设备的作用。

二、建筑设备与建筑师

建筑学专业学生所学的课程大致可以分为三类。第一类课程的内容是由建筑学专业人员去研究和完成的，如建筑设计、建筑理论等；第二类是由相关专业人员去研究的，但他们的成果则由建筑学专业人员在设计工作中得以体现，如建筑材料、建筑物理等；第三类则是由其他专业的人员去研究、设计的，如建筑结构、建筑设备就属于这一类。课程类型不同，对学习深度和学习目的的要求也不同。

1. 掌握将来作为建筑师工作时必需的专业技能

一个完整的建筑设计，包括建筑、结构、水、暖、电等多个专业。大家共同在一个建筑中作设计，就存在一个专业间的配合问题。为此，在建筑设计中，建筑师必须要了解相关专业对建筑设计的要求，要知道他们在做什么，能做什么，并要求建筑做什么，在设计工作中更容易做好，减少不必要的返工。这就是作为建筑师所必需掌握的专业技能，也是对建筑学专业人员最基本的要求。

2. 提高建筑师自身对建筑的认识和修养

随着社会经济、科学技术的发展，随着人们对建筑设备认识的深化，建筑设备得以快速地发展。新技术、新材料、新设备不断出现，一方面使得以前非常复杂的东西变得相对简单；另一方面又出现很多新内容、新系统。可持续发展、绿色建筑、生态、环保、能源、资源这些名词已经越来越被人们所熟悉，而建筑使用者更关注这些指标在建筑中的良好体现。设计者只有知道水是如何使用的，设计时才能在正常用水的情况下尽可能的节约用水；只有知道能源在建筑中是怎样消耗的，设计时才能尽可能的节约能源；只有知道在创造室内小环境的同时可能会对周围的大环境造成什么危害，设计时才能尽量减少对环境、对生态的影响。这些自身的素质和修养程度直接影响建筑师的设计水平。通过了解建筑设备，可自觉在建筑设计过程中采用节能技术，减少建筑运行费用。

3. 加强专业间的配合

由于建筑设备的占空性和广延性特点，建筑设计过程中，建筑师应与设备师协商：机房位置与面积、管井位置与尺寸、平顶空间高度等。要求建筑师对设备外形尺寸、安装高度、坡度尺寸、管道连接形式和断面尺寸有比较准确把握，使机房、管井平面布置合理，工艺流程好，空间大小合适。

4. 培养协调组织能力

建筑师对建筑设备中不够美观的地方，应采取措施使之与整体建筑风格相协调，并且具有综合考虑和处理各种建筑设备与建筑主体之间关系的能力。

建筑师在建筑相关专业的理论深度和计算能力上可以远不及相关专业工程师，但在相关专业思考问题的广度和总体构思上应领先于相关专业工程师。

三、建筑设备与建筑发展

（一）建筑设备的发展趋势

建筑设备的发展与建筑发展、科学技术的发展有密切的关系。建筑设备通过两种途径对建筑发生影响：

第一种途径是建筑设备本身在建筑中的直接应用，推进建筑技术科学的发展；

第二种途径是科学技术发展改变人类的社会生活方式，间接地影响建筑的发展。

我国目前正处在建筑发展的高峰期，随着城镇化水平的提高以及房地产市场的进一步开放，城镇建设飞速发展，每年全国建成的房屋建筑面积约16亿～19亿m²。全国各地的"造城运动"竞相上马，势头高涨。据世界银行预测，到2015年我国城镇建筑将有一半是21世纪新建。然而目前我国的城镇建设还存在许多问题：建筑设计片面追求"新、奇、特"与所谓高科技，强调超指标、超豪华，而忽略了土地利用、资源节约、能源节约、和环境保护等问题。同时建筑的室内环境质量并没有得到有效提高，甚至还会下降。如果任由上述情况发展而不及时进行科学引导，将会不断产生大批城市垃圾，带来资源耗竭、环境恶化等严重问题，进而影响我国经济、社会的稳定持续发展。

我国城镇建设可持续发展的关键点是发展"绿色建筑"，这也是当前国际上建筑发展的方向，同时确定了建筑设备的发展趋势，要求建筑设备工程尽量以最小的能源与资源消耗，达到绿色建筑中所涉及的内容和各项指标要求，以先进的建筑设备理念、系统、技术、设施等促使绿色建筑的实现。

值得指出的是，绿色建筑希望用尽可能少的能源和资源消耗，给环境和生态带来尽可能小的负面影响，同时为居住和使用者提供健康舒适的建筑环境与良好的服务，这本身就存在一定的矛盾。以大量的能源消耗和破坏环境为代价所获得的舒适性的"豪华建筑"不符合绿色建筑要求；而放弃舒适性，回到原始的茅草屋中，虽然不消耗能源和资源，却也不是绿色建筑所提倡的。尤其是中国目前建筑环境质量的现状和要求存在很大的差异；不像发达国家总体水准较高、差别较小，问题的主导方面是能源、资源与环境代价的最小化。为此，我国目前制定出一套关于《绿色奥运建筑评估体系》。在评估体系中分别列出在规划、设计、施工、运行不同阶段中绿色建筑所涉及的内容及相应的技术对策。

我们以一个案例分析去体会建筑设备在其中的作用和与建筑发展的关系。

(二) 案例分析

1. 基本情况说明

某办公建筑（规划、设计阶段）位于北京市海淀区，北临某公园，南临国家政府机关，南部为交通主要干道，环境优雅，交通十分便利。该建筑规划建设用地面积2200m²，容积率为4.4，建筑面积为13225m²，建筑总层数为10层（地上8层，地下2层），高度 30.3m。绿地总面积 8817m²，绿地率30.1%，绿化覆盖率35.9%（图8-0）。

该建筑固体废弃物为生活垃圾，采用袋装收集，由管理部门专设清洁人员采用封闭垃圾运出，定期由环卫部门清运到垃圾处理站。

该建筑外围护结构保温隔热性能良好，具体的形式和热工性能如下：

①外墙：舒布洛克复合型墙体 $k = 0.620W/(m^2·K)$；

②外窗：Low-e型玻璃外窗 $k = 1.65W/(m^2·K)$，太阳辐射系数SHGC = 0.28，可见光透射系数TVIS = 0.41；南向外窗一律采用遮阳板和反光板；

③外门：普通落地玻璃外门（双层门斗）；

④屋面：160mm厚水泥聚苯保温屋面 $k = 0.64 W/(m^2·K)$。

该建筑首层门厅、休息厅及3~8层办公及会议区采用风机盘管加变风量新风系统的吊顶空调方式，2层展厅部分采用架空地板送风复合型空调送风方式。屋顶设备层内设转轮式全热回收机组，其功能是在转轮旋转过程中，让排风与新风以相逆方向流过转轮（蓄热体）而各自释放和吸收能量。制冷系统冷源采用两台高效双机头电制冷水机组，COP = 4.4，制冷剂采用氟利昂替代产品R134a。

该建筑配置太阳光伏发电系统，配电总功率为19kW。卫生热水仅提供各层公共卫生间盥洗用热水，采用热管真空管太阳能热水系统，集热器等设备可布置在屋顶机房层的屋面上。

建筑照明采用带电子镇流器的T5灯和部分T4灯，所有照明器具由感光器、人体感应器结合计算机中央控制。对楼内的通风、供水、空调制冷、供暖等系统采用了一套楼宇自控系统，该系统运用集散控制理论，实现分散控制、集中管理。

图8-0　某办公建筑与其外环境

给水系统分为两种供水方式：1~3层以及地下室部分的生活水给水由市政供水管道引入系统直接供给；3层以上的各层生活水给水利用设置于地下2层的生活水给水池以及变频供水装置供给。核心筒楼梯间9层的上空设置了两个现浇混凝土的雨水收集水池，主要收集9层机房顶屋面的雨水，雨水收集水池设置溢流管道，溢水流向为8层屋面。由于用地条件的限制本工程未考虑地面雨水的储存利用。

2. 总结

该办公建筑经《绿色奥运建筑评估体系》各项指标评估后，总结出：在节能方面是做得非常突出的，采用了具有良好保温性能的围护结构、高效节能灯具、转轮式热回收系统、太阳能提供生活热水等节能措施，使得该建筑在能源消耗以及能源对大气污染方面均得到了较好的分值；该建筑在节水方面也采取了一定的有效措施，例如采用了大量的节水器具，设计了雨水收集系统。该建筑相对得分较低的在建筑材料方面，这也是该建筑综合评估结果没有进入最佳绿色建筑的主要原因。

由上述实例分析可知，实现绿色建筑要依靠两个手段，即规划与建筑设计的手段和利用各种设备的手段。而用传统的建筑设备设计来满足当今建筑的需求，是达不到其目的的。结合可持续发展的要求，建筑设备从源头的利用、中间环节的设计到设备设施的选择等方面，都应考虑与生态规律相结合。这就是建筑设备的发展方向。

第一节　保障建筑功能的设备系统

任何建筑物，如果仅有遮风避雨的外壳，而无相应的其他功能，其使用价值将是很低的。对使用者来说，建筑物的规格、档次的高低，取决于建筑内建筑设备功能的完善程度。为了保障建筑功能的实现，建筑物内必须具备的设备系统有：建筑供水系统、建筑排污系统、卫生设备、能源供给系统、运输系统等。

一、建筑供水系统

（一）建筑给水系统

建筑物的给水系统主要介绍如何将城镇给水管网或自备水源给水管网的水引入室内，经配水管送至生活、生产和消防用水设备，并满足各用水点对水量、水压和水质要求的冷水供应系统的相关知识。

1. 建筑给水系统的分类

给水系统按用途可分为三类：

（1）生活给水系统：供给人们饮用、盥洗、洗涤、沐浴、烹饪等生活用水。其水质必须符合现行的国家标准《生活饮用水卫生标准》GB 5749—2006的要求。

（2）生产给水系统：供给生产设备冷却、原料和产品的洗涤，以及各类产品制造过程中所需的生产用水。生产用水应根据工艺要求，提供所需的水质、水量和水压。

（3）消防给水系统：供给各类消防设备灭火用水。消防用水对水质要求不高，但必须按照防火规范保证供给足够的水量和水压。

上述三类给水系统可独立设置，也可根据实际条件和需要组合成同时供应不同用途、水量的生活、生产、消防等共用系统。或进一步按供水用途的不同和系统功能的差异分为：饮用水给水系统、中水系统、消火栓给水系统、自动喷水灭火系统和循环或重复使用的生产给水系统等。系统的选择，应根据生活、生产、消防等各项用水对水质、水量、水压、水温的要求，如生产给水系统应优先设置循环或重复利用给水系统,并应利用其余压。还要结合室外给水系统的实际情况,经技术经济比较或采用综合评判法确定。

2. 建筑给水系统的组成

建筑物的给水系统如图8-1-1所示,由下列各部分组成:

(1) 引入管:自室外给水管将水引入建筑物或由市政管道引入至小区给水管网的管段。

(2) 水表节点:是指引入管上装设的水表及其前后设置的阀门、泄水装置的总称。

(3) 管道系统:管道系统是指系统中的水平管、立管和支管等。干管就是建筑给水管道的主线;立管是由干管垂直引出通往各楼层的管线;支管是指从立管(或干管)接往各用水点的管线。

(4) 配水装置和用水设备:指各类卫生器具和用水设备的配水龙头和生产、消防等用水设备。

(5) 控制附件:管道系统中调节水量、水压,控制水流方向,以及关断水流,便于管道、仪表和设备检修的各类阀门。

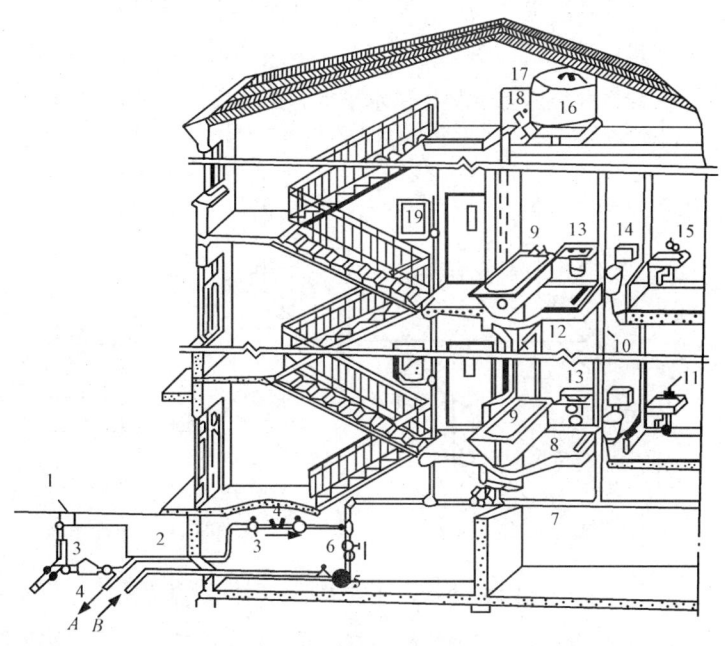

图8-1-1 简单的建筑内部给水系统
1—阀门井;2—引入管;3—闸阀;4—水表;5—水泵;6—止回阀;7—干管;8—支管;9—浴盆;10—立管;11—水龙头;12—淋浴器;13—洗脸盆;14—大便器;15—洗涤盆;16—水箱;17—进水管;18—出水管;19—消火栓;A—入贮水池;B—来自贮水池

(6) 升压与贮水设备：根据建筑物的性质、高度、消防设施和生产工艺上的要求及当室外给水管网的压力不能满足建筑用水要求或要求供水压力稳定、确保供水安全可靠时，在给水系统中设置的水泵、气压给水设备和水池、水箱等增压、贮水设备。

3. 建筑给水系统的给水方式

建筑给水方式即建筑内部给水系统的供水方案。建筑给水方式的选择，必须根据用户对水质、水压和水量的要求，室外管网所能提供的水质、水量和水压情况，卫生器具及消防设备等用水点在建筑物内的分布，以及用户对供水安全、可靠性的要求等条件来确定。

建筑给水方式的基本类型有以下几种。

(1) 直接给水方式：室外给水管网的水量、水压在一天内任何时间均能满足建筑物内部用水要求时，采用此方式，如图8-1-2所示，即建筑物内部给水系统直接在室外管网压力的作用下工作，这是最简单、经济的给水方式。

(2) 设置水箱和水泵的给水方式：当室外给水管网的水压低于或周期性低于建筑物内部给水管网所需水压，而且建筑物内部用水量又很不均匀时，宜采用单设水箱或与水泵联合给水方式，水泵、水箱联合给水方式如图8-1-3所示。这种给水方式由于水泵可及时向水箱充水，使水箱容积大为减小；又因为水箱的调节作用，水泵的出水量稳定，可以使水泵在高效率下工作。水箱如采用自动液位控制（如浮球继电器等装置），可实现水泵启闭自动化。因此，这种方式技术上合理、供水可靠，虽然费用较高，但其长期效果是经济的。

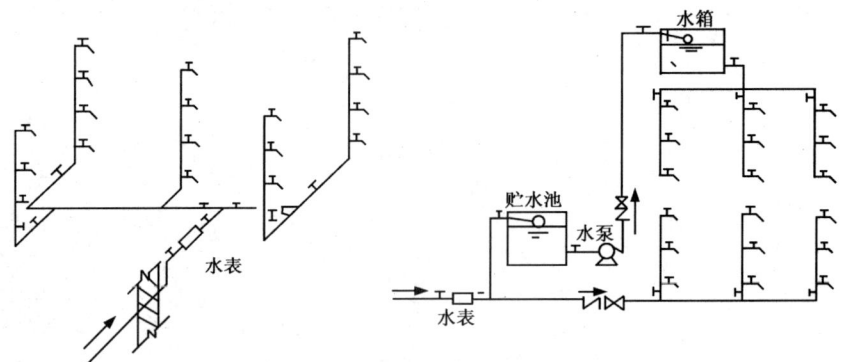

图8-1-2 直接给水方式　　图8-1-3 设水泵、水箱联合给水方式

当一天内室外管网压力大部分时间能满足要求，仅在用水高峰时刻，由于用水量的增加，室外管网中水压降低，而不能保证建筑物上层用水时，则可单设水箱解决，如图8-1-4所示。在室外给水管网水压足够时（一般在夜间）向水箱充水，室外管网压力不足时（一般在白天）由水箱供水。故此方式仅在日用水量不大的建筑物中采用。

若一天内室外管网压力大部分时间不能满足要求，且室内用水量较大又较均匀时，则可单设水泵升压，如图8-1-5所示。此时由于出水量均匀，水泵工作稳定，电能消耗比较少，这种给水方式适用于生产车间给水。

(3) 分区供水的给水方式：在层数较多的建筑物中，室外给水管网水压往往只能供到建筑物下面几层，而不能供到建筑物上面几层，为了充分利用室外给水管网压力，常将建筑物分成上下两个或两个以上的供水区，如图8-1-6所示。下区直接在城市管网压力下工作，上区由水箱和水泵联合供水。

这种给水方式对建筑物低层设有洗衣房、浴室、大型餐厅和厨房等用水量大的建筑物尤有意义。

(4) 气压给水方式：当室外给水管网水压经常不足，而建筑物内又不宜设置高位水箱或设水箱确有困难的情况下，可设置气压给水设备。气压给水装置是利用密闭压力水罐内气体的可压缩性，储存、调节和加压送水的给水装置，其作用相当于高位水箱或水塔，如图8-1-7所示。这种给水方式的优点是：设备可设在建筑物的任何高度上，安装方便，水质不易受污染，投资省，建设周期短，便于实现自动化等。但由于给水压力波动较大，管理及运行费用较高，所以供水安全

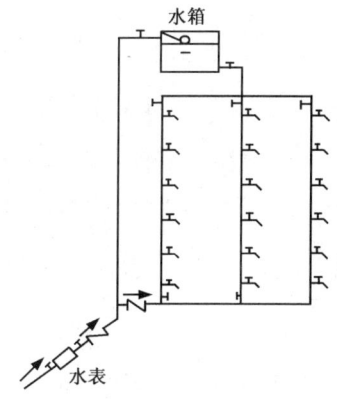

图 8-1-4 单设水箱的给水方式

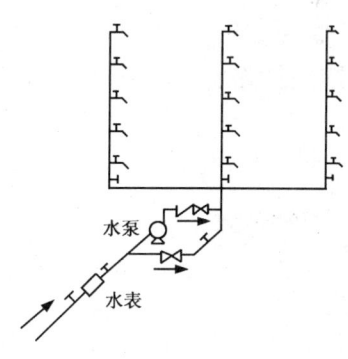

图 8-1-5 设水泵的给水方式

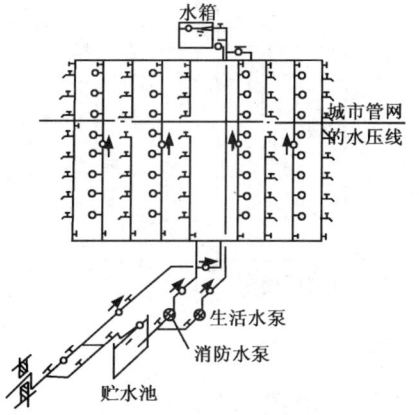

图 8-1-6 分区供水的给水方式

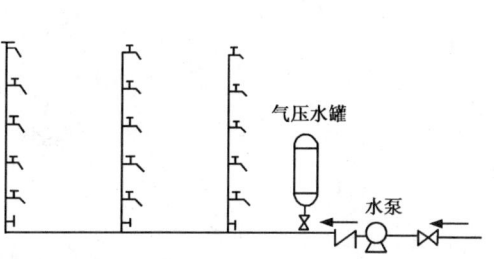

图 8-1-7 气压给水方式

性较差。

(5) 分质给水方式：分质给水方式即根据不同用途所需的不同水质，分别设置独立的给水系统。如图8-1-8所示，饮用水给水系统供饮用、烹饪、盥洗等生活用水，水质符合"生活饮用水卫生标准"。杂用水给水系统，水质较差，仅符合"生活杂用水水质标准"，只能用于建筑内冲洗便器、绿化、洗车、扫除等用水。近年来为确保水质，有些国家还采取了饮用水与盥洗、沐浴等生活用水分设两个独立管网的分质给水方式。

(6) 高层建筑的室内给水方式：当建筑物的高度很高时，如果给水只采用一个区供水，则下层的给水压力过大，会带来许多不利之处。为了消除和减少系统运行弊端，高层建筑的高度达到某一程度时，其给水系统必须作竖向分区。高层建筑竖向分区的形式分：串联式、并联式、减压式和无水箱式等，如图8-1-9所示。

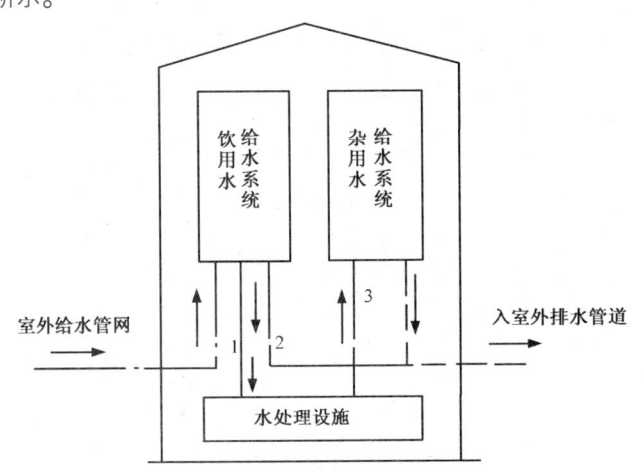

图 8-1-8 分质给水方式
1—生活废水；2—生活污水；3—杂用水

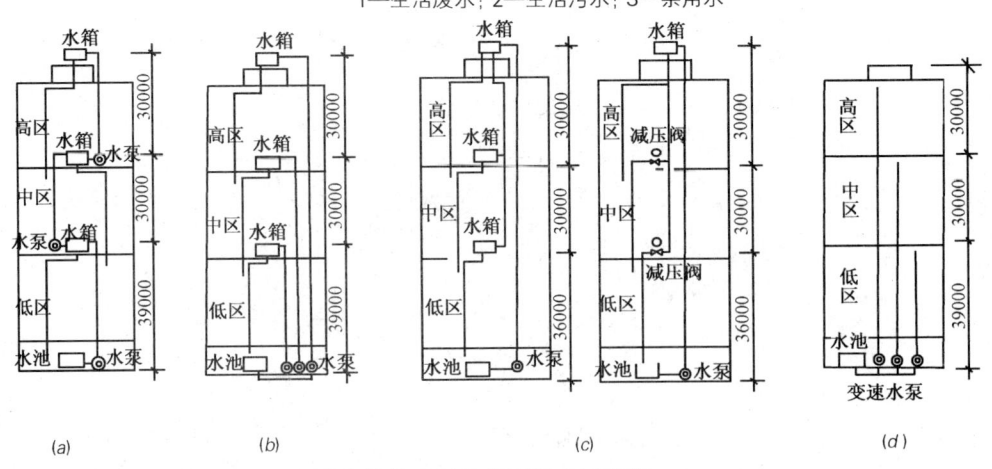

图8-1-9 高层建筑给水系统分区形式示意图
(a) 串联供水方式；(b) 并联供水方式；(c) 减压式；(d) 无水箱式

（二）建筑热水供应系统

建筑热水供应系统是指为宾馆、饭店、医院、疗养院、公寓、住宅、公共浴室、车间等提供沐浴、盥洗所需热水的系统。

1．分类和组成

建筑内的热水供应系统按热水供水范围的大小，可分为集中热水供应系统和局部热水供应系统。集中热水供应系统供水范围大，热水集中制备，用管道输送到各配水点。一般在建筑内设专用锅炉房或热交换间，由加热设备将水加热后，供一幢或几幢建筑使用。适用于使用要求高、耗热量大、用水点多且分布较密集的建筑。其热源在条件允许时应首先利用工业余热、废热、地热和太阳能，若无上述可利用热源时，则应优先采用能保证全年供热的城市热力管网或区域性锅炉房供热。选用以上热源建筑内可不设专用锅炉房，既可节约能源，又可减少环境污染。局部热水供应系统供水范围小，热水分散制备。一般靠近用水点设置小型加热设备，供一个或几个配水点使用，热水管路短，热损失小。适用于使用要求不高，用水点少而分散的建筑。其热源宜采用蒸汽、煤气、炉灶余热或太阳能等。

各种系统的选用主要根据建筑物所在地区热力系统完善程度和建筑物使用性质、使用热水点的数量、水量和水温等因素确定。

室内热水系统主要由下列各部分组成，如图8-1-10所示。

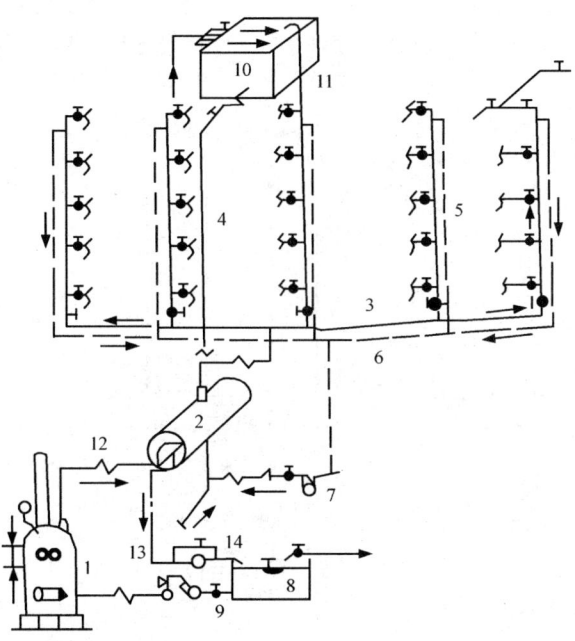

图8-1-10　热媒为蒸汽的集中热水系统
1—锅炉；2—水加热器；3—配水干管；4—配水立管；5—回水立管；6—回水干管；7—循环泵；8—凝结水池；9—冷凝水泵；10—给水水箱；11—透气管；12—热媒蒸汽管；13—凝水管；14—疏水器

(1) 热媒系统（第一循环系统）：热媒系统由热源、水加热器和热媒管网组成。由锅炉生产的蒸汽（或过热水）通过热媒管网送到水加热器加热冷水，经过热交换，蒸汽变成冷凝水，靠余压送到冷凝水池，冷凝水和新补充的软化水经冷凝循环泵再送回锅炉加热为蒸汽。如此循环完成热的传递作用。对于区域性热水系统不需设置锅炉，水加热器的热媒管道和冷凝水管道直接与热力网连接。

(2) 热水供水系统（第二循环系统）：热水供水系统由热水配水管网和回水管网组成。被加热到一定温度的热水，从水加热器出来经配水管网送至各个热水配水点，而水加热器的冷水由屋顶水箱或给水管网补给。为保证各用点随时都有规定水温的热水，在立管和水平干管甚至支管设置回水管，使一定量的热水经过循环水泵流回水加热器，以补充管网散失的热量。考虑管网内因温度变化而引起水的膨胀，应采取措施消除热水体积膨胀和由于膨胀引起的超压问题。

(3) 附件：附件包括蒸汽、热水的控制附件及管道的连接附件。如：温度自动调节器、疏水器、减压阀、安全阀、膨胀罐、管道补偿器、闸阀、水嘴等。

2. 热水供应方式

热水供应方式按管网压力工况的特点，可分为开式和闭式两类。开式热水供水方式中，一般是在管网顶部设有水箱，管网与大气连通，系统内的水压仅取决于水箱的设置高度而不受室外给水管网水压波动的影响，所以，当给水管道的水压变化较大，且用户要求水压稳定时，宜采用开式热水供水方式，如图8-1-11所示，该方式中必须设置高位冷水箱和膨胀管或开式加热水箱。闭式热水供水

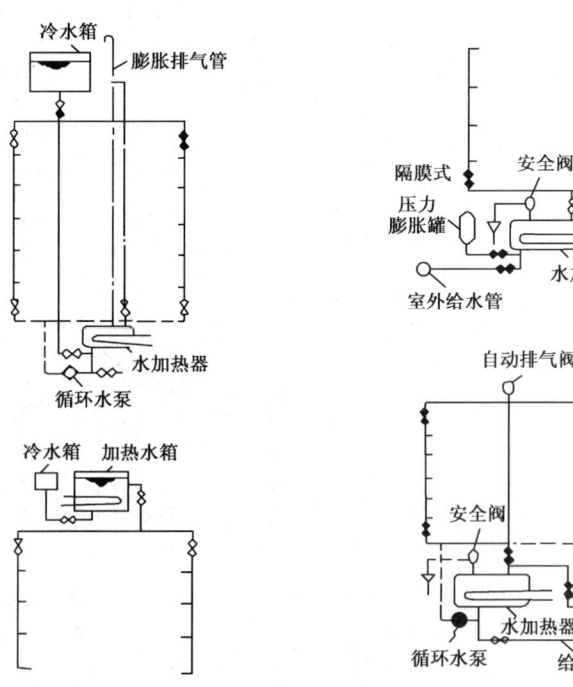

图 8-1-11 开式热水供水方式　　图 8-1-12 闭式热水供水方式

方式中，管网不与大气相通，冷水直接进入水加热器，需设置安全阀，有条件时还可以考虑设隔膜式压力膨胀罐或膨胀管，以确保系统的安全运转，如图8-1-12所示。闭式热水供水方式具有管路简单，水质不易受外界污染的优点，但供水水压稳定性较差、安全可靠性较差，适用于不设屋顶水箱的热水供应系统。

根据热水加热方式的不同有直接加热和间接加热之分，如图8-1-13所示。

直接加热也称一次换热，是利用以燃气、燃油、燃煤为燃料的热水锅炉，把冷水直接加热到所需要的温度，或是将蒸汽直接通入冷水混合制备热水。热水锅炉直接加热具有热效率高、节能的特点。蒸汽直接加热方式具有设备简单、热效率高、无需冷凝水管的优点；但噪声大，对蒸汽质量要求高，由于冷凝水不能回收，致使锅炉供水量大，且需要对大量的补充水进行水质处理，故运行费用高。该方式仅适用于具有合格的蒸汽热媒，且对噪声无严格要求的公共浴室、洗衣房、工矿企业等用户。

间接加热也称二次换热，是将热媒通过水加热器把热量传递给冷水，达到加热冷水的目的，在加热过程中热媒与被加热水不直接接触。该方式的优点是回收

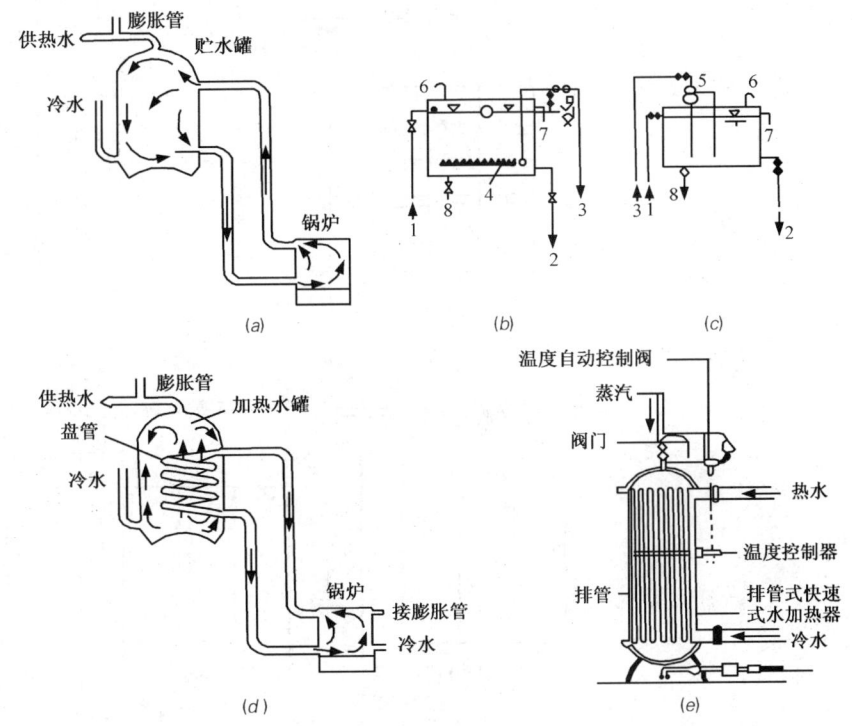

图 8-1-13 热水加热方式
(a)热水锅炉直接加热；(b)蒸汽多孔管直接加热；(c)蒸汽喷射器混合直接加热；
(d)热水锅炉间接加热；(e)蒸汽——水加热器间接加热
1—给水；2—热水；3—蒸汽；4—多孔管；5—喷射器；6—通气管；7—溢水管；8—泄水管

的冷凝水可重复利用，只需对少量补充水进行软化处理，运行费用低，且加热时不产生噪声，蒸汽不会对热水产生污染，供水安全稳定。适用于要求供水稳定、安全，噪声要求低的旅馆、住宅、医院、办公楼等建筑。

根据热水管网设置循环管网的方式不同，有全循环、半循环、无循环热水供水方式之分，如图8-1-14所示。全循环热水供水方式是指热水干管、热水立管及热水支管均能保持热水的循环，各配水龙头随时打开均能提供符合设计水温要求的热水，该方式用于有特殊要求的高标准建筑中，如：高级宾馆、饭店、高级住宅等。半循环方式又分为立管循环和干管循环热水供水方式。立管循环热水供水方式是指热水干管和热水立管内均保持有热水的循环，打开配水龙头时只需放掉热水支管中少量的存水，就能获得规定水温的热水。该方式多用于设有全日供应热水的建筑和设有定时供应热水的高层建筑中。干管循环热水供应方式是指仅保持热水干管内的热水循环，多用于采用定时供应热水的建筑中。在热水供应前，先用循环泵把干管中已冷却的存水循环加热，当打开配水龙头时只需放掉立管和支管内的冷水就可流出符合要求的热

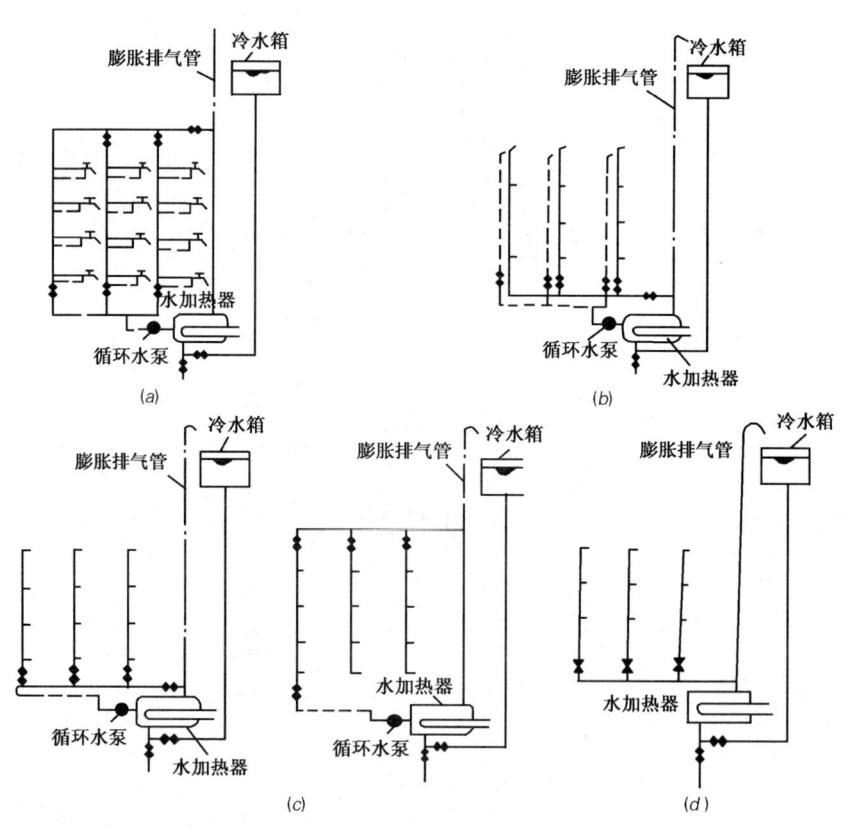

图 8-1-14　热水管网设置循环管网的方式
(a)全循环；(b)半循环——立管循环；(c)半循环——干管循环；(d)无循环

水。无循环热水供水方式是指在热水管网中不设任何循环管道。对于热水供应系统较小、使用要求不高的定时供应系统，如：公共浴室、洗衣房等可采用此方式。

根据热水循环系统中采用的循环动力不同，有设循环水泵的机械强制循环方式和不设循环水泵靠热动力差循环的自然循环方式。

根据热水配水管网水平干管的位置不同，还有下行上给供水方式和上行下给供水方式。

选用何种热水供水方式，应根据建筑物用途、热源的供给情况、热水用水量和卫生器具的布置情况进行技术和经济比较后确定。

(三) 建筑中水系统

建筑中水系统是将民用建筑或建筑小区排放的生活废水、污水及冷却水、雨水等经适当处理后，回用于建筑或建筑小区作为生活杂用水的压力供水系统。设置建筑中水系统，可以减少生活供水量，节约宝贵的淡水资源，同时可以减少生活排水量，减轻城市排水系统的负担和水环境的污染，具有明显的社会效益、环境效益和一定的经济效益。

1. 中水系统的分类及组成

根据中水系统供水范围的大小，中水系统可分为以下三类：

（1）单幢建筑中水系统。指单幢建筑物独自形成的中水系统，见图 8-1-15。建筑物内分别设置饮用给水系统和杂用给水系统，建筑排水为分流制。城市管网或自备水源的水送入饮用给水系统，经使用后成为生活废水。优质杂排水或杂排水经中水处理设施处理，达到相应标准后，送入杂用水给水系统用于厕所冲洗或用于浇洒、绿化等。厕所排水排入化粪池或城市排水管网，在缺水地区也可部分回流到中水处理设施。建筑中水系统还应设置自来水应急补给管，以保证安全供水。这种系统适用于排水量大的宾馆、饭店、公寓等建

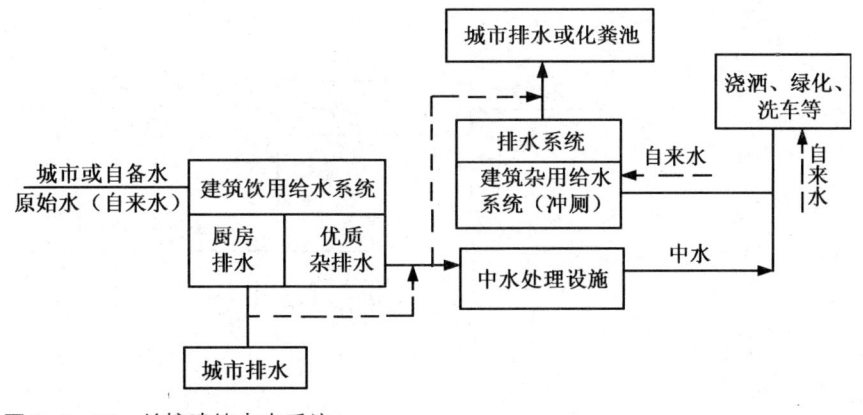

图 8-1-15 单幢建筑中水系统

筑。中水处理设施可设在地下室或建筑物外部。

(2) 建筑小区中水系统。指几幢大型建筑或建筑小区的建筑排水，采用集中处理的中水系统，系统示意见图8-1-16。设置建筑小区中水系统时，各建筑物管道系统的设置要求及中水系统工作流程基本同单幢建筑中水系统。由于小区中水系统供水量较大，可将雨水作为补充水源，同时也应设置应急水源。这种系统一般用于建筑小区、高等院校、机关大院等。

以上两种中水系统均属建筑中水系统范围。

(3) 城镇中水系统。城镇中水系统即整个城镇设置统一的中水处理设施和中水供水系统，见图8-1-17。设置城镇中水系统时，城镇和建筑内部应采用饮用给水和杂用给水双管系统，并不要求排水一定采用分流制，但城镇应设有污水处理厂，中水系统以其出水和部分雨水为水源。这种系统处理设施集中，运行管理方便；但中水管道系统长度较大。

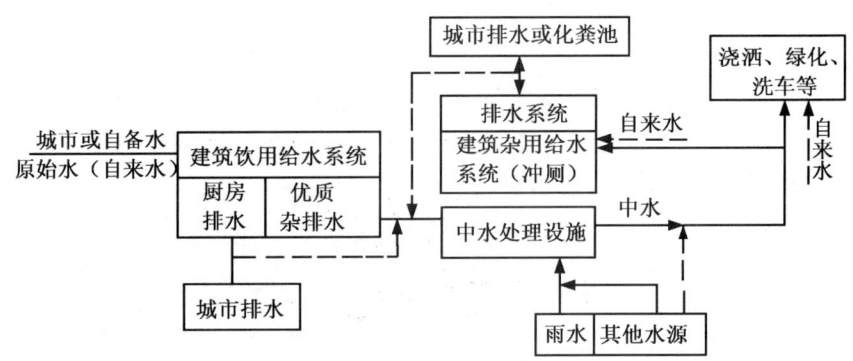

图 8-1-16　建筑小区中水系统

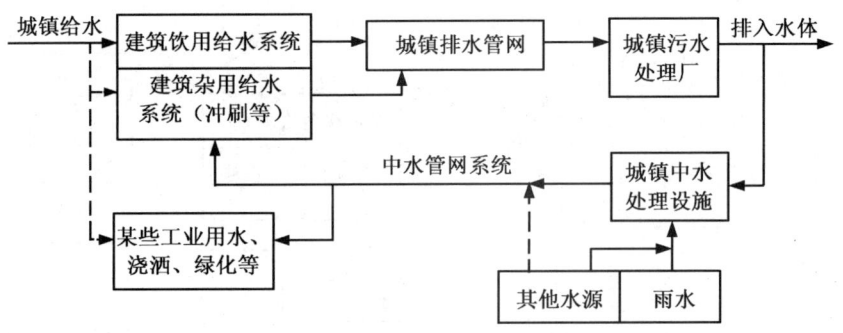

图 8-1-17　城镇中水系统

2. 中水系统的组成

建筑中水系统由以下三个基本部分组成。

(1) 中水原水集流系统：指收集、输送中水原水到中水处理设施的污水管道系统和与之配套的附属构筑物及流量控制设备。根据所集流的中水原水的水质情况，集流系统有以下两种形式：

① 全部集流。即将建筑物排放的污水用一套管道系统全部集流。集流后的污水，根据中水系统的规模，可全部处理、全部回用，也可部分处理、部分回用。这种形式可节省集流管材，但中水原水水质较差，处理工艺复杂，处理费用较高，适用于排水体制为合流制的建筑或建筑小区。

② 部分集流。即指集流建筑物排放的优质杂排水或杂排水，经处理后回用。采用这种形式，建筑物需要两套排水管道，基建费用较高，但中水原水水质较好，处理工艺简单，处理费用较低，并且管理方便，对周围环境影响较小，也容易被用户所接受，适用于排水体制采用分流制的建筑或建筑小区。设置建筑中水系统时，应优先选择这种形式。

(2) 中水处理设施。指各类用来处理中水原水的构筑物和设备及流量控制和计量装置。常用的处理设施有以下几种：截留粗大漂浮物的格栅；毛发去除器、油水分离器；用以调节中水原水水量并均化水质的调节池；去除较大悬浮物和胶体的沉淀池；利用微生物分解污水中有机物的生物处理构筑物；去除细小悬浮物的滤池；加氯消毒装置以及活性炭吸附池等深度处理构筑物。

(3) 中水供水系统。建筑中水供水系统应与给水系统分开，独立设置，其主要组成部分有配水管网、中水贮水池、中水高位水箱、水泵及气压给水设备等。中水系统的供水方式类型、管道布置形式及敷设要求基本与给水系统相同。中水除可作为便器冲洗、浇洒绿化等杂用水外，也可作为消防用水。根据建筑物性质，杂用水系统和消防系统可分别独立设置，也可合并设置。

二、排污系统

(一) 建筑排水

建筑排水系统的任务，是将室内各用水点所产生的生活和生产污水，以及降落在屋面的雨、雪水，收集、汇流集中，并在满足排放要求的条件下，排入室外排水管网，经汇集处理后排至水体。

1. 建筑排水系统的分类

建筑排水系统一般可分为三类：

(1) 生活污水排水系统：生活污水排水系统是指排除人们日常生活中的盥

洗、洗涤污水和粪便污水的排水系统，是一种最广泛常见的室内排水系统。

(2) 工业废水排水系统：工业废水排水系统，主要排除车间生产过程中所排放的污水。由于工业生产门类繁多，故排出的污水性质也较为复杂，有的近似净水，可以循环使用；有的含有强酸、强碱和大量油脂；也有的含有有害元素等。这类污水需经过局部处理后才能排入室外排水管网。

(3) 雨、雪水排水系统：雨、雪水排水系统的任务是容纳、排除雨水及融化的雪水。生活污水、生产废水和雨、雪水如分别设置管道排出，称为室内排水分流制；若将其中两类或三类污水合流排出，则称为室内排水合流制。

2. 建筑排水管道

室内排水管道，一般包括卫生器具排水管、排水支管（横管）、立管、排出管、通气管和清通设备，如图8-1-18所示。

(1) 卫生器具排水管：卫生器具排水管是指连接卫生器具和排水支管之间的短管，通常都设有存水弯。

(2) 排水支管：排水支管的作用是将各卫生器具排水管或生产设备排出的污水排送到排水立管中去。在底层时，它通常被埋设在地下，也可以敷设在地沟或沿墙敷设在地面上，其他各层通常露明悬吊在楼板下，也可以做吊顶暗装或沿墙敷设在地面上。

(3) 排水立管：排水立管的作用是把各层排水支管的污水收集并排至排出管。一般设在墙角明装，如建筑物有特殊要求时，可用管槽或管井暗装。

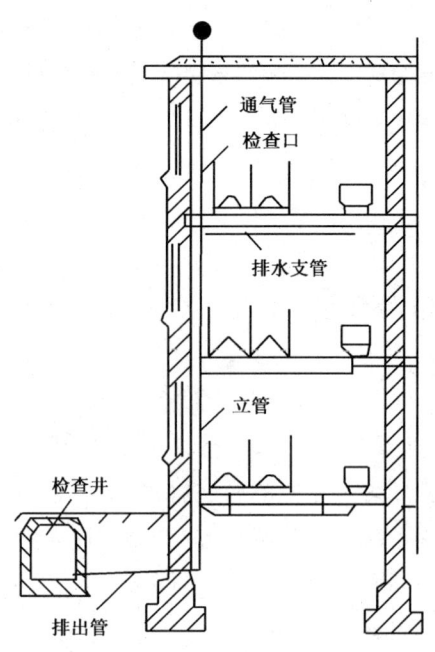

图8-1-18 建筑排水管道

(4) 排出管：排出管是排水立管与室外第一座检查井之间的连接管道。他的作用是接收一根或几根排水立管的污水并排至室外管网的检查井中去。

(5) 通气管和辅助通气管：通气管是指最高层卫生器具以上并延伸到屋顶以上的一段立管。如建筑物层数较多或者在同一排水支管上的卫生器具的数目较多，同时使用放水的机会就多。在这种情况下，应设置辅助通气管和辅助通气立管，如图8-1-18所示。通气管或辅助通气管的作用是使室内、外排水管道与大气相通，使排水管道中的臭气和有害气体排到大气中去，同时，还能防止存水弯的水封被破坏，保证排气管道中的水流通畅。

(6) 清通设备：清通设备是指检查口、清扫口和检查井等。用于疏通排水管道，是排水系统中不可缺少的部件。

当建筑物有地下室，其污水不能自流排出时，应设置污水提升泵，将污水提升排除，若污水须经处理，还应设局部水处理构筑物等。

（二）屋面排水

屋面雨水排水系统用以排除屋面的雨水和冰雪融化水，以免屋面积水造成渗漏。按照雨水管道是否在室内通过，屋面雨水排水系统可分为外排水系统和内排水系统。

1. 外排水系统

外排水系统的雨水管道不设置在室内，而是沿外墙敷设，见图8-1-19。这种系统的优点在于室内不会产生雨水管道的跑、冒、滴、漏等问题，而且系统简单，易于施工，工程造价低。

2. 内排水系统

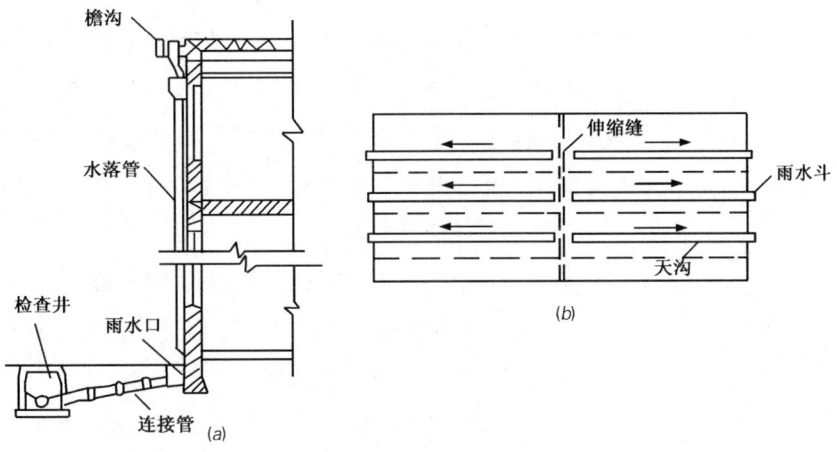

图8-1-19 屋面排水之外排水系统
(a) 檐沟外排水系统； (b) 天沟布置示意图

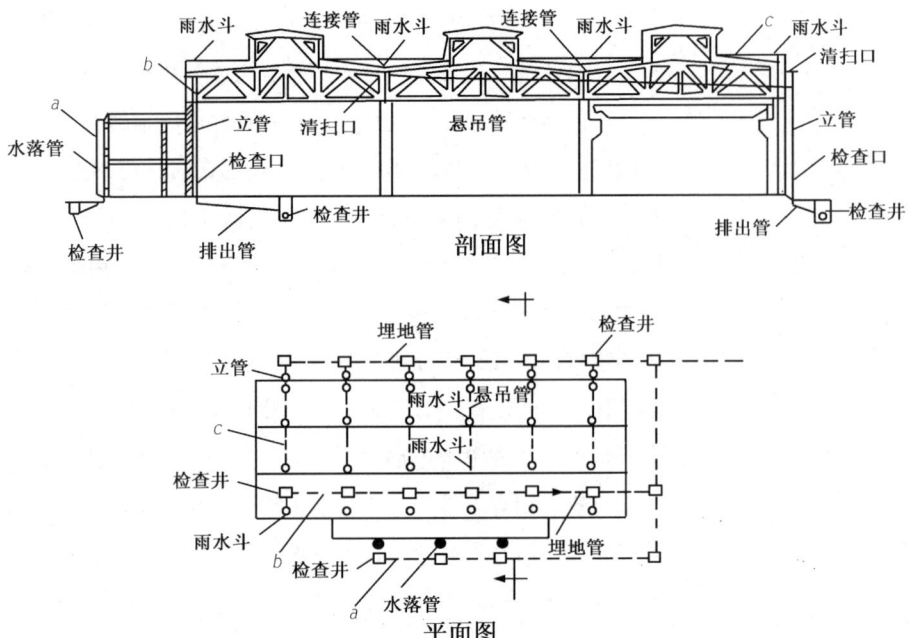

图8-1-20 屋面排水之内排水系统
a—水落管系统; b—单斗系统; c—多斗系统

内排水系统的管道设置在室内,屋面雨水沿具有坡度的屋面汇集到雨水斗,经雨水斗流入室内雨水管道,最终排至室外雨水管道,见图8-1-20。内排水系统适用于长度特别大或屋面有天窗的多跨工业厂房、锯齿形或壳形屋面的建筑、大面积平屋顶建筑、寒冷地区的建筑以及对于建筑立面要求高的建筑。屋面形式变化较多的建筑,可根据具体情况,在其不同的部位设置不同的排水系统。

(三)垃圾处理

在我国经济持续高速增长,人民生活水平迅速提高,城市化进程不断加快的形势下,同时也面临着日趋严重的环境问题,特别是城市垃圾的处理。城市每天产生的许多垃圾来不及处理,就堆放在城市的周围,形成了日益严重的垃圾"围城"现象。目前,我国约有2/3的城市陷入垃圾围城的困境,它不仅影响城市景观,同时污染了与我们生命至关重要的大气、水和土壤,对城镇居民的健康构成威胁,垃圾已经成为中国最严重的公害之一。

城市垃圾是指城市居民的生活垃圾、商业垃圾、市政维护和管理中产生的垃圾。如何有效地处理这些城市垃圾,使之资源化、减量化和无害化(即三化),成为当前世界各国十分关注的课题。

目前,世界范围内普遍采用的有三种垃圾处理方法:一是填埋;二是焚烧;三是堆肥。

1. 填埋方法

时至今日,直接倾倒和简易填埋仍然是中国主要采用的城市垃圾处理方式,其工艺简单，操作方便，投资与施工费用低，还能回收甲烷。对中国这样的发展中国家，似乎是比较适合的垃圾处置方法。但是，由于无害化处理水平极低，填埋方法的危害日益显现出来，成为一个不容忽视的问题。首先长期侵占土地，而土地是不可再生资源，我国每年就有成千上万亩的土地被垃圾侵占，这种趋势正愈演愈烈。其次填埋后的垃圾对土壤，地下水，大气造成的现实危害和潜在危害更是在不断增加。在美国等发达国家都出现过垃圾填埋几十年后造成污染的事件。

2. 焚烧方法

绝不是单纯意义上的焚烧，而是先进的、实现垃圾无害化和无量化的处置方法，是目前世界各国广泛采用的城市垃圾处理技术。焚烧垃圾具有回收热能和垃圾减量最彻底的优点（焚烧后垃圾体积减少 80%～95%），由于顺应了回收能源的要求，正逐渐上升为垃圾烧处理的主流。国外工业发达国家，特别是日本和西欧，普遍致力于推进垃圾焚烧技术的应用。国外焚烧技术的广泛应用，除得益于经济发达、投资力强、垃圾热值高外，主要在于焚烧工艺和设备的成熟、先进。世界上许多著名公司投入力量开发焚烧技术与设备，且主要设备与附属装置定型配套。然而这种方式耗资巨大。建设一个日处理垃圾 1000 t 的焚烧炉及附属热能回收设备，大约需要 7 亿～8 亿元人民币。目前国外工业发达国家主要致力于改进原有的各种焚烧装置及开发新型焚烧炉，使之朝着高效、节能、低造价、低污染的方向发展，自动化程度越来越高。

3. 堆肥方法

将生活垃圾堆积成堆，保温至 70℃ 储存、发酵，借助垃圾中微生物分解的能力，将有机物分解成无机养分。经过堆肥处理后，生活垃圾变成卫生的、无味的腐殖质。既解决垃圾的出路，又可达到再资源化的目的，但是生活垃圾堆肥量大，养分含量低，长期使用易造成土质板结和地下水质变坏，所以，堆肥的规模不宜太大。

不论城市生活垃圾的填埋、焚烧或堆肥处理，都必须要有预处理。

预处理程序首先要求居民将生活垃圾按可回收物质、有机物质和无机物质分别装袋，然后，垃圾处理公司按垃圾分类收集和运送，分类处理和利用。

城市生活垃圾采用填埋、焚烧和堆肥处理都有它们各自的优点，但也有不可回避的缺点。解决的办法就是对城市生活垃圾分类收集后，采用矿物加工技术和设备回收再生大部分有用的物质（占 50%～80%），然后将剩余不能回收的部分（占 20%～50%）分别送去填埋、焚烧或堆肥等。这样能将城市生活垃圾做到无害化、减量化和再资源化，并且，节省大量资金。

当前处理垃圾的国际潮流是"综合性废物管理"，就是动员全体民众参与

"三R"行动,把垃圾的产生量减少下来,即:减少浪费(reduce)、物尽其用(reuse)、回收利用(recycle)。当全社会的消费者都这样做时,生活垃圾的总量和城市处理垃圾的负担就会大大减少,垃圾填埋场的使用寿命就会延长。由此节约了土地,降低了垃圾污染的威胁。由于我国是发展中国家,各方面建设都需要资金,环境保护资金投入严重不足的状况难以立即改变。而且,我国虽是资源总量大国,但人均资源量却居世界后列。因此,既不能完全照搬西方发达国家全部靠高投资、高科技来消纳垃圾,期望一次到位;又不能对巨大的垃圾资源置之不理,任其泛滥成灾。中国城市的垃圾处理应走自己的路。

三、卫生设备

卫生器具是供人们洗涤及收集排除日常生活、生产中所产生的污水、废水的设备。按其用途可分为:便溺器具、盥洗和沐浴器具、洗涤器具、其他专用卫生器具等。

(1) 便溺器具:包括便器和冲洗设备。

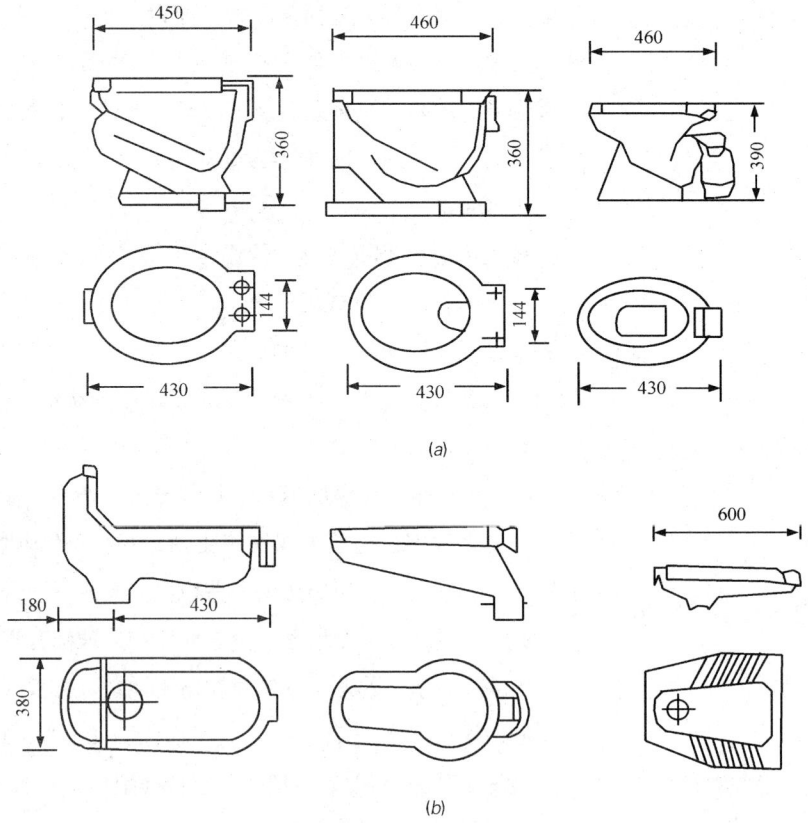

图 8-1-21 虹吸式坐便器及蹲式便器构造示意图
(a)虹吸式坐便器;(b)蹲式便器

① 大便器。常用的大便器有坐式、蹲式和大便槽三种。坐式大便器常用于住宅、宾馆类建筑。蹲式大便器多设于集体宿舍、医院、公共建筑卫生间、公共厕所内。大便槽则多用于学校、公园、火车站等卫生标准不高且人员较多场所。

坐式大便器按冲洗的水力原理分为冲洗式和虹吸式两种。冲洗式是靠冲洗设备所具有的水头直接冲洗。污物不易被冲洗干净，现已逐渐淘汰出家用市场。虹吸式是靠虹吸作用，把污物全部吸出，冲洗效果好。常用的虹吸式坐便器及蹲式便器构造如图8-1-21。坐式大便器本身自带水封装置，所以不设存水弯，安装时直接坐落在卫生间地面上，不设台阶。

蹲式大便器利用水压直接冲洗，其本身不带存水弯，需另外装设，故一般都安装在地面以上的平台中。存水弯有陶瓷和铸铁两种。陶瓷存水弯仅限于底层使用。铸铁存水弯有P和S形两种，可用于普通楼层和底层。

大便槽是个狭长开口的槽，用水磨石或瓷砖制造。大便槽的卫生条件并不好，但其设备简单，造价低。

② 小便器：小便器设于公共建筑男厕所内，有挂式、立式和小便槽三类。立式小便器用于卫生标准高的建筑，小便槽用于人员较多的公共建筑、学校、集体宿舍、工业企业等场所。设小便器的地板上应设置地漏或排水沟。

③ 冲洗设备。冲洗设备是便溺器具的重要配套设备，一般有冲洗水箱和冲洗阀。冲洗水箱的种类较多，按冲洗的水力原理分为冲洗式和虹吸式，目前多采用虹吸式，按起动方式分为手动式和自动式，按安装位置分为高水箱和低水箱。高水箱用于蹲式大便器、大小便槽，也可用于小便器的冲洗。用于大便器时，一般采用手动式水箱，参见图8-1-22。用于大小便槽和小便器时，一般采用定时自动冲洗水箱，参见图8-1-23。低水箱用于坐式大便器，一般为手动式，参见图8-1-24。

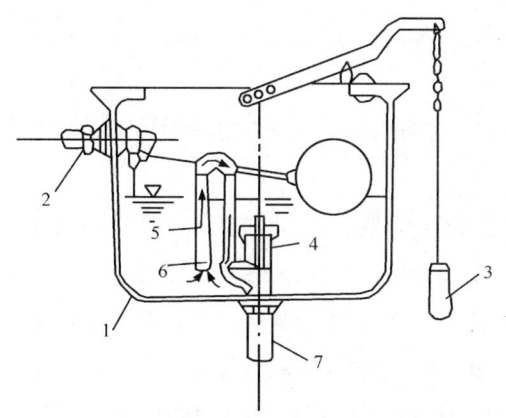

图 8-1-22 手动虹吸式冲洗水箱
1—水箱；2—浮球阀；3—拉链；4—弹簧阀；
5—虹吸管；6—ϕ5mm小孔；7—冲洗管

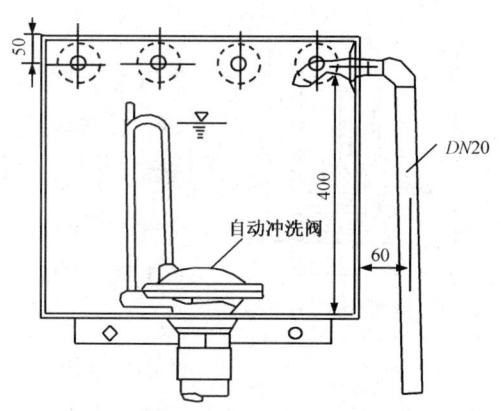

图 8-1-23 定时自动冲洗水箱

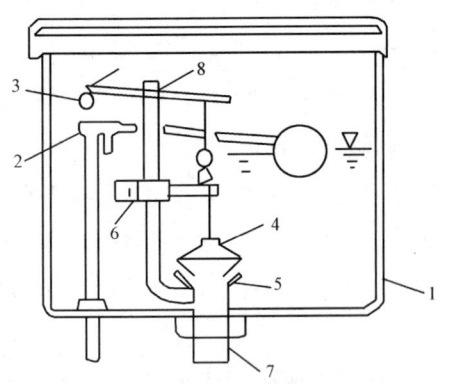

图8-1-24 水力冲洗水箱
1—水箱；2—浮球阀；3—扳手；4—橡胶球阀；5—阀座；6—导向装置；7—冲洗管；8—溢流管

冲洗阀采用延时自闭式冲洗阀，直接安装在大小便器冲洗管上，可用于住宅、公共建筑、工厂及火车的厕所内。其优点是体积小，占用空间少，外表整洁美观，但所要求的水压较大，构造复杂，容易阻塞损坏。

除水箱和冲洗阀外，还有小便器冲洗花管等冲洗设备。

(2) 盥洗、沐浴器具

① 洗脸盆：洗脸盆设置在盥洗室、浴室、卫生间及理发室内，多为陶瓷制品，其形状有长方形、三角形、椭圆形等，安装方式有墙架式、柱脚式和台式。

② 盥洗槽：盥洗槽是瓷砖、水磨石等材料现场建造的盥洗设备，有靠墙长条形盥洗槽和置于建筑物中间的环形盥洗槽，多用于卫生标准不高的集体宿舍、教学楼、火车站等处。

③ 浴盆：浴盆设在住宅、宾馆等建筑的卫生间和公共浴室内，多为长方形，有陶瓷、搪瓷、玻璃钢等制品。浴盆配有冷、热水龙头或混合龙头，有的还配有淋浴设备。

④ 淋浴器：淋浴器广泛用于公共浴室中，住宅中也多有采用。与浴盆相比，淋浴器具有占地面积小、投资少、卫生条件好等优点。淋浴器可购买成品，也可现场安装。

⑤ 净身盆：净身盆与大便器配套安装，供便溺后洗下身用，适合妇女和痔疮患者使用。一般设在医院、工厂的妇女卫生室及高级宾馆、住宅的卫生间内。

(3) 洗涤器具：

① 洗涤盆：洗涤盆安装在住宅厨房和公共食堂内，有家用和公共食堂用之分。

② 污水盆：污水盆一般安装在公共建筑的厕所和盥洗室内，供洗涤墩布、倾倒污水用。

③ 化验盆：化验盆设在科研机构、学校和工厂的试验室内。盆内已带水封，根据需要，可装设单联、双联、三联鹅式龙头。

(4) 地漏：地漏是一种特殊的排水装置，装设在地面需要经常冲洗的场所（如公共食堂操作间、餐厅等）和地面有水需要排泄的地方（如浴室、盥洗室、厕所、卫生间、水泵房、实验室等处）。地漏的形式很多，本身大多含有存水弯，图8-1-25中为常用的普通地漏。地漏的规格有50mm、75mm和100mm三种。

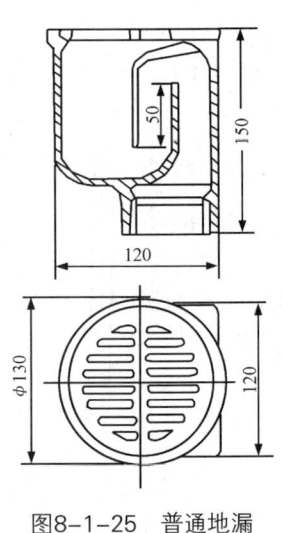

图8-1-25 普通地漏

以上介绍了基本的卫生器具，需要注意的是卫生器具的发展、创新工作在不断地进行，新型卫生器具不断地出现，这些器具从颜色、结构、功能等方面进行了改善，使之更加美观，更便于使用，并符合节水要求，如红外感应冲洗阀、节水型冲洗水箱等。

卫生器具一定要坚固，具有不透水性，耐腐蚀和表面光滑。目前所安装的卫生器具多是陶瓷制品，安装时，应注意器具与管路连接的严密性。

四、能源供给系统

(一)建筑电气

1. 建筑电气的基本作用与分类

利用电工学和电子学的理论与技术，在建筑物内部人为创造并保持理想的环境，以充分发挥建筑物功能的电工、电子设备和系统，统称建筑电气。在电气设备和系统中，都是进行着各种能量及信号的传送或转换。由于电能具有输送方便、快捷、能量转换方便等优点，在一般的民用和工业建筑中，成为发挥建筑物效能及能量转换的重要能源。

根据使用功能的不同，可将建筑电气大致分为五类：

（1）创造光、温度、空气和声音等理想环境的设备（调节人的生理和心理感受）。

（2）追求快捷、高效工作方式的设备（电梯、电话、电视、信息通讯等）。

（3）加强防灾、减灾能力的设备（火灾自动报警及联动设备、电视监控、建筑防雷等）。

（4）自动控制和优化设备性能的设备（利用计算机等技术控制设备的经济运行、远程监控、遥控等）。

（5）提供生产工艺、办公设备、日用电器的能源。

由于社会的发展，建筑技术与现代计算机技术、现代控制技术、现代通信技术相结合，使得建立在信息通信自动化、办公自动化、设备管理自动化基础上的智能建筑迅速发展。建筑依赖建筑电气的比重越来越大，成为建筑物内主要的设备之一。适宜的建筑电气设计和理想的设备，可为将来的发展留有空间，可提升建筑物的使用功能及价值。

概括地说，建筑电气设计的内容可分为两大部分，即："强电"与"弱电"系统。"弱电"是针对"强电"而言的。一般把输送能量的电力称为"强电"，将以传输信号、进行信息转换的电称为"弱电"。强电部分包括：供配电、照明、建筑设备的控制、建筑防雷、接地保护等；弱电部分包括：电话、广播、呼唤信号、电视系统、空调自控、火灾报警与消防自控、机电设备自控等系统。

2. 电力系统

(1) 电能的产生、输送和分配：自然界中蕴藏的能源是极其丰富的。各种非电形式的能源，都可以方便的通过发电厂转换成电能，按所利用能源的不同，有火力发电厂、水力发电厂、原子能发电厂等。

为了充分且合理地利用自然资源，大、中型发电厂一般都建在能源蕴藏地，例如水力发电厂建在江河、峡谷及水库等水力资源丰富的地方；火力发电厂建在燃料的产地及交通方便的地方。一般用电地区可能距离发电厂很远。为了有效地将电力资源输送到全国各地的负荷中心，必须要提高输送电压，以减少电能的损失。由于发电厂受绝缘处理水平的限制，发出的电压不能太高，目前发电机通常采用的电压等级为6~15kV，而输配电线路绝缘处理比较容易，这就使得低、中压发电，高压输电成为可能。所以在输电时，除供给发电厂附近的用户外，需经过升压变压器先将电压升高，然后输送出去。一般输送距离越远、输送功率越大，则输电电压就需要越高。目前国内输电线路的额定电压等级为：500kV、330kV、220kV、110kV、66kV、10kV和380/220V等。

为了满足用电设备对工作电压的要求，在用电地区需设置降压变电所，将电压降低。通常，在用电地区设置降压变电所将输电电压降低到6~10kV，然后分配到居住区等负荷中心，由变电所或配电变压器将电压降低到380/220V，给低压用电设备供电。

供电电源电压主要是根据负荷大小，供电距离以及该地区可能提供的电源电压，与电力部门协商确定。

(2) 电力系统：发电厂、电力网和电能用户三者组成的整体称为电力系统，如图8-1-26所示。

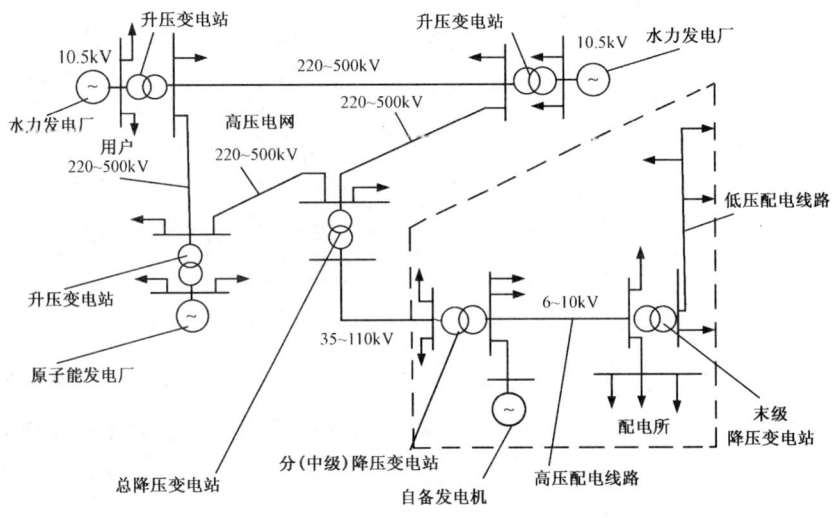

图8-1-26　电力系统示意图

各种类型的发电厂通过电力网将电能输送和分配给用户。电力网做成环网，这样可以避免由于个别发电机因检修或发生故障而造成用电地区大面积停电，从而提高供电的可靠性。此外，还可以根据季节的不同，以及电网的总负荷，来调配水力发电厂和火力发电厂的负荷，以达到总供电与总负荷基本平衡，节省能源，提高效率，保证电网运行的安全性和经济性。

3. 电压选择和电能质量

（1）电压选择：用电单位的供电电压应根据用电容量、用电设备特性、供电距离、供电线路的回路数、当地公共电网现状、用电单位的发展规划以及经济合理等因素综合考虑决定。我国《全国供电规则》规定：用电设备容量在250kW以上时应以高压方式供电，用电设备容量在250kW以下时，一般应以低压方式供电。低压配电电压应采用380／220V。当线路电流不超过30A时，可用220V单相供电。

（2）电能质量：电力系统的电压和频率直接影响电气设备的运行，所以说，电压和频率是衡量电能质量的两个基本参数。我国一般交流电力设备的额定频率为50Hz，称之为"工频"，频率的偏差一般不得超过±0.5Hz，频率的调整主要依靠发电厂。

对于民用供电系统来说，提高电能质量主要是提高电压质量的问题，一般所指的电压质量指标主要有以下几种：

① 电压偏移：电压偏移指供电电压偏离（高于或低于）用电设备额定电压的数值占用电设备额定电压值的百分数，即

$$\Delta U\% = \frac{U_\text{实} - U_\text{N}}{U_\text{N}} \times 100\% \tag{8-1-1}$$

式中　$\Delta U\%$——电压偏离额定电压的百分数；

　　　$U_\text{实}$——设备的实际端电压（V）；

　　　U_N——设备的额定电压（V）。

常用设备电压偏移的范围为：

- 一般电动机±5%；
- 电梯电动机±7%；
- 一般照明±5%，在视觉要求较高的室内场所为+5%，-2.5%；
- 应急照明、道路照明、警卫照明为+5%，-10%；
- 无特殊要求的用电设备±5%。

② 为了减少电压偏移，供配电系统的设计应符合下列要求：

- 正确选择变压器的变压比和电压分接头；

- 合理减少系统阻抗；
- 尽量使三相负荷平衡；
- 合理补偿无功功率。

③ 电压波动：负荷的急剧变动是引起线路电压波动的主要原因。电压波动对照明的影响最为明显，使照明灯发出明显闪烁，对人眼造成刺激。此外，电压波动也可影响电动机的正常起动，使电子计算机无法正常工作，A级计算机允许的电压波动范围为-5%~5%。常用的抑制电压波动的措施有：采用专线或专用变压器对负荷变动剧烈的大型电气设备单独供电；设法增大供电容量，减小系统阻抗；在系统电压波动严重时，减小或切除引起波动的负荷。

4. 建筑供配电系统设计内容

建筑供配电系统包括从电流进户起到用电设备的输入端止的整个电路，主要实现在建筑内接受电能、变换电压、分配电能、输送电能的任务。设计主要包括建筑电力负荷级别、供电电源和电压级别、配电方式、电气设备以及配电线路的选择和确定。

(二) 燃气供应系统

1. 燃气的分类及性质

燃气原称煤气，因为以往的燃气都是由煤制气。现已有天然气、液化石油气等多种燃气，所以把城市用煤气改称为城市用燃气。从习惯上一般把燃气分为天然气、人工燃气、液化石油气和生物气四大类。其中，天然气、人工燃气、液化石油气可作为城市气源，而生物气由于其热值低、二氧化碳含量高，不宜作为城市气源。

燃气与其他燃料比较，是一种清洁、优质、使用方便的能源。它着火容易、燃烧迅速、稳定，可实行自动点火、自动灭火和自动控制加热温度。它燃烧充分，热效率高。民用燃气灶具热效率能达到60%以上，燃气锅炉热效率可达90%，燃烧后的烟气含尘量极少。因此发展城镇燃气供应，是节约能源、保护大气环境、改善劳动条件、减少城市运输量的有力措施。

但燃气具有的易燃、易爆和有毒的特点也需要采取可靠的预防措施。当容器和管道发生泄漏时，燃气可在密闭或通风不畅的空间内积聚，浓度不断增加，当达到燃爆极限浓度时，遇明火就会发生爆炸。发生燃爆的最低浓度称为燃爆下限，最高浓度称为燃爆上限。当浓度低于下限或高于上限时不会发生燃爆，但仍可进行燃烧。燃气的燃爆下限越低，燃爆极限的范围越大，则危险性越大，可见确保燃气容器和输送管道、阀门、附件的密闭和安全是十分重要的。并且要注意施工时或置换通风点火时，控制燃气与空气混合的浓度，防止爆炸事故的发生。

燃气中有很多成分对人体有害，如人工煤气中一氧化碳能使人体血液中血色素凝结，产生窒息、甚至死亡。因此把含一氧化碳成分的燃气称为有毒气体，硫化氢对人的眼睛和呼吸器官也有较强的刺激作用，因此在城镇民用燃气中也要控制其含量。另外二氧化硫、丙烷、甲烷等烃类气体在空气中浓度达到5%以上时，能使人晕眩、窒息以致死亡。但它们的毒性要比一氧化碳小些，因此把天然气称为无毒燃气。为了安全，城镇燃气都应具有可以察觉的臭味，无臭味或臭味不足的应进行加臭。燃气中臭剂的最小量，要求对于有毒燃气在达到允许的有害浓度之前，应能察觉；无毒燃气在相当于燃爆下限20%的浓度时，应能察觉。

燃气由于制取方法的不同，一般会有一些水蒸气。含有水蒸气的燃气称为湿蒸汽，当燃气温度下降到蒸汽露点，水蒸气就凝结下来，凝结水的聚集致使输气不畅，造成用户压力波动和燃烧不稳。因此，燃气管道一般设有排除凝结水的装置。另外硫化氢本身就具有腐蚀性；如遇水蒸气，对设备和管道的腐蚀性加强。因此对输气管道的防腐也是十分重要的。

2. 城镇燃气管道的构成

燃气管道根据用途、敷设方式和输气压力分类。

（1）根据用途分类

- 长距离输气管线：其干管及支管的末端连接城镇或大型工业企业，作为该供气区的气源点。
- 城镇燃气管道：由分配管道、用户引入管和室内燃气管道组成。
- 工业企业燃气管道：由工厂引入管和厂区燃气管道、车间燃气管道、炉前燃气管道等组成。

（2）根据敷设方式分类

- 地下燃气管道：一般在城镇和小区、庭院中均采用地下敷设。
- 架空燃气管道：在工厂区为了管理维修方便，常采用架空敷设。

（3）根据燃气压力分级(MPa)

① 低压燃气管道　　　　　　　$p \leq 0.005$

② 中压B级燃气管道　　　　　$0.005 < p \leq 0.2$

③ 中压A级燃气管道　　　　　$0.2 < p \leq 0.4$

④ 高压B级燃气管道　　　　　$0.4 < p \leq 0.8$

⑤ 高压A级燃气管道　　　　　$0.8 < p \leq 1.6$

通往居民用户和小型公共建筑用户的管道一般为低压燃气管道。输送天然气时，压力不大于0.0035MPa；输送人工燃气时，压力不大于0.002MPa；输送气态液化石油气时，压力不大于0.005MPa。

中压、高压管道必须通过调压站把燃气压力降低才能送到低压、中压管道中去。高压燃气管道是大城市供气的主管道。

在建筑物比较密集、街道和人行道比较狭窄的城镇老区，不宜设高压管道。

3. 室内燃气管道组成

民用和公共建筑内部的燃气管道系统由引入管、水平干管、阀门、立管、水平支管、燃气表、灶、热水器及其他配件组成，如图8-1-27所示。

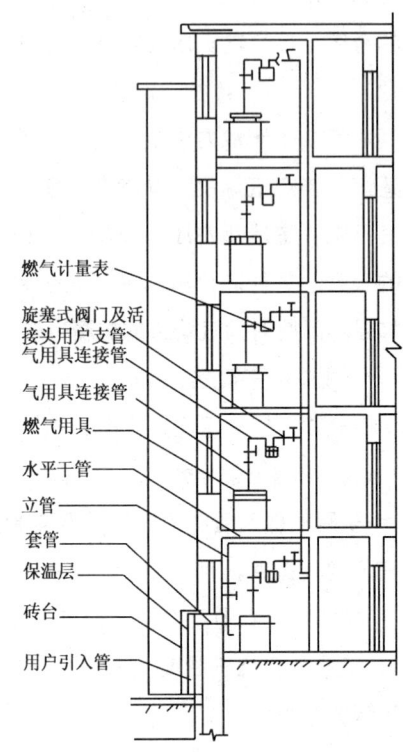

图 8-1-27　室内燃气管道系统

五、运输系统

本节介绍电梯的分类、组成，通过学习应对电梯的定义和电梯的多种分类方法有一定的认识，并了解集选控制、并联控制和群控电梯的操控方式。

电梯是现代建筑物中必不可少的配套设施之一。所谓电梯，是指用电力拖动轿厢，在铅垂的或倾斜不大于15°的两刚性导轨之间运送乘客或货物的固定设备。电梯属于起重机械，是一种间歇动作的升降机械，主要担负垂直方向的运输任务。

自1857年美国人奥的斯研究并试验成功了世界上的第一台载人电梯，各国电梯技术特别是先进电梯系统一直在不断地发展。今天，奥的斯电梯系统把梭动系统、电梯系统所采用的水平和垂直运输技术与先进的计算机调度技术结合在一起,由一个计算机导航系统来控制的若干个轿厢可以在一个井道内上下移动,轿厢在一个楼层排队而不会发生碰撞;轿厢可以停放在电梯井道之外,供使用者上、下;也可以使电梯进入建筑物以外的一个位置,如进入一个停车场;经过一段横向的移动,人员站在同一部电梯内便可到达建筑物内的顶部。横向运动的应用能够使电梯的轿厢相互错开,可以减少一座建筑物中所需电梯井道的数目并且能够节省大量的空间。迅达电梯是一种全新的载客运输系统,它不需要悬挂钢丝绳,不需要机房,井道占用每层楼的面积很小,能够在 2 ~ 3 d内安装完毕并交付使用。它具有全新的设计:一个轻质铝材轿厢,一个控制器,一个高效电动机。推动力来自电动机,它推动两对聚氨酯滚轮在两根中空圆柱的特制轨道上运行;每对滚轮由一个主动驱动轮和一个被动惰轮组成,用强力弹簧压紧在铝材轨道上,以提供足够的摩擦力来保证轿厢的起止和运行;为了防止自支撑铝材圆柱的横向位移,需要把它固定在井道壁上,但井道并不支撑整个系统的重量;对重被巧妙地隐藏在铝圆柱内,使风格更简洁。

当前电梯电力拖动方面,用交流变频变压调速的方式已经成为高速电梯的主流,现代电梯技术强调运行质量和降低噪声,电梯的速度已经达到了16.7m/s。

1. 电梯的分类

电梯可从以下几个方面进行分类:

(1) 按用途分类:乘客电梯、载货电梯、医用电梯、杂物电梯、观光电梯、车辆电梯、船舶电梯、建筑施工电梯、防爆电梯、矿井电梯、自动扶梯、自动人行道等。

(2) 按速度分类:低速电梯、快速电梯、高速电梯等。

(3) 按驱动方式分类:交流电梯、直流电梯、液压电梯、齿轮齿条电梯等。

(4) 按有无司机分类:有司机电梯、无司机电梯、有/无司机电梯。

(5) 按电梯控制方式分类:手柄开关操纵电梯、按钮控制电梯、信号控制电梯、集选控制电梯、群控电梯等。

2. 电梯的组成

如图8-1-28所示。

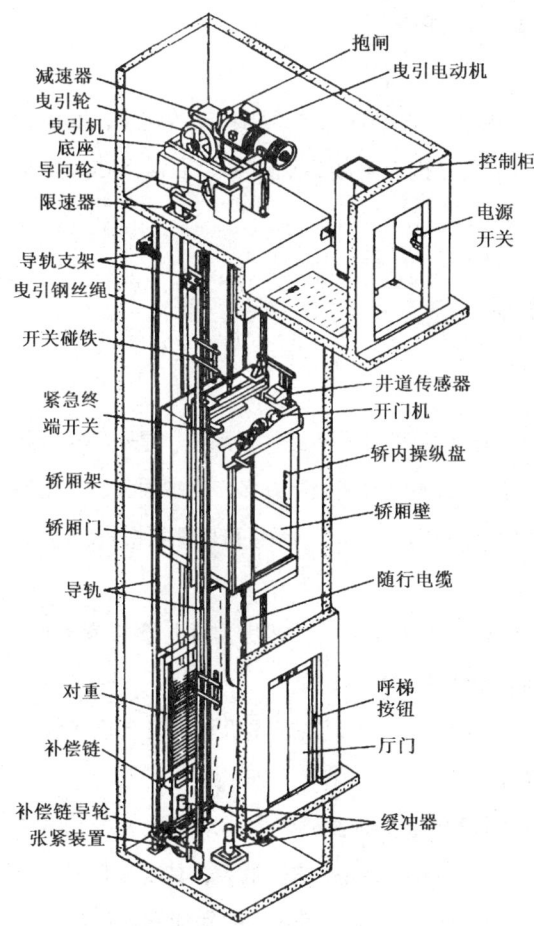

图8-1-28 电梯的组成

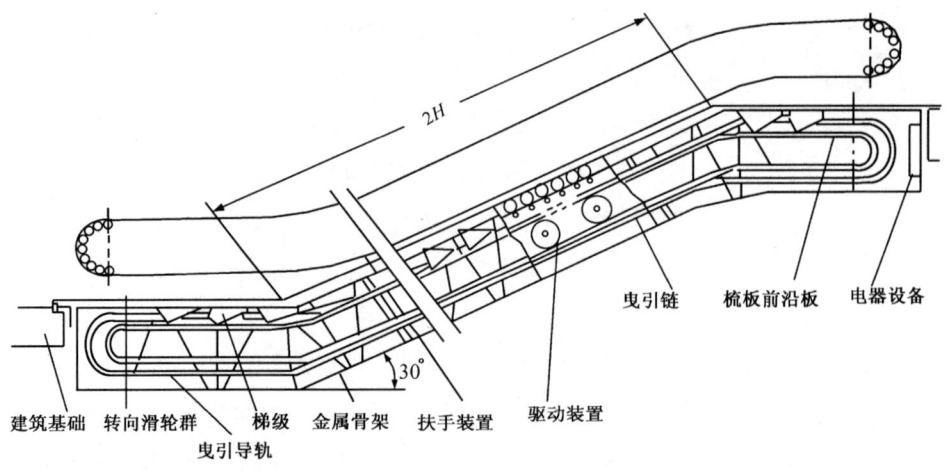

图8-1-29 自动扶梯结构

3. 自动扶梯

自动扶梯是一种带有循环运行的梯级，用于倾斜向上或向下连续输送乘客的运输设备。直观看起来它就像移动的楼梯，同时伴随移动的扶手带，主要用于人流集中的场所，结构如图8-1-29所示。

4. 自动人行道

自动人行道可认为是自动扶梯的变形，自动扶梯是阶梯移动的楼梯，而自动人行道就是移动的道路，在一定的水平方向上连续运送乘客，通常用在大型车站、机场等处。

六、广播、电视、通信和信息系统

（一）广播音响系统

广播音响系统是指建筑物（群）自成体系的独立有线广播系统，是一种宣传和通信工具。由于该系统的设备简单、维护和使用方便、听众多、影响面大、工程造价低、易普及，所以在工程中被普遍采用。通过广播音响系统可以播放报告、通知、背景音乐、文娱节目等。

建筑物的广播音响系统主要内容包括公共广播、客房广播、会议室音响、各种厅堂音响、家庭音响和同声翻译系统等。

（1）节目源设备：节目源通常由无线电广播，激光唱机和录音卡座等设备提供，此外还有传声器、电子乐器等。

（2）信号放大和处理设备：包括调音台、前置放大器、功率放大器和各种控制器及音响加工设备等。这部分设备的首要任务是信号放大，其次是信号的选择。调音台和前置放大器的作用和地位相似（当然调音台的功能和性能指标更高），它们的基本功能是完成信号的选择和前置放大，此外还担负对音量和音响效果进行各种调整和控制任务。有时为了更好地进行频率均衡和音色美化，还另外单独投入图示均衡器。这部分是整个广播音响系统的"控制中心"。功率放大器则将前置放大器或调音台送来的信号进行功率放大，再通过传输线去推动扬声器放声。

(3) 扬声器系统：扬声器系统要求整个系统要匹配，同时其位置的选择也要切合实际。根据不同的使用场合，扬声器装置可分为纸盆式扬声器、号筒式扬声器和声柱等。办公室、走廊、公共活动场所一般采用纸盆式扬声器箱。在建筑装饰和室内净高允许的情况下，对于大空间的场所宜采用声柱（或组合音箱）。在噪声高、潮湿的场所，应首先考虑采用号筒式扬声器。

(4) 传输线路：传输线路虽然简单，但随着系统和传输方式的不同而有不同的要求。对礼堂、剧场等，由于功率放大器与扬声器的距离不远，一般采用低阻大电流的直接馈送方式，传输线要求用专用喇叭线；而对公共广播系统，由于服务区域广、距离长，为了减少传输线路引起的损耗，往往采用高压传输方式，由于传输电流小，故对传输线要求不高。

(二) 共用天线电视系统 (CATV)

1. 共用天线电视系统

共用天线电视系统是若干台电视机共同使用一套天线设备的系统，这套公共天线设备将接收来的广播电视信号，先经过适当处理（如放大、混合、频道变换等），然后由专用部件将信号合理地分配给各电视接收机。由于系统各部件之间采用了大量的同轴电缆作为信号传输线，因而CATV系统又叫做电缆电视系统。有了CATV系统，电视图像将不会因高山或高层建筑的遮挡或反射，出现重影或雪花干扰，人们可以看到很好的电视节目。

共用天线电视系统发展极为迅速，并向大型化、多路化和多功能方面发展。它不仅能用来传送电视台发送的节目，而且只要在系统的前端设备中增加如同录像机、影碟机、电影电视播发设备等若干设备，或配备全套小型演播室设备，就可以自办节目，形成完整的闭路电视系统，这将大大地丰富电视观众选择节目的内容，提高人们的文化生活水平，所以CATV系统已成为人们生活中不可缺少的设备。

2. 系统的基本组成

有线电视系统的组成，与接收地区的场强、楼房密集程度和分布、配接电视机的多少、接收和传送电视频道的数目等因素有关。其基本组成有天线及前端设备、信号传输分配网络和用户终端三部分，如图8-1-30所示。此外，还有附属设备如电源设备和避雷设备等。

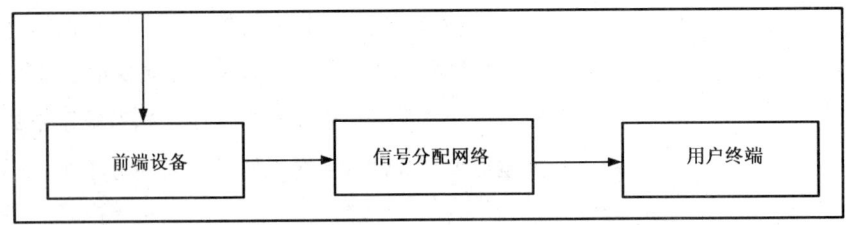

图8-1-30　有线电视基本组成框图

(三) 电话通信系统

通信的目的是实现某一地区内任意两个终端用户间的信息交换。要达到这一目的，必须处理好三个问题：信号的发送和接收、信号的传输和交换。

对于电话通信系统，它是由用户终端设备、传输系统和电话交换设备三大部分组成。见图8-1-31所示。

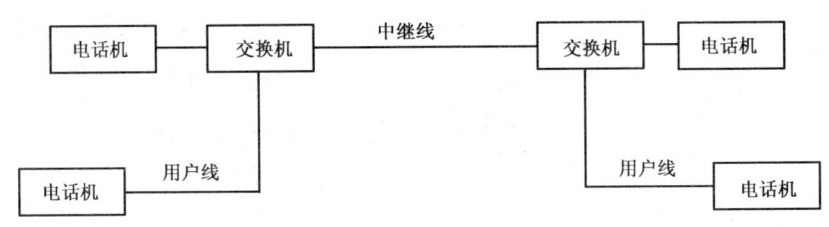

图8-1-31　电话通信系统组成示意图

1. 用户终端设备

用户终端设备的功能是用来完成信号的发送和接收。用户终端设备上要有电话机、传真机、计算机终端等。

2. 电话传输系统

电话传输系统按传输媒介分为有线传输（明线、电缆、光纤等）和无线传输（短波、微波中继、卫星通信等）。从建筑弱电来讲，主要是有线传输。有线传输按传输信息工作方式又分为模拟传输和数字传输两种。模拟传输是将信息转换成与之相应大小的电流模拟量进行传输，普通电话就是采用模拟语音信息传输。数字传输则是将信息按数字编码方式转换成数字信号进行传输，数字传输具有抗干扰能力强、保密性高、电路集成化等优点，现在的程控电话交换就是采用数字传输各种信息。

在有线传输的电话通信系统中，传输线路有用户线和中继线之分。用户线是指用户与交换机之间的线路。两台交换机之间的线路称为中继线，见图8-1-31。

3. 电话交换设备

在电话机刚发明时，它只能一对一地直接连接通话。但在实际使用时，除了在特定的两个电话用户之间能够通话之外，还要求在许多电话机之间，任意两台电话都能自由通话。但若采用任意两台电话之间都设一对线的做法，所需的线路对数将十分惊人，实际上亦无法接线。为了解决这个问题，就必须使用交换机。

最早出现的交换机是人工交换机，每台电话都有一对线接到交换机，交换工作由接线员来完成。任意两台电话机之间由接线员用塞子线进行连接。当两个用户通话完毕，拔出塞子线，该塞子线就可用来为其他用户的通话服务。

电话交换机的发展经历了四个阶段，即人工交换机、步进制交换机、纵横制交换机和程控交换机。现在广泛采用的是程控交换机。所谓程控是指控制方式，它是把计算机的存储程序控制技术应用到电话交换设备中。这种控制方式是预先把电话交换功能编制成相应的程序，并把这些程序和相关的数据都存入存储器内。当用户呼叫时，由处理机根据程序所发出的指令来控制交换机的运行，以完成接续功能。

电话交换机按其使用场合可分为两大类：一类是用于公用电话网的大型交换机，如市话交换机和长途交换机。另一类是企事业单位内部进行电话交换的专用交换机，通常又称为小总机，或用户交换机。用户交换机一般容量不大。单位内部用户通话可不必绕经市话局，从而减轻市话局的话务负荷，缩短了用户线的距离。通过少量的出入中继线实现单位内部用户和外部用户之间的话务交换，起了话务集中的作用。

用户交换机有通用型的和专用型的。通用型用户交换机适用于以话音业务为主的单位，如机关、学校、工厂等。专用型交换机适用于各种不同特点的单位，如旅馆型交换机，有长途电话即时计费、留言、客房状态、请勿打扰、自动叫醒、综合话音等功能。医院型交换机除具有旅馆型的功能外，还具有呼叫寄存、呼叫转移、病房紧急呼叫等。此外，还有办公室自动化型、银行型、专网型用户交换机。

(四) 计算机网络系统

计算机网络是现代通信技术与计算机技术相结合的产物。计算机网络的定义是把分布在不同地理区域的计算机与专门的外部设备用通信线路互联成一个规模大、功能强的网络系统，从而使众多的计算机可以方便地互相传递信息，共享硬件、软件、数据信息等资源。通俗来说，网络就是通过电缆、电话线、或无线通信等互联的计算机的集合。

1. 计算机网络的功能

由计算机网络的定义可知，计算机网络是通信技术与计算机技术的结合，建立计算机网络的主要目的是实现在计算机通信基础上的"资源共享"。计算机网络具有如下几个方面的功能：

（1）实现资源共享：所谓资源共享是指所有网内的用户均能享受网上计算机系统中的全部或部分资源，这些资源包括硬件、软件、数据等。

（2）进行数据信息的集中和综合处理：将地理上分散的生产单位或业务部门通过计算机网络实现联网，把分散在各地的计算机系统中的数据资料适时集中，综合处理。

（3）能够提高计算机的可靠性及可用性：在单机使用的情况下，计算机或某一部件一旦有故障便引起停机，当计算机连成网络之后，各计算机可以通过网络互为后备，还可以在网络的一些结点上设置一定的备用设备，作为全网的公用后备。另外，当网中某一计算机的负担过重时，可将新的作业转给网中另一较空闲的计算机去处理，从而减少了用户的等待时间，均衡了各计算机的负担。

（4）能够进行分布处理：在计算机网络中，用户可以根据问题性质和要求选择网内最合适的资源来处理，以便能迅速而经济地处理问题。对于综合性的大型问题可以采用合适的算法，将任务分散到不同的计算机上进行分布处理。利用网络技术还可以将许多小型机或微型机连成具有高性能的计算机系统，使它具有解决复杂问题的能力。

（5）节省软、硬设备的开销：因为每一个用户都可以共享网中任意位置上的资源，所以网络设计者可以全面统一地考虑各工作站上的具体配置，从而达到用最低的开销获得最佳的效果。如只为个别工作站配置某些昂贵的软、硬件资源，其他工作站可以通过网络调用，从而使整个建网费用和网络功能的选择控制在最佳状态。

2. 计算机网络系统的组成

计算机网络由硬件系统和软件系统组成。

（1）网络硬件系统。组成局域网的网络硬件系统可分为五类：服务器、工作站、网络交换互联设备、防火墙及外部设备。

① 网络服务器。网络服务器是可被网络用户访问的计算机系统，它包括可为网络用户提供服务的各种资源，并负责对这些资源的管理，协调网络用户对这些资源的访问。服务器是局域网的核心，它既是网络服务的提供者，又是保存数据的基地。网络中可共享的资源大多集中在服务器中，如大容量磁盘或光盘存储器、网络数据库等。局域网上的用户可以通过服务器共享文件、数据库和外部设备等。按照提供的服务不同，服务器可分为www服务器、域名解析服务器、邮件服务器、文件服务器、数据库服务器、视频服务器等。

服务器可以是个人计算机（PC），也可以是工作站或小型计算机。由于服务器是为网络上的所有用户服务的，在同一时刻可能有多个用户同时访问服务器，因此充当服务器的计算机应具有较高的性能,包括较快的速度、较大的内存、较大容量的硬盘等,所以许多计算机生产厂家干脆就把可作网络服务器的计算机称为网络服务器。

② 网络工作站。网络工作站是指能使用户在网络环境上进行工作的计算机,网络工作站现在经常被称为客户机。在局域网上一般都是采用微型机作为网络工作站,如 IBM公司的PC系列微机,APPLE公司的系列微机等。终端也可以用作网络工作站,但微型机可能更好。因为微型机除了可在网络上工作外,还可以不依赖于网络单独工作,并且还可以对其功能、配置等进行扩展,而终端只能在网络上工作,而且不具备更大的扩展余地,另外,终端运行的操作系统一般是Unix或Linux等字符操作系统,与Windows系列不兼容,所以终端一般用于金融、科研等专用部门。

网络工作站的作用就是让用户在网络环境下工作,并运行由网络上文件服务器提供的各种应用软件。在局域网上服务器一般只存放共享数据或文件,而对这些信息或文件的运行和处理则是由工作站来完成的。

③ 网络交换互联设备。当要把两台或多台计算机连成局域网时,就需要交换互联设备,它包括网络适配器、调制解调器、网络传输介质、中继器、集线器、网桥、路由器和网关等。

④ 防火墙。防火墙是在内联网和互联网之间构筑的一道屏障,它是在内外有别及在需要区分处设置有条件的隔离设备,用以保护内联网中的信息、资源等不受来自互联网中非法用户的侵犯。需要指出的是还有其他防火墙如病毒防火墙、邮件防火墙等与网络防火墙不是一回事。

⑤ 外部设备。外部设备是可被网络用户共享的、常用的硬件资源,通常情况下指一些大型的、昂贵的外部设备,如大型激光打印机、绘图设备、大容量存储系统等。

(2) 网络软件系统

计算机系统是在计算机软件的控制下进行工作的,网络软件是一种在网络环境下使用、运行或者控制和管理网络工作的计算机软件。一般来说,网络软件是一个软件包,它包括供服务器使用的网络软件和供工作站使用的网络软件两个部分,每一部分都包括多个程序。互相通信的计算机必须遵守共同的协议,因此网络软件必须实现网络协议,并在协议的基础上提供网络功能。

根据网络软件的作用和功能,可把网络软件分为网络系统软件和网络应用软件。网络系统软件是控制及管理网络运行和网络资源使用的网络软件,它为用户提供了访问网络和操作网络的入机接口。网络应用软件是指为某一个应用目的而开发的网络软件。

在网络系统软件中最重要的是网络操作系统，网络操作系统往往决定了网络的性能、功能、类型等。局域网上有很多种网络操作系统，目前使用最广泛的主要有Microsoft公司的Windows、Novell公司的Netware、Banyan公司的Vinex以及Unix、Linux等。

网络应用软件是利用应用软件开发平台开发出来的一些软件，如 Java、ASP、Perl/CGI、SQL以及其他专业应用软件。

3. 计算机网络的分类

计算机网络分类的标准很多，可以从计算机网络的地理区域、拓扑结构、信息交换技术。使用范围等不同的角度，对计算机网络进行分类。从计算机网络的地理区域分类，可把计算机网络分为局域网（Local Area Network，简称LAN）、区域网（Metropolitan Area Network，简称MAN）、广域网(Wide Area Network，简称WAN）。如果按照网络的拓扑结构分类，可以分为星形、环形、树形、总线型和混和型。按照使用范围可以分为公用网和专用网。按交换方式可以分为分组交换与报文交换。按通信方式可以分为点对点网络和广播式网络等。按网络的地理区域可以分成以下几类：

（1）局域网。局域网作用范围小，分布在一个房间、一个建筑物或一个企事业单位。地理范围在 10~1000m，传输速率在 1Mbps以上。目前常见局域网的速率有 10Mbps、100Mbps。局域网技术成熟、发展快，是计算机网络中最活跃的领域之一。

（2）区域网。区域网作用范围为一个城市，地理范围为5～10km，传输速率在1Mbps 以上。

（3）广域网。广域网作用的范围很大，可以是一个地区、一个省、一个国家及跨国集团，地理范围一般在100km以上，传输速率较低（小于0.1Mbps）。

第二节 保障建筑环境的设备系统

建筑物所创造的环境应该是为人们提供一个健康、舒适、高效能的工作、居住、活动的空间。建筑环境包括室内外的温度、湿度、气流速度、空气品质、采光与照明性能、噪声与室内音质等因素。人工营造的舒适、健康的室内外环境，利用的就是保障建筑环境的设备系统。它包括：建筑采暖系统、通风系统、空气调节、照明系统等。

一、采暖系统

1. 采暖系统的分类

采暖就是用人工的方法向室内供给热量,保持一定的室内温度,以创造适宜的生活条件或工作条件的技术。所有采暖系统都有热媒制备(热源)、热媒输送和热媒利用(散热设备)三个主要部分组成。根据三个主要组成部分的相互位置关系来分,采暖系统可分为局部采暖系统和集中式采暖系统。

热媒制备、热媒输送和热媒利用三个主要组成部分在构造上都在一起的采暖系统,称为局部采暖系统,如烟气采暖(火炉、火墙和火炕等)、电热采暖和燃气采暖等。虽然燃气和电能通常由远处输送到室内来,但热量的转化和利用都是在散热设备上实现的。

热源和散热设备分别设置,用热媒管道连接,由热源向各个房间或各个建筑物供给热量的采暖系统,称为集中式采暖系统。图8-2-1是集中式热水采暖系统的示意图。

热水锅炉与散热器分别设置,通过热水管道(供水管和回水管)相连接。循环水泵使热水在锅炉内加热,在散热器冷却后返回锅炉重新加热。图8-2-1中的膨胀水箱用于容纳采暖系统升温时的膨胀水量,并使系统保持一定的压力。图中的热水锅炉,可以向单幢建筑物供暖,也可以向多幢建筑物供暖。一个或几个小区多幢建筑物的集中式采暖方式,在国内称为区域采暖。

根据采暖系统散热给室内的方式不同,主要可分为对流采暖和辐射采暖。

以对流换热为主要方式的采暖,称为对流采暖。系统中的散热设备是散热器,因而这种系统也称为散热器系统。利用热空气作为热媒,向室内供给热量的采暖系统,称为热风采暖系统,它也是以对流方式向室内供暖。辐射采暖是以辐射传热为主的一种采暖方式。辐射采暖系统的散热设备,主要采用金属辐射板或以建筑物部分顶棚、地板或墙壁作为辐射散热面。

随着经济的发展,人们生活水平的提高和科学技术的不断进步,19世纪末期,在集中采暖技术的基础上,开始出现以热水或蒸汽作为热媒,由热源集中向一个城镇或较大区域供应热能的方式——集中采暖。目前,集中采暖已成为现代化城镇的重要基础设施之一,是城镇公共事业的重要组成部分。

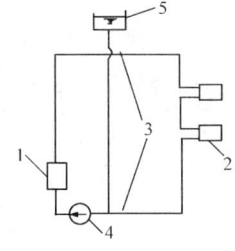

图8-2-1 集中式热水采暖系统示意图
1—热水锅炉;2—散热器;3—热水管道;4—循环水泵;5—膨胀水箱

2. 供热系统组成

集中采暖系统由三大部分组成:热源、热网和热用户。

(1)热源:在热能工程中,热源是泛指能从中吸取热量的任何物质、装置或天然能源。供热系统的热源,是指供热热媒的来源。目前最广泛应用的是区域锅炉房和热电厂。在此热源内，燃料燃烧产生的热，能将热水或蒸汽加热。此外也可以利用核能、地热、电能、工业余热作为集中供热系统的热源。

（2）热网：由热源向热用户输送和分配供热介质的管线系统，称为热网。

（3）热用户：集中供热系统利用热能的用户，称为热用户，如室内采暖、通风、空调、热水供应以及生产工艺用热系统等。

以区域锅炉房（内装置热水锅炉或蒸汽锅炉）为热源的采暖系统，称为区域锅炉房集中采暖系统。

二、通风系统

（一）通风系统的作用

通风是改善空气条件的一种方法，它包括从室内排除污浊空气和向室内补充新鲜空气两个方面。前者称为排风，后者称为送风。为实现排风和送风所采用的一系列设备、装置的总体称为通风系统。

生产过程中产生的高温、高湿、灰尘和有害气体等污染物，不但会影响建筑物内部和周围的空气环境，而且还会损害室内人员的身体健康。为保持室内具有舒适和卫生的空气条件，当室内某种污染物浓度超过规定允许范围时，有必要采取通风措施将污浊空气换成新鲜空气。

（二）通风系统的分类

迫使室内空气流动的动力称为通风系统的作用动力，通风系统按作用动力来划分，可分为自然通风和机械通风两种。

1. 自然通风

自然通风主要是依靠室外风所造成的自然风压和室内外空气温度差所造成的热压来迫使空气进行流动，从而改变室内空气环境。

风压作用下的自然通风如图8-2-2所示。当有风吹过建筑物时，在迎风面和背风面上形成压力差，由于这个压力差的存在，使室外空气从迎风面上压力较高的窗孔流入室内，再从背风面上压力较低的窗孔流出，造成室内的空气流动。此外，为了加强通风效果，可在屋顶上加风帽，利用风从屋顶上吹过时造成的负压来使室内空气排出。

热压作用下的自然通风如图8-2-3所示。它利用室内外空气温度不同所造成的室内外气压差，来迫使室内空气进行流动。当室内空气温度高于室外气温时，室外空气密度大，从下部窗孔流入室内，而室内密度较小的热空气上升，从上部窗孔流出。这种通风方式特别适用于室内有局部热源的场合。

自然通风是一种经济而有效的通风方法。它不消耗能源，节省设备投资，

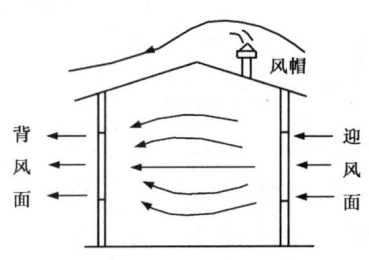
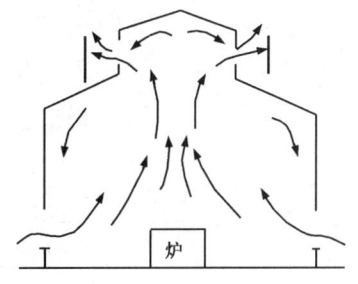

图8-2-2 风压作用下的自然通风　　　　图8-2-3 热压作用下的自然通风

较为经济实用。

2. 机械通风

机械通风是利用通风设备所造成的压力，迫使室内外空气进行交换的一种通风方式。它由通风机和送排风管道组成，还可与一些空气处理设备连接，组成机械通风系统。

采用机械通风能够解决自然通风所难以解决的问题，并可进行局部通风，改善室内局部空气条件，可根据实际需要调节风量。

根据通风范围的不同，机械通风又可分为全面通风和局部通风两种。

（1）全面通风：全面通风是对整个房间进行通风换气，使整个房间的空气环境都符合规定的要求。如图8-2-4所示是一种最简单的全面通风方式。轴流风机把室内污浊空气排到室外，同时使室内造成负压。在负压的作用下，新鲜空气从窗孔流入室内，补充排风。采用这种通风方式时，室内的污浊空气不会流入相邻的房间，适用于空气较为污浊的场所。

如图8-2-5所示是利用风机送风的全面通风方式。它利用风机把经过处理

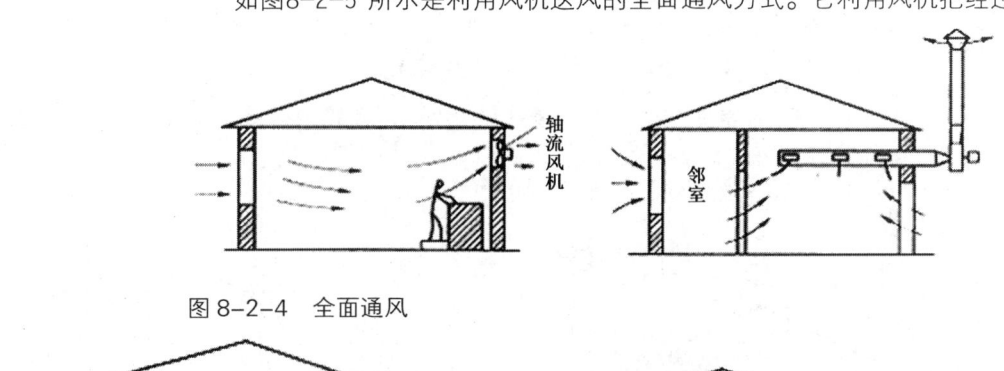

图8-2-4 全面通风

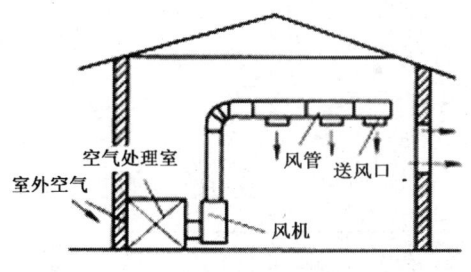
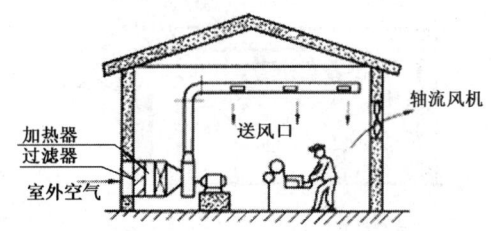

图8-2-5 利用风机送风的全面通风方式　　图8-2-6 同时用风机进行送风和排风的全面通风方式

的室外新鲜空气，通过风管送到室内各点，使室内的气压增大，从而将室内的污浊空气从窗孔排出室外。采用这种方式进行通风，周围相邻房间的空气不会流入室内，适用于室内清洁度要求较高的房间。

除上面两种全面通风方式外，还有一种同时用风机进行送风和排风的全面通风方式，如图8-2-6所示。这种通风方式的效果较好，适用于要求较高的场合。

（2）局部通风：在室内污浊空气产生较为集中、或室内人员较为集中的场所，可采用局部通风系统。

局部通风系统是利用风机所形成的风压，通过风管将室外新鲜空气送到室内某个地点（或将室内某个地点的污浊空气排出室外）的通风方式。这种通风方式可改善室内某个局部空间的空气条件，它适用于面积大、工作地点比较固定的场所。

如图8-2-7所示为局部机械排风系统。通常将排气罩设在产生有害气体的设备放置点，使有害气体产生时就立即被排出室外，防止在室内扩散。

如图8-2-8所示为局部机械送风系统。通常将送风口设置在工作人员的工作地点，使人员周围的空气环境得以改善。

采用机械通风系统具有使用灵活方便、通风效果良好稳定的优点。但它需配置较多的设备，初期投资大，还需要设专人对设备进行日常维护和管理。

（三）民用建筑常用通风系统

1. 建筑通风

一般的民用建筑通常只要求保持室内的空气清洁新鲜，并在一定程度上改善室内的空气温度、相对湿度和流动速度等气象参数。为此，一般只需采取一些简单的措施，如通过门窗孔口换气，利用穿堂风降温，使用风扇提高空气的流速等。在这些情况下，无论对进风或排风都不进行处理。

在某些特殊功能的建筑和大型公共建筑中，根据某些装备的特殊要求和满

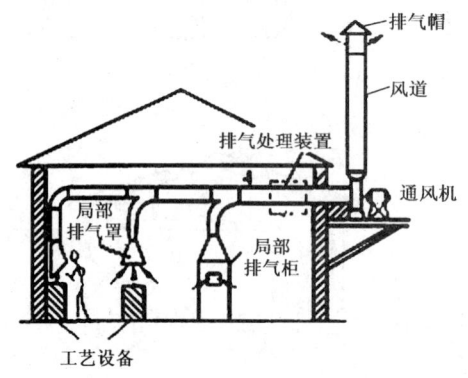

图8-2-7 局部机械排风系统

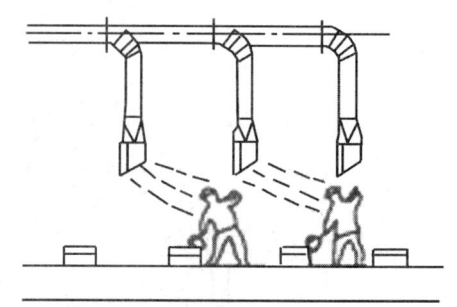

图8-2-8 局部机械送风系统

足人体舒适的需要，对空气环境提出某些特殊的要求，如要求保持空气温、湿度恒定在某一范围内；有些需要严格控制空气的清洁度或流动速度；一些大型公共建筑要求保持冬暖夏凉的舒适环境等，在这些条件下，需要设置建筑通风系统。

2. 高层建筑防排烟系统

根据高层建筑特点，为了防止火灾的蔓延和危害，必须进行防火排烟设计。防火是为了防止火灾蔓延和扑灭火灾，排烟是将火灾产生的烟气及时给予排除，以确保建筑内人员顺利疏散。因此，防火排烟设计中，首先要进行防火和防烟分区设计，然后确定防火排烟的形式。

3. 厨房、卫生间通风

为了防止厨房产生的烟气、卫生间产生的污浊空气向室内蔓延，这类房间应保持负压通风。

4. 人防通风

随着国际形势的变化，目前各城市相继成立了人防办公室，同时对一定规模的建筑要求有一定的人防面积。而作为地下人民防守工程，为满足人员掩蔽时正常的需求，因此要求设置人防通风。

由于人防通风只在战时使用，因此，人防通风设计必须确保战时的防护要求，同时也应尽量满足平时的使用要求。当平时的使用要求与战时防护要求不一致时，应采用平战功能转换措施。

5. 地下车库通风

随着城市汽车数量的增加，新建汽车库逐渐向多层和地下空间发展，汽车库设置在高层建筑的地下层，这在高层建筑设计中已较为普遍；地下汽车库通风看似普通，但它可能需要同时满足以下几种通风的要求：

(1) 满足汽车库通风要求。应设置平时使用的通风系统。

(2) 满足《汽车库、修车库、停车场设计防火规范》GB 50067—97和《高层民用建筑设计防火规范》GB 50045—95（2005年版）的规定，设置机械排烟系统。

(3) 由于多数地下车库均兼有战时人防的功能，因此，其通风系统应满足战时使用的要求。即满足战时清洁式通风，滤毒式通风和隔绝式通风的要求，至少应满足战时功能转换的要求。

地下汽车库的机械排烟系统可与通风系统联合设计，对于面积小于2000m^2的车库，"规范"没有规定要求设计机械排烟装置，但是"规范"规定的排烟量与通风系统的排风量均为6次/h，如果排风机满足排烟要求，地下汽车库一旦发生火灾，排风系统也可以起到排烟作用。

地下汽车库面积超过2000m^2时，排烟系统设计应进行防烟分区，每个防烟分区内部应设置排烟口（排烟口为常闭型）。在以往的排风系统设计时，要求排风量上部排1/3，下部排2/3。而排烟系统设计则要求上部排烟，这样给排烟排风系统联合设计造成矛盾。因此，目前许多排风系统设计也考虑全部从上部排风。一般来说，从下部排风的目的是排除含铅汽油中的含铅气体，铅的比重大，沉积在下部。考虑到目前及今后使用的均为无铅汽油，同时汽车库的层高一般比较低，在汽车行驶的扰动下，车库内有害气体分层的可能性较小，这样排烟排风系统就可以合用。

由于地下车库层高普遍较低，当风道布置在梁下时，往往会形成风道下底标高较低，人员等无法通过的情况。因此在建筑设计中应充分考虑这一因素，尽量争取在预计设置风道的部位不要设置通道。

6. 设备用房通风

高层建筑的各类设备用房（如水泵房、空调机房、变配电室等）主要设置在地下层，根据各类设备用房的设计要求，均应考虑设置机械通风系统。由于房间性质不同，所要求通风量也不同，而有些房间要求送风，有些则要求排风。因此在建筑设计中应合理布置各类设备用房，以避免给通风设计增加难度。

三、空调系统

(一) 衡量空气环境的指标

空气环境的好坏是以空气的温度、湿度、洁净度和气流速度来衡量的。

1. 温度

衡量空气冷热程度的指标，通常以摄氏温度（℃）表示，有时还以开氏温度（K）表示。空气温度的高低，对于人体的舒适和健康影响很大，也直接影响某些产品的质量，是衡量空气环境的重要指标。

2. 湿度

空气的湿度是表示空气的潮湿程度，即含有水蒸气多少的指标。在一定温度下，湿空气所含的水蒸气量有一个最大限度，超过这一限度，多余的水蒸气就会从空气中凝结出来，这种含有最大限度水蒸气量的湿空气称为饱和空气。在湿空气中与1kg干空气同时并存的水蒸气量称为含湿量；单位容积湿空气中含有水蒸气的质量，称为湿空气的绝对湿度；湿空气的绝对湿度与同温度下的饱和绝对湿度的百分比为相对湿度。相对湿度是衡量空气干湿程度的重要指标，一般均以相对湿度而不是绝对湿度来描述空气的湿度。

3. 洁净度

空气的洁净度是表示空气的新鲜程度和清洁程度的指标。空气的新鲜程度是衡量空气中含氧比例的技术指标。空气的洁净程度是指空气中的粉尘和有害物的浓度。

4．气流速度

空气的气流速度是表示空气在房间里流动快慢程度的指标。更换室内的空气，是通过空气的流动来实现的。如果空气流动过慢，人们会感到气闷。但是，如果空气流动过快，人们又会有吹风感。

（二）空气调节的任务和作用

空气调节是控制室内空气的温度、湿度、洁净度和气流速度等符合一定要求的工程技术。工程中，根据客观需要及不同的使用要求对上述各项指标各有不同的侧重。

仅满足人体舒适要求的称为舒适性空调，它对室内温度、湿度的恒定要求并不严格，主要是以夏季降温为主，一般的民用建筑空调多为舒适性空调。

根据工艺、生产的要求而将室内温度、湿度等严格控制在一定范围内的空调称为恒温恒湿空调，如计量室、精密车间等。

不仅对室内温、湿度有一定要求，而且对空气的含尘量和尘粒大小有严格要求的称为净化空调，如生产集成电路的车间等。

为满足科研要求建立的特殊空间气候，以模拟高温、低温、低湿等环境的称为"人工气候室"。

此外还有无菌空调（医药实验室，手术室）和以除湿为主的空调（如地下建筑）等。

（三）空调系统的组成

一个完整的空调系统一般由被调对象、空气处理设备、空气输配系统三部分组成。它的任务是对空气进行过滤、加热、冷却、加湿、干燥等处理，然后将其送到各个房间，满足生活与工作的需要。典型的空调系统如图8-2-9所示。

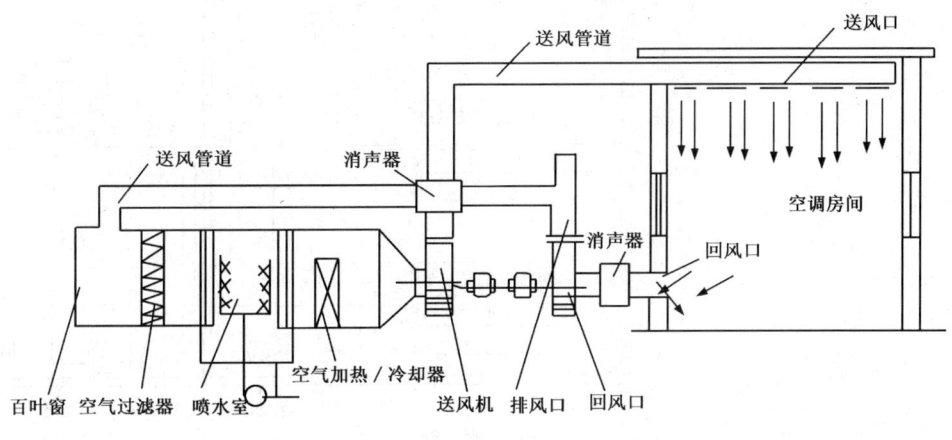

图8-2-9　空调系统示意图

空气处理装置由百叶窗、空气过滤器、喷水室和空气加热器和空气冷却器组成。新鲜空气从可调节的百叶窗进入，进空气量通过调节百叶窗而实现。进入的新鲜空气通过空气过滤器滤掉空气中的灰尘，然后通过喷水室进行加湿或减湿处理。空气加热器或空气冷却器把空气加热或冷却到所需要的温度。

经过处理具有一定洁净度和温、湿度的空气通过送风机、送风管道风管及送风口分别送入各个空调房间，以满足房间对空调的要求。

为了满足空调房间对噪声的要求，在送风管及回风管上安装消声器，以减少由于空气的流动及风机运转而产生的噪声。

进入空调房间的空气，在使用中吸收了余热（冬季往往是向室内供热）、余湿及其他有害物后，通过排风机排至室外，有时为了节能，提高空调系统的经济性，通常把一部分排风再送回空气处理室，与新风混合使用。

（四）空调系统的类型

由于各类房间对空气环境的要求不同，空调系统的类型也不同。常用的空调系统，按其空气处理设备设置情况不同，可分为集中式、分散式和半集中式三种类型。

1. 集中式空调系统

这种系统的特点是所有的空气处理设备，包括风机、水泵等都集中在一个空调机房内，处理后的空气经风道输送到各空调房间，如图8-2-10所示。

集中式空调系统按其处理空气的来源，又有封闭式、直流式和混合式三种系统，如图8-2-11所示。

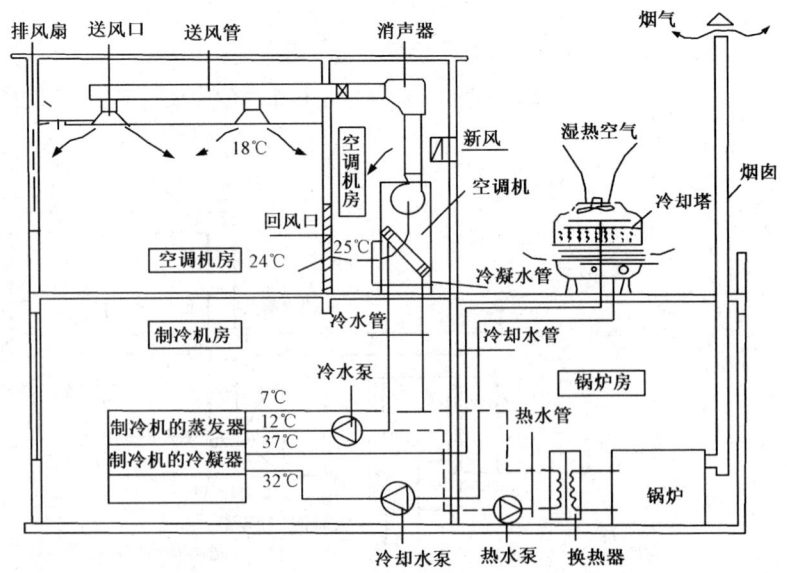

图 8-2-10 集中式空调系统

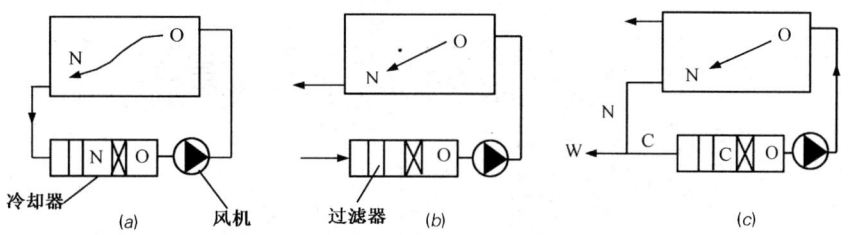

图8-2-11 集中式空调系统的三种形式
(a) 封闭式; (b): 直流式; (c) 混合式
N—室内空气; W—室外空气; C—混合空气; O—冷却器后空气状态

(1) 封闭式集中空调系统，也称为全循环式集中空调系统。它所处理的空气全部来自空调房间，全部空气为再循环，没有室外新鲜空气补充到系统来，如图8-2-11 (a)。这种系统卫生条件差，但消耗能量低，通常应用于人员不长期停留的库房等。

(2) 直流式集中空调系统，也称为全新风式集中空调系统。它所处理的空气全部来自室外，室外空气经处理后送入室内，使用后全部排出到室外，如图8-2-11 (b)。其处理空气的能耗大。这种空调系统运用于室内空气不宜循环空气调节的建筑物中，如放射性及散发大量有害物的试验室、车间等。

(3) 混合式集中空调系统，也称为有回风式集中空调系统，是前两种系统的混合，即使用一部分室内再循环空气，又使用一部分室外新鲜空气，如图8-2-11 (c)。这种系统既能满足卫生要求，又经济合理，应用广泛。

2. 半集中式空调系统

这种系统除设有集中空调机房外还在空调机房间内设有二次空气处理设备（又称为末端装置）。末端装置的作用是在空气进入被调房间之前，对来自集中处理设备的空气作进一步补充处理，以适应各种房间对空气温、湿度的不同要求。半集中式空调系统最常用的类型是风机盘管机组（图8-2-12），由多排称作盘管的翼片管热交换器和风机组成。运行时，管内通入冷却水或热水。与集中空调系统不同，它采用就地处理回风的方式，由风机驱动室内空气流过盘管进行冷却除湿或加热，再送回室内。机组内还装有凝水盘与凝结水管路，用来排除除湿时产生的凝结水。供给盘管的冷热水一般是由集中冷热源提供的。风机盘管一般设置在各空调房间，对室内空气进行循环处理。

3. 全分散式空调系统

这种系统也称为局部空调，如果在一个较大的建筑物中，只有少数房间需要空调，或者需要空调房间虽多，但很分散，距离又远，这时需要考虑采用局

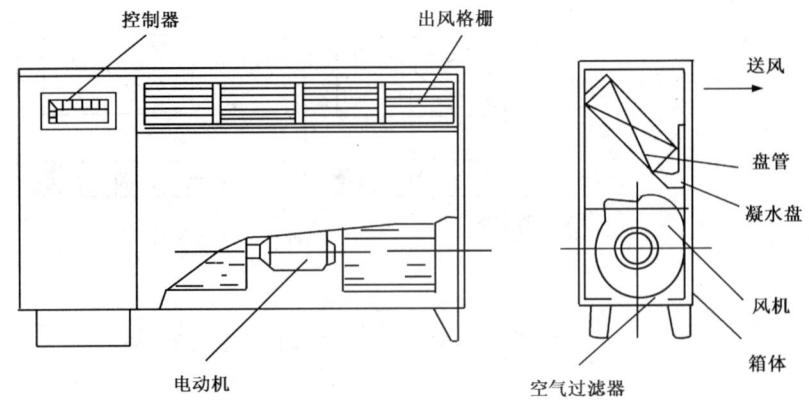

图8-2-12 风机盘管机组

部空调系统。局部空调机组就是最常见的一种,又称为空调器。它是把空气处理设备、冷热源（制冷机组和电加热）等整体地组合在一个箱体里,其特点是结构紧凑、体积小、安装简便、节省大量风道、使用灵活。结构上分为整体式与分体式两种。

（五）常用的空调系统

1. 集中式恒温恒湿空调系统

集中式恒温恒湿空调系统是应用广泛的一种工艺性空调,它的特点是要求室内有一定温、湿度基数和一定的波动范围。工程中常采用一次回风和二次回风两种形式。

（1）一次回风系统,将回风全部引至空气处理室前端,集中一次使用。处理工程为新风和回风混合后,经喷水室进行冷却减湿处理,达到机器露点温度,再加热至送风状态点。

（2）二次回风系统,将回风在喷水室前后与新风进行两次混合。二次回风的特点是可以节省再加热负荷,但机器露点温度比一次回风系统的低,制冷系统效率差,且系统复杂。

2. 净化空调系统

净化空调是指使空调房间室内空气洁净度达到一定级别的空调工程。如工业净化室（精密机械制造、电子元件生产等）和生物洁净室（手术室、生物实验室、医药制品制造车间等）。为保证洁净室正常工作,应严防外界灰尘进入洁净室和尽量避免洁净室及空调系统本身产生灰尘。必须采用一系列有效措施,如:

（1）洁净室内必须保持正压。

（2）在洁净室入口处设空气吹淋室。空气吹淋室是一个净宽为 0.8～1m 的小室,内设若干喷嘴,将经过滤的空气吹向人体各个部位,以吹掉工作服上的灰尘。

(3) 洁净室常应该设传递窗，一般可采用机械式传递窗。

(4) 净化系统应力求严密，各部件应选用不易起尘和便于清扫的材料制作。

3. 大型公共建筑空调系统

这一系统多为舒适性空调，如影剧院、会堂、体育馆等，它的特点是人员集中，而停留时间短暂，新风量大，送风方式多为集中送风（喷口送风）方式。

4. 分散式空调系统——空调机组

空调机组，是将一个空调系统连同匹配的制冷系统中的全部设备或部分设备配套组装，形成整体而由工厂定型生产的一种空气调节设备。将空调和制冷系统中的全部主要设备都组装在同一个箱体内的，称为整体式空调机组，而将空调器和压缩冷凝机组分作两个组成部分的，称为分体式空调机组。

空调机组由于具有结构紧凑、体积较小、安装方便、使用灵活以及不需要专人管理等特点，因此在中、小型空调工程中应用非常广泛。

空调机组的种类很多，大致可分为柜式、窗式和分体式几种。

(1) 立柜式恒温恒湿机组：该机组是将空气处理、制冷和电气控制三个系统全部组装在一个箱体内，此外尚有电加热器。这类机组能自动调节房间内空气的温度和相对湿度，以满足房间在全年内的恒温恒湿要求。不同型号机组的产冷量和送风量大小不等。

(2) 立柜式冷风机组：这类空调机组没有电加热器和电加湿器，一般也没有自动控制设备，只能供一般空调房间夏季降温减湿用。

(3) 窗式空调器：窗式空调器是可以安装在窗上或高台下预留洞内的一种小型空调机组。一般可控制室温范围为 20~28℃。由于窗式空调安装困难，噪声大等原因，目前已很少采用。

(4) 分体式空调：分为室内机（壁挂式）和室外机两部分。其压缩机、冷凝器两部分设在室外，目前在住宅及一般公共建筑中使用较多。

5. 风机盘管空调系统

风机盘管机组是空调系统的一种末端装置，由风机、盘管（换热器）以及电动机、空气过滤器、室温调节装置和箱体等组成，如图8-2-12 所示，其形式有立式和卧式两种。

风机盘管空调系统的工作原理，就是借助风机盘管机组不断地循环室内空气，使之通过盘管而被冷却或加热，以保持房间要求的温度和一定的相对湿度。盘管使用的冷水和热水由集中冷源和热源供应。机组一般设有三挡（高、中、低挡）变速装置，可调整风量大小，以达到调节冷、热量和噪声的目的。有些型号的机组还另外配带室温自动调节装置，可控制室温16~28℃。

四、空调制冷

制冷系统是空调系统的"冷源",它通过制备冷冻水提供给空气处理设备使用,从而向整个系统提供冷量,它由制冷装置、冷冻水管路和冷却水管路三个子系统组成。

1. 制冷装置

制冷装置是空调系统的一个重要组成部分,制冷是使某物体或某空间达到低于周围环境温度,并维持这一温度的技术。空调工程中使用的冷源包括天然冷源和人工冷源。天然冷源包括一切可能提供低于正常环境温度的天然事物,如深井水、深海水、天然水等。但是,由于天然冷源受时间、地区条件的限制。因此,目前世界上用于空调的主要冷源仍然是人工冷源,即人工制冷。世界上的第一台制冷装置诞生于19世纪中叶,从此,人类开始使用人工冷源。

人工制冷的设备称为制冷机,它是以消耗一定的能量(机械能或热能)为代价,实现使低温物体的热量向高温物体转移的一种技术。空调工程中使用的制冷机有压缩式、吸收式和蒸汽喷射式三种,其中以压缩式制冷机的应用最为广泛。

2. 冷冻水系统

冷冻水系统负责将制冷装置制备的冷冻水输送到空气处理设备,一般可分为闭式系统和开式系统。对于变流量调节系统,常采用闭式系统,其特点是和外界空气接触少,可减缓对管道的腐蚀,制冷装置采用管壳式蒸发器,常用于表面冷却器的冷却系统。而定流量调节系统,常采用开式系统,其特点是需要设置冷水箱和回水箱,系统的水容量大,制冷装置采用水箱式蒸发器,用于喷淋室冷却系统。

为了保证闭式系统的水量平衡,在总送水管和总回水管之间设置有自动调节装置,一旦供水量减少而管道内压差增加,使一部分冷水直接流至总回水管内,保证制冷装置和水泵的正常运转。

3. 冷却水系统

冷却水负责吸收制冷剂蒸汽冷凝时放出的热量,并将热量释放到室外。它一般可分为直流式、混合式及循环式三种形式。

直流式冷却水系统将自来水或井水、河水直接打入冷凝器,升温后的冷却水直接排出,不再重复使用。

混合式冷却水系统是将通过冷凝器的一部分冷却水,与深井水混合,再用水泵压送至冷凝器使用。

循环式冷却水系统，是将来自冷凝器的升温冷却水先送入蒸发式冷却装置，使其冷却降温，再用水泵送至冷凝器循环使用，只需要补充少量的水。图8-2-13所示的是常用的机械通风式冷却塔冷却水系统。

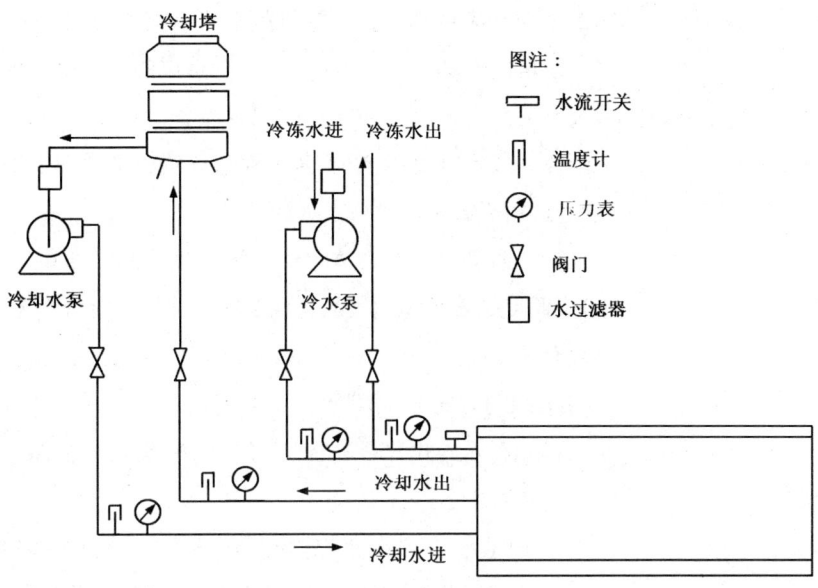

图 8-2-13　机械通风式冷却塔冷却水系统

五、照明系统

电气照明是一门综合性技术，它涉及光学、电学、建筑学、生理学和心理学。由于电光源的出现和发展，电气照明已被广泛应用并成为现代人工照明的极其重要的手段。

（一）照明基本知识

建筑采光分为自然采光和人工照明两大类。电气照明由于具有灯光稳定、易于控制和调节以及安全、经济等优点，因而成为现代人工照明中应用最为广泛的一种照明方式。

1. 基本光度单位

光是能量的一种形式，它可以通过辐射的方式在空间进行传播。光的本质是一种电磁波，它在电磁波的极其宽广的波长范围内仅仅占极小一部分，通常把红外线、可见光和紫外线合称为光，其中可见光是人眼能感觉到的部分，波长在 380～760nm（纳米，$1nm=10^{-9}m$）之间。波长不同的可见光，在人眼中相应地产生不同的颜色。

(1) 光通量：光源在单位时间内，向周围空间辐射出的使人眼产生光感的能量，称为光通量。单位为1m（流明）。

(2) 亮度：亮度是直接对人眼引起感觉的光量之一。对在同一照度下并排放着的白色和黑色物体，人眼看起来有不同的视觉效果，总觉得白色物体要亮得多，这是由于物体表面反光程度不同造成的。亮度与被视物体的发光或反光面积以及反光程度有关。通常把被视物体表面在某一视线方向或给定的单位投影面上所发出或反射的发光强度，称为该物体表面在该方向的亮度，单位为cd/m^2（坎德拉每平方米）。

(3) 照度：被照物体单位面积上接收的光通量称为照度，单位为lx（勒克斯）。照度是表示物体被照亮程度的物理量。能否看清一个物体，与这个物体的照度有关。

2. 照明方式与种类

(1) 照明方式：通常分为一般照明、分区一般照明、局部照明、混合照明。其特点如下：

① 一般照明：是在工作场所内不考虑特殊的局部要求，为照亮整个被照面而设置的照明装置。如图8-2-14 (a)，这时灯具均匀布置在被照场所上空，在工作面上形成均匀的照度。这种照明方式适合于对光的投射方向没有特殊要求，在工作面上没有特别需要提高视度的工作点及工作点很密或不固定的场所。当房间屋顶较高且照度要求又高时，若只采用一般照明，就会造成所需的灯具过多，安装功率过大，导致投资和使用费用过高，这是很不经济的。

② 分区一般照明：当某一工作区需要高于一般照明的照度时，可采用分区

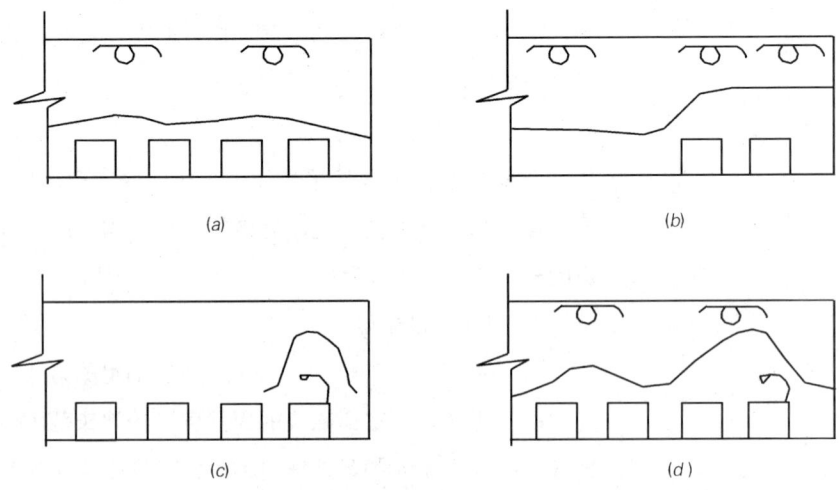

图8-2-14 照明方式及照度分布
(a) 一般照明； (b) 分区一般照明； (c) 局部照明； (d) 混合照明

一般照明。就是根据需要，提供特定区域照度的一般照明。例如在开敞式办公室中有办公区、休息区等，它们要求不同的一般照明照度，就常采用这种照明方式，如图8-2-14（b）。

③ 局部照明：是在工作点附近，专门为照亮工作点而设置的照明装置，如图8-2-14（c），即为满足某些部位(通常限定在很小范围内，如工作台面）的特殊需要而设置的照明。局部照明常设置在要求照度高或对光线方向性有特殊要求的部位。但不允许单独使用局部照明，因为这样会造成工作面与周围环境间极大的亮度差，不利于视觉工作。

④ 混合照明：混合照明是一般照明与局部照明组成的照明。它是在同一工作场所内。既设有一般照明，以满足整个工作面均匀照明要求；又设有局部照明，以满足工作点的高照度和光线方向的要求。如图8-2-14（d），在高照度时，这种照明方式是比较经济的，也是目前工业建筑和照度要求较高的民用建筑（如图书馆）中大量采用的方式。

(2) 照明种类：

①正常照明：正常工作、生活、活动时使用的室内、室外照明称为正常照明。一般可以单独使用。

②应急照明：正常照明因故障熄灭后，供事故情况下继续工作或人员安全通行的照明称为应急照明。应急照明又分为疏散照明（保证安全出口通道能够辨认使用，室内人员能够安全撤离的照明）、安全照明(保证人员人身安全的照明)、备用照明（确保正常活动继续进行）。

③值班照明：在重要的车间和场所设置的供值班人员使用的照明称为值班照明。值班照明可利用正常照明中能单独控制的一部分，或应急照明中的一部分。

④警卫照明：用于有警卫任务的场所，根据警戒范围的需要设置警卫照明。

⑤障碍照明：装设在高层建筑物或构筑物上，作为航空障碍标志（信号）用的照明，并应执行民航和交通部门有关规定。障碍照明采用能穿透雾气的红光灯具。

3. 照明设计标准

照明设计依据是建筑照明设计标准，即照度标准。照度标准是关于照明数量和照明质量的规定。数量是指工作面上的照度值；质量是指设计场所对光的质量定性或定量的要求。

照明设计首先应考虑照明标准，在满足照明标准的基础上，再综合考虑节省投资、安全可靠、便于维护管理等问题。照明标准包括以下内容：

(1) 照度数值：《建筑照明设计标准》是按不同建筑、不同用途的房间或场所，分别规定了不同的照度要求，包括居住建筑、公共建筑、工业建筑等三类建筑和一个公用场所的照明设计照度标准值。设计时可根据需要进行查取。

(2) 照明质量：包括一切有利于视功能、舒适感、宜于观看、安全美观的亮度分布。

照明质量的影响因素有：

① 限制眩光：当人观察高亮度的物体时，眩光会使视力逐渐下降。为了限制眩光，可适当降低光源和照明器具表面的亮度，如对有的光源，可用漫射玻璃或格栅等限制眩光，并合理布置光源的位置。

② 照度均匀度：如果被照面的明亮程度不均匀，使眼睛经常处于亮度差异较大的适应变化中，将会导致视觉疲劳。为了使照度均匀，灯具布置时其相互间的距离和对被照面的高度有一定比例，这个比例要选得恰当。

③ 合适的亮度分布：当物体发出可见光（或反光），人才能感知物体的存在，越亮，看得就越清楚。但亮度过大，人眼会感觉不舒服，超出眼睛的适应范围，则灵敏度下降，反而看不清楚。照明环境不但应能使人清楚地观看物体，而且要给人以舒适的感觉，所以在整个设计场所各个表面都应有合适的亮度分布。

④ 光源的显色性：在需要正确辨色的场所，应采用显色指数高的光源。如白炽灯、日光色荧光灯和日光色镝灯等。

⑤ 照度的稳定性：照度变化引起照明的忽明忽暗，不但会分散人们的注意力，给工作和学习带来不便，而且会导致视觉疲劳，对眼睛极为有害。因此，照度的稳定性应予以保证。

照度的不稳定主要是由于光通量的变化所致，而光源光通量的变化主要由于电源电压的波动所致。因此，必须采取措施保证照明供电电压的质量。如将照明和动力电源分开，或用调压器等。另外，光源的摆动也会影响视觉，而且影响光源本身的寿命。所以，灯具应设置在没有气流冲击的地方或采取牢固的吊装方式。

⑥ 频闪效应：交流供电的气体放光电源，其光通量也会发生周期性的变化。最大光通量和最小光通量差别很大。使人眼发生明显的闪烁感觉，即频闪效应。当观察转动物体时，若物体转动频率是灯光闪烁频率的整数倍时，则转动的物体看上去好像没有转动一样，因而造成错觉，容易发生事故。

第三节　保障建筑安全的设备系统

在美国纽约9.11事件之后，人类更加关注建筑安全问题。建筑设计中，既要考虑自然灾害对建筑的影响，又要防止人为事件对建筑的危害。建筑物中加强防灾、减灾能力的设备系统，即为建筑安全的保障系统。包括：建筑物防雷系统、消防系统、建筑的防排烟系统、火灾自动报警和消防联动设备、保安监控系统等。

一、建筑防雷

（一）雷电的基本知识

1. 雷电现象

雷电是一种常见的自然现象。每年从春季开始活动，到夏季最为频繁剧烈，到秋季则逐渐减少、变弱以至消失。

近年来的实验研究认为，雷电的形成是由于多种原因导致、是在特定的场合和条件下，以某种原因为主导因素而形成的一种自然现象。雷电环境是由于天空中聚集有大量带电的雷云而造成的。所谓雷电现象，就是雷云与雷云之间、雷云与大地之间的一种放电现象。闪电就是放电时产生的强烈的光和热，雷声就是巨大的热量使空气在极短时间内急剧膨胀而产生的爆炸声响。

2. 雷电的作用形式

雷电的破坏作用一般可分为直接雷击、间接（感应）雷击两大类。

直接雷是雷云对地面的直接放电形式。间接雷是雷云的二次作用（主要是静电感应效应和电磁效应等）造成的危害现象，无论是直接雷或是间接雷，都有可能演变成雷电的第三种作用形式——高电位侵入，即诱发很高的电压（可达数十万伏）沿着供电线路或金属管道，高速涌入配电室、电能用户等建筑物的内部，引起故障。

不管是哪一种雷电作用形式，都具有共同的特点：放电时间短、放电电流大、放电电压高、破坏力极强。其破坏作用主要表现在以下几个方面：

（1）机械性破坏：由两种力产生，一种是强大的雷电流通过物体时产生的巨大的电动力。另一种是强大的雷电流通过物体时产生的巨大热量，使物体内部的水分急剧蒸发而产生的内压力。

（2）热力性破坏：产生的巨大热量使物体燃烧和金属材料熔化。

（3）绝缘击穿性破坏：即极高的电压使供配电系统中的绝缘材料被击穿，造成相间短路，使破坏的范围和程度迅速地扩大和增强，这是电气系统中最普遍、最危险的一种雷电破坏形式。

（4）无线干扰性破坏：由于雷电波中夹杂有大量高频杂波，对通信、广播、电视等电子设备和系统的正常工作有强烈的干扰破坏作用。

（二）建筑防雷设计标准

为了防止雷电对建筑物和建筑物内电气设备的破坏，必须对容易受到雷电袭击的建筑物提供防雷保护。建筑物防雷设计的主要目的是为了防止和减少雷电造成的危害，主要包括：

① 保护建筑物内部的人身安全；
② 保护建筑物不遭受破坏和烧毁；
③ 保护建筑物内部存放的危险物品不会损坏、燃烧和爆炸；
④ 保护建筑物内部的电气设备和系统不受破坏。

建筑物的防雷设计应根据建筑物本身的重要性、使用性质、发生雷电事故的可能性和后果，结合当地的雷电活动情况和周围环境特点，综合考虑确定是否安装防雷装置及安装何种类型的防雷装置。按照我国《建筑物防雷设计规范》GB 50057—1994的要求，我国建筑物防雷共分三类。

1. 第一类防雷建筑物

(1) 凡制造、使用或贮存炸药、火药、起爆药、火工品等大量爆炸物质的建筑物因电火花而引起爆炸，会造成巨大破坏和人身伤亡者。

(2) 具有0区或10区爆炸危险环境的建筑物。

(3) 具有1区爆炸危险环境的建筑物，因电火花而引起爆炸，会造成巨大破坏和人身伤亡者。

2. 第二类防雷建筑物

(1) 国家级重点文物保护的建筑物。

(2) 国家级的会堂、办公建筑物、大型展览和博览建筑物、大型火车站、国宾馆、国家级档案馆、大型城市的重要给水水泵房等特别重要的建筑物。

(3) 国家级计算中心、国际通讯枢纽等对国民经济有重要意义且装有大量电子设备的建筑物。

(4) 制造、使用或贮存爆炸物质的建筑物，且电火花不易引起爆炸或不致造成巨大破坏和人身伤亡者。

(5) 具有1区爆炸危险环境的建筑物，且电火花不易引起爆炸或不致造成巨大破坏和人身伤亡者。

(6) 具有2区或11区爆炸危险环境的建筑物。

(7) 工业企业内有爆炸危险的露天钢质封闭气罐。

(8) 预计雷击次数大于 0.06次/a的部、省级办公建筑物及其他重要或人员密集的公共建筑物。

(9) 预计雷击次数大于0.3次/a的住宅、办公楼等一般性的其他民用建筑物。

3. 第三类防雷建筑物

(1) 省级重点文物保护的建筑物及省级档案馆。

(2) 预计雷击次数不小于0.012次/a，且不大于0.06次/a的部、省级办公建筑物及其他重要或人员密集的公共建筑物。

(3) 预计雷击次数大不小于0.06次/a，且不大于0.3次/a的住宅、办公楼等一般性的其他民用建筑物。

(4) 预计雷击次数大于或等于 0.06次/a的一般性工业建筑物。

(5) 根据雷击后对工业生产的影响及产生的后果，并结合当地气象、地形、地质及周围环境等因素，确定需要防雷的21区、22区、23区火灾危险环境。

(6) 在平均雷暴日大于15d/a的地区，高度在15m及以上的烟囱、水塔等孤立的高耸建筑物；在平均雷暴日小于或等于15d/a的地区，高度在20m及以上的烟囱、水塔等孤立的高耸建筑物。

上述建筑物防雷分类中所提到的火灾和爆炸危险环境的区域是按如下原则进行划分的：

0区：连续出现或长期出现爆炸性气体混合物的环境。

1区：在正常运行时可能出现爆炸性气体混合物的环境。

2区：在正常运行时不可能出现爆炸性气体混合物的环境，或即使出现也仅是短时存在的爆炸性气体混合物的环境。

10区：连续出现或长期出现爆炸性粉尘的环境。

11区：有时会将积留下的粉尘扬起而偶然出现爆炸性粉尘混合物的环境。

21区：具有闪点高于环境温度的可燃气体，在数量和配置上能引起火灾危险的环境。

22区：具有悬浮状、堆积状的可燃粉尘或可燃纤维，虽不可能形成爆炸混合物，但在数量和配置上能引起火灾危险的环境。

23区：具有固体状可燃物质，在数量和配置上能引起火灾危险的环境。

(三) 建筑防雷设计

1. 雷电活动分布规律

建筑物遭受雷电袭击与许多因素有关。首先，建筑物所在地区的地质条件。即土壤电阻率小的地方易落雷；在土壤电阻率突变的地区，电阻率较小处易落雷；在山坡与稻田的交界处、岩石与土壤的交界处，多在稻田与土壤中产生雷击；地下水面积大和地下金属管道多的地点，也易遭受雷击。其次，建筑物所处地形和地物条件。即建筑群中的高耸建筑和空旷的孤立建筑易受雷击；山口或风口等雷暴走廊处、铁路枢纽和架空线路转角处也易遭受雷击。第三，建筑物的构造及其附属构造条件。即建筑物本身所能积蓄的电荷越多，越容易接闪雷电；建筑构件（梁、板、柱、基础等）内的钢筋、金属屋顶、电梯间、水箱间、楼顶突出部位（天线、旗杆、烟道、通气管等）均容易接闪雷电。第四，建筑物内外设备条件。即金属管道设备越多,越易遭受雷击。

因此,对建筑物防雷措施的设计,应认真调查地质、地貌、气象、环境等条件和雷电活动规律以及被保护建筑物的特点等,因地制宜地采取防雷措施,做到安全可靠、技术先进、经济合理。总的来说,各类防雷建筑物应采取防直击雷和防雷电波侵入的措施、须特别指出的是,任何一种防雷措施均需做到可靠接地,其保证规定的每一根引下线的冲击接地电阻值应满足相应的设计规范的要求。

2. 建筑物的防雷措施

(1) 防直接雷击:主要采用防雷装置。它由三部分组成:接闪器、引下线和接地装置。其原理是通过接闪器使雷云与接闪器之间放电,通过引下线将雷电流引入地下,由接地装置将雷电流迅速流散到大地之中,从而保护建筑物免遭雷击。

① 接闪器:用来吸引雷电,是直接遭受雷击的部分,有避雷针、避雷带、避雷网等基本形式。建筑物的金属屋顶、金属构件,如金属烟囱、金属栏杆等也可兼作接闪器。

② 引下线:将接闪器与接地装置相连,构成雷电流的通路。引下线一般用截面能承受通过雷电流的圆钢或扁钢制成。

③ 接地装置:是埋设在地下的金属导体,使雷电流能迅速流散到大地中去,限制防雷装置对地电压过高。一般采用垂直埋设角钢、圆钢、钢管或水平埋设的扁钢、圆钢等,也可利用建筑物的钢筋混凝土基础内的钢筋、埋设在地下的金属构件等作为接地装置。

(2) 防感应雷击:主要采用将所有设备的金属外壳可靠接地,以消除感应或电磁火花。将建筑物内的金属管道、金属构件、钢窗等一切金属设备通过引下线与接地装置相连。这样,当建筑物上空雷云放电后,残留在建筑物上的电荷可通过引下线引入大地,从而防止建筑物出现高电位。

(3) 防高电位侵入:多用避雷器。通过避雷器将雷电产生的高电位引入大地,来防止沿线路侵入建筑物。

二、消防系统

(一) 建筑火灾的成因及特点

火灾是失去控制的燃烧所造成的灾害。火的形成过程是一种放热、发光的复杂化学现象,是可燃物质分子游离基的一种连锁反应。因此当存在可燃物质,又存在可供燃烧的热源及助燃氧气或氧化剂,便可构成火灾形成的充分条件。建筑物的火灾对人们生命及财产造成了严重的危害。了解建筑火灾的形成原因及特点，有助于我们加深对消防系统的认识，也有利于消防系统的不断完善与发展。

1. 建筑火灾的成因

建筑物虽然采用了不燃的砖混或钢混结构，但建筑物内往往有可燃物质，一旦具备燃烧条件，就会引发火灾。造成火灾的原因，可有以下几个方面：

（1）人为因素：人为造成的火灾是建筑火灾中最常见的。工作中的疏忽大意，往往是火灾的直接原因。如：明火作业时的野蛮操作；无视操作规程带电作业，产生电火花；乱拉临时电线，超负荷用电，电器使用不当；吸烟乱扔烟蒂、火柴头等都可能引发火灾。人为故意纵火更是最直接的原因。

（2）电气事故：用电设备多，用电量大，电气设备质量不好，安装不当，老化且维护不及时，绝缘破损引起线路短路，防雷、避雷接地不符合要求等都是造成火灾的隐患。

（3）可燃物的引燃：建筑火灾的可燃物可分为可燃气体、可燃液体及可燃固体。可燃气体包括如煤气、石油液化气等燃料气体和其他的可燃气体。这些气体一旦泄漏，与空气混合后形成混合气体，当浓度达到一定值时，遇到明火就会爆炸，形成火灾。

可燃液体在低温下，其蒸汽与空气混合达到一定浓度时，遇明火就会出现闪燃现象，闪燃是燃爆、爆炸的前兆。一般来说，可燃固体被加热达到其燃点温度时，遇明火才会燃烧。但是有些物质具有自燃现象，当其受热温度达到一定值时，会分解出可燃气体，放出少量热能。当温度继续升高，热能急剧增加，此时即使隔绝外界热源，其自身放出的热能也能达到自燃点，产生自燃现象。此外还有一些易燃易爆化学品，即使在常温下也会自燃或爆炸，这些物品都是火灾的隐患。

上述各种原因都会引发火灾，但只要人们对火灾高度重视并严加防范，火灾是完全可避免的。

2. 建筑火灾燃烧过程

火灾过程可以分为阴燃、爆燃、熄灭三个阶段。

在阴燃阶段，室内温度升高，伴随着可燃物的空气和烟雾与空气混合，遇明火产生起火点。这是火灾早期报警的最好时刻，若及时采取有效的灭火措施，实现早期灭火，损失较小。随着室内可燃物体充分燃烧，火势凶猛，温度急剧上升，形成爆燃。此时室内温度将维持恒定即燃烧热与散失热相平衡。这时是对人与建筑物危害及破坏最大的阶段。随着火的持续燃烧，室内可燃物在减少，室内温度逐渐下降，火势将开始衰减，但此时也正是向周围蔓延的最危险时刻。

由于热对流能使可燃物扩散，热辐射能引燃周围物品或建筑物，火可顺着可燃物延伸，若能阻止以上的火灾蔓延途径，将火灾控制在局部范围内，就可避免火灾殃及整个建筑物。因此，控制和阻止火灾的蔓延是可能的。

3. 建筑火灾的特点

(1) 火势凶猛且蔓延极快。现代建筑，特别是高层建筑楼内布满了各种竖井及管道，犹如一个个烟囱。资料表明，烟囱效应可以使火焰及烟雾垂直腾升速度达到水平流动速度的5～8倍，且建筑物高度越高，传播速度也就越快。

另外，建筑物内部装修时，常把大量有机材料或可燃易燃物质带进建筑物，一旦着火遍布各处的可燃材料就会造成火灾的快速蔓延。为了避免建筑物发生火灾，对于这些火灾的隐患必须引起高度重视，并采取必要措施。

(2) 火灾的扑救难度大。高层建筑的火灾扑救难度要比一般建筑大得多。

灭火水枪喷水扬程是有限的，目前使用的登高云梯一般在50m左右。高层建筑多半是裙楼围绕主楼的布局，楼群密集，使消防车难以接近火场和火源，灭火设备的灭火能力和效果相对较差。目前我国还难以大量装备现代化灭火车、大功率泵以及消防直升飞机等灭火新型设备。外界灭火的难度增大和效果变差，对建筑物内部的自动消防系统和设施提出了更高的要求。因此，消防报警与联动系统是建筑现代化重要的组成部分，占有越来越重要的地位。

现代建筑特别是高层建筑中，人员较密集，有关测试表明，火灾时人员与物资的疏散速度要比烟气流速慢10倍，而且是逆烟火方向，更影响了疏散速度。再加上一旦疏散组织不当，造成人员盲目流动，拥挤混乱，就更增加了疏散难度。因此，在消防系统中必须设有减灾、应急设施，使火灾损失降到最小。

综上所述，应在分析火灾成因，了解火灾燃烧过程，根据建筑火灾的特点，建立、改进和完善消防报警与联动系统及设施，使其针对性强、反应灵敏、工作可靠，达到预期的目的。

(二) 建筑消防系统的特点和重要性

由于城市现代化的发展，高层建筑越来越多，建筑防火问题日趋重要，尤其是现代高层建筑，建筑面积大，楼层高，投资大，装修复杂（装修中常用的木材、地毯等都是易燃物，火灾隐患多），用电设备种类繁多，功能复杂，如电梯设备、给水排水设备、制冷设备、锅炉房用电设备、厨房用电设备、洗衣机房用电设备、空调系统用电设备、消防设备、客房用电设备、电气照明系统以及弱电设备等，用电量大，配电网电信网等纵横交错。如操作不当或发生过载、短路等都容易发生火灾。这些都对建筑防火提出了更高的要求。因此，除了对建筑物的平面布置、建筑装修材料的选用、机电设备的选型与配置有许多限制条件外，还必须贯彻"以防为主、防消结合"的方针，采用先进的火灾自动报警及自动灭火系统进行报警和扑救，以实现火灾报警早、控制火势与扑救及时和自动化程度高的要求。

高层建筑一旦发生火灾，一般比多层建筑更为严重，这是由于高层建筑往往有类似烟囱拔风的作用，所以火势蔓延较快，对于人员和设备的威胁也就更大，救灾的难度也相应增加。高层建筑的装饰材料大多是化学合成物质，燃烧时放出毒气，对人造成二次伤害，甚至致命。统计资料表明，在高层建筑火灾中因烟气窒息和中毒死亡的人数远远大于被烧死的人数，所以早期报警十分重要，还特别需要自动报警和自动灭火，以期迅速灭火，减少损失，如果没有自动灭火，人们慌乱中逃生的成功率不到15%，如果有自动消防系统及合理的救助，则95%以上人员不会出现伤亡事故。

因此，国家通过各种规范和法规，例如《高层民用建筑设计防火规范》GB 50045—95（2005年版）和《火灾自动报警系统设计规范》GB 50116—98等，对高层民用建筑的自动消防系统实施了强制性的安装要求和定期的检查审验，将民用建筑的自动消防系统提到了法制化的高度，高层建筑自动消防系统主要由两部分组成：即火灾自动报警系统和自动灭火系统，《建筑设备》课程主要从工程方面介绍火灾自动报警系统和自动灭火系统的组成及相关的新技术、新产品。

（三）建筑物高度分界线

根据我国目前普遍使用的登高消防器材的性能，消防车供水的能力，高层建筑的结构状况，并参考国外对高层建筑起始高度划分的标准，我国规定：

① 高层建筑与低层建筑的高度分界线为24m；

② 超高层建筑与高层建筑的高度分界线为100m。

建筑物高度为建筑物室外地面到其女儿墙顶部的高度。

（四）建筑消防系统的组成与结构

建筑消防系统由火灾自动报警系统、灭火及消防联动系统组成，其组成与结构如图8-3-1所示。

1. 火灾自动报警系统

火灾自动报警系统主要由探测器、报警显示和火灾自动报警控制器等构成。探测器能在火灾初期监控感知烟、温度等的变化，提早预报警，并在主控屏上显示。一旦确认为火灾，将启动灭火及消防联动设备。

2. 灭火及消防联动系统

（1）灭火装置：现代建筑，特别是高层建筑一旦发生火灾，单靠人工扑救是不行的，必须依赖消防设施实现早期灭火。有了火灾探测及自动报警系统，还必须有自动灭火装置的联动控制，才组成一个完备的自动报警与消防系统。

灭火装置是消防系统的重要组成部分，可分为水灭火装置和其他常用灭火装置，其中水灭火装置又分消防栓灭火系统和自动喷水灭火系统，其他常用灭

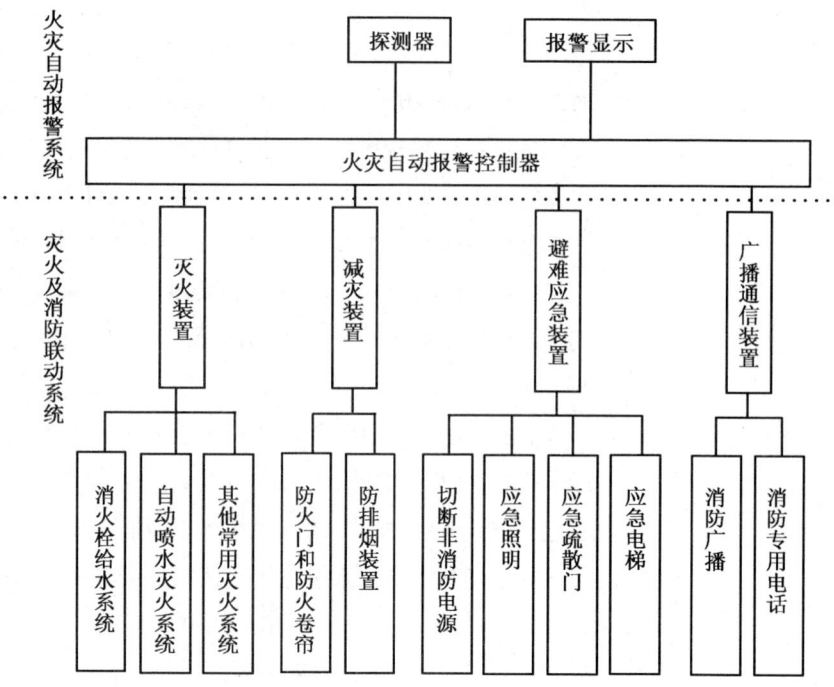

图 8-3-1 建筑消防系统的组成与结构

火装置分为二氧化碳灭火系统、干粉灭火系统、泡沫灭火系统、卤代烷灭火系统和移动式灭火器等。

（2）减灾装置：在消防系统中，不仅要妥善考虑灭火的相关问题，而且必须采取减灾措施，一旦发生火灾要将火灾损失减少到最小。常用的减灾装置有防火门、防火卷帘、防排烟装置等。

（3）避难应急装置：火灾发生后，为了及时通报火情、扑救火灾、有序迅速地疏散人员，建筑物的消防系统还需设置专用的应急照明、火灾事故广播、消防专用电话通信以及消防电梯等应急避难的装置。

火灾发生时，必须将所有的电梯迫降至首层，停止工作。除消防电梯在人工指挥下使用外，建筑物中的所有电梯将停至一层。

（4）广播通信装置：火灾广播及消防专用通信系统包括火灾事故广播、消防专用电话、对讲机等，是及时通报火灾情况，统一指挥疏散人员的必备设施。

三、建筑的防火排烟

（一）建筑防火排烟

在火灾事故的死伤者中，大多数是由于烟气的窒息或中毒所造成的。在现代的高层建筑中，由于各种在燃烧时产生有毒气体的装修材料的使用，以及高层建筑中各种竖向管道产生的烟囱效应,使烟气更加容易迅速地扩散到各个楼层,造成人身伤亡和财产损失,而且由于烟气遮挡视线,使人们在疏散时产生心理恐慌,给消防抢救工作带来很大困难。

1. 防火分区和防烟分区

为防止火灾的蔓延和危害,在高层建筑中,必须进行防火排烟设计,防火的目的是防止火灾蔓延和扑灭火灾,而排烟的目的则是将火灾产生的烟气及时予以排除,防止烟气向外扩散,以确保室内人员的顺利疏散。在高层建筑的防火排烟设计中,通常将建筑物划分为若干个防火、防烟单元,用防火墙(或防烟墙)及防火门隔开,采取防火排烟措施,把火势和烟气控制在一定的范围内,减少火灾的危害。这些防火、防烟的单元称为防火和防烟分区。

如图8-3-2所示为防烟分区设计的示例,它将火灾疏散时室内人员需经过的走廊、楼梯间前室、楼梯分别设定为第一、第二和第三防烟分区,各分区间以防火墙及防火门进行分隔,防止火势和烟气从某一分区内向另一分区扩散。

2. 烟气的扩散机理

所谓烟气,是指物质在不完全燃烧时产生的固体及液体粒子在空气中的浮游状态。烟气的流动扩散,主要受到风压和热压等因素的影响。

风压是指风吹到建筑物的外表面时,由于空气流动受阻、速度减小,部分动能转变为静压时产生的压力。在迎风面,室外压力大于室内压力,空气从室外向室内渗透;在背风向,由于空气绕流而产生负压区,室外压力小于室内压力,空气从室内向室外渗透。

火灾发生时,失火房间的窗户往往会因室内空气受热膨胀而破裂,如果窗户在建筑物的背风面,风形成的负压会使烟气从窗户排向室外,大大减少烟气在整个建筑物中的流动和扩散。反之,如果窗户处于建筑物的迎风面,风的作用会使烟气迅速地扩散到整个失火楼层,甚至把它吹到其他的楼层中去。

当建筑物里的温度高于室外空气温度时,在建筑物的竖井中(如楼梯井、电梯井、设备管道井等竖向通道)有股热空气上升,就像烟囱中的烟气上升一样。

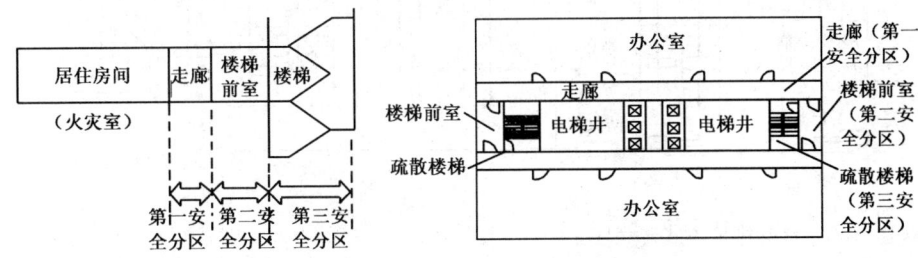

图8-3-2 防烟分区设计示例

这种现象是由室内外空气的密度差和空气柱高度产生的作用力所造成，称为热压或烟囱效应，热压作用随着室内外温差和竖井高度的增加而增大。

火灾发生时，高层建筑物内温度远远高于室外温度，加上高层建筑竖井高度较大的影响，热压明显增大，烟气将沿着建筑物的竖井向上扩散，而且失火楼层越低，烟囱效应越明显。由此可知，当建筑物的下部或迎风面房间发生火灾时，由于风压和热压的作用，火灾造成的危害性要比建筑物的上部或背风面房间失火所造成的危害大得多。

此外，在火灾发生时，空调系统风机提供的动力、以及由竖向风道产生的烟囱效应会使烟气和火势沿着风道扩散，迅速蔓延到风道所能达到的地方。

因此高层建筑的防排烟，需采用自然排烟、机械防烟、机械排烟等各种形式，阻止烟气在建筑物内部疏散通道中的扩散蔓延，确保安全。此外，建筑物的通风空调系统应采取防火、防烟措施。

（二）高层建筑防火排烟的形式

1. 自然排烟

自然排烟是利用风压和热压作动力的排烟方式。它利用建筑物的外窗、阳台、凹廊或专用排烟口、竖井等将烟气排出或稀释烟气的浓度，具有结构简单、节省能源、运行可靠性高等优点。

在高层建筑中，除建筑物高度超过50m的一类公共建筑和建筑高度超过100m的居住建筑外，具有靠外墙的防烟楼梯间及其前室、消防电梯间前室和合用前室的建筑宜采用自然排烟方式，排烟口位置应设在建筑物常年主导风向的背风侧。

利用建筑的阳台、凹廊或在外墙上设置便于开启的外窗或排烟窗进行自然排烟的方式如图8-3-3所示。

自然排烟口应设于房间的上方，宜设在距顶棚或顶板下800mm以内，其间距

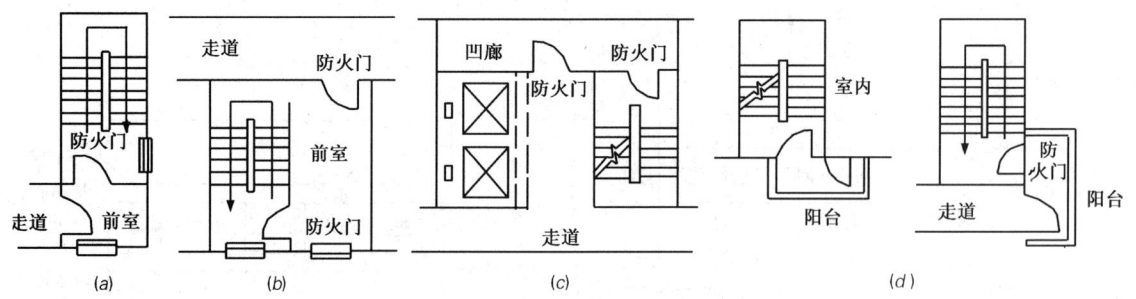

图8-3-3 自然排烟方式示意图
(a) 靠外墙的防烟楼梯间及其前室；(b) 靠外墙的防烟楼梯间及其前室；
(c) 带凹廊的防烟楼梯间；(d) 带阳台的防烟楼梯间

以排烟口的下边缘计。自然进风口应设于房间的下方，设于房间净高的1/2以下，其间距以进风口的上边缘计。内走道和房间的自然排烟口，至该防烟分区最远点应在30m以内。自然排烟窗、排烟口、送风口应设开启方便、灵活的装置。

2. 机械防烟

机械防烟是采取机械加压送风方式，以风机所产生的气体流动和压力差控制烟气的流动方向的防烟技术。它在火灾发生时用风机气流所造成的压力差阻止烟气进入建筑物的安全疏散通道内，从而保证人员疏散和消防扑救的需要。

防烟楼梯间及其前室、消防电梯前室和两者合用前室，应设置机械防烟设施。若防烟楼梯间前室或合用前室有散开的阳台、凹廊或前室内有不同朝向的可开启外窗，能自然排烟时，该楼梯间可不设机械防烟设施。避难层为全封闭式避难层时，应设加压送风设施。加压送风系统的方式如图8-3-4所示。

楼梯间每隔2~3层设置一个送风口；前室应每层设一个送风口。加压送风口应采用自垂式百叶风口或常开百叶风口；当采用常开百叶风口时，应在加压风机的压出管上设置止回阀。当设计为常闭型时，发生火灾只开启火灾层的风口。风口应设手动和自动开启装置，并与加压送风机的启动装置联锁。

3. 机械排烟

机械排烟是采取机械排风方式，以风机所产生的气体流动和压力差，利用排烟管道将烟气排出或稀释烟气的浓度。

机械排烟方式适用于不具备自然排烟条件或较难进行自然排烟的内走道、房间、中庭及地下室。带裙房的高层建筑防烟楼梯间及其前室，消防电梯间前

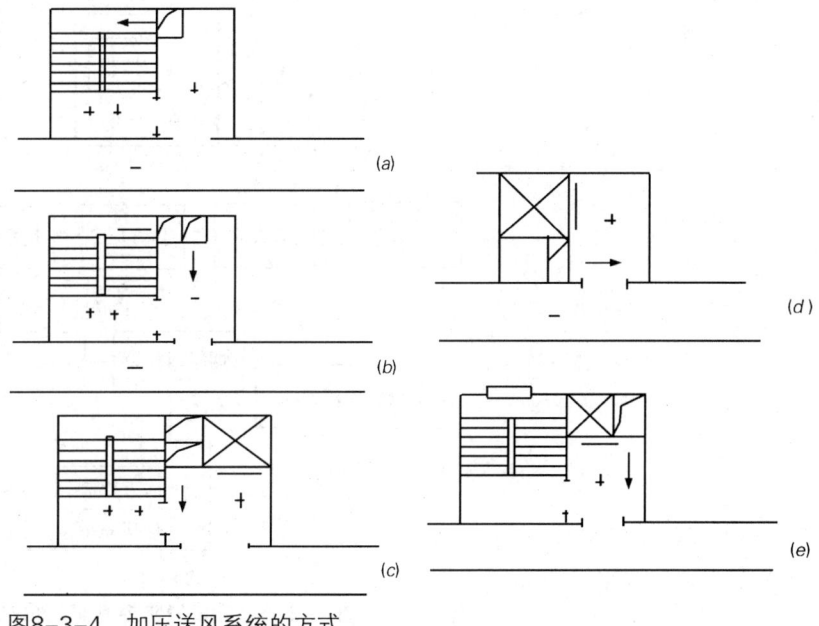

图8-3-4 加压送风系统的方式

室或合用前室，当裙房以上部分利用可开启外窗进行自然排烟，裙房部分不具备自然排烟条件时，其前室或合用前室应设置局部机械排烟设施。

对机械排烟的要求是：

(1) 排烟口应设在顶棚上或靠近顶棚的墙面上，设在顶棚上的排烟口，距可燃构件或可燃物的距离不应小于1m。

(2) 排烟口应设有手动和自动开启装置，平时关闭，当发生火灾时仅开启着火楼层的排烟口。

(3) 防烟分区内的排烟口距最远点的水平距离不应超过30m。走道的排烟口应尽量布置在与人流疏散方向相反的位置。

(4) 在排烟支管和排烟风机入口处应设有温度超过280℃时能自行关闭的排烟防火阀。

(5) 排烟风机应保证在280℃时能连续工作30min。当任一排烟口或排烟阀开启时，排烟风机应能自行启动。

(6) 排烟风道必须采用不燃材料制作。安装在吊顶内的排烟管道，其隔热层应采用不燃材料制作，并应与可燃物保持不小于150mm的距离。

(7) 机械排烟系统与通风、空调系统宜分开设置。若合用时，必须采取可

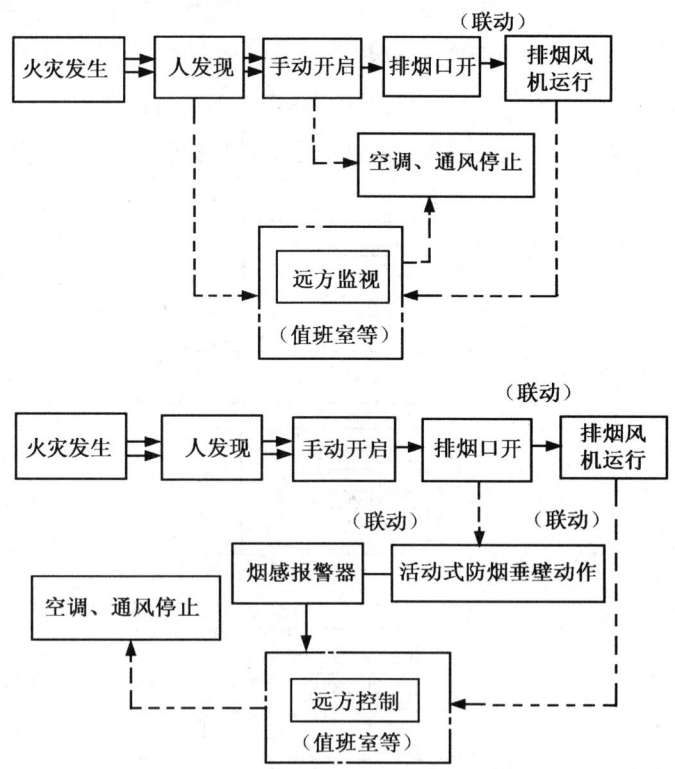

图 8-3-5　不设消防控制室的机械排烟系统控制程序

靠的防火安全措施，并应符合排烟系统要求。

(8) 设置机械排烟的地下室，应同时设置送风系统。

机械排烟系统的控制程序，可分为不设消防控制室和设消防控制室的两种，其排烟控制程序如图8-3-5 和图8-3-6所示。

4. 通风和空调系统的防火

火灾发生后，应尽量控制火势向其他防火分区蔓延。因此，在通风空调系统的通风管道中需设置防火阀，并有相应的防火措施。

在通风管道中，防火阀应设置在：穿越防火分区的隔墙处；穿越机房及重要房间或有火灾危险性房间的隔墙和楼板处；与垂直风道相连的水平风道交接处；穿越变形缝的两侧。防火阀的动作温度为70℃。

通风空调管道工程中所用的管道、保温材料、消声材料和胶粘剂等应采用不燃材料或难燃材料制作。穿过防火墙和变形缝两侧各2m范围内、管内设电

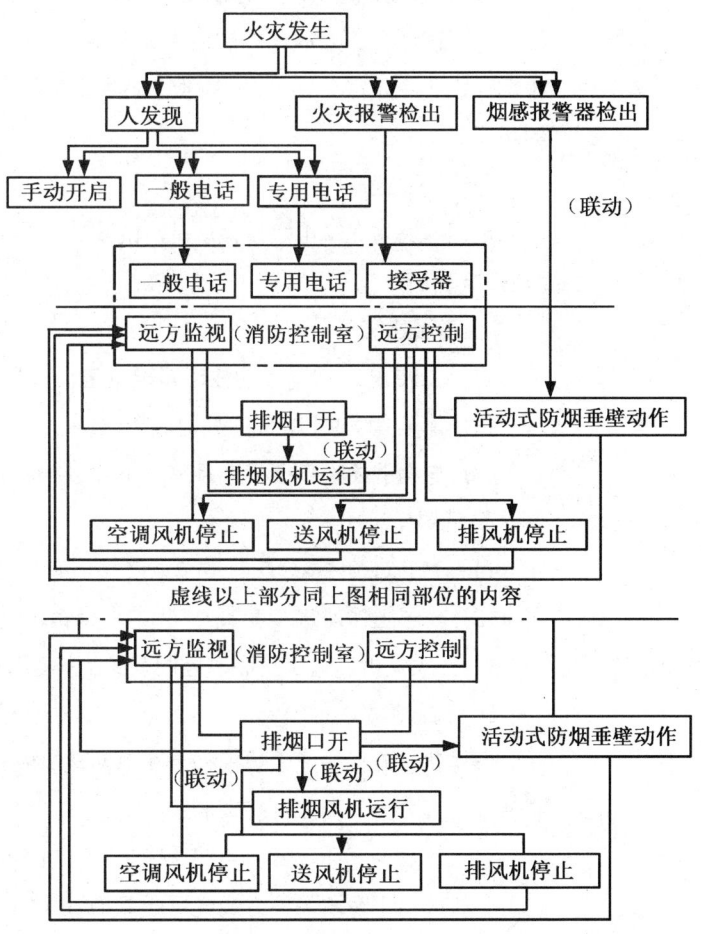

图8-3-6 设消防控制室的机械排烟系统控制程序

加热器前后各800mm范围内、穿过容易起火部位的管道及材料必须采用不燃材料。此外，垂直风管应设在管井内。风管内设有电加热器时，风机应与电加热器连锁、空气中含火灾自动报警及消防联动设备。

四、火灾自动报警及消防联动设备

火灾自动报警系统，是通过探测伴随火灾产生和发展而出现的烟、光、温度等参数，早期发现火情，及时发出声、光等报警信号，同时协调组织消防水系统、防排烟系统，迅速进行建筑内人流疏散、建筑防火和灭火系统的灭火。

火灾自动报警与联动控制包括火灾自动报警系统和消防联动控制灭火系统。火灾自动报警控制器是火灾报警系统的核心部分，是分析、判断、记录和显示火灾的部件，它通过火灾探测器在规定的时间内向监视现场发出巡测信号，监视现场的烟雾浓度、温度等，报警控制器上可以显示火灾区域或楼层房号的地址编码，并打印报警时间、地址。联动控制器是在火灾报警控制器的控制下，执行自动灭火的程序。当确认火灾后联动控制器启动喷淋泵、消防泵进行灭火；启动正压送风机、排烟风机创造疏散条件；按程序放下防火卷帘门，关闭烟道防火阀，实现防火分区的功能等。

（一）设置条件

根据《民用建筑电气设计规范》的规定，需要设置火灾报警与消防联动控制系统的建筑有：

1. 高层建筑

（1）10层及10层以上的住宅建筑（包括底层设置商业服务网点的住宅）；

（2）建筑高度超过24m的其他民用建筑；

（3）与高层建筑直接相连且高度不超过24m的裙房。

2. 低层建筑

（1）建筑高度不超过24m的单层及多层有关公共建筑；

（2）单层主体建筑高度超过24m的体育馆、会堂、剧院等有关公共建筑。

（二）火灾报警与消防联动控制系统的类型及系统组成

1. 系统形式

根据建筑工程的建设规模和用途以及建筑物的防火等级，火灾报警与联动控制系统又可分为下列四种基本形式。

（1）区域系统：本系统用于局部性重点保护对象的火灾报警与消防联动控制，一般应用于区域保护方式或场所保护方式的火灾报警与消防联动控制。这种系统可由一台或几台各自独立的区域报警控制器组成，采用各自独立报警、独立消防联动控制的区域火灾自动报警的控制方式。对某一个局部范围或设施进行报警或控制。系统由一个专门有人值班的房间或场所管理。多数用于图书馆、电子计算机房等建筑物内的火灾报警与控制。

(2) 集中系统：本系统用于对整个建筑物进行火灾自动报警和控制。无区域报警和集中报警控制器之分。

在消防控制室之内设置1~2台报警控制器，对整个建筑物实施监控，中间楼层不设区域报警控制器，但应装设楼层显示器和复示盘等。这种系统适合于无服务台（或楼层值班室）的写字楼、商业楼、综合办公楼等建筑。

(3) 区域——集中系统：适用于规模较大、保护控制对象较多并有条件设置区域报警控制器的大型高层建筑，如有服务台的旅（宾）馆等场所。

(4) 控制中心系统：本系统适用于规模大、需要集中管理的群体建筑或超高层建筑。如有若干个消防控制室组成的已在防火上互有关联的群体建筑，则应设消防控制中心，它主要是担当总体灭火的联络与调度。

2. 系统组成

火灾自动报警及联动控制系统由火灾信号检测部分、火灾报警控制器、联动控制器及消防联动执行机构几大部分组成。

(1) 火灾信号检测部分。它由各种探测器、手动报警器、自动喷淋系统的水流指示器、消火栓按钮等组成，其任务是检测火灾信号，并将信号传送给火灾自动报警器。

手动报警按钮、水流指示器、消火栓按钮等均可输出开关量信号，各类火灾探测器可根据要求输出开关量信号或模拟量信号，在一般情况下可采用开关量信号输出的探测器，在要求比较高的场合可采用模拟量输出的火灾探测器。

(2) 火灾报警控制器及联动控制器。这部分是火灾报警及联动控制的中枢。它的任务是：用来接收、处理、存贮。显示火灾信号并发出联动控制指令。

火灾报警控制器是系统的核心设备，有区域报警控制器集中报警控制器和通用报警控制器之分，按设备结构形式可分为壁挂式、台式或柜式。系统较小的用壁挂式，大型系统采用柜式或台式。与之配套的设备还有消防联动控制器、外设驱动电源、火灾应急广播设备、消防电话总机、多种探测器接口、火灾显示屏、火灾讯响器及打印机、微机等。

(3) 消防联动执行机构。它的任务是执行火灾自动报警联动控制器的指令，使各种执行机构自动完成事先按程序确定的指令内容，如启动消防泵、排烟风机，接通消防广播，切除相关的非消防电源等。

除以上三大部分以外，还包括一些附属设备，如专用主机电源、外控设备集中供电电源等。

（三）探测器的种类及适用场所

在火灾报警系统中，探测器是关键的元件，探测器的选用是否合理，关系到整个系统的可靠性，所以应根据可能发生的火灾特点和需设置的部位来选择探测器。工程上常用的火灾探测器主要有以下几种：

1. 感烟探测器

根据其工作原理的不同，又可分为离子感烟探测器和光电感烟探测器。在火灾初期有阴燃阶段，产生大量的烟和少量的热，很少或没有火焰辐射的场所宜选用感烟探测器。但不宜用于在正常情况下有烟滞留，或有大量粉尘、水需要滞留等不利于感烟元件工作的场所。

2. 感温探测器

感温探测器是一种对警戒范围内某点周围的温度达到或超过预定值时发生响应的火灾探测器。其特点是结构简单、可靠性高，但灵敏度较低。感温探测器可分为点型和线型两大类，点型又可分为定温、差温、差定温三种，线型可分为缆式线型定温探测器和空气管式探测器。

感温探测器适用于相对湿度长期大于95%，可能发生无烟火灾有大量粉尘，正常情况下有烟和蒸汽滞留的厨房、锅炉房、汽车库房等场所。

3. 可燃气体探测器

在可燃性气体可能泄漏的危险场所应安装可燃气体探测器。

4. 火焰探测器

在火灾时有强烈的火焰辐射，需要对火焰做出快速反应的场所应安装火焰探测器，常用的火焰探测器有感光探测器，它对可燃物燃烧时的辐射光谱进行探测。

（四）消防控制室

消防控制室是设有火灾自动报警控制器和消防控制设备，专门用于接收、显示、处理火灾报警信号、控制有关消防设施的房间。

1. 消防控制室的设置

（1）仅有火灾自动报警系统但无消防联动控制功能时，可设消防值班室，也可与经常有人值班的部门合设（如门卫）。

（2）设有火灾自动报警并有消防联动控制的建筑物应设消防控制室。

（3）具有两个或两个以上消防控制室的大型建筑群或超高层建筑，应设置消防控制中心。

2. 消防控制室的位置选择

（1）消防控制室应设置在建筑物的首层，距通往室外出入口不应大于20m。

（2）内部和外部的消防人员能容易找到并可以接近的房间部位，并应设在交通方便和发生火灾时不易延燃的部位。

(3) 不应将消防控制室设于厕所、锅炉房、浴室、汽车库、变压器室等的隔壁和上、下层相对应的房间。

(4) 有条件时宜与防灾监控、广播、通信设施等用房相邻近。

(5) 应适当考虑长期值班人员房间的朝向。

3. 消防控制室的设备布置要求

(1) 设备面盘前的操作距离：单列布置时不应小于1.5m；双列布置时不应小于2m。

(2) 在值班人员经常工作的一面，控制屏（台）至墙的距离不应小于3m。

(3) 控制屏（台）后的维修距离不宜小于1m。

(4) 控制屏（台）的排列长度大于4m时，控制屏（台）两端应设置宽度不小于1m的通道。

(5) 集中报警控制器（或火灾通用报警控制器）安装在墙上时，其底边距地高度应为1.3~1.5m，靠近其门轴的侧面距墙不应小于0.5m，正面操作距离不应小于1.2m。

五、保安监控系统

目前，随着建筑物的级别越来越高，其安全防范系统往往具有很高的自动化程度，而且有些安全防范系统具有智能功能。

1. 建筑物对安全防范系统的要求

为了防止各种偷盗和暴力事件，在楼宇中设立安全防范系统是必不可少的。从防止罪犯入侵的过程上讲，安全防范系统要提供外部侵入保护、区域保护和目标保护三个层次的保护。

(1) 外部侵入保护：外部侵入保护是为了防止无关人员从外部侵入楼内。譬如说防止罪犯从窗户、门、天窗、通风暗道等地侵入楼内。因此，这一道防线的目的是把罪犯排除在所防卫区域之外。

(2) 区域保护：如果罪犯突破了第一道防线，进入楼内，安全防范系统则要提供第二个层次的区域保护。这个层次保护的目的是探测是否有人非法进入某些区域，如果有，则向控制中心发出报警信息，控制中心再根据情况做出相应处理。

(3) 目标保护：第三道防线是对特定目标的保护。如保险柜、重要文物等均列为这一层次的保护对象。这是在前两道防卫措施都失效后的又一道防护措施。

2. 安全防范系统的组成

建筑安全防范系统组成分类有不同的方法。大致有入侵报警子系统、电视监视子系统、出入口控制系统、巡更子系统、汽车库（场）管理系统和其他子系统等。

(1) 入侵报警子系统：该系统具有对设防区域的非法入侵、盗窃、破坏和抢劫等进行实时有效的探测和报警及报警复核功能。

(2) 电视监视子系统：该系统具有对必须进行监控的场所、部位、通道等进行实时有效的视频探测，视频监视、视频传输、显示和记录及报警和复核功能。

(3) 出入口控制子系统：该系统具有对需要控制的各类出入口，按各种不同的通行对象及其准入级别，对其进出实施实时控制与管理及报警功能。此外还和火灾自动报警系统联动。

(4) 巡更子系统：该系统可按预编制的安全防范人员巡更软件程序，通过读卡器或其他方式对安全防范人员巡逻的工作状态（是否准时、是否遵守顺序等）进行监督、记录，并能对意外情况及时报警。

(5) 汽车库（场）管理系统：它包括对车库（场）的车辆通行道口实施出入控制、监视、行车信号指示、停车计费及汽车防盗报警等综合管理。

(6) 其他子系统：它主要是为特殊安防管理和特殊部位防护专门设置的子系统。如专用的高安全实体防护系统、防爆安全检查系统、安全信息广播系统、重要仓库安全防范系统等。安全防范系统结构及系统与外部的联系如图8-3-7所示。

不论安全防范系统规模有多大，子系统有多少，其中入侵报警系统、电视监视子系统和出入口控制子系统都是系统基本的和通用的三大组成部分。

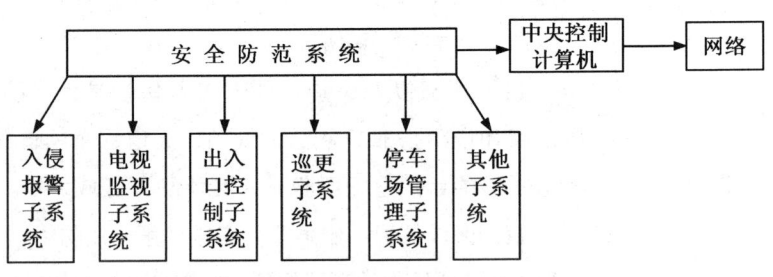

图8-3-7 安全防范系统结构及系统与外部联系示意图

Chapter 9 Take Precautions Against Natural Calamities & Decrease Calamity to Architecture

第九章 建筑的防灾和减灾

第九章　建筑的防灾和减灾

第一节　建筑火灾的特点及危害

在人类的社会生活中经常会遇到多种灾害，如水灾、火灾、风灾、旱灾、地震等。虽然各种灾害都会给人类的生活和生产造成严重的破坏，但是火灾显然是危害面最广、发生概率最高的一个灾种。

火灾是一种失去控制的燃烧所造成的危害。它可以无情地夺去许多人的宝贵生命，可以在顷刻间将人类多年创造的财富化为灰烬。根据联合国"世界火灾统计中心"提供的资料，近年来在全球范围内，每年发生的火灾就有600万～700万起，每年有65000～75000人死于火灾。由此可见，火灾防治是人类社会中的一项长期的重要任务。

根据火灾发生的场合，火灾主要可分为建筑火灾、森林火灾、工矿火灾、交通运输工具火灾等类型。其中建筑火灾对人们的危害最直接、最严重，因为各种类型的建筑物是人们生活和生产活动的主要场所，也是财产高度集中的场所。而保证建筑物内人员和财产的安全是设计建筑物时应当考虑的最重要的问题之一。可以说，建筑火灾一直是火灾防治的主要方面，在各个国家、各个历史时期都是如此。

一、火灾基本特性

引燃火源（温度）、可燃烧物、助燃的氧化剂（如空气）是发生火灾的三大要素。严格控制任何一个要素就可以控制火灾的蔓延。

二、起火时间

火灾一般是在起火后8min产生轰燃现象、15min开始迅速扩展蔓延。及早发现灾情并发出警报、争取时间组织疏散、进行早期灭火，是减少损失的关键步骤。

三、烟气造成窒息的危害

发生火灾时，火是通过直接燃烧、热传导、热辐射和热对流而蔓延扩大。其中热对流是指炽热烟气与冷空气之间的相互对流，而高温、有毒的烟气的扩散对人员伤亡、火势的蔓延、建筑结构损伤都起了很大的作用。发生火灾时，由于停电，楼梯成为垂直疏散的唯一途径，建筑物越高，疏散时间越长。火灾中，烟气流动速度往往超过人流疏散速度，加之楼梯间的"烟囱"效应，楼梯间迅速充满烟气，造成人流拥挤堵塞。因此烟气造成窒息伤亡是火灾事故中人员伤亡的重要原因。

四、火灾产生的因素

建筑火灾的产生，与建筑结构形式、设备电气的布置及使用、与之配套的火灾安全保障体系及措施、建筑材料的选择、生产与生活环境、施工环境、气候条件等诸多因素有关。

造成当前建筑火灾比较突出的因素是多方面的。应当注意，其中有不少因素是人为的，也就是说某些火灾是能够控制和避免的。

五、易发生火灾的区域

(1) 大型、高层、地下和特殊类型的建筑。如大型会议中心、剧场、高层旅馆饭店、地下商场、歌舞厅、设备用房等；
(2) 违反规范使用了大量易燃材料的建筑；
(3) 火灾安全保障体系及措施失效的建筑；
(4) 未设计有效的防火、防烟分区及疏散的建筑；
(5) 未按规范要求布置设备、电气管线及开关的建筑；
(6) 有大量易燃易爆品的建筑。

第二节 建筑防火设计原理

一、"处方式"的防火设计

目前，世界各国建筑物的防火设计都是根据各自国家有关部门制定的防火规范进行的。这些规范中的大多数规定是依照建筑物的用途、规模和结构形式等提出的，通常都详细地规定了防火设计必须满足的各项设计指标或参数，设计人员只需要按照规范条文的要求按部就班地进行设计，不用考虑所设计的建筑物具体达到什么样的安全水平，而是认为按规范要求进行的设计能够保证所设计的建筑物达到一个可以接受的安全水平。至于具体达到什么样的安全水平，规范里一般都没有明确地说明。依据这种规范进行防火设计，只要循规蹈矩就可以，有些像医生看病开处方一样。这种设计方法被称为"处方式"的设计方法，源于英文"prescribe"一词，因此也有的人称之为"规格式的"、"规范化的"或"指令性"设计方法，这种规范称为"处方式"的规范。

二、建筑防火安全系统的构成

建造物火灾是指发生于各种人为建造的物体之内的火灾。事实证明，最常见、最危险、对人类生命和财产造成损失最大的就是这类建造物火灾。

（一）火灾燃烧过程被终止的方式

(1) 火灾在某一局部生成，但整个环境不具备可充分燃烧的条件，于是火灾自动终止；

(2) 火灾出现并可继续蔓延，此时由人通过一定的消防设备去终止燃烧；

(3) 火灾由于天气的变化(如雨、雪等)被终止。

概括地说，人类的防火工作首先就是创造一个使火不容易充分燃烧的设计空间，继而就是生产出一些有效的防火与灭火专用的高效能设施。

建筑物的防火性能是房屋设计、建造和使用者十分关心的问题。在建筑设计中考虑防火功能始于19世纪末期。1900年，德国人公布了第一批研究成果，但一直到20世纪四五十年代，由于新工艺学的发展，才使人们有可能在建筑设计中系统地引入防火工程。

（二）建筑防火设计考虑的原则

(1) 从设计上保证建筑物内的火灾隐患降到最低点；

(2) 最快地知晓火情，最及时地依靠固定的消防设施自动灭火；

(3) 保证建筑结构具有规定的耐火强度，以利于建筑内的居住者在相应的时间内，有效地安全疏散。

建筑防火安全系统，就是根据上述基本原则建立起来的一整套用于防范建筑火灾的建筑设计构造和各类自动与手动设施。

从理论上，可以将建筑防火安全系统分成主动防火安全系统和被动防火安全系统两大部分。

（三）主动防火安全系统的基本功能

早期发现和扑灭火灾，保障人员安全疏散，减少烟气的伤害是主动防火安全系统地基本功能。它主要由以下设备组成：

(1) 消防给水系统：包括消防水池、消火栓和消防水泵等。

(2) 火灾自动报警系统：包括各类火灾探测器和控制器等设备。

(3) 火灾自动灭火系统：包括气体、水、泡沫和水喷雾等多种形式的灭火设备。

(4) 消防电源和安全疏散诱导系统：包括消防电源、应急照明、事故广播和疏散线路指示等设施。

(5) 防、排烟系统：由防、排烟管道，各类阀门，送、排风机等组成。

火灾报警：把失火的信息迅速报告火灾控制中心或消防部门。分为自动报警、人员报警，如感烟报警器、感温报警器、感光报警器、警铃、电话、广播、疏散指示灯等。报警器应安装在烟火易到达的区域或接近易起火的部位，如烟、热气一般是向上蔓延，报警器安装在易燃物的上方反应则快。不应安装在冷热风口等气流紊乱的部位，以免误报或迟报。报警器系统应与消防系统、疏散指示系统连接。

消防设备：自动喷水灭火系统、灭火器、消火栓、消防水池、消防水泵、水幕等。实践证明，水源充足、位置得当、管理良好的情况下，自动喷水灭火设备的灭火成功率高达96%，充分显示了其优越性。

（四）被动防火安全系统的基本功能

(1) 需尽量将火势及烟气蔓延限制在起火居室内，以减少生命及财产损失；

(2) 需防止建筑物结构体提前崩塌；

(3) 需防止火势蔓延至邻近区域或防止火势从邻近区域延烧过来；

(4) 与主动防火系统实现有机的互补。

（五）被动防火安全系统包含以下内容

1.装修材料的耐燃性处理

燃点：物质自燃，在没有其他外热作用下连续燃烧的最低温度。阻燃剂：用于提高易燃材料燃点的化合物。凡是能在空气、氧气或其他氧化剂中发生燃烧反应的物质均为可燃物。可燃物依据化学组成可分为有机可燃物和无机可燃物；依据物质形态可分为气态、液态和固态可燃物。同一可燃物燃烧的难易程度也会因其内在条件改变而改变。如对易燃、可燃材料进行组分改变或阻燃处理可以使其转变为难燃或不燃性材料。

2.提高建筑构件的耐火极限

用各种材料，如混凝土、石膏、矿物纤维，制造抗燃烧破坏或抗燃烧损坏的结构构件或结构体系。使用防火涂料，特别是提高建筑钢材的耐火极限，改善建筑木材的燃烧性能。不仅要提高建筑构件的耐火极限，提高构件与连接构造的耐火一致性也不能忽视。

3. 防火分区设计及各类防火分隔构件(防火门、窗，防火卷帘等)

防火最基本的原则是使用具有足够耐火极限的竖直墙体和水平楼板将建筑物分成几个防火分区。水平防火分区是阻止水平方向火灾蔓延而考虑实施的防火解决办法之一。一般来讲，水平防火分区是由防火墙、防火卷帘、防火门及防火水幕等防、耐火非燃烧分隔物达到其防火阻焰的目的。

火灾不仅可以在起火平面上蔓延，而且可以沿着建筑物各种竖向通道向上一层延烧，为了避免火灾上延的可能性，可采用竖向防火分区。一般来说，竖向防火分区为每一楼层一个分区，大多数建筑规范将一般情况下的防火分区面积限制在2500~3000m²。为限制烟火蔓延、防烟和排烟，楼梯间必须设避难前室、防火门，防火门沿疏散方向开启。可以利用凹廊或阳台做成敞开式避难前室以利自然排烟，也可做成封闭式、用自然通风道或设备排烟。不得采用可燃、易燃材料进行装饰。玻璃必须采用防火夹层玻璃或夹丝玻璃。可采用挑梁结构的疏散楼梯，整个楼梯敞开在外。螺旋楼梯不宜作为主要的疏散楼梯使用。

4. 安全疏散线路的设计

当某一防火区域内着火时，该区内的人员必须能尽快地撤离出去。为此设计防火分区时，应认真考虑人员的安全疏散问题，一般应做到如下几点：

(1) 每个不在避难层的防火分区必须有两个以上的楼梯间(内部和外部均可)，可以通向避难层及其他楼层。

(2) 疏散路线必须满足室内最远点到最近楼梯间的行走距离限值。

(3) 楼梯间入口以可自动关闭的防火门保护。

(4) 通向地下层的楼梯不得与地上的楼梯相连，应该用防火墙分隔，通过防火门出入。

安全疏散设计要充分考虑人员特征因素，包括：警觉度、行动能力、所处位置、环境熟悉度、群聚的社会性、防灾意识和知识等。

5. 钢与混凝土等结构构件的耐火性

要求建筑结构构件如柱、梁、板和承重墙等至少应达到规范规定的耐火极限，以防止建筑物发生完全或局部的倒塌。

建筑构件耐火性测试分为承重构件和分隔构件两类。构件耐火性用以下三个指标综合判定。

(1) 稳定性；

(2) 完整性；

(3) 隔热性，平均温升不大于140℃，最大温升不大于180℃。

6. 构件的耐火极限

按标准的时间—温度曲线（规定的火灾升温曲线），对建筑构件进行耐火试验，从受到火的作用时起，到失去支承能力、产生穿透性裂缝（孔隙）或背火面任一点温度达到220℃时止，所经历的最短时间（单位：h）规定承重构件耐火极限的目的是使建筑物在火灾中不致倒塌，而分隔构件还应防止火灾向其他分区蔓延，这就要求承重、分隔构件不但要保持自身的稳定性，还应在一定时间内保持完整性，即不出现可被火焰穿过的裂隙。另外，其背火面温度的升高不能超过一定的限制，限制背火面温度是为了防止非着火分区温度过高以致其中物品被点燃而造成火灾蔓延。

确保建筑构件耐火极限是实现防火分区设计的最基础的条件。

7. 各种管道孔洞的封堵

建筑物中不可避免的有输送流体(水、气、蒸汽等)的管道和电缆需要穿过结构构件，若处理不好，势必会成为火灾扩大蔓延的洞口，为此一般应采取以下措施予以保护。

(1) 将管道设在楼板内或楼板下的不燃通道或竖井中，防止火的侵害；

(2) 使用诸如轴环之类的防火元件保护穿越防火墙的塑料管线；

(3) 使用由火灾探测器启动的自动关闭阀门关闭在防火墙两侧的管路，使其中的流体停止流动；

(4) 用防火堵料封堵各种管道洞口，该防火堵料必须具有高于被封堵构件的耐火极限强度。

8. 挡烟垂壁

挡烟垂壁通过对烟气流动的阻隔而实现建筑防烟分区的设计。它必须用钢板、玻璃等不燃材料制造，其安装方式分为活动式与固定式两种。挡烟垂壁还可提高各排烟口的排烟效果。

就我国目前的经济实力和公众防火意识而言，被动防火安全系统的设计更具普遍性、可靠性、长久性和经济性特点。

处方式的防火设计规范，是长期以来人们与火灾斗争过程中总结出来的防火灭火经验的体现，同时也综合考虑了当时的科技水平、社会经济水平以及国外的相关经验。因此，处方式的防火设计规范，在规范建筑物的防火设计、减少火灾造成的损失方面起到了重要作用。但是，随着科学技术和经济的发展，各种复杂的、多功能的大型建筑迅速增多，新材料、新工艺、新技术和新的建筑结构形式不断涌现，都对建筑物的防火设计提出了新的要求。

三、性能化的防火设计

性能化的防火设计方法是20世纪80年代中期由英国和日本首先提出的。到目前为止，性能化的防火设计方法在国际上已受到了广泛的关注，其中英国、日本、澳大利亚、加拿大、芬兰、新西兰、美国等国在这一领域发展比较迅速。"性能化设计"源于英文词汇"performance-based design"，它是以某一(或某些)安全目标为设计目标，基于综合安全性能分析和评估的一种工程方法。性能化的防火设计是建立在火灾科学和消防工程学基础之上的。在21世纪学科发展丛书《降伏火魔之术》中，对火灾科学和消防工程有如下的定义："火灾科学与消防工程是一门以火灾发生与发展规律和火灾预防与扑救技术为研究对象的新兴综合性学科，是综合反映火灾防治科学技术的知识体系。火灾科学是反映火灾发生与发展规律的知识，如物质的燃烧与爆炸机理、火焰的化学反应机理、燃烧抑制与灭火机理、烟气的生成及其毒性，以及火灾的发展、蔓延与控制等，这是本学科的基础理论部分。消防工程是反映应用科学与工程原理的防止火灾的知识，如对火灾危险性、危害性的分析评估、火灾模化、性能化设计、性能化规范、建筑防火技术、火灾探测报警技术、自动灭火技术、阻燃与耐火技术、防火装备技术、火灾原因鉴定技术、火场通信指挥技术，以及人在火灾中的反应(体能的、心理的和生理的)等，这是本学科的应用基础理论和应用技术部分。"

从上述定义可以看出，火灾科学和消防工程是一个综合性的学科，性能化规范和性能化防火设计是建立在该学科基础之上的一种应用技术。性能化防火设计人员应具备火灾科学和消防工程相关的理论知识和实践经验，这是传统的防火设计人员难以胜任的。另外，性能化防火设计与处方式的防火设计相比较具有以下特点。

(一) 基于目标的设计

在传统的防火设计中，设计人员只需要按照规范条文的要求按部就班地进行设计，对于设计所要达到的最终安全水平或目标并不关心。实际上，安全目标是存在的，不过这可能只是制定规范的专家们应该关心的事情，对设计人员来说则是隐含的。不过，在性能化防火设计中，安全目标却是设计人员必须关心的内容之一。安全目标是防火设计应该达到的最终目标或安全水平，除非规范中有明确的规定，一般应该同消防主管部门、建筑业主、建筑使用方共同协商确定。安全目标确定后，设计人员应根据建筑物的各种不同空间条件、功能要求、及其他相关条件，自由选择达到防火安全目标而应采取的各种防火措施，并将其有机地结合起来，构成建筑物的总体防火设计方案。为了更好地理解两种设计方法的区别这里打个比喻，假如几个人约好早晨6点到天安门看升旗，这里早晨6点到天安门就是我们的目标，至于如何实现这一目标，各人可能有各人的路线和交通工具，可以骑自行车，可以乘公共汽车，也可以开车去，只要按时到达就可以。这就是性能化设计方法的重要特征，但是，在传统的防火设计中，不仅指定了安全目标，同时指定了所采用的行动路线和工具。

（二）综合的设计

在性能化设计中，应该综合考虑各个防火子系统在整个设计方案中的作用，而不是将各个子系统单纯地叠加。综合设计包含两方面的含义。首先，要了解探测报警、灭火、疏散、防排烟、被动防火措施、救援等子系统的性能，再针对可能发生的火灾特性，具体实现各子系统的性能。最后用工程学的方法对发生火灾时的火灾特性进行预测，并判断其结果是否与所规定的安全目标相一致。要达到某一安全目标，可能需要组合多种防火措施，而组合方法可能并不是一种，如果加强了某项措施，另一项措施则可能处于次要的地位，反之亦然。其次，只考虑建筑物的设计是不够的，而必须同时考虑在施工阶段应该体现设计中所要求的性能，防止在维护管理时功能下降，并要正确合理地使用。设计时提出的要求，如果在建筑物竣工后不能恰当地进行维护管理，或使用方法不当，也不能有效地发挥其功能，建筑物也不能达到应有的安全水平。

（三）合理的设计

性能化防火设计方法的研究，就是要改进现行防火设计方法中存在的问题，以达到设计的合理性。换句话说，性能化的防火设计，并不是直接提高安全标准或降低防火措施的成本。而是在保证建筑物需要满足的防火安全水平的前提下，更合理地配置各个防火子系统。

第三节　抗震设计的基本知识

地震作为一种突发性灾难，是所有自然灾害中公认的"元凶"，它可以在几十秒钟内将一座城市夷为平地，导致数万人甚至数十万人死亡，并使这座城市及周围地区的经济活动处于瘫痪状态。据统计，全世界因地震毁灭的城市一共有27个。25年前的唐山地震至今还让人们不寒而栗，24万人的惨重代价在人类灾害史上画上了重重的一个叹号。

一、地震灾害的预防

地震灾害是不是不可逾越的劫难呢？从地震的主观认识角度来看，人类对地震灾害的认识有了很大的提高。从过去的恐慌、害怕、愚昧无知、宗教神话和宿命论，发展到目前积极主动用科学态度去探索地震的奥秘，并与其作斗争。今天，人类已跨入了21世纪，随着人类文明和物质建设的长足进步，科学技术和经济的发展，人类与地震灾害斗争的信心将日益增强。从世界范围看，近期几次大的地震灾害事件中不难发现这样的事实。在一片接一片的地震废墟之间，那些结构较合理的中高层和高层框架剪力干墙建筑，在地震中保持完好或基本完好，街道两边损坏的房屋和基本完好的房屋混杂错落，但完好的房屋居多，城市轮廓面貌尚存。

在一些经济发达的国家和地区如美国、日本、包括我国的台湾省，地震造成的损失和人员伤亡越来越少。1999年台湾大地震尽管财产损失较大，但台湾这样人口稠密的地区只有一二千人死亡。美国洛杉矶大地震也是如此，再有日本1995年神户大地震中，被摧毁的大多是1981年前按旧规范设计的建筑，而未倒的建筑都是对建筑物提高了抗震设防要求的。

这说明人们依靠科技进步，充分利用科研成果是可以提高建筑抗震能力的。在一些对地震工作比较重视的第三世界国家，如智利和阿根廷也有人类减轻自然灾害的典型例子。智利瓦尔帕莱索市在市政建设时特别注意依靠科技进步和科技成果，采取了现代化抗震设计。1985年发生一次与中国唐山地震相同震级的地震，当时人口与唐山也一样多，为100万人，但在这次地震时只死亡150人，属中等程度破坏，比唐山地震时的人的生命财产损失要轻得多。阿根廷圣胡安市在1944年发生一次7.8级地震，死5000人。该市吸取这次地震灾害血的教训，在恢复重建时进行了严格的统一规划，并按抗震标准要求来设计施工。当1977年该市再次发生7.4级地震时，除上次地震中残存的一些土坯房屋破坏外，整体上比上次损失轻，死亡70人。

从以上国内外地震灾害事件中不难看出，只要我们经常不断地用科学技术和高新技术的成果、采取科学例题的方法，在对地震危险性作出科学判断的基础上，进行科学的抗震设防，做到"防患于未然"。同时，坚定与自然灾害斗争的决心与信心，充分发挥人类在减灾活动中的主观能动性和聪明才智，灾害是可以防御的，也是可以减轻的。未来人类在地震灾害前就不再是在劫难逃、无能为力，束手待毙了。

二、建筑抗震存在的问题

1. 缺乏岩土工程勘察资料或资料不全

有的在扩初设计阶段还缺建筑场地岩土工程的勘察资料，有的在扩初设计会审之后就直接进入了施工图设计，有的在规划设计或方案设计会审后就直接进入了施工图设计。无岩土工程勘察资料，设计缺少了必要的依据。

2. 结构的平面布置

外形不规则、不对称、凹凸变化尺度大、形心质心偏心大，同一结构单元内，结构平面形状和刚度不均匀不对称，平面长度过长等。

3. 一个结构单元内采用两种不同的结构受力体系

如一半采用砌体承重，而另一半或局部采用全框架承重或排架承重；底框砖房中一半为底框，而另一半为砖墙落地承重。这种情况常发现在平面纵轴与街道轴线相交的住宅，其底层为商店，设计成一半为底框砖房（有的为二层底框），而另一半为砖墙落地自承，造成平面刚度和竖向刚度二者都产生突变，对抗震十分不利。

4. 底框砖房超高超层

如1996年，对在某设计单位作的一次专题普查，发现有69幢底框砖房超高、超层。新项目亦普遍存在此现象，1999年某地块住宅竣工交付使用验收中发现有三幢底框砖房超高、超层，甚至有超三层的。

5. 抗震设防标准掌握不当

有一些项目擅自提高了设防标准，按照《建筑抗震设防分类标准》GB 50223—2004划分应属六度设防的，但设计中提高了一度，按七度设防，提高了建筑抗震设防标准，将会增加工程投资。有的项目严格应按七度采取抗震措施的，但设计中又按六度设防，减低了抗震设防标准，不利抗震。

6. 结构的竖向布置

在高层建筑中，竖向体形有过大的外挑和内收，立面收进部分的尺寸比值B_1/B不满足大于等于0.75的要求。

7. 抗震构造柱布置不当

如外墙转角处，大厅四角未设构造柱或构造柱不成对设置；以构造柱代替砖墙承重；山墙与纵墙交接处不设抗震构造柱；过多设置抗震构造柱等。

8. 框架结构砌体填充墙抗震构造措施不到位

砌体外围护墙砌筑在框架柱外又没有设置抗震构造柱，框架间砌体填充墙高度长度超过规范规定要求又没有采取相应构造措施。

9. 结构其他问题

有的底层无横向落地抗震墙，全部为框支或落地墙间距超长；有的仅北侧纵墙落地，南侧全为柱子，造成南北刚度不均；有的底层作汽车库，设计时横墙都落地，但纵墙不落地，变成了纵向框支；还有的底框和内框砌体住宅采用大空间灵活隔断设计，其中几乎很少有纵墙。不少地方都采用钢筋混凝土内柱来承重以代替砖墙承重，实际上将砖混结构演变为内框架结构，这比底框砖房还不利，因内框砖房的层数、总高度控制比底框砖房更严，因此存在着严重抗震隐患。更为严重的是这种情况并未引起目前大多数结构工程师的重视。

10. 平面布局的刚度不均

抗震设计要求建筑的平、立面布置宜规正、对称，建筑的质量分布和刚度变化宜均匀，否则应考虑其不利影响。但有的平面设计存在严重的不对称：一边进深大，一边进深小；一边设计大开间，一边为小房间；一边墙落地承重，一边又为柱承重。平面形状采用L、∏形不规则平面等，造成了纵向刚度不均，而底层作为汽车库的住宅，一侧为进出车需要，取消全部外纵墙，另一侧不需进出车辆，因而墙直接落地，造成横向刚度不均。这些都对抗震极为不利。

11. 防震缝设置

对于高层建筑存在下列三种情况时，宜设防震缝：①平面各项尺寸超过《高层建筑混凝土结构技术规程》JGJ 3—2002中表4-3-3的限值而无加强措施；②房屋有较大错层；③各部分结构的刚度或荷载相差悬殊而又未采取有效措施；但有的既未采取任何抗震措施又未设防震缝。

12. 墙体局部尺寸限值

在抗震设计规范中对此有专门的限制性规定，这是从宏观上保证砌体房屋安全度的有效措施。但发现有承重窗间墙最小宽度小于1.0m（六度设防）；承重外墙尽端至门窗洞边的最小距离小于1.0 m；非承重墙外墙尽端至门窗洞边的最小距离小于1.0 m，甚至只有几十厘米等情况，片面追求开敞明亮却忽视了房屋的抗震安全。

13. 同一结构单元基础形式不同

有关规范、规程中规定了"同业结构单元中不宜部分采用天然地基，部分采用桩基"，"高层建筑在同一结构单元内，不宜采用局部箱形基础"，但发现有高层建筑部分采用桩基，部分又采用天然地基(主要指裙房部分)；同一结构单元内，部分有地下室，部分无地下室的情况。

14. 基础的埋置深度

有关规程明确规定，采用天然地基时基础埋置深度不小于建筑高度的1/12，采用桩基时可不小于建筑高度的1/15，桩的长度不计在埋置深度内。但发现有的设计人员忽视了基础的埋置深度必须满足地基变形和稳定的要求，在选择天然地基时或是桩基时都达不到上述规定的要求。

15. 结构抗震等级掌握不准

有的提高了，而有的又降低了，主要是对场地土类型、结构类型、建筑高度、设防烈度等因素综合评定不准造成的。

16. 阁楼问题

其内收外墙不是支撑在墙上，而是支撑在楼板上，又未采取任何其他抗震构造措施。

三、抗震设计的基本思想

地震对建筑的破坏是造成人类生命财产损失的重要原因。因此，要减少地震灾害的损失，就必须在建筑物的抗震能力和安全性等方面多做文章。目前，国际上建筑抗震技术的研究和应用也取得了可喜成就。多伦多大学专长于抗震建筑工程的伯纳教授说，对于7级或更高震级的地震来说，目前的技术不仅能使新建筑不倒塌，而且还能减少很多严重破坏，从而减少人财两亡。抗震设计的目的是防止地震造成的人身伤亡，使人民的生命财产损失降到最小限度，同时使地震时必要的活动得以维持和进行。抗震设计的基本思想：

（1）建筑物在使用期间遭遇若干次地震，不会招致毁坏；

（2）假定在100年内发生一次极为少有的强烈的地震，结构物即使受到损伤但并不倒塌，能够保障人民生命财产的安全；

（3）从抗震转为隔震、减震、消能与控制。

如日本的"隔离体"弹性建筑，新西兰用特种橡胶、多层铜芯做成建筑物的支承座垫等技术都达到了隔震消能、缓冲地震能量的效果。我国的滑移减震技术，给建筑安了保险丝，10度时上部建筑只滑不破坏倒塌。

四、建筑物的抗震设防标准

房屋抗震设防是指对房屋在进行抗震设计时所采取的抗震构造措施，以此来达到抗震的目的。抗震设防的依据是设计烈度。

建筑物设防就是要保障人民生命财产的安全。经验表明，如果要求建筑物经强烈地震后完整无损，不仅要大大增加建设投资，甚至在技术上也存在一定的困难，而且强烈地震也不是经常发生的。因此，抗震设计规范规定，工业与民用建筑物经抗震设防后，在遭遇的地震烈度相当于设计烈度时，建筑物的损坏不致使人民生命和重要生产设备遭受危害，建筑物不需修理或经一般修理仍可继续使用，这就是房屋的抗震设防标准。概括地说，就是"小震不坏，大震不倒，修而可用"。

与此同时，考虑到6度以下（包括6度）地区，地震对建筑物的损坏影响较小，根据我国的具体情况，以设计烈度7度为设防起点，即小于7度时不设防。抗震设计规范规定的设防重点，只放在7度、8度和9度地震范围内。

应该说明，所谓设防标准，不应只考虑房屋经受一次设计烈度大小的实际地震，还应考虑余震的影响和连续地震的可能性，以及在这种情况下由于震害积累所造成的更大损害。

五、抗震设计的基本原则

（一）选择对抗震有利的场地和地基

建筑物的抗震能力与场地条件有密切关系。历次地震调查表明，同类型的建筑物，由于建造场地不同，破坏程度会有很大差别。

首先，应避免在地质上有断层通过或断层交汇的地带，特别是有活动断层的地段进行建设。

从地形地貌看，宜选择地势平坦、开阔的地方作为建筑场地。凡陡坡、深沟、峡谷地带，孤立的山丘等都不宜建造房屋。如一定要建造，尽可能采用合理的基础形式，整幢建筑的基础相互之间要一体化。

从房屋地基条件考虑，岩石、半岩石和密实的地基土对房屋抗震最有利，是最好的建筑场地，而软弱的黏性土，松软的人工填土，以及旧池塘、旧河道、河滩、地基土软硬不均匀的地段，特别是易于发生砂土液化的地区，都对房屋的抗震不利，不宜在这些地方修造建筑物。

要正确地选择建筑场地，就需要了解场地土的分类及其工程性质。根据《建筑抗震设计规范》（GB50011-2001）的规定，场地土分为4类：①坚硬土或岩石，②中硬土，③中软土，④软弱土。

（二）合理规划，避免地震时发生次生灾害

非地震直接造成的灾害称为次生灾害。有时，次生灾害会比地震直接产生的灾害所造成的社会损失更大，避免地震时发生次生灾害，是抗震工作的一个很重要的方面。

在地震区的建筑规划应使房屋不要建得太密，为使在地震发生后人口疏散和营救以及为抗震修筑临时建筑留有余地，房屋的距离以不小于1~1.5倍房屋的高度为宜。要避免房高巷小，地震时由于房屋倒塌将通路堵塞，公共建筑物更应考虑防震的疏散问题，一般可与防火疏散同时考虑。

烟囱、水塔等高耸构筑物，应与居住房屋(包括锅炉房等)保持一定的安全距离。例如不小于构筑物高度的1/4~1/3，以免一旦在地震后倒塌，而砸坏其他建筑。

应该特别注意使易于酿火成灾，爆炸和气体中毒等次生灾害的工业建筑物远离人口稠密区，以防地震时发生爆炸，火灾等事故而造成更大的灾难。

（三）选择技术上、经济上合理的抗震结构方案

选择有利于抗震的建筑平面，是抗震设计的重要环节。矩形、方形、圆形的平面，因形状规整，地震时能整体协调一致，并可使结构处理简化，有较好的抗震效果。Π形、L形、V形的平面，因形状凸出凹进，地震时转角处应力集中，易于破坏，必须从结构布置和构造上加以处理。

立面上各部分参差不齐，有局部凸出，或质量悬殊、刚度突变的，地震时容易发生局部严重损坏。建筑物的重量和刚度，应力求对称和均匀分布，以减少地震时因受扭而可能遭到破坏。

（四）保证结构整体性，并使结构和连接部分具有较好的延性

整体性的好坏是建筑物抗震能力高低的关键。整体性好的房屋，空间刚度大，地震时，各部分之间互相连接，形成一个总体，有利于抗震。

整体性好的结构，除构件本身具有足够的强度和刚度外，构件之间还要有可靠的连接。构件的连接除必须保证强度外，还要求超过弹性变形后，能保持相当的继续变形的能力——延性。结构的延性对结构吸收地震力的能量，减小作用在结构上的地震力具有重要的意义。

（五）对于在地震时容易倒塌脱落的建筑附属物宜不做或少做

房屋附属物，如高门脸，女儿墙，挑檐及其他装饰物等，在地震作用不大的情况下，例如6度左右，就有破坏。一般房屋这类装饰性的附属物应尽量不做或少做，如必须建造时，应采取防震的构造措施，对于门楼、洞口等人、车经过的地方，更应加强。

危害表明，房屋顶部突出结构，包括女儿墙以及屋顶的烟囱、水箱、楼梯、电梯间等，如采用砖墙承重的混合结构，地震时破坏率最大，几乎从地震烈度6度开始，即有所破坏，特别是较高的女儿墙及高出屋顶的烟囱，7度普遍损坏，8~9度几乎全部损坏。

（六）减轻建筑物自重，降低其重心位置

建筑物所受地震荷载的大小和它的重量成正比。减轻建筑物重量是减少地震荷载最有效的途径，也是最经济的措施。要减轻建筑物的自重，就要求在满足抗震强度情况下，尽量采用轻质材料来建造主体结构和围护结构。在设计和使用时，应使房屋的重心尽量降低，以减小地震时房屋所承受的地震弯矩。这是一种具有实际意义的抗震措施。在房屋的使用安排上，如利用顶层当仓库或在顶层布置较重的设备等，使房屋搞得头重脚轻，对房屋抗震是很不利的。

（七）保证施工质量

施工质量的好坏，直接影响房屋的抗震能力。设计中一方面要对材质、标号、临时加固措施、施工程序等提出要求；另一方面，也要从设计上为施工中能保证技

术和便于检查创造条件，以确保施工质量。

第四节　建筑防灾与减灾的新理念

1996年国际上曾经召开过一个研讨会，主题是：21世纪的可持续发展的建筑工程。会议得出的一个主要结论是：为了达到可持续发展的目的，需要对建筑设计理念以及相关建设、运行、维护和更新过程进行彻底改造。可以说传统的设计理念已经不再适应未来对具有经济性、社会性和环境性的可持续发展社会的需求。

一、建筑防灾与减灾的设计理念

如果说20世纪的建筑设计主要竞争于造型和功能方面的话，则21世纪的建筑设计行业的核心竞争力将体现在预防灾害发生方面。事实证明，一个精心构思的建筑设计，可以大大降低突发灾害对建筑本身和社会造成的经济损失和危害。

新的防灾设计理念应体现出以下几点：

（一）目标的确定性和方法的多样性

建筑防灾的安全水准和目标应该是明确的、高水平的，即发生灾害的概率十分小。但确保安全水准实现的方法则是多种多样的，人们可以运用所有的现代科技手段进行有机的创造性的组合。

（二）人与建筑的互为支撑

建筑的平面构图和设备为防止灾害提供了一个基本条件，但是传统的设计理念没有或极少考虑人与这些设施的互动所产生的防灾效果。新的设计理念应首先考虑人是否会受益或实现这些防灾设计的目标，以及灾害发生时，人对各种防灾设施的使用、利用的可靠程度。当然也要估计人员错误操作的行为对建筑防灾体系带来的严重后果。

（三）灾害过程的虚拟模拟设计

所谓计算机模化设计就是以数学分析和数理统计方法构成一系列的描述灾害过程的数学模型，并利用计算机求解灾难全过程所涉及的各种物理参数，进而预测灾害所产生的各种环境条件。

虚拟现实是由计算机模拟的建筑三维空间环境，建筑师可以通过计算机进入该场景并能操纵被设计对象与之交互。人们将最终突破人与人之间、人机之间的语言文字障碍，实现人与机器之间、机器与生物体之间的直接信息交互。这一综合技术的最大好处为：设计师无须对模化的原理和方法有太多的了解，就能通过虚拟建筑提供的现场感觉，依据有关的建筑知识、技术法规和安全防范设施对建筑物进行最有效、最合理、最经济的防灾安全系统设计。

(四) 工程结构应用仿生学和集散定律

把阳光转化成植物能吸收的二氧化碳,放出氧气。将仿生学和集散定律应用到工程结构上,使主体结构接近地面时迅速扩张,使整座高楼的重心降低,构成坚固稳定的坚实基础,抵抗风载和地震荷灾。

城市建筑综合防灾对保护人民生命财产、保障社会发展具有重要意义。应针对我国城市易发并致灾的地震、火、风、洪水、地质破坏五大灾种,因地制宜,制定合理的设防标准,采用先进技术,在满足各类建(构)筑物使用功能的同时,提高其综合防灾能力。

二、建筑防灾与减灾的任务和目标

(1) 城市建筑综合防灾应遵循"预防为主,防治结合"的总方针,进一步提高城市各类建(构)筑物和基础设施的综合抗灾能力,为城市经济、社会与人民生命安全,城市的可持续发展提供保障。

(2) 我国城市的防洪任务是,今后15年内,重点防洪城市的防洪标准达到200年一遇,占城市总数5%;非农业人口在50万~150万之间的重要城市,防洪标准为100~200年一遇;非农业人口在20万~50万之间的中等城市,防洪标准为100年一遇;非农业人口在20万以下的,防洪标准为50年一遇。

(3) 考虑台风和寒潮及雷暴大风作用,按《建筑结构荷载规范》GB 5009—2001规定的以50年为重现期的标准设防;对于重要的生命线工程设施,设防标准应提高到100年一遇。

(4) 现阶段我国地震区的城市建(构)筑物均应按照《中国地震烈度区划图(1990)》划定的基本烈度和"建筑抗震设防等级分类"所规定的建(构)筑物重要性等级来确定其抗震设防烈度,以此为依据进行设计和施工。建筑抗震设防以50年为基准期,做到在多遇地震烈度下(超越概率为63%)不坏,保证正常使用;在基本烈度下(超越概率10%)可修,即有破坏但维修恢复后可正常使用;罕遇地震烈度下(超越概率为2%~3%)不倒,即有严重破坏但不倒塌,达到减少人员伤亡和财产损失的目的。今后15年内,应逐步采用更为科学的地震分区方法和以建筑功能为目标的设防标准。

三、建筑防灾与减灾的技术政策

(一)加强新型防灾建筑材料及相关设备的开发应用

(1) 性能优良的不燃、难燃、低毒建筑材料,建筑用喷淋、报警设备和产品及灭火技术的研究和开发应用；

（2）建（构）筑物隔震消能材料和元件，结构振动控制技术和设备的研制及应用；

（3）具有防水、防渗漏、防冲刷和浸泡的水泥砂浆及添加剂的开发应用。

（二）严格按防灾设防标准设计和建造建（构）筑物

（1）开展台风、火灾、地震、洪水、地质破坏等灾害的预测、控制和防治理论与技术的研究。

（2）积极采用防灾设计、施工新技术，应保证建（构）筑物在灾害发生时的安全和正常使用。特别注重超高层建筑和大型公共设施的防灾设计与施工，按重要性等级相应提高其设防标准。为了防备恐怖飞机撞击，采用钢筋混凝土和钢组合结构，更重要的是多筒结构之间增设强有力的八卦式剪力墙。

纽约110层世贸倒塌原因有三：

①飞机以1000千米时速撞向大楼；

②双塔外墙结构薄弱；

③钢结构遇高温变软，2000℃，40t优质航空汽油烧软了撞击处楼层的钢材，而它上面数千吨上万吨楼层重量像巨大的铁锤砸向下面的楼层，远远超出了静止时的重力，于是一层层地垮落下来（图9-4-1~图9-4-7）。

（3）生命线工程设施应按重要性等级相应提高其设防标准。加强对次生灾害的控制和防治。地下建筑和管网应进行网络设计，为灾害发生后提供足够的避难空间及后备调用资源。

（三）完善和制定现有建筑抗震能力的鉴定标准和评估方法

图9-4-1 世贸大厦遭撞击（一）

图9-4-2 世贸大厦遭撞击（二）

图9-4-3 世贸大厦遭撞击（三）　　　　图9-4-4 世贸大厦遭撞击（四）

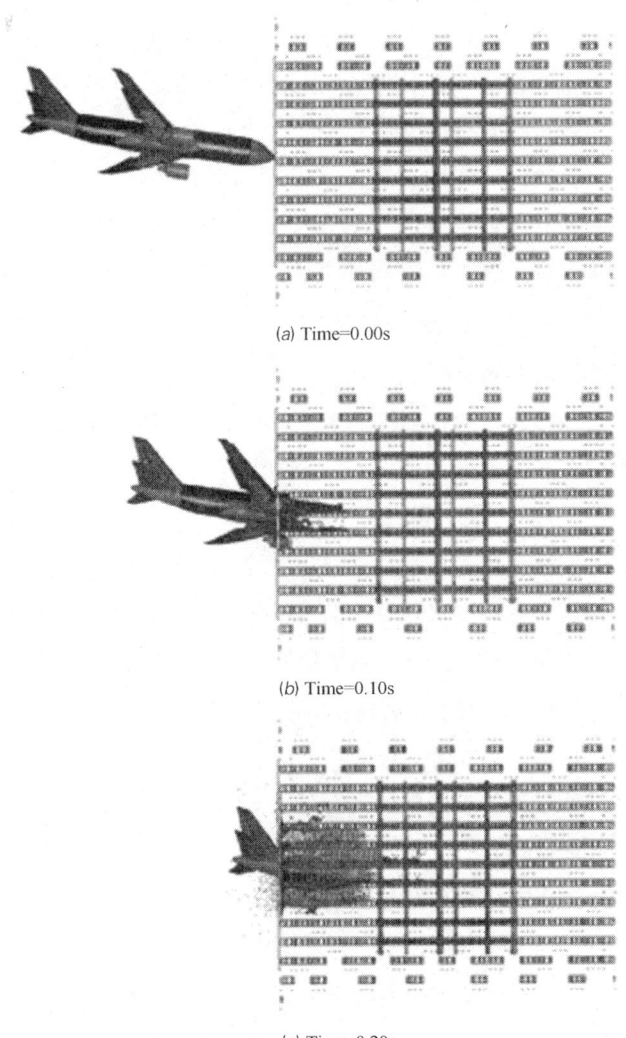

图9-4-5 世贸大厦遭撞击分析图

第九章　建筑的防灾和减灾

图9-4-6　世贸大厦倒塌后的惨状　　　　图9-4-7　世贸大厦原貌

(1) 对城市现有建筑和基础设施应按不低于同类建筑和设施的设防要求进行防灾能力鉴定和评估，对在寿命期内可能遭遇的灾害和造成的破坏损失进行预测，存在重大安全隐患时迅速采取对策。

(2) 对既有建筑和工程设施的加固，应结合城市改造进行，避免仓促加固后再拆除。

(四) 研究开发灾后建筑破坏的评定、修复、加固成套技术，制定灾后恢复重建实施政策

(1) 制定对各类建筑和工程设施受灾破坏程度和剩余安全度的鉴定评估标准和实施细则。

(2) 发展对结构损伤的检测、补强、加固技术，包括材料、机具、工艺和设计方法等。

(五) 加强技术立法，修订城市防洪、工程结构和设施的抗震、抗风和防火等防灾设计标准

(1) 完善防灾设计标准。对城市建筑和生命线工程设施应提出针对不同设防标准的设计、计算和构造措施，对已经明显滞后于建筑业发展的标准规范应不失时机地进行修订或废止。

(2) 制定综合的城市防灾对策和防灾规划。防灾对策和防灾规划应作为城市总体规划的组成部分，每个城市应根据其灾害危险性背景编制针对不同灾种的专项规划。

(3) 积极采取工程和非工程措施，制定和完善防御各种灾害的应急预案，提高对突发灾害的应变能力，减少损失。

(六) 明确城市建筑综合防灾投入在社会主义市场经济体制中的地位；建筑和工程设施防灾设防所需的投资应计入工程成本；健全灾害保险，增强灾后恢复重建的能力

四、建筑防灾与减灾的措施

(1) 新型防灾建筑材料的研究和开发工作，应充分发挥我国已建立的国家和省市级重点试验室的作用，同时要加强引导并发挥民间科研队伍的作用。对已研究成功的新型材料要加快中试，采取有力措施推向市场。

(2) 建立并强化防灾设计审查制度和与防灾有关的工程施工质量的检测和监督验收制度。各类工程在设计和施工阶段，应加强针对综合防灾的质量监督审查，组织专门机构进行验收。

(3) 城镇的防灾规划应纳入总体规划，由政府拨款，以建设行政管理部门为主，依靠规划、科研和企事业单位共同完成。专业防灾规划的编制以灾害的危险性和建筑的易损性为基础，尽快建立城市财产清单及有关档案资料数据库。

(4) 制定和完善防灾预案，应考虑由政府、企事业单位和民众的共同参与，考虑平时和灾时相结合，使防灾预案发挥更大效益。

(5) 城市建筑综合防灾资金的投入应进行专项管理，研究更为有效地应用防灾资金的投入方法，充分发挥投资效益，做到平时和受灾时都受益。

(6) 加强国际科技合作，认真总结各国的灾害经验，增进与各国工程技术和管理专家的交流；重视引进国外先进的防灾技术，开发符合国情的产品。

(7) 加强城市建筑防灾的科普宣传和教育工作，采取专业培训、防灾演习及利用各种媒体开展普及教育。

(8) 充分应用先进的计算机和信息技术，如地理信息系统(GIS)和卫星大地定位系统(GPS)等，提高城市建筑综合防灾技术管理水平。

第五节 北京奥运场馆建设的防灾

一、北京奥运场馆建设面临的灾害风险源

城市现代化及北京城市综合减灾研究表明，影响"安全奥运"的五大灾害排序，排在前五位的应特别关注灾害类型是：

(1) 极端自然灾害（5级以上破坏性地震、暴雨洪涝、雷电、高温热浪、雾害等）；

(2) 生命线系统事故（断水、断电、断气及火灾与爆炸）；

(3) 高技术事故（含高技术犯罪及信息安全隐患）；

(4) 地下空间场所的致灾隐患（地下商业设施、地下交通、地下公共场所等）；

(5) 恐怖袭击与社会灾害（敌对势力的恐怖袭击、公共场所人员骚乱、中毒与食品安全等）。

每一类型都需要进行深入研究，例如应正视反恐的发展。美国科学院全国研究理事会科技反恐委员会于2002年6月发表了一份题为《使美国更安全——科技在反恐中的作用》的报告，就核威胁与放射性威胁、人类与农业卫生系统、有毒化学品与爆炸物、信息技术、能源系统、运输系统、城市与固定设施、人们对恐怖主义的反应、复杂而相互依存的系统9个领域进行了分析与探讨，列出14个需要采取的重要技术举措，其中包括直接应用现有技术7项：开发和利用在源头保护、控制和核实核武器及特殊核材料的可靠系统；保证已知病原体的防治手段的生产与分配；为所有运输方式特别是装载大量有毒或易燃材料的海运集装箱和车辆设计、测试和安装可靠的分隔的安全系统；改善监督控制和数据获取系统的安全性，并对电网的关键部位提供物理保护，从而保护能源分配服务；对于通风系统的空气过滤，要降低其脆弱性，提高其有效性；运用现有技术和标准，使紧急状况应对者可以彼此进行可靠的交流；一旦公众对一个紧急事件的技术方面予以广泛关注，应确保受信赖的发言人能够及时并权威地告知公众。

包括亟待进行的研发项目七项：针对目前尚无对策的已知病原体和将要出现的新病原体，开发有效的治疗和预防手段；发展、试验和建造智能化自适应电网；为情报分析的目的，改进数据融合和数据采掘的实际利用，加强情报安全，预防网络攻击；为紧急状况应对者开发新的、更好的技术（如防护服、传感器、通信工具）；提高防爆防火建筑物的工程设计技术和防火极限标准；针对广泛的目标开发传感器和侦察系统，为应急事务官员和决策人获取有用信息；在防止化学物质和病原体攻击的空气过滤领域，开发新方法和制定新标准，研究和制定消除污染的更好的方法和标准。

二、奥运场馆工程全寿命安全建设的指导思想与要点

(一)奥运场馆工程全寿命安全建设

奥运工程主要指所有场馆建设（新与旧）及其相应配套设施的规划、设计、施工、监理、建材供应、运输乃至运营管理等方面的内容。全寿命安全建设泛指项目建设的全生命周期（设计、施工、监理及其建成后的运营管理）各环节的安全控制。其重要的指导思想是：强化特重大工程的"安全第一"的原则，强化政府在奥运场馆建设中的绝对安全责任。从奥运项目的工程安全入手有多层

含义，我们不仅对奥运场馆实施了"瘦身计划"，仅"鸟巢"及五棵松体育馆就节约钢材达4.7万t，还结合业内外展开讨论，为某些"新、奇、特"项目做了诸如疏散、空间、防火等单方面的安全评审。从总体讲，不论从宏观还是微观上，对于"安全奥运"指导下的建设工程并未实施全周期、全程序上的安全风险评估。作为奥运场馆工程全寿命安全建设的控制要点考虑如下：

(1) 奥运场馆建设中的潜在事故与灾害类型与分布、实质环境状况（灾害频发的敏感地区等）、一旦发生意外包括所有应急救援的力量能否可靠投入等。

(2) 奥运场馆及园区建设中应充分考虑一旦意外情况下的人口疏散及避难问题。它涉及如下问题的研究：人员疏散的地域建设、人员疏散的应急运输、人员疏散中的应急保障规划设计等灾情保障、通讯保障、生活医疗保障、治安保障等。

(3) 奥运场馆及配套设施工程的地下空间项目的防灾对策。如在地下人防工程防火中，要保持结构的稳定性、严格做好防烟分区和排烟措施；地下人防工程防化学毒剂对策措施，要对危险源的预先调查，快速评估，从而实施对防化学毒剂中毒人员的防护及救治；地下人防工程中地震应急对策，要解决紧急救援的人力及物力，尤其在突发地震到来前要从规划设计上为实施关闭煤气管道、热力系统、切断电源及其他危险源提供技术接口。

(4) 强化对奥运场馆工程的灾害设防标准和安全技术措施的多样化研究，同时实施奥运工程的智能监测，旨在研究施工过程的在线损伤识别、健身诊断、安全评定与预警、抗灾加固等研究。

(5) 强化以技术法规为先的奥运场馆工程的风险防范。2004年建设部印发了《关于加强大型公共建筑质量安全管理的通知》，共提出了13项措施和要求，其要点完全适合于全寿命周期安全控制的管理要点。因为它强调，越是重点工程，越是大型工程，越是严格执行国家有关规划设计、质量管理、安全原则的项目，越要履行合同约定义务并承担相应的质量安全责任等。

(二) 有效保障"安全奥运"建设的设计与施工环节的安全对策

(1) 安全规划设计问题要考虑如下关键词：安全奥运、综合减灾、安全设计、防灾公园、疏散空间、紧急自护与救援、人文关怀。

(2) 奥林匹克公园综合防灾规划要建立在单项防灾规划基础之上，即要同时考虑生态环境安全规划、防洪安全规划、抗震规划、恶劣气候条件规划(防风、防雷、防暴雨等)、消防规划、生命线系统保障规划（电信、供电等）、备灾及救援能力规划等。

(3) 奥林匹克公园中要在充分考虑备足绿地及景观的场地基础上，安排兼作防灾公园及疏散场地的功能。要有室外场地，也要考虑足够的地下人防空间，以抵御现代灾害及恐怖事件的破坏力。

（4）奥林匹克公园内宜建设综合防灾应急指挥中心，该中心受拟建首都减灾委员会指挥中心的指令，同时协调各场馆的综合防灾站点的情况，并按照与防灾规划相协调的应急预案计划展开工作，奥林匹克公园要充分考虑各种防灾信息及操作系统管线预先布置，建议奥林匹克综合防灾应急指挥中心里设置奥林匹克安全文化教育馆，作为开展永久性安全文化教育活动的基地。

（5）奥林匹克公园内建设项目的机电设备应出示国际安全标识及可靠性产品标识，这是确保奥运场馆安全的基本保障条件之一。

三、北京奥运场馆建设防灾的建议

（1）在奥运场馆工程中实施全寿命周期的安全程序管理及综合减灾评估，要组成代表国家水平的各门类专家在内的奥运工程安全评估组，分阶段追踪奥运场馆建设的安全度。

（2）推行"奥运工程风险识别检查表"。风险管理的第一步是风险识别，全球目前使用最为广泛的风险识别方法是检查表法，它是在对奥运工程安全系统进行科学分析的基础上，找出各种可能存在的风险因素，然后全面列出的检查表，其中包括设计单位、施工单位、监理单位、工程业主单位等应注意的安全与不安全事项。

四、奥运工程建设亟待强化的专题研究

"安全奥运"工程建亟待强化的专题研究包括：
（1）威胁或可能导致威胁的奥运建筑事故灾害风险源；
（2）影响"安全奥运"的单灾种最大可能风险状态分析研究；
（3）影响"安全奥运"的多灾种共生（主灾及衍生灾害）的复杂性研究；
（4）各灾种的基本评价指标及综合影响评估方法；
（5）对现有奥运场馆城市设计、景观规划、主体建筑的安全评价；
（6）保障"安全奥运"建设工程（主要指场馆及设施）的投入产出评价；
（7）奥林匹克公园子系统指挥中心与北京市应急管理委员会应急中心的软、硬件系统的优化配置，"安全奥运"工程建设目标下的安全、环保建材的选用机制，"安全奥运"综合减灾管理与奥运场馆工程建设安全控制的关系研究，《北京奥运安全》条例及其指导下的安全奥运建设管理主体责任以及政府减灾行政体系建立的研究；
（8）适合中国国情"安全奥运"观的国际化大型工程安全性的比较研究；

(9) 具有产业化前景的"安全奥运"建设的防灾减灾技术与产品的开发研究；

(10) 研究提高奥运工程防灾减灾自身能力的新技术如综合抗震上应用隔震、减震与消能技术；在防火方面，要应用建筑物不燃化及难燃化技术；在防爆炸方面，应用建筑物的泄爆和抗爆构造技术等；

(11) 开展与"安全奥运"工程相结合的灾害心理及公众安全文化自护教育研究；

(12) 开展与"安全奥运"工程相关联的灾害保险策略研究，至少在工程建设上要强化设计安全险、施工安全险及其相关内容的"奥运工程灾难险"。

Chapter10 Reflections on Development of Architecture Technology

第十章　建筑技术发展的对策

第十章　建筑技术发展的对策

建筑业是我国国民经济建设中的支柱产业之一，是相关行业赖以发展的基础性先导产业。建筑技术政策是国家对建筑科学技术和产业经济发展进行宏观指导的政策性规定，是提高建筑业产业技术进步的行动准则，是贯彻国民经济可持续发展战略目标和实现建筑业产业发展任务的重要手段。

建筑业的主要任务是以建设城乡住宅、公共建筑、工业建筑及基础设施为重点，加速提高产业整体素质和建筑业的生产工艺与技术装备水平，全面提高勘察设计及建筑施工水平，使建筑业接近国际先进水平，并在国际建筑市场中具有较强的竞争能力，充分发挥建筑业在带动国民经济增长和结构调整中起先导产业的作用，建筑技术政策纲要，将作为振兴建筑业、促进建筑技术进步的宏观指导性文件，确定我国建筑科学技术的发展方向、技术路线和重大技术措施。

第一节　加强建筑产品观念、制定建筑产品评价准则

一、建筑业要树立和加强以建(构)筑物为最终建筑产品的观念

各环节要重视最终产品的质量保证和功能的改善，通过技术进步实现产品的改造和更新，推动建筑材料、制品、设备的开发研究，促进建筑业的技术发展。要注意到建筑产品的商品属性、环境属性和文化属性的内涵，树立最终建(构)筑物是物质和精神有机结合的产品观念。

二、研究制订建筑产品评价准则

根据建筑物(群)的用途及要求，对使用功能、安全性能、技术性能、经济效益等质量特性及艺术效果进行综合分析，研究定性和定量的评价指标体系。要重视对建筑物综合效益的评价，通过对建筑物评价指标的分析比较，研究不同方案的经济效益、社会效益和环境效益，为建设的决策提供依据。

三、重视建筑设计,提高建筑设计水平

(1) 建筑设计要坚持可持续发展的方针和以人为本的原则,努力实现经济效益、社会效益和环境效益的统一。强化设计工作是建筑产品的先导和依据的认识,确保设计工作必要的周期,提高设计工作者的精品意识。

(2) 建筑创作应本着"时代精神、民族传统、地方特色"的原则,鼓励多种建筑风格的存在和不同流派的发展,繁荣建筑创作,加强建筑创作理论的研究。要配合城市规划,积极做好城市设计,使建筑设计和环境设计有机地结合起来,创造优美的整体环境。

(3) 建立与国际接轨的质量保证体系,保证设计产品的质量。为加速建筑工业化的发展,建筑产品的构配件应不断完善其标准化、系列化、定型化的程度,以保证建筑产品的效益和质量。

(4) 积极采用现代科学技术,提高建筑产品的科技含量。采用现代化的设计方法及设计手段,提高设计能力,建立各类建筑产品的技术经济指标数据库和网络,深化计算机辅助设计和开发,用于综合评价建筑设计方案的计算机软件系统。

四、开发适应社会需求的各类建筑产品

(1) 根据社会需求,为不同居住对象提供多种类型的商品住宅,以适应住宅商品化的发展。住宅设计要从我国实际出发,改善使用功能,充分利用空间,并具有适应变化的灵活性。

(2) 住宅区应在保证生活、提高环境质量及节约用地的前提下,综合考虑土地投入、能源消耗、基础设施、建筑造价等多方面因素,因地制宜地确定合理的指标。

(3) 村镇建筑要满足生活和生产的需要,加强规划设计和管理,注意保护耕地和节约用地,确定合理用地标准,保证房屋的工程质量和村镇的环境质量,注意生态建筑及洁净能源的采用,重视农村建筑材料与构配件的社会化生产供应。

(4) 加强公共建筑的研究,贯彻"双百"方针,繁荣建筑创作,坚持精心设计,鼓励采用高新技术的开拓创新精神。

(5) 工业建筑要提高其灵活性和通用性,改进和完善建筑构配件的标准化、系列化和定型化,认真研究既有工业建筑的改造和新兴工业园区的开发。

(6) 重视城市地下空间的开发利用。降低地面建筑容积率，扩大绿化，改善环境；要做好地下空间与市政基础设施的配套规划，注重地下空间的防火、防潮、通风、采光，确保其使用功能。

(7) 努力开拓智能建筑、生态建筑、绿色建筑、海洋建筑等高新技术领域的建筑产品的设计研究。

五、搞好建筑环境设计，提高环境效益

(1) 所有建筑产品的创作设计，均应从总图规划、环境设计、建筑高新技术、生态学应用等方面综合考虑，处理好建筑物与周围环境及整个城市的协调关系，摆正自我的定点位置。

(2) 重视居住区环境设计，为住户创造必要的日照与通风条件，控制居住区内的噪声、电磁波干扰和强电场辐射，防止大气污染，研制高效率的新设备，寻求适应自然生态环境的规划形态和建筑构造，切实改善人居的热环境、光环境、声环境。

(3) 积极改良生态环境，从节地、节水、节能、无公害、少污染、多植被考虑，合理组织安排建筑与环境的有机结合，使人、建筑与自然生态环境形成科学的良性循环系统。

六、加强建筑标准化工作

(1) 健全建筑标准化组织机构，完善建筑标准化体系，包括规划、勘察、设计、生产或施工、检验或验收等标准、规范、规程的制定和实施，发挥标准化工作在加强科学管理、组织工业化生产、规范建筑市场技术行为、保证建筑产品的使用功能和安全等方面的重要作用。

(2) 继续完善强制性标准和推荐性标准相结合的建筑标准化体制，在此基础上，建立建筑技术法规与建筑技术标准相结合的体制。

(3) 继续重点制定有关保障人体健康、人身财产安全的强制性标准；加速制定供建设单位和企事业单位自愿采用的各种推荐性标准。

(4) 继续完善房屋建筑的模数协调体系，加速制定各类建筑制品和设备的产品标准，提高建筑制品和设备的定型化、系列化和通用化程度，提高建筑工业化水平。

(5) 推动企业建立、健全以技术标准为主体，包括工作标准和管理标准在内的企业标准体系。鼓励企业结合自身的特长制定高水平的企业技术标准，建立、

健全实施标准和对标准实施进行监督的组织机构,以增强本企业参与市场竞争的能力。

(6) 结合国情认真研究、积极采用国际标准和国外先进标准。积极参与国际标准化活动,承担国际标准化工作。

(7) 加强标准实施和实施监督工作,继续建立、完善工程和产品的安全和质量监督、检测机构,逐步建立产品准用证制度和质量认证制度,实施企业自控。行业管理、政府监督、社会监理、用户评价相结合的质量监督体制。

七、重视建筑产品的节能工作

(1) 在建筑节能设计中,必须执行有关建筑节能设计标准。在保证冬季室内热环境、改善夏季热舒适条件和坚持卫生标准的前提下,降低单位建筑面积的能耗,提高用能效率。要重视改善夏热冬冷和夏热冬暖地区的室内热环境,提高建筑物的保温隔热性能,尽量利用自然采光和自然通风。要扭转片面强调降低造价、忽视使用功能和污染大气、浪费能源的倾向。

(2) 对于节能建筑,要因地制宜地选择朝向,采用合理建筑体型及窗墙类型,推广保温隔热性能好的围护结构,重点推广外保温墙体。要积极开展对既有建筑物的节能改造。

(3) 优先采用节能型采暖、空调设备,合理确定供热(冷)指标。加强管道保温,改善水系统的水力平衡,提高其运行效率和自动化程度。逐步实行住宅供暖系统按户计量取费,以及在新建筑中采用双管采暖系统,并安装温控阀和热量计。

(4) 加强建筑节能标准化工作,加速制订各项建筑节能标准,其中包括室内热环境标准,能耗定额标准等基础标准;民用建筑采暖能耗检测,空调能耗检测等通用检测方法标准;空调制冷机房运行等管理标准;已建采暖居住建筑节能改造设计标准,各类公共建筑节能设计标准以及夏热冬冷地区民用建筑节能及湿温热环境设计标准等。加强对节能标准的实施和节能工程质量的监督工作。

(5) 研究开发节能保温门窗、门窗密封技术,遮阳隔热技术,外保温墙体成套技术,内保温墙体的墙面防裂以及热桥处理技术,屋面高效隔热保温防水技术,用户可自行调节的按实耗热量计量的仪表,采暖系统、节能型供热制冷系统设备、蓄冰空调系统设备、供热制冷系统运行调节及水力动态平衡技术,开发利用太阳能技术等。

八、加强建筑设备产品的开发与应用

(1) 加强建筑设备产品的开发,各类建筑设备产品都要在满足建筑功能的前提下,达到技术先进、经济实用、安全可靠、系列成套,符合标准化和环境协调的要求。

(2) 采用计算机、现代通讯、自动化、集中监控及管理等新技术,推行机电一体化,提高设备系统运行的安全可靠性和自动化、智能化水平。新产品要为方便维修创造条件,为使用者提供正确的使用、维护等技术条件,以保证设备完好率,提高设备的有效寿命。

(3) 室内给水排水卫生设备,要重点开发普及型及节水型的住宅卫生洁具和五金配件。积极开发用于高级宾馆等的高档成套卫生设备;开发适用的太阳能热水器,生活热水加热器(锅炉);开发高效率、无动力的小型生活污水处理设备;开发各种材质的管材及管配件。卫生设备产品力求做到防渗漏、防污染、低噪声、洁净卫生。

(4) 住宅厨房设备,要重点开发普及型产品系列,优先开发技术先进的排油烟装置;重视解决厨房内各种管线的合理敷设问题,研制开发复合材料管线的暗埋应用技术;重视整体设计,厨房家具设备在尺度上要符合建筑模数和设计要求;要逐步实现厨房设备商品化供应和专业化组装服务。

(5) 供暖通风空调设备,要发展利用不同能源的供暖成套设备和用热按户计量控制装置;开发为过渡地区改善室内环境的供暖空调设备;重点发展水源热源等各种热泵;发展变风量的节能型空调设备(含通风机及水泵)及各种热能回收设备,开发家庭用的小型中央空调系统;重视开发改善室内空气品质用的通风设备。

(6) 供配电、照明及自控设备,要开发安全、可靠、节能、无污染、多功能、系列化、维护方便的成套电器设备(包括高分断能力型高压真空开关、高压环网开关柜、非晶配电变压器、大容量低压智能型断路器的多功能附件等);重视防止电器火灾、电击危险、雷电以及其他浪涌电压袭击的产品生产;开发节能型光源、灯具及调光、控制设备,积极推进绿色照明工程;研制采用微电脑的各类建筑设备的自控和管理系统成套设备。

(7) 通讯设备,要研究通信技术与计算机技术,实现计算机网、话音网、视像网技术一体化,建立信息高速公路终端,研究相关的应用技术,发展开放式网络系统;加速开发安全防范所需的各种保安监控配套产品。

(8) 消防、防排烟设备,要按照高可靠性和耐久性的要求,开发推广自动喷洒、自动防排烟等成套设备，开发火灾自动报警及控制系统的配套产品，提高消防产品的自动检测故障能力和无故障时限。

(9) 运载设备，要大力开发安全性大、舒适感好、自动化程度高的电梯、自动扶梯等运载设备，特别是高品质的高层住宅用客梯；逐步推广液压电梯及调频调速调压技术，研究开发速度大于2m/s的高速电梯以及多层住宅使用的经济型电梯；开发智能化功能控制系统，开发机械化、自动化的停车库设备；开发高层建筑的擦窗设备。

第二节 提高建筑的综合技术设计水平

一、提高建筑的综合防灾能力

(1) 提高建筑物综合防御地震、火、风、洪水和地质破坏灾害的能力，根据当地不同灾种的风险程度和建(构)筑物重要性等级提出合理的设防标准。

(2) 在建筑规划和选址阶段应充分掌握灾害的背景资料和风险程度，采取相应对策；在设计和建设阶段应严格执行标准规范，加强防灾质量控制；制订和执行灾后鉴定、评估和恢复重建的技术措施。

(3) 对多、高层建筑，应采用行之有效的抗震、抗风结构体系，严格执行标准规范；同时应积极研究隔震减振、消能和控制振动技术，结构和非结构构件的抗震、抗风技术，逐步推广应用。加强建(构)筑物的震害预测研究。

(4) 积极开发无毒、不燃、难燃材料、制品和设备。建筑设计与施工应严格执行防火标准规范，高层建筑和大型公共建筑尤应注重防火安全设计。

(5) 重视城市地下空间建筑的规划和防灾设计，尤其注重防火、防水、防震，要切实考虑灾害发生时进行紧急救援和疏散避难的设施建设。

(6) 村镇建筑要因地制宜，采用合理、经济的建筑材料和结构形式，要有利防灾，便于灾后自救和恢复重建。

(7) 充分利用电子计算机和地理信息技术对建(构)筑物进行综合防灾管理，将防灾管理提高到动态的、网络化和智能化的先进水平。

二、加强建筑勘察技术

(1) 普及光电测量与电子计算机技术，推广应用卫星大地定位系统(GPS)，提高控制测量作业效率与观测质量。研制自动化施工测量仪器，开发变形测量数据处理技术，全面提高工程测量水平。

（2）发展和应用卫星遥感(RS)及航空摄影测量技术，普及大比例尺地面测绘数字制图系统，推广使用数据库技术，提高地形测量水平。进一步推广近景摄影测量技术，拓宽非地形测量应用领域。

（3）加速测绘产品的数字化、信息化和标准化，有重点地发展地理信息系统(GIS)。

（4）建立工程应用的"3S"技术体系，以适应重要工程与城市规划、建设和管理现代化的需要。加强数值模拟技术在勘察工作中的应用。

（5）岩土工程勘察应与设计、施工、检测、监理密切结合，不断加强各环节之间的有机联系，建立与国际接轨的专业结构与专业体制，为工程建设的全过程服务。

（6）提高岩土工程勘察测试的质量与水平，积极引用与开发功能强、性能好、智能化、适用可靠的测试、监测和物探仪器，确保勘察测试资料和数据的完整性、准确性与适用性。

（7）提高岩土工程的分析评价水平，注意总结地方经验，制订相应标准，组织开发CAD技术和建立岩土工程数据库。加强岩土工程环境、地下空间利用、地下水控制等的研究，拓宽岩土工程服务领域。

（8）发展地下水探、采、灌工程集成技术，将水文地质勘察与地下水开采及人工回灌工程有机结合起来，降低地下水开发成本，提高含水层调蓄能力和水资源的利用效率。

（9）完善地下水环境评价及预测的理论、方法和技术，提高水环境监控和综合治理的能力与水平。逐步实现环境水文地质勘察与水质处理一体化。

（10）开发地下水监测、预测与控制一体化技术和装置，加强地下水规划、保护和管理，促进地下水资源的可持续开发利用。

（11）加强城市规划前期勘察及城市工程地质环境的预测预报与地质灾害的综合性防治技术；开发低质量环境及有灾害背景城市的综合性防治技术；建立低质量环境及有灾害背景城市的灾害防治地理信息系统与决策支持系统(DSS)；做好城市规划前期地质灾害与土地利用的工程控制新技术，最大程度降低和缓解城市地质灾害产生的损失，保证城市规划与地质环境取得最大程度协调一致。

三、开发和完善建筑基础工程技术及施工工艺

（1）积极研究开发地基处理新技术、新方法及检测新技术；利用工业废渣、地方材料，因地制宜地开发应用碎石桩、灰渣桩、素混凝土桩等复合地基配套技

术、低成本、高质量处理一般建筑物地基；采用强夯法、排水固结法、振动辗压法、堆载预压法等处理新建筑区、路基等大面积堆填和天然松软地基。

（2）开发和完善高层、超高层和高耸构筑物大直径高承载能力灌注桩的成桩方法与工艺，推广桩底桩侧后压浆结合超声检测新技术；开发减少泥浆污染的钻孔压灌桩及挖掘、挤扩、钻扩等成孔成桩法新工艺新设备；积极推广泥浆处理技术与设备；因地制宜发展高强预应力混凝土管桩；发展疏桩复合桩基和浅层处理与疏桩结合的复合桩基技术；研究开发可靠的成桩检测技术。

（3）研究开发地基基础与上部结构共同作用设计计算方法与CAD软件，优化高层建筑基础选型，合理进行基础设计；提高土性参数测试技术，发展变形控制设计理论与方法，注重工程测试资料积累，采用反分析；提高基础工程设计的经济性与可靠性。

（4）完善既有建筑地基基础的补强、纠倾、移位技术，完善相应的设计及施工标准，经济可靠地实现建筑物增层、改造、修复。

（5）开发和完善不同地质、环境、深度条件的基坑开挖支护和地下水控制技术；因地制宜发展土钉、排桩、地下连续墙、锚杆、水平支撑、拱墙支护等技术；因地制宜推广支护与永久性结构结合及道作法、半道作法施工技术；研究解决施工中的环境监控和工程安全问题，实现信息化施工。发展各种降水、回灌技术及基坑截水、隔水技术。

（6）发展地下室混凝土自防水技术，开发高效防水堵漏新材料和通风去湿的防火配套技术，提高地下空间的建造技术和使用功能。研究发展暗挖法、盖挖法、盾构、顶管等地下施工新技术。

四、发展先进适用的建筑结构与工艺体系

（1）改进砖混建筑，提高抗震性能及保温隔热性能，改进施工工艺，完善配套机具，提高构配件标准化、通用化及工业化水平。

（2）推广行之有效、经济实用的多层建筑结构体系。多层建筑要积极发展混凝空心小型砌块，因地制宜地改进与完善"框架轻墙"、"轻钢轻墙"、"内浇外砌"等建筑结构体系，积极研究开发大开间、大空间(户内无承重墙)住宅体系。

（3）对于高层建筑，应根据不同要求，分别选用框架、剪力墙、框架—剪力墙、筒体等结构体系。积极推广无粘结预应力技术与预制叠合梁板技术。

（4）积极开展对超高层建筑结构体系的研究，根据不同情况可选用剪力墙、框架—剪力墙、框架—筒体、筒中筒、巨型框架等结构体系，重点发展钢和混凝土混合的结构体系，积极发展钢结构体系。

(5) 单层房屋建筑，要努力改善传统的板、梁(架)、柱体系，积极发展各种新型建筑结构体系，适当发展大柱网灵活厂房，推广定型化轻钢房屋体系；多层工业建筑，推广采用现浇柱与预制梁板装配整体式框架剪力墙体系，现浇整体预应力框架体系。

(6) 大跨屋盖可采用钢结构和钢与钢筋混凝土组合结构；大跨公共建筑要推广应用网架、网壳、悬索、压型钢板结构等空间结构体系；逐步开展膜结构的应用研究。

(7) 研究解决钢结构制造和现场施工中的电脑放样、切割、焊接、除锈、涂漆等先进工艺与设备；发展药芯焊丝自保护焊、惰性气体保护焊、自动半自动焊接设备、高强螺栓电动扳手和各种先进的检测装置；研究开发张力结构和预应力等新型钢结构。

五、发展建筑安装新技术，新工艺

(1) 依据结构特点和现场条件，大型结构构件和屋盖(网架、桁架、薄壳等)安装，可选用整体吊装、分段吊装、空中滑移、整体顶(提)升等施工方法。发展由计算机控制的集群千斤顶同步提升技术，采用具有我国特色的桅杆整体吊装技术和无锚点吊装技术。

(2) 发展二氧化碳气体保护焊、氩弧焊、药芯焊丝自保护焊等焊接工艺和大型容器专用的全位置自动焊；采用可记录超声波探伤、热磁粉探伤、γ射线全景照相等检测技术；发展圆柱型储罐倒装施工和干式气柜建造技术。

(3) 提高管道安装的工厂或现场预制水平，开发复塑型管材和管件加工设备。研究开发水下穿越、不挖土敷设、长距离输送、胀插连接等管道施工新技术。

(4) 提高通风空调的风管及配件的机械化制作水平，发展柔性连接和无法兰连接，研制开发先进的调试仪器，提高测试水平。

(5) 提高电气仪表安装调试水平，发展快速接头、高效油压钳和导电酯等导线连接技术，研究开发集成化自控仪器安装调试技术、电梯预检预调及整机调试技术。

六、提高建筑企业的机械化装备水平

(1) 建筑企业的机械装备应按专业或工种配套，逐步向专业化方向发展。要调整装备结构，提高装备素质。在企业的装备更新改造中，应采用先进的机械设备，以高新技术的产品取代质量低、性能差、能耗高、污染严重的机械设备。

建筑施工中的繁重体力劳动、危险作业以及对工程质量和安全影响大的工序和工种，应优先实行机械化，逐步实现自动化，开发与应用机器人，积极发展手持动力机具和工具式脚手。

（2）机械装备要发展社会租赁，建筑企业应控制自有机械的比重，通过租赁来调剂企业间装备的余缺，提高设备利用率。大中城市和施工任务相对集中的地区及专业部门，均可组建机械设备租赁企业。

第三节 合理使用建筑材料，改进施工及应用技术

一、钢材、木材、水泥合理使用，施工及应用技术的改进

（1）推广应用高效、经济的低合金钢筋，冷轧带肋钢筋、低松弛钢丝、钢绞线等，研制推广 H 型钢、闭合型钢、冷弯型钢、稀土钢、彩色涂层钢板、镀锌板、锌铝合金板和模板用冷轧钢板和环氧涂敷钢筋等，研究解决钢结构的防锈技术、防水防火涂料技术，以满足建筑用钢的发展需要。

提高冷轧带肋钢筋在预应力中小构件和非预应力钢筋混凝土中的应用，广泛采用低松弛的高强钢丝、钢绞线，采用先进的锚夹具和张拉工具。粗钢筋连接应广泛采用焊接或机械连接，继续发展竖向钢筋电渣压力焊、水平钢筋窄间隙焊和套筒冷挤压连接、锥螺纹连接，研究开发等强度钢筋螺纹连接技术。

（2）合理利用木材，大力推广木质原料资源的综合利用，积极开发新型无味、无毒、防火。无虫蛀的建筑用人造板材，因地制宜地开发利用竹材、植物茎、籽壳等资源。

（3）合理使用水泥，推广散装水泥，结构工程应使用性能稳定的425、525及以上标号水泥或高性能水泥，增加高强、低碱、低热及其他特种水泥的生产与应用，严格执行水泥检验制度，确保工程质量。

（4）重视建筑材料资源再生利用的研究，积极开展工业废料的综合利用和建筑废料的应用研究工作，研究开发无污染、无公害的建材新产品，改善城乡生态环境。

二、发展预拌混凝土，提高混凝土技术水平

（1）推广预拌混凝土，提倡应用流态混凝土使用搅拌车和混凝土泵。对运输、通讯和泵送施工机具，应注意配套，提高效率。大中城市均应建立规模适

当、布局合理的预拌混凝土工厂,加速预拌混凝土的年增长幅度,完善预拌混凝土生产,施工的标准和规范、规程。

(2) 调整、改造现有混凝土预制构件厂,以城市县镇为单位,抓好构件厂的合理布局、产品品种的更新换代及生产工艺设备的综合技术改造,加强生产管理和质量监督,提高产品质量。

(3) 重视砂石生产的组织管理,严格贯彻执行砂石质量标准,建立工业化砂石生产供应基地,建立砂石质量的市场控制机制,切实提高砂石质量。

(4) 积极开发和应用各种高性能混凝土外加剂,提高粉煤灰、磨细矿渣、F矿粉等活性矿物掺合料的应用比例,以满足现代化建筑工程发展的需要。加强对外加剂、掺合料质量的检测和监督。

(5) 提高混凝土的强度等级、耐久性及混凝土的各种施工性能。承重结构混凝土平均强度等级达到C40;重视混凝土碱—骨料反应的研究工作;有条件的地区积极发展结构轻骨料混凝土,开发纤维混凝土、聚合物混凝土、水下不分散混凝土;研制开发轻质、高强、大流动度、免振捣自密实且具有良好体积稳定性及耐久性的高性能混凝土;发展按高性能混凝土的指标设计与检验结构混凝土。

(6) 新型模板应向体系化、标准化、材料多样化、生产工业化、管理科学化方向发展。发展钢模、钢框木(竹)胶合模板与快拆支撑体系,研究改进大模、爬模、滑模、筒子模、飞模、压型钢板、隧道模等模板工艺技术与设备,发展提模技术,提高现浇混凝土施工工业化水平,满足清水混凝土的要求。在继续推广门式、碗扣式支架的同时,研究开发安全性好、使用方便的支架与爬架。

三、改革墙体和屋面,提高热工与防水性能

(1) 外墙与屋面应提高保温、隔热、防水等性能和装饰效果,内隔墙应满足隔声要求,厨房卫生间应解决隔墙防潮、地面防水问题。各种墙体和屋面均须减轻自重、耐久可靠、方便施工。

(2) 禁止毁田烧砖,限制黏土砖的使用,要提高空心黏土砖的质量。应因地制宜利用地方材料,积极研制与推广新型墙体材料。

(3) 发展混凝土空心小型砌块、加气混凝土和利用轻骨料与工业废料生产的新型墙体材料,推广应用保温复合墙体和性能良好的轻质隔墙,扩大无机纤维(矿棉、岩棉、玻璃棉)制品等高效保温材料在墙体中的应用,开展新型泡沫砌块的研究工作,采取有效措施,提高外墙保温、隔热防水性能。

(4) 屋面工程要积极采用高质量高性能的防水、隔热、耐久、轻质的复合材料,提高屋面的保温隔热及防水性能,各种形式的屋面都要切实解决屋面渗漏

问题。开发新型彩色屋面瓦材。

(5) 发展防水性能良好、且易于施工的聚合物改性沥青与高分子防水材料，逐步取代纸胎沥青油毡；研究开发倒铺法屋面，应用冷粘、自粘及热熔粘结等工艺。

四、大力发展化学建材，提高装饰工程质量

(1) 积极推广应用化学建材，加速开发中、高档产品；提高各种塑料管材、管件、门窗及各种新型化学建材如地板、墙纸等装饰制品的质量，配套发展和改进内外墙、地面等建筑涂料、粘结剂和密封材料；研究开发无公害、防污染、防开裂、防脱落等高性能的建筑涂料。

(2) 合理使用饰面砖、陶瓷锦砖和大理石、花岗石、铝合金、不锈钢等板材制品和各种吊顶材料，合理使用各种玻璃（包括功能玻璃和深加工玻璃）制品；研究开发聚碳酸酯板材及配套材料。

(3) 研究发展各种防火材料，尤其是防火、防毒化学建材，制订相应的检测标准和使用条件，建立国家级检测机构负责测试鉴定。

(4) 合理采用建筑幕墙，完善玻璃幕墙、金属幕墙、石材幕墙和组合幕墙的制作与安装工艺，解决其耐久性和安全使用问题，研究开发建筑幕墙使用的各种配套零附件及五金件和粘结密封材料；要加强对使用期建筑幕墙的检测、维修、更新的监督管理；研究开发装饰工程使用的小型机具和墙面清洗剂。

第四节　提高建筑企业的现代化管理水平

一、提高建筑企业的管理现代化水平

(1) 运用现代管理知识和手段，对建筑企业的经营思想、管理体制、管理方法、监督机制进行逐步改革，以达到提高工程质量、提高企业综合效益的目的。企业应运用系统工程、网络计划、目标管理等现代管理技术编制施工组织设计，统筹安排施工技术方案和计划进度；要进一步实施全面质量管理，贯彻《质量管理和质量保证》GB/T 19000—ISO9000标准，建立并完善科学、规范的现代企业管理和质量保证体系。

(2) 建筑企业管理现代化要依据企业性质、资质等级与管理的实际水平，贯彻分类指导、分层次推进的方针，逐步与国际接轨。一级企业在工程招投标、

预算，施工组织设计、工程管理和企业日常管理工作中，普遍应用现代管理技术和计算机软件，并达到微机联网，利用系统集成管理软件进行企业或项目的综合管理；二级及其以下企业利用已有的软件成果对50％以上的工程建设项目进行专项应用管理，有条件的企业达到微机联网。

(3) 大力普及建筑企业现代化管理的应用技术，加强职工培训，提高企业管理水平。施工企业经理、项目经理和有中级以上职称的工程技术、经济管理、财会等人员，都必须熟练地掌握现代管理基本知识和计算机应用操作技能，并作为上岗考核和职称评定的重要依据。

二、大力推广应用计算机技术

(1) 工程勘察设计应大力推广与普及计算机辅助设计(CAD)技术，全面提高CAD技术的应用性，逐步实现网络化、集成化和智能化。

(2) 建筑施工要采取有力措施，开发与完善经营管理与施工技术的应用软件，广泛采用计算机辅助施工(CAC)技术。

(3) 加速完善全国建设信息系统(全建工程)，增强建筑业信息的收集、存贮和处理能力，实现信息资源共享，加强行业的信息决策管理系统，提高管理水平。

(4) 应用计算机技术，逐步实现城市规划、防灾、建设和管理的科学化，完善城市地理信息系统（GIS）技术的开发和应用。

(5) 研究开发计算机辅助工程（CAE）系统，实现工程建设项目从立项、规划、勘察、设计、施工到运行管理全过程的计算机应用集成化，提高行业的技术与管理水平。

(6) 健全建筑业信息网络系统，充分利用公共的网络通信技术，逐步加入中国骨干网和全球互联网，开展数据保密和本地化的研究，制定数据保护和安全政策。

(7) 以市场为导向，制定自主版权软件的开发政策，建立软件开发基地，发展专业软件的开发队伍，开发建筑业各领域商品化软件，加速形成和发展建筑业软件产业。

三、加强科技管理，规范技术市场，促进科技成果转化

(1) 加强行业科技主管机构的政府职能作用；健全行业、地方、企业（包括设计、施工、工厂等企业）三级科技工作体系，实行分层次管理；政府加强宏观指导，重点支持面向行业的研究开发机构和国家级技术研究中心；择优支持

有特色的地方或基层研究开发机构；建立与健全专业性的试验、示范基地；大型企业应逐步建立为企业技术进步服务的技术开发中心。

(2) 深化科技体制改革，全面贯彻科学技术是第一生产力的指导思想，逐步建立适应社会主义市场经济体制和科技自身发展规律的科技体制，形成科研、开发、生产（包括设计、施工、工厂）、市场紧密结合的机制。

(3) 加强科技管理工作，实现以科研机构、高等院校为主的应用研究开发体系；以企业为主体的产、学、研结合的技术开发体系；以经济建设市场发展需要为对象的科技服务体系。加强计划管理、成果管理和成果转化工作。国家的科研经费分别按项目实行科研合同制、科研基金制。市场需要的技术开发项目实行有偿合同制。

(4) 加强知识产权管理，规范建筑技术市场，保护专利权、著作权和商标权，建立有效的成果转化机制，培育科技市场机制，发展咨询、推广服务等中介机构，形成转化网络、制定技术市场的法规制度，繁荣技术市场，推动科技成果的工程化与商品化。

(5) 大力发展新型科技产业，推动行业技术进步；用高新技术改造传统技术，用科研成果开创新的技术领域，形成高新技术产业；注重发展住宅产业、计算机软件产业、化学建材产业、水工业、建筑节能设备和制品业、建筑维修改造业等。

(6) 加强科工贸结合的国际科技合作与技术交流。根据行业发展的需要，引进技术和人才，开拓外资引进渠道，开展科工贸技术合作，组织国际技术培训、国际学术交流和国际展览活动，重视引进技术的消化、吸收和创新工作。

四、加强人才培养和智力开发，深化教育教学改革

(1) 加强人才培养，培养和造就学科技术带头人、技术业务骨干和大批高级工程技术专门人才，建立与建筑业科技发展和经济建设相适应的教育体系，为建筑科学技术进步提供智力支持。

(2) 大力发展职业教育。在不断发展高等职业教育的同时，重点发展初、中级职业技术教育，培养大批以工艺技术能力为基础的职业技术人才，形成一支将科技成果转化为生产力的技术和管理队伍。

(3) 积极开展继续教育和普及教育。重视职工技术培训工作，促进技术人员、管理人员和工人的知识更新和业务水平的提高，推广生产和管理的新思想、新理论、新技术、新工艺。

(4) 进一步深化教育教学改革。加大教育教学改革的力度，适应国民经济

和科学技术的发展，不断更新改造现有专业的教学内容、教学方法，提高教育质量。

第五节 设计方式的变革

建筑是人类对自身生存环境的一次再创造，它具有艺术和科学的双重性。现代建筑已不再是简单的遮风挡雨，它必须同时满足人类对舒适和美的追求，符合可持续化发展的潮流。

一、个性化将得到更多的体现

以往的建筑设计更多地强调公众的感觉、社会的统一和管理者的便利。而今后的建筑将会有更多个性化的空间出现。一座综合性的公共建筑中可以针对不同的年龄群体、各异的性格爱好和多种的娱乐方式分别设计出相应可供利用的空间环境。以管理为中心的设计思路将被以服务为中心的理念所替代。人们在社会法律和基本道德的框架下，最大限度地享受个性化的自由空气。

二、居住者将参与建筑设计的全过程

多年来，建筑的使用者，尤其是居住建筑的所有者一直是建筑最终产品的被动接受者。设计师的意志和思想决定了建筑发展的方向。随着人类自主意识的觉醒和现代计算机技术的发展，房屋所有者参与建筑设计的全过程将逐渐成为可能。此时建筑师的工作将更具挑战性、更为理性、也愈发丰富多彩。21世纪的建筑既是建筑师的丰碑，同时也是全人类的思想。

三、设计概念和信息将被共享

全球经济的发展可以使人类统一规定一个具体的概念方法,它包括了对建筑设计师及其客户进行项目设计指导的全部概念和理论。当社会建立了一套有效的沟通机制后，全人类就可以高效、灵活地分享所有的知识、数据和市场信息。从这个意义讲,各国各地区的建筑都将同时兼有民族性和国际性的特征。以通讯卫星、蜂窝移动电话、计算机与宽带通讯网络技术为核心的信息技术将在容量、带宽、速度和智能化等方面不断取得新的进展,这种进展必将为建筑设计理念的革命提供一个更加坚实的工作平台。

人类在经历了几个世纪的科学酝酿之后，终于在20世纪实现了技术创新与

生产力的飞速发展,获得了前所未有的成就,使人类社会发生了巨变。就科学而言,我们目前无法准确地预测 21 世纪的发展,但我们相信物质科学将在 21 世纪跨越生命与非生命的物质界限,相信我们的生活比 20 世纪更精彩。

参 考 文 献

[1] 北京市城乡建设委员会组编，曹文达主编.建筑装饰材料.北京：北京工业大学出版社，1999.

[2] ［日本］ 山口正城，冢田敢著.设计基础.辛华泉译.中国工业美术协会.

[3] 祁今燕.田奇编著.建筑环境设计与表现.北京：机械工业出版社，2003.

[4] 李允鉌.华夏意匠.天津：天津大学出版社，1985.

[5] 彭一刚.建筑空间组合论.北京：中国建筑工业出版社，1998.

[6] 荆其敏.建筑学漫笔.天津：天津大学出版社，1993.

[7] 建筑学报.08/2004.

[8] 陈绍蕃.钢结构.北京：中国建筑工业出版社，1994.

[9] 沈祖炎等.钢结构设计原理.北京：中国建筑工业出版社，2005.

[10] 周起敬，姜维山等.钢与混凝土结构设计施工手册.北京：中国建筑工业出版社，1991.

[11] 天津大学，同济大学，东南大学.混凝土结构.北京：中国建筑工业出版社，1994.

[12] 朱伯龙等.混凝土结构设计原理.上海：同济大学出版社，1993.

[13] 项海帆，刘光栋.拱结构的稳定与振动.北京：人民交通出版社，1994.

[14] 龙驭球，包世华.结构力学教程.北京：高等教育出版社，2001.

[15] 李廉锟.结构力学.北京：高等教育出版社，1996.

[16] 朱伯钦等.结构力学.上海：同济大学出版社，1993.

[17] 李井永.建筑物理.北京：机械工业出版社，2005.

[18] 海因利希，黑布根.房屋安全手册.李俊峰，刘家屿译校.北京：中国建筑工业出版社，1991.

[19] 蔡飞，潘红霞.建筑材料.上海：东华大学出版社，2005.

[20] 方进，白果，龚恒编.材料构造形式.重庆：西南师范大学出版社，2000.

[21] 吴清仁等编.生态建材与环保.北京：化学工业出版社，2003.

[22] 杨静.建筑材料.北京：中国水利水电出版社，2004.

[23] 上海市建设和管理委员会.GB 50015—2003建筑给水排水设计规范.北京：中国计划出版社，2003.

[24] 建设部.GB 50019—2003采暖通风与空气调节设计规范.北京：中国计划出版社，2003.

[25] 中国建筑科学研究院.GB 50034—2004建筑照明设计标准.北京：中国建筑工业出版社，2004.

[26] 公安部.GB 50116—98火灾自动报警系统设计规范.北京：计划出版社.1999.

[27] 公安部.GB 50045—95（2005年版）高层民用建筑设计防火规范.北京：中国计划出版社，2005.

[28] 机械工业部.GB 50057—94（2000年版）建筑物防雷设计规范.北京：中国计划出版社，2001.

[29] 公安部.GB 50098—98（2001年版）人民防空工程设计防火规范.北京：中国计划出版社，2001.
[30] 钱维生.高层建筑给水排水工程.上海：同济大学出版社，1989.
[31] 高明远.建筑设备技术.北京：中国建筑工业出版社，1997.
[32] 陈衍庆，王玉容.建筑新技术（1）.北京：中国建筑工业出版社，2001.
[33] 高明远，杜一民主编.建筑设备工程（第二版）.北京：中国建筑工业出版社，1989.
[34] 钱以明编著.高层建筑空调与节能.上海：同济大学出版社，1990.
[35] 梁华编著.建筑弱电工程设计手册.北京：中国建筑工业出版社，1998.
[36] 陈家盛.电梯结构原理及安装维修.北京：中国机械工业出版社，1990.
[37] 龙惟定.智能化大楼的建筑设备.北京：中国建筑工业出版社，1997.
[38] 袁过汀.建筑燃气设计手册.北京：中国建筑工业出版社，1999.
[39] 陈龙.安全防范系统工程.北京：科学出版社，2001.
[40] 绿色奥运建筑研究课题.绿色奥运建筑实施指南.北京：中国建筑工业出版社，2004.
[41] 陈保胜.建筑防灾设计.上海：同济大学出版社，1990.
[42] 日本防灾设施研究会编.建筑防烟排烟设备.安中义，王力础译.北京：中国建筑工业出版社，1983.
[43] 陈龙珠等.防灾工程学导论.北京：中国建筑工业出版社，2006.
[44] 陈龙珠，陈晓宝，黄真等.混凝土结构防灾技术.北京：化学工业出版社，2006.
[45] 李风编.工程安全与防灾减灾.北京：中国建筑工业出版社，2005.
[46] 邹宁宇.由智能建筑到生态智能建筑.广东建材.2002（10）.
[47] （德）沃尔特·格罗皮乌斯·新建筑与包豪斯·张似赞译·北京：中国建筑工业出版社，1979.
[48] （意）布鲁诺·塞维.建筑空间论：如何品评建筑·北京：中国建筑工业出版社，1985.
[49] 叶献国.建筑结构形式概论.武汉：武汉理工大学出版社，2003.